高等学校应用型特色规划教材

多媒体技术与应用

孟克难　王靖云　吕莎莎　编著

清华大学出版社

北　京

内 容 简 介

多媒体技术的发展改变了计算机的使用领域，使计算机由办公室、实验室中的专用品变成了信息社会的普通工具，广泛应用于工业生产管理、学校教育、公共信息咨询、商业广告、军事指挥和训练，甚至家庭生活和娱乐等领域。

本书共分 11 章，对多媒体的应用技术进行了全面的介绍，书中穿插了很多案例，并在各章最后列有习题，为读者学习提供了方便。

本书内容翔实、语言简练、思路清晰、图文并茂、深入浅出、理论与实际设计相结合，通过大量的实例和练习对多媒体技术进行了比较全面的介绍，适合作为高等院校相关专业本科生、研究生的教材，也可供各领域相关专业的读者学习和参考。

图书在版编目(CIP)数据

多媒体技术与应用/孟克难，王靖云，吕莎莎编著. --北京：清华大学出版社，2013

(高等学校应用型特色规划教材)

ISBN 978-7-302-32700-4

Ⅰ. ①多… Ⅱ. ①孟… ②王… ③吕… Ⅲ. ①多媒体技术—高等学校—教材 Ⅳ. ①TP37

中国版本图书馆 CIP 数据核字(2013)第 125547 号

责任编辑：汤涌涛
封面设计：杨玉兰
责任校对：周剑云
责任印制：杨　艳

出版发行：清华大学出版社
　　　网　　　址：http://www.tup.com.cn, http://www.wqbook.com
　　　地　　　址：北京清华大学学研大厦 A 座　　　邮　　编：100084
　　　社 总 机：010-62770175　　　邮　　购：010-62786544
　　　投稿与读者服务：010-62776969, c-service@tup.tsinghua.edu.cn
　　　质 量 反 馈：010-62772015, zhiliang@tup.tsinghua.edu.cn
　　　课 件 下 载：http://www.tup.com.cn, 010-62791865
印 刷 者：北京富博印刷有限公司
装 订 者：北京市密云县京文制本装订厂
经　　销：全国新华书店
开　　本：185mm×260mm　　印　张：24.25　　字　数：585 千字
版　　次：2013 年 8 月第 1 版　　印　次：2013 年 8 月第 1 次印刷
印　　数：1～3000
定　　价：46.00 元

产品编号：052125-01

前　言

多媒体技术是计算机技术的重要发展方向，它综合了文字、图形、图像、音频等多种媒体，不仅是计算机处理系统的扩充，而且改变了传统的传播和处理方式。近年来多媒体技术的迅速发展，使得计算机、电视、通信等信息产业不断聚合，从而释放出更大的能量，加速了信息系统的建设和普及，使我们的社会正在更快地向信息化方向过渡。

多媒体技术作为一种信息处理技术，已渗透到教育、交通、旅游、出版、医疗等各种领域，它提供了交互式综合处理多种信息的能力，因此具有很强的实用性，越来越多的人迫切需要了解、掌握多媒体原理和实用技术，许多高校相继开设了多媒体技术方面的课程，各类继续教育机构也纷纷开展了多媒体技术的培训，以满足实际社会需求。

本书共分 11 章，各章内容安排如下。

第 1 章为概述部分，介绍多媒体技术的一些概念，包括数据、信息、媒体、多媒体、多媒体技术、系统构成，还概括了多媒体系统中的技术、对象、研究内容和发展趋势。

第 2~6 章介绍多媒体的应用技术，包括音频信号处理技术、数字图像和视频处理技术、数据压缩技术、动画技术和数据库技术。结合多媒体应用中各领域的实例和练习，对多媒体技术进行详细的讲解。

第 7~9 章介绍多媒体创作系统、多媒体硬件系统等，包括多媒体创作系统的基础知识、创作工具、创作编程，还包括多媒体硬件的工作原理、存储技术、人机界面等。

第 10 章和第 11 章介绍虚拟现实技术和多媒体通信，对多媒体的未来发展进行简单的概述。

本书内容翔实、语言简练、思路清晰、图文并茂、深入浅出、理论与实际设计相结合，通过大量的实例和练习对多媒体技术进行了比较全面的介绍，适合作为高等院校相关专业本科生、研究生的教材，也可供各领域相关专业的读者学习和参考。

本书由孟克难、王靖云、吕莎莎编著，其中第 2、4、5、6、7、8、9、11 章由孟克难编写，第 1、3、10 章由王靖云编写，吕莎莎负责全稿整理。

由于编者水平有限，书中难免有一些不足之处，欢迎同行和读者批评指正。

前　言

目 录

第1章

多媒体概述

教学提示：

多媒体是融合两种或者两种以上媒体的一种人机交互式信息交流和传播媒体，使用的媒体包括文字、图形、图像、声音、动画和视频等。多媒体是超媒体的一个子集。超媒体系统是使用超链接构成的全球信息系统，全球信息系统是使用 TCP/IP 协议的应用系统。

多媒体技术是计算机技术的重要发展方向，它综合文字、图形、图像、音频、视频等多种媒体，不仅是计算机处理系统的扩充，而且改变了传统的传播和处理方式，创造了新的人类文明。

教学目标：

本章将主要讲述媒体的基本形式和性质、多媒体的基本概念、多媒体系统的组成与体系结构、多媒体系统使用的技术，以及多媒体技术的研究内容和发展趋势。

1.1　数据、信息和媒体

　　数据、信息和媒体是当今人们谈论最多的名词。在日常生活中所说的"数据"，主要是指可比较大小的一些数值。而信息处理领域中的数据概念要比这大得多。

1.1.1　数据

　　国际标准化组织(International Standard Organization，ISO)对数据所下的定义是：数据是对事实、概念或指令的一种特殊表达形式，这种特殊的表达形式可以用人工的方式或者用自动化的装置进行通信、翻译转换或者加工处理。这里，"特殊的表达形式"指的是二进制编码表示形式。由于计算机将数字、文字、图形、声音及图像等都采用二进制编码表示，所以计算机只能识别用"0"和"1"组合表示的数据。

　　在计算机系统中，数据分为数值型数据和非数值型数据。数值型数据是指我们日常生活中经常接触到的数字类数据，它主要用来表示数量的多少，可比较其大小；而把上述ISO定义中其他的数据统称为非数值型数据。非数值型数据主要用来表示图形、声音、图像、动画等，可应用于许多场合。

　　通常在计算机内部进行数据处理指的是对数据进行加工、转换、存储、合并、分类、排序和计算的过程。数据处理的目的主要是为了从原始数据或基础数据生成或转换得到对使用者有一定意义的结果数据。

1.1.2　信息

　　在许多场合，由于数据与信息是难以严格区分的，所以人们往往将信息和数据视为等同的。不过就计算机应用系统的分类而言，"信息系统"(又称"数据处理系统"或"信息管理系统")则常常特指一类数据密集型的应用系统。因此，有时还得注意对信息与数据加以区分。

　　根据ISO的定义，信息是对人有用的数据，这些数据将可能影响到人们的行为和决策。另有人认为，信息是人们在适应外部世界，并使这种适应反作用于外部世界的过程中，同外部世界交换的内容的总称。由此可见，数据与信息是有区别的。数据是客观存在的事实、概念或指令的一种可供加工处理的特殊表达形式，而信息强调的则是对人有影响的数据。

　　计算机信息处理是指通过对数据的采集和输入，有效地把数据组织到计算机中，由计算机系统对数据进行相应的存储、建库、处理、加工、转换、分类、合并、统计、传递等操作，经过对数据的处理加工后，向人们提供有用的信息。因此，计算机信息处理实质上就是由计算机进行数据处理的过程。数据处理的目标是获取有用的信息。

1.1.3　媒体

　　所谓媒体(Medium)是信息表示和传播的载体。在计算机领域中，能够表示信息的文字、图形、声音、图像、动画等都可以被称为媒体。

(1) 根据国际电报电话咨询委员会(CCITT)的定义，媒体可分为如下 5 种类型。

① 感觉媒体(Perception Medium)

它是能直接作用于人的感官，使人产生感觉的媒体，即能使人类听觉、视觉、嗅觉、味觉和触觉器官直接产生感觉的一类媒体。感觉媒体包括人类的语言、音乐和自然界的各种声音、活动图像、静止图像、图形、动画、文本等。它们是人类有效使用信息的形式。

② 表示媒体(Representation Medium)

表示媒体是为了加工、处理和传输感觉媒体而人为地研究、构造出来的一种媒体。其基本目的是能更有效地将感觉媒体从一方向另外一方传送，便于加工和处理。表示媒体有各种编码方式，例如语言编码、文本编码、静止和运动图像编码等，即声、文、图、活动图像的二进制表示。

③ 展现媒体(Presentation Medium)

它是指把感觉媒体转换成表示媒体，把表示媒体转换为感觉媒体的物理设备。展现媒体(又称显示媒体)分为两种：

● 输入显示媒体。包括鼠标器、键盘、扫描仪、摄像机、光笔、话筒等。

● 输出显示媒体。包括显示器、音箱和打印机等。

④ 存储媒体(Storage Medium)

存储媒体是用于存放表示媒体(即把感觉媒体数字化以后的代码进行存入)，以便计算机随时处理加工和调用信息编码的物理实体。存放代码的这类存储媒体有半导体存储器、磁盘和 CD-ROM 等。

⑤ 传输媒体(Transmission Medium)

传输媒体是用来将媒体从一台计算机转送到另一台计算机的通信载体，如电话线、同轴电缆、光纤等。此外，还可将用于信息存储和信息传输的媒体称为信息交换媒体。

计算机与这 5 种媒体的关系如图 1.1 所示。

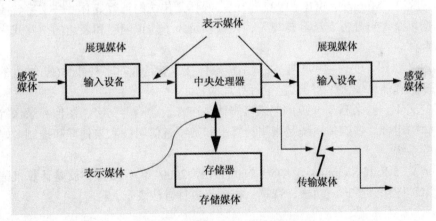

图 1.1 计算机与 5 种媒体的关系

(2) 根据时间在表示空间中的作用，可以把媒体分为离散媒体和连续媒体两大类。

① 离散媒体

人们把文本、图形和静止图像等媒体称为离散媒体，它们由独立于时间的元素项组成，媒体的内容不随时间的变化而变化。当然，人们可以按一定的时序来显示它们。

② 连续媒体

连续媒体是指与时间相关的、依赖于时间的媒体。如声音、活动图像等都是连续媒体。连续媒体的内容是随着时间而变化的。因此，媒体在表示时要根据一定的时序信息进行处理，即时间或时序关系是信息的一部分。如果媒体中项的次序发生了变化，或时序发生了变化，那么媒体表示的含义、展现的含义、存储的含义等也就随之发生了变化。

1.2　多媒体与多媒体技术

多媒体的英文是 Multimedia。目前国内对 Multimedia 一词的译法不一，译为"多媒体"、"多媒质"或"多媒介"的均有之。这是中文多义性的缘故，它们没有什么区别。

多媒体的出现，一是人们已经有了把多种媒体信息进行统一处理的需要；更重要的是，随着技术的发展，已经拥有处理多媒体信息的能力，这才使多媒体变为一种现实。我们所说的多媒体，常常不只是说多媒体信息本身，而主要是指处理和应用它的一套技术。因此，"多媒体"就常常被当作"多媒体技术"的同义语。

1.2.1　定义

关于多媒体的定义或说法，目前仍没有统一的标准，事实上是多种多样的，各人从自己的角度出发对多媒体有不同的描述。为了更准确地了解多媒体概念，首先来看一下国内外若干不同的定义或者说法。

- 定义 1(Lippincatt，Byte，1990 年)：计算机交互式综合处理多种媒体信息——文本、图形、图像和声音，使多种信息建立逻辑连接，集成为一个系统并且具有交互性。
- 定义 2(J.Morgan，SGI，1992 年)：多媒体是传统的计算媒体——文字、图形、图像以及逻辑分析方法等与视频、音频以及为了知识创建和表达的交互式应用的结合体。
- 定义 3(汪，CW，1994 年)：所谓多媒体技术就是能对多种载体(媒介)上的信息和多种存储体(媒质)上的信息进行处理的技术。
- 定义 4 (马，CIW，1994 年)：多媒体是声音、动画、文字、图像和录像等各种媒体的组合。多媒体系统是指用计算机和数字通信网技术来处理和控制多媒体信息的系统。
- 定义 5(Ralf Steinmetz，Klara Nahrstedt，2000 年)：多媒体就是计算机信息用文本、图像、图形、动画、音频、视频等各种方法表示。

　……

综上所述，我们可认为，多媒体(Multimedia)是融合两种以上媒体的人-机交互式信息交流和传播媒体。在这个定义中需要明确如下几点。

(1) 多媒体是信息交流和传播的媒体，从这个意义上说，多媒体和电视、报纸、杂志等媒体的功能是同样的。

(2) 多媒体是人-机交互式媒体，这里所指的"机"，目前主要是指计算机，或者由微处理器控制的其他终端设备。因为计算机的一个重要特性是"交互性"，使用它就比较容易实现人-机交互功能。从这个意义上说，多媒体与目前大家所熟悉的模拟电视、报纸、杂志等媒体是大不相同的。

(3) 多媒体信息都是以数字的形式而不是以模拟信号的形式存储和传输的。

(4) 传播信息的媒体的种类很多，如文字、声音、图形、图像、动画等。虽然融合任何两种以上的媒体就可以称为多媒体，但通常认为多媒体中的连续媒体(声音和电视图像)是人与机器交互的最自然的媒体。

所谓多媒体技术，就是采用计算机技术把文字、声音、图形、图像和动画等多媒体综合一体化，使之建立起逻辑连接，并能对它们获取、压缩编码、编辑、处理、存储和展示。简单地说，多媒体技术就是利用计算机对文本、图形、图像、声音、动画、视频等多种信息综合处理、建立逻辑关系和人机交互作用的技术。真正的多媒体技术所涉及的对象是计算机技术的产物，而其他的单纯事物，如电影、电视、音响等，均不属于多媒体技术的范畴。

1.2.2　多媒体技术的特点

多媒体技术强调的是交互式综合处理多种信息媒体(尤其是感觉媒体)的技术。从本质上来看，它具有信息载体的多样性、集成性和交互性这 3 个主要特征。

1. 多样性

多样性是相对于计算机而言的，指的就是信息媒体的多样性，又称为多维化。把计算机所能处理的信息空间范围扩展和放大，而不再局限于数值、文本或是被特别对待的图形和图像。人类对于信息的接收和产生主要靠视觉、听觉、触觉、嗅觉和味觉。在这 5 个感觉空间中，前三者占了 95%以上的信息量。不过，计算机远远达不到人类的水平，计算机在许多方面必须把人类的信息进行变形之后才可使用。多媒体是要把机器处理的信息多样化或多维化。多媒体的信息多维化不仅仅是指输入，而且还指输出，目前主要包括听觉和视觉两方面。但输入和输出并不一定都是一样的，对于应用而言，前者称为获取，后者称为表现。如果两者相同，则只能称为记录和重放。如果对其进行变换、组合和加工，亦即我们所说的创作，则可以大大丰富信息的表现力和增强效果。信息媒体多样性使计算机所能处理的信息范围从传统的数值、文字、静止图像扩展到声音和视频信息。

2. 集成性

集成性又称综合性。多媒体的集成性主要表现在两个方面：

- 多媒体信息媒体的集成。
- 处理这些媒体的设备的集成。

这种集成包括信息的多通道统一获取，多媒体信息的统一存储和组织，多媒体信息表现合成等各方面。多媒体的某些设备应该集成为一体。从硬件来说，应该具有能够处理多媒体信息的高速及并行的 CPU 系统，大容量的存储器，适合多媒体多通道的输入输出能力及外设、宽带的通道网络接口。对于软件来说，应该有集成一体化的多媒体操作系统、适合于多媒体信息管理和使用的软件系统及创作工具、高效的各类应用软件等。总之，集成性能使多种不同形式的信息综合地表现某个内容，从而取得更好的效果。

3．交互性

交互性是多媒体技术的关键特性，使人们获取和使用信息由被动变为主动。交互性可以增加对信息的注意力和理解，延长信息保留的时间。交互性将向用户提供更加有效的控制和使用信息的手段，同时也为应用开辟了更加广阔的领域。可以想象，交互性一旦被赋予了多媒体信息空间，可以带来多大的影响。我们从数据库中检录出某人的照片、声音及文字材料，这便是多媒体的初级交互应用。通过交互特性使用户介入到信息过程中，而不仅仅是获取信息，这是中级交互应用水平。虚拟现实(Virtual Reality)技术的发展及虚拟环境的实现，让我们完全进入到一个与信息环境一体化的虚拟信息空间，在该空间便可自由遨游，这就是高级的交互式应用。

1.3 多媒体系统的构成

多媒体系统不同于其他系统，它包含了多种多样的技术，并集成了实时交互的多个体系结构。

1.3.1 基本组成

多媒体系统所处理的对象主要是声音和图像信号。声音和图像信号的特点是速率高、数据量大、实时性高。因此，多媒体系统的基本组成应包括：计算机；视听接口、音响以及图像设备；高速信号处理器(用于实时图像和声音处理)；大容量的内、外存储器；软件。简化的多媒体系统如图 1.2 所示。

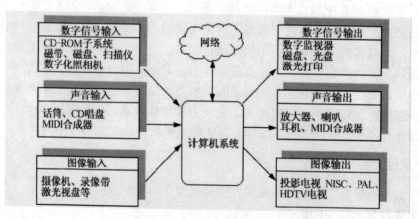

图 1.2 简化的多媒体系统

通常，多媒体系统没有固定的配置模式，但一般包括以下一些部件。

- 计算机：可以是个人计算机(PC)、工作站或超级微机等。
- 接口卡：包括声频卡、视频卡、图像处理卡、多功能卡等。
- 声像输入设备：如录像机、录音机、话筒、摄像机、激光视盘等。

- 声像输出设备：如电视机、传声机、合成器、可读写光盘、耳机等。
- 软件：实时多任务支持软件、多媒体应用软件。
- 控制部件：如鼠标、键盘、光笔、触摸式屏幕监视器等。

多媒体系统是多媒体计算机系统的简称。现以具有编辑和播放功能的多媒体开发系统为例，介绍多媒体系统的硬件结构及软件结构。

1.3.2　多媒体系统的硬件结构

典型的多媒体硬件组成如图 1.3 所示，图中虚线部分是计算机的基本组成部分。除此之外，多媒体系统的硬件结构主要包括以下几个部分。

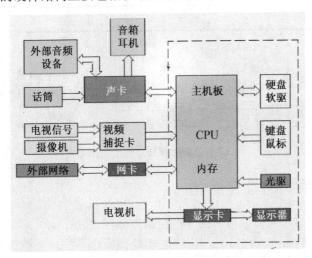

图 1.3　多媒体系统的硬件结构

(1) 视频信号子系统。视频信号子系统的关键技术是视频处理和显示引擎，它们是由显示处理器和像素处理器，以及 VRAM 组成的。包括静态和活动图像的采集、压缩编码、转换等功能。

(2) 音频信号处理子系统。音频子系统的核心是模拟设备公司生产的 AD2105 数字信号处理器(DSP)，通过它完成所有音频信号的压缩和解压缩任务。它包含模数(A/D)转换器、数模(D/A)转换器、压缩编码、合成等功能。

(3) CD-ROM 和大容量的存储子系统。CD-ROM 驱动器是多媒体系统的一个标准部件，而不是一个附件。由于增加了音频和视频信息媒体，在开发应用软件过程中，大容量的可读/写的外存是不可少的。

(4) 目前多媒体系统的核心部分依然是连接各种设备的系统母线，可是当视频、音频信息及其他信号同时出现在系统母线上时，就会出现严重的瓶颈问题。要解决这个问题，需要提高系统母线的数据传输率，并采取压缩技术来解决。这也就可能要增加压缩卡之类的新的硬件。

(5) 网卡。多媒体系统要与网络相连，就必须增加网卡。网卡是将计算机与网络连接在一起的输入输出设备。主要功能是处理计算机发往网线上的数据，按照特定的网络协议将数据分解成适当大小的数据包，然后发送到网络上。

通用的多媒体系统结构如图 1.4 所示。它是一种交互式多媒体协作(IMA)体系结构，其研究方法是基于多媒体接口总线来定义接口的。

多媒体接口总线可以是计算机系统和多媒体软、硬件资源间的接口，它包括格式转换器和翻译器，还可以提供串式输入输出服务。

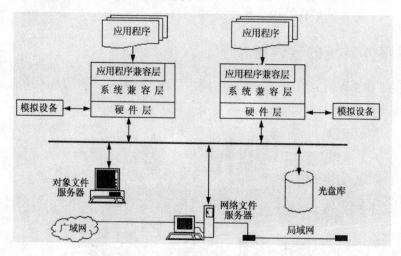

图 1.4　基于多媒体接口总线上的体系结构

1.3.3　多媒体系统的软件结构

多媒体系统的软件结构大致可分为 3 个层次，如图 1.5 所示。

(1) 系统软件(System Software)，也就是多媒体操作系统，也称为多媒体核心系统。我们知道音频、视频信号都是实时信号，这就要求系统软件具有实时处理功能；音频、视频和 PC 的其他操作需要并行处理，这就要求系统软件具有多任务处理的功能。因此，多媒体系统的系统软件应该是一个实时多任务操作系统(Real Time Operating System)。

此外，该层软件还包括多媒体软件执行环境，如 Windows 中的媒体控制接口 MCI (Media Control Interface)等。

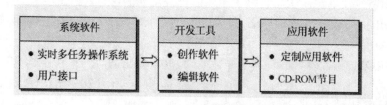

图 1.5　多媒体系统的软件结构

(2) 开发工具(Development Tools)，它包括创作软件工具(Creative Software Tools)和编辑软件工具(Authoring Software Tools)两部分。创作软件是针对各种媒体开发的工具，如视频图像的获取、编辑和制作；声音的采集/获取、编辑；二维、三维的动画创作等工具。编辑软件是将文、声、图、活动图像等媒体进行综合、协调以及赋予交互功能的软件。目前，这种软件有基于描述语言的，有基于图符的、还有基于超级卡等方法的编辑工具。此外，还有基于脚本的、基于流程的及基于时序的创作工具。

(3) 多媒体应用软件(Multimedia Application Software)，它是在多媒体硬件平台和创作工具上开发的应用软件，如教学软件、演示软件、游戏、百科全书软件等。

1.3.4　工作站环境的多媒体体系结构

多媒体系统的重要方面之一是具有多样、综合、实时交互、控制等多媒体功能。它必须与标准用户界面(如 Microsoft Windows)相集成，此外，新设计的系统无论采用何种不同的多媒体专用硬件(如 DSP)，均不需要改变软件。更重要的是，这些应用程序在用各种硬件接口操作时无需改变。

桌面工作站和微机中能力不断增强的处理器确实为大多数应用软件提供了可接受的性能。使用公共的应用程序接口(API)允许应用程序开发商开发可与硬件驱动程序及软件驱动程序一起工作的应用程序。通过使用软件驱动程序，使得用户可与极为广泛的外设和系统打交道。多媒体工作站环境的体系结构见表 1.1。

表 1.1　工作站环境的多媒体体系结构

图形用户界面	多媒体扩展	
操作系统	软件驱动程序	多媒体设备驱动支持
系统硬件	添加的多媒体设备和外设(扫描仪、摄像机及音响 MPEG 卡)	

在这个体系结构中，显示了支持多媒体应用软件所需的新的体系结构，表 1.1 的左边内容与非多媒体系统很相似。值得指出的是：多媒体操作不仅要有高分辨率显示技术，此显示技术要允许一次能运行多个应用软件，而且还要求有额外的资源来管理程序和数据。更重要的是，它在运算性能及存储方面都对系统硬件提出了很高的要求。

1.4　多媒体系统中的若干技术

多媒体技术是基于计算机、通信和电子技术发展起来的一个新的学科领域，是用电脑把文字、图形、影像、动画、声音及视频等媒体信息都数字化，并将其整合在一定的交互式界面上，使电脑具有交互展示不同媒体形态的能力。它极大地改变了人们获取信息的传统方法，符合人们在信息时代的阅读方式。多媒体系统中采用的新技术、新方法层出不穷。下面概要介绍其中的若干技术。

1．音频/视频信号处理技术

音频/视频信息是多媒体计算机系统中重要的信息表现形式。日常的音频/视频信息大多以连续的模拟量的形式被记录、存储和播放。而各类电子数字计算机只能处理离散的数字量，所以就必须将其数字化。本书将在第 2 章、第 3 章分别介绍音频/视频的数字化技术以及相关的硬件及应用。

2．数据压缩/解压缩技术

在多媒体计算机中要表示、传输和处理图文声等信息，特别是数字化图像和视频，要占用大量的存储空间，因此高效的压缩和解压缩算法是多媒体系统运行的关键。本书将在第 4 章介绍常用的各种数据压缩/解压缩技术。

3．多媒体数据存储技术

高效快速的存储设备是多媒体系统的基本部件之一，光盘系统是目前较好的多媒体数据存储设备，它分为只读光盘(CD-ROM)、一次写多次读光盘(WROM)、可擦写光盘(Writable ROM)。本书将在第 8 章对光盘的工作原理和数据格式进行介绍。

4．多媒体软件开发技术

为了便于用户自行开发多媒体应用系统，一般在多媒体操作系统上提供有丰富的多媒体开发工具，如动画制作软件 3D Studio、Flash(将在第 5 章介绍)和多媒体创作系统等，这些工具为用户提供了对图形、图像、音频、视频、文本、动画等多种媒体进行编辑、制作和合成等功能，为人们高效、快速制作各类多媒体应用软件提供方便。本书将在第 7 章对多媒体创作系统进行详细介绍。

5．多媒体通信技术

多媒体技术的最主要目的就是要加速和方便信息的交流，从这个意义上讲，多媒体通信技术是多媒体技术中较为关键的技术之一。多媒体通信技术是通信技术、计算机技术和电视技术相互渗透、相互影响的结果。近 20 年来，随着信息技术的发展，所有利用电子通信的信号都相继走上了数字化的道路，以致原来区分电话、电视、电脑的技术界限变得模糊了，特别是计算机网络技术的发展给多媒体通信技术的发展注入了新的活力。在本书的第 11 章将介绍多媒体网络与通信技术以及超文本与超媒体等相关内容。

6．超文本与超媒体

超媒体起源于超文本。超文本将信息自然地连接起来(而不像纸写文本那样将结构分层归类)，以这种方式实现对无顺序数据的管理。超文本系统允许作者将信息连在一起，建立穿过文档中大量相关文本的信息路径，注释已有的文本，以及向读者提供书目信息。直接的连接或者链接使读者可以从文档中的一处移到另一处，就像读者在翻阅百科全书中的参考目录一样。超文本的使用能从整个文本多达成百上千页的内容中快速、简便地搜寻和阅读所选的章节。超媒体是超文本的扩展，因为除了所含的文本外，这些电子文档也将包括任何可以用电子存储方式进行储存的信息，如音频、动画视频、图形或全运动视频等。本书的第 6 章中将介绍超文本与超媒体、多媒体数据库的内容。

7．HDTV 和 UDTV

在电子工业中，与家用计算机的开发潮流相当的一个发展方向是不断提高商用电视广播的分辨率水平。世界上较著名的电视广播标准有 NTSC、PAL、NHK、HDIV。国际上有关专家现在讨论的焦点是用单一的高清晰度电视(HDTV)广播标准将全世界标准统一起来，但这一目标仍待加倍努力。目前，1125 线数字 HDTV 已被美国人开发出来，并已上市。日本的 NHK 正试图使数字技术来个跃进，于是开发了一种超清晰度电视(UDTV)，该电视是专为视频信息和全运动视频显示器设计的，具有演播室质量的超高清晰度的电视，其特点是分辨率约为 3000 线。要一步跳到 3000 线的 UDTV 标准，需要解决一些关键的技术。它要求开发出价格可被接受的超高分辨率显示器，高速视频处理 IC 卡，为 WAN 服务的超宽带通信带宽，如 ISDN。这显示了商业电视广播与高分辨率视频显示技术之间已无明显界线。随着显示与通信基本技术的结合，商用数字 HDTV 与 UDTV 的开发也会有益于计算机行业。目前正在开发包括数字编/解码器、调制器、用于陆地 NTSC 的解调器，以及宽带卫星广播。

不少 CAD/CAM 和图像技术已经在使用分辨率很高的显示器。使用这种分辨率的彩色显示器将等同于数字 UDTV 的质量。虽然 CAD/CAM 和图像是专业化的技术，但为办公室内普通用户所使用的这种高分辨率显示器，仍将对存储资源和联网资源提出很高的要求。如不把数据压缩到便于管理的数量级，一个普通的工作站就容不下太多页面的数据。因此，压缩图像所需的时间很重要，更重要的是为显示图像而解压缩所需的时间。这个问题对于高频及全运动视频尤其关键(因为语音和显示的节奏很重要)。此外，好的压缩算法对减少图像存储空间以及更快地传送是必不可少的。

8．三维技术和全息摄影

三维技术集中在两个领域：指针装置和显示器。三维指针装置对于在三维系统中操作对象来说是必需的。三维显示可用全息摄影技术实现。开发全息摄影所用的技术已经为直接用于计算机做了调整。这些方法回避了摄影底板，而采用分离的激光照射出光中的红、蓝、绿 3 种颜色以产生三维效果。下面介绍这些技术如何被用于支持多媒体系统的实际产品中。

三维指针装置和系统的开发是迈向多媒体系统的一个重要步骤。华盛顿大学的以西雅图为基地的人类接口技术(HIT)实验室是开发三维装置的先锋。例如，正为数字设备公司开发的条码读入器技术。为未来人机接口所设计的指示方便的条码读入器，使计算机用户能直接指向他们数据的三维表示。条码读入器可以像用鼠标那样做简单的选取，或者进行操作符号的空中追寻。条码读入器的形状像个小活塞，顶上有个按钮。它使用无线电波频率的传感器来将方位信息输入它所连接的计算机中。用户将条码读入器对准飘浮在三维空间中的物品，按下按钮来选中此物品。在空中用它的尖端画出特定的操作符号也可让条码读入器执行特定的操作。其他较低级的三维指针装置包括三维鼠标和用无线电波与三维软件包进行通信的跟踪球等。

由德州仪器公司开发的 Omni View 全景三维空间显示装置，使用三种不同颜色的激光把图像投照到移动表面上。这个移动的表面扫过一个三维柱形显示体。

Omni View 图像是由红、蓝、绿激光器产生的。三维显示可以用于各种应用，如医学上用于检查和手术的成像、生物技术，以及任何必须了解方位的应用(如空中交通控制等)。具有这种性质的三维方式的显示，可以将高度的真实模拟提供给各种应用。三维技术和对现实世界的真实模拟又导致了虚拟现实，有关人机界面及虚拟现实技术将在第 9 章、第 10 章中分别叙述。

9．模糊逻辑

模糊逻辑是一项进行了大量研究的课题，并已用于低层次的处理控制器中。其中，一项重要的研究进展是模糊逻辑信号处理器(FLSP)的开发，它也许真正会与 DSP 协同工作。FLSP 也像 DSP 一样为多媒体系统提供了有益的应用，在多媒体芯片中使用模糊逻辑是将来图形接口合并的关键。模糊逻辑有望成为多媒体硬件中不可缺少的部分。

先进技术将会最终认可模糊系统中的数学原理。多媒体对模糊逻辑来说是一个很适合的应用。因为任何需要很大计算量的应用都可以从模糊逻辑背后的数学原理中得到益处。多媒体系统在这个意义上是很适合的。多媒体中计算量要求很大，可以用模糊逻辑解决的领域包括图形生成图像、语音和视频数据的压缩、语音识别与合成，以及用于视频、高分辨率传真和静止摄影图像的信号处理。图形生成涉及将一个三维对象画在二维的多媒体显示器上，这有很大的计算量，并且是相当困难的。不过模糊逻辑的应用较多，如在分形中，模糊逻辑算法的解码是相当快的，而且以数字规则为基础，使用模糊逻辑运算得到的结果是准确而实用的。

1.5 对象的定义

在多媒体对象的表示中，含有多种不同的数据类型。基本类型应包括文本、音频、图像、图形、动画和视频。

1.5.1 文本

文本是用得最多的一种符号媒体形式，是最简单的数据类型，其占用的存储空间少。

文本数据类型在数据库中可为字段，可以被索引、搜索及分类。事实上，文本是关系数据库的基本元素。文本字段被用于姓名、地址、描述、定义和各类数据属性。

文本也是文档的基本构成。一个电子邮件消息几乎毫无例外地由一些文本字段组成，如收信人的姓名和地址，发信人的姓名和地址等。文本的主要属性包括段落风格、字符风格(如黑体、宋体、斜体等)、文字种类和大小，以及语言文档中的相对位置。

超文本是索引文本的一个应用，它能在一个或多个文档中快速地搜索特定的文本串。超文本是超媒体文档不可缺少的部件。从多媒体应用的角度看，超媒体文档是基本的复合对象，文本是它的子对象。基本对象的其他子对象包括图像、声音和全运动视频。超媒体文档几乎总是含有文本，或许再有一个或多个其他类的子对象。

需要说明的有以下几点：

- 文本是流结构形式，由具有上下文关系的字符串组成。
- 对文本的控制不影响媒体信息本来的表达。
- 对文本的处理遵从文本内部的结构。
- 文本显示的改变只是属性的改变，并不影响文本本身的含义。

1.5.2 音频

语音和音频对象包括音乐、语音、语音命令、电话交谈等。音频对象具有与之相关的时间维。

为使音频让人听起来正常，保持最初录音时的频率和音高是很重要的。以比录音时快的速度播放音频，会使它听起来音调更高而不正常。如果播放速度太慢，就会使音调低得难以听懂。以正确的速度回放，要求回放必须保持一个固定的速度。

一个音频对象需要存储与声音片段有关的信息，如声音片段的长度、它的压缩算法、回放特性，以及与原始片段相关的任何声音注释，这些注释必须作为叠加内容与原始片段同时播放。

由此可见，声音具有过程性，适合在一个时间段中表现。可以这样说，没有时间也就没有声音。由于时间性，声音数据具有很强的前后相关性，数据量相对于文本而言要大得多，实时性要求也比较高。因为声音是连续的，所以又称为连续型时基媒体类型。

1.5.3　图像

什么是图像？图(Picture)是指用于描绘或用摄影等方法得到的景物的相似物；像(Image)是指直接或间接得到的人或物的视觉印象。可以这样认为：凡是能为人类视觉系统所感知的信息形式或人们心目中的有形想象，统称为图像。这样，无论是图形，还是文字影像视频等最终都是以图像形式出现的。

图像对象是超媒体文档对象的子对象，是除代码文本(如 ASCII 文本)和与时间相关的数据(即随时间改变而变化的数据)之外的所有数据形式，即所有图像对象都以图形或编码的形式表现。

因此，图像对象包括的数据类型有文档图像、分形位图、元文件和静止画面等。

图像对象包括 3 种类型：抽象图像、不可视图像和可视图像。

(1) 抽象图像实际上并不是那些存在于真实世界中的对象的图像或显示，而是基于一些算术运算的计算机生成的图像。分形是这类图像的一个极好例子，绝大多数分形是由计算机的算法生成的，这些算法试图显示它们可以生成的各种不同的模式组合，就像一个万花筒可以显示各种图形是由于万花筒转动时玻璃珠相对位置不同而产生的。

离散函数可产生在时间尺度上保持不变的静止图像。连续函数用于显示动画的图像及类似于这样的操作：一幅图像隐退或溶于其他的图像。这一技术已用于显示某些过程，如一段时间内云彩的形变。

(2) 不可视的图像是指那些不作为图像存储但作为图像显示的图像。这些图像包括气压计、温度计以及其他度量的显示。

(3) 可视图像有各类图片(如蓝图、工程图等)、文档图像(如一页书作为图像扫描得来的)、摄影照片(如扫描的，或直接用数码相机拍摄的)、画(如由计算机绘图软件生成的，或扫描的)以及由数字摄像机捕获的静止帧。所有这些情形中，图像都在一定的时间间隔内以完整位图形式存在，位图中包括由输入装置捕获的每个像素。所有输入装置，不论它们是扫描仪还是摄像机，都用扫描的方法来获取预先定义的坐标格中像素的颜色和强度。几乎每种情况下，都要使用某种类型的压缩方法来减少图像的整体容量。

除了存储以压缩形式存在的图像内容外，还有必要存储一些其他信息，包括使用的压缩算法类型，以便使图像可在目标工作站上成功地解压缩。

对于多媒体系统，压缩算法取决于图像的类型和来源。从扫描仪中扫描来的图像可用 CCITT Group4 格式存储，而用视频摄像机捕获的图像可用 JPEG 格式存储。作为通用的规则，关于压缩方法的信息必须是图像文件的组成部分，这是很重要的。

图像除采集、存储以外还有处理、传递输出等复杂的过程。就图像处理而言，就包含有：图像数据压缩、优化、编辑以及格式转换。因此图像的处理是一个十分复杂的问题，也是目前研究的热点之一。

1.5.4　图形

1. 图形

图形是一种抽象化的图像，是对图像依据某个标准进行分析而产生的结果。它不直接描述数据的每一点，而是描述产生这些点的过程及方法。

图形具有如下特性：

- 图形是对图像进行抽象的结果，即用图形指令取代了原始图像，去掉不相关的信息，也就是在格式上做了一次变换。
- 图形的矢量化使得有可能对图中的各个部分分别进行控制。
- 图形的产生需要计算时间。

通常将图形分为二维图形、三维图形两大类。平面图形就是二维图形，它的变换都是在二维空间中进行的。三维图形要实现的是三维空间的图形显示与变换。例如在虚拟现实、三维地图、计算机辅助设计中需要广泛应用三维图形。三维图形及真实感图形的生成需要花较多的计算时间和空间。物体可视化、过程造型及成像技术、整体光照效果等技术，都是目前热门的研究课题。

2. 图形与图像的区别

图形与图像是两个不同的概念，其主要区别如下。

(1) 图形是矢量的概念，它的基本元素是图元，如线、点、面等元素；而图像是位图的概念，它的基本元素是像素；像素是把一幅位图图像考虑为一个矩阵，矩阵中的任一元素对应于图像中的一个点。因此，图像显示得要逼真些。

(2) 图形可以进行变换而不失真，而图像经过变换也许会失真。

(3) 图形可以以图元为单元单独进行属性修改、编辑等操作，而图像则不行，它只能对像素或图像块进行处理，这是由于在图像中并没有关于图像内容的独立单位的缘故。

(4) 图形的显示过程是依据图元的顺序进行的，而图像的显示过程是按照位图中所安排的像素进行的，它与图像内容无关。

1.5.5　动画

动画可以认为是运动的图画。计算机动画就是利用计算机生成一系列可供实时演播的画面的技术。它可辅助传统卡通动画片的制作，也可通过对三维空间中虚拟摄像机、光源及物体运动和变化的描述，逼真地模拟客观世界中真实或虚构的三维场景随时间而演变的过程。由计算机生成的一系列画面可在显示屏上动态演示，也可将它们记录在电影胶片上或转换成视频信息输出到录像带上。

动画具有如下特点。

(1)　时间连续性。即动态帧构成的图像具有时间连续性。由于图像是一帧帧地送上屏幕的,故动画序列属于离散型时基媒体类型。

(2)　数据量大。必须采用合适的压缩方法才能使之在计算机中实用。

(3)　相关性。即动态图像的帧与帧之间具有很强的相关性。

(4)　对实时性的要求高。在规定时间内,必须完成更换画面播放的过程,以使被观看的动态图像具有连续性。这就要求计算机的处理速度、显示速度、数据读取速度都要满足实时性的要求。

计算机动画有多种分类方法,一种流行的、也是简单的分类方法是将其区分为计算机辅助动画和模型动画(又称三维计算机动画)。一般用计算机实现的动画有造型动画和帧动画两种。造型动画是对每一个活动的对象分别进行设计,赋予每个对象一些特征(如形状、大小、颜色等),然后用这些对象组成完整的画面。这些对象在设计要求下实时变换,最后形成连续的动画过程。帧动画是由一幅连续的画面组成的图形或图像序列,这是产生各种动画的基本方法。

二维动画与三维动画是不相同的。当计算机制作的动画画面仅是二维的透视效果时,就是二维动画。如果通过 CAD 形式创作出具有立体形象的画面,就是三维动画。如果再使其具有真实的光照效果和质感,就是三维真实感动画。通常,二维动画可由计算机实时变换生成并演播,但三维动画(尤其三维真实感动画)由于计算量太大,只能先生成连续的帧图像画面序列,在播放时,调用该图像序列演播即可,有明显的生成和播放的不同过程。动画的播放常常要与声音配合进行,其操作有播放、暂停、退回、逐帧、跳到特定帧、反向、快进、快退等。因此,从媒体处理角度来看,动画是具有连续时间特性的、以节段为单位的媒体形式。节段可以是帧,也可以是一个帧组。由于压缩的需要,常常不以帧为单位,而采用 10 帧左右为一组的节段来处理,而声音就按节段来进行同步。

1.5.6　视频

视频是影像视频的简称,大多数用于与电视、图像处理有关的技术中。与动画一样,视频是由连续的随着时间变化的一组图像(或称画面)组成。视频信号是连续的、随着时间变化的一组图像。只是画面图像是自然景物的图像,因为在计算机中使用,所以就必须是全数字化的,但在处理过程中免不了受到电视技术的各种影响。电视主要有三大制式,即 NTSC、PAL、SECAM。PAL 制是德国研制的,为 625 线的扫描线数,50Hz 频率下,每秒 25 帧。NTSC 是美国研制的一种兼容彩电制式,每秒 30 帧。SECAM 是法国人提出的,每秒是 25 帧。因此,当计算机对其进行数字化时,就必须在规定的时间内(如 1/30s 内)完成量化、压缩和存储等多项工作。反过来,将计算机画面送上电视,会由于扫描线的不同而出现有一带状区域无显示的情况。

动态视频对颜色空间的表示有多种情况,最常见的是红、绿、蓝(R、G、B)三维彩色空间。也有其他彩色空间表示,如亮度 Y、色度 U、色度 V(Y、U、V)等。

对于动态视频的操作和处理,除了播放过程的动作与动画相同外,还可以增加特技效果,如淡入淡出、化入化出、拷贝、镜像等,用于增加表现力,但在媒体中属于媒体表现属性的内容。与动画类同,视频序列也是由节段构成的。由于压缩必须考虑前后帧的顺序，而操作则要求能双向运行，所以关键帧就可以作为随机访问操作的起点，一般是隔10~15 帧为一个单位。

播放的方向取决于压缩时对帧序的处理方式，如果有明显的前后帧压缩关系，则只能单向播放；如果压缩时只有帧压缩而无帧间压缩，则一般可以双向播放。

1.6　多媒体技术的主要研究内容

从目前国际国内的多媒体开发应用来看，多媒体的研究范围十分广泛，多媒体的研究领域包括了计算机和通信的几乎所有领域，并使两者的结合与渗透进入一个新的层次。

多媒体技术使计算机具有综合、生成、表示、处理、存储、检索和分布语音、数据、文本、图表、图像、音响和活动图像等多种媒体的能力，从而使计算机能以人类习惯的方式提供信息服务，大大提高了信息的利用率，也极大地改善了人机接口，由于利用了计算机中的数字化技术和交互式的处理能力，才使多媒体的应用成为可能，才能对多种信息媒体进行统一处理。

多媒体技术的目标是在多媒体环境中尽可能地在带宽、保证保真度和有效性方面模拟人与人在面对面时所使用的各种感官和能力。多媒体的目的是改善计算机与用户、用户与用户之间的交互，即改善人与计算机之间的交互界面。这就要求计算机能够对各种电子媒体传送的信息进行处理和存储，且能经过高速宽带网络进行分布或集中，这对计算机及网络的性能提出了更高的要求。由于这些媒体的传输特性非常不同，因而它们对于网络的要求也就不一样。况且由于多媒体数据库的应用，这些信息往往需要通过网络进行分布，这就有了一个多媒体信息之间协调的问题。这也对现有的通信技术提出了挑战，要求在带宽方面、信息交换方式、连接方式、连接时间、光纤和超大规模集成电路(VLSI)技术方面都有重大突破。

随着 VLSI 的密度和速度的提高，低成本大容量的 CD-ROM 只读存储器和双通道VRAM 的引进，虚拟现实的产生以及对巨量图像和音响信息的实时压缩，这些技术的发展使数字图像压缩和图像处理器结构得以改进，发展成为今天色彩丰富、高清晰度显示子系统。可以显示全屏幕、全运动的视频图像，高清晰度的静态图像，图像特技，三维实时真实感的全活动图像信息，高保真彩色图形，以及高保真的音响信号。

由于多媒体技术的诱人前景，世界上各个国家和各大公司都竞相开发多媒体技术，这种竞争不仅促进了多媒体技术的空前发展，而且也推出了众多的产品。为了使各厂家和公司的产品具有兼容性，因此推行多媒体技术的标准化是非常必要的。

到目前为止，国际上还没有一家权威组织机构对多媒体的研究范围做出十分明确的阐述。根据有关专家及刊物的报道，可以认为多媒体技术研究的主要内容包括以下几个方面：多媒体数据压缩、多媒体数据的组织与管理、多媒体信息的展现与交互、多媒体通信与分布处理、虚拟现实技术。

1. 多媒体数据压缩

在多媒体系统中，由于涉及的各种媒体信息主要是非常规数据类型，如图形、图像、视频和音频等，这些数据所需要的存储空间是十分巨大且惊人的。例如，一幅中等分辨率

(640×480)的真彩色图像，每个像素用 24 位表示，数据量为 640×480×24=7.03Mbit/帧=0.88MB/帧。光盘一般为 600MB，而硬盘一般在 200GB 左右；在通信网络上，以太网设计速率为 10Mbps，实际仅能达到其一半以下的水平，而电话线数据传输速率只有 33.6~56kbps。因此，为了使多媒体技术达到实用水平，除了采用新技术手段增加存储空间和通信带宽外，对数据进行有效压缩是多媒体发展中必须要解决的最关键技术之一。

压缩技术经过 40 多年的发展和研究，从 PCM 编码理论开始，到现今称为多媒体数据压缩标准的 JPEG 和 MPEG，已经产生了各种各样针对不同用途的压缩算法、压缩手段和实现这些算法的大规模集成电路或计算机软件。

2．多媒体数据的组织与管理

数据的组织和管理是任何信息系统要解决的核心问题。多媒体数据具有数据量大、种类繁多、关系复杂的基本特征。以什么样的数据模型表达和模拟这些多媒体信息空间？如何组织和存储这些数据？如何管理这些数据？如何操纵和查询这些数据？这是传统数据库系统的能力和方法难以胜任的。目前，人们利用面向对象方法和机制开发了新一代面向对象数据库，结合超媒体技术的应用，为多媒体信息的建模、组织和管理提供了有效的方法。但是面向对象数据库和多媒体数据库的研究还很不成熟。

3．多媒体信息的展现与交互

在传统的计算机应用中，多数都采用文本媒体，所以对信息的表达仅限于"显示"。在未来的多媒体环境下，各种媒体并存，视觉、听觉、触觉、味觉和嗅觉媒体信息的综合与合成，就不能仅仅用"显示"完成媒体的表现了。

各种媒体的时空安排和效应，相互之间的同步和合成效果，相互作用的解释和描述等都是表达信息时所必须考虑的问题。有关信息的这种表达问题统称为"展现"。尽管影视声响技术已广泛应用，但多媒体的时空合成、同步效果，可视化、可听化以及灵活的交互方法等仍是多媒体领域需要研究和解决的棘手问题。

4．多媒体通信与分布处理

多媒体通信对多媒体产业的发展、普及和应用有着举足轻重的作用，构成了整个产业发展的关键和瓶颈。在通信网络中，如电话网、广播电视网和计算机网络，其传输性能都不能很好地满足多媒体数据数字化通信的需求。

要想广泛地实现信息共享，计算机网及其在网络上的分布式与协作操作就不可避免。多媒体空间的合理分布和有效的协作操作将缩小个体与群体、局部与全球的工作差距。超越时空限制，充分利用信息，协同合作，相互交流，节约时间和经费等是多媒体信息分布的基本目标。

5．虚拟现实技术

虚拟现实，就是采用计算机技术生成一个逼真的视觉、听觉、触觉及味觉等感官世界，用户可以直接用人的技能和智慧对这个生成的虚拟实体进行考察和操纵。这个概念包含三层含义：首先，虚拟现实是用计算机生成的一个逼真的实体，所谓"逼真"，就是要达到三维视觉、听觉和触觉等效果；其次，用户可以通过人的感官与这个环境进行交互；

最后，虚拟现实往往要借助一些三维传感技术为用户提供一个逼真的操作环境。虚拟现实是一种多技术、多学科相互渗透和集成的技术，研究难度非常大。但由于它是多媒体应用的高级境界，且应用前景十分看好，而且某些方面的应用甚至远远地超过了这种技术本身的研究价值，这就促使虚拟现实的研究逐年热了起来。

国际电信联盟(ITU)提出的未来通信的目标是：在世界的任何地方、任何时候，通过任何媒体，用可以接受的成本，使人与人、人与机器、机器与机器均可以方便和安全地互相通信。这个目标在技术方面许多都已经达到了，但仍然有一些关键性问题还有待解决。

1.7　多媒体技术的发展趋势

近些年来，随着超大规模集成电路在密度上、速度上的提高，加之大容量存储器CD-ROM 等的出现，使多媒体技术迅速发展。多媒体技术的发展改变了计算机的使用方式，使计算机由办公室、实验室中的专用品转为信息社会的一员。目前多媒体系统已进入了实用阶段，它被广泛应用于工业生产管理、学校教育、公共信息咨询、商业广告、军事指挥与训练，甚至于家庭生活与娱乐等领域。因此，多媒体技术被认为是改变我们生活的天使，是信息领域的又一次革命。

1.7.1　多媒体技术的发展与应用概况

近年来，多媒体的开发和研究已不再是单纯的计算机软、硬件开发，它还涉及信息科学、图形学、心理学、通信网络、艺术及音乐、机器人、人工智能，乃至社会科学等多个方面。

首先 Philips 和 Sony 公司公布了交互式紧凑光盘系统 CD-I，该系统把各种多媒体信息以数字化的形式存放在只读光盘上，用户可以通过读取光盘中的内容来进行播放。1987年 RCA 公司推出了交互式数字视频系统 DVI，它以计算机技术为基础，用标准光盘来存储和检索静止图像、活动图像、声音和其他数据，RCA 公司后来将 DVI 技术卖给了 Intel公司，随后 Intel 公司宣布将 DVI 技术开发成一种普及的商品。

随着多媒体技术的发展，为建立相应的标准，1990 年 11 月 Philips 公司等 14 家厂商组成的多媒体市场协会应运而生，这个协会所定的技术规格为 MPC(Multimedia Personal Computer，多媒体个人计算机)。MPC 标准的第一个层次是以 VGA 为输出设备，在 PC 或兼容机基础上，以窗口技术为软件支撑环境，配一些多媒体输入输出设备(如 CD-ROM 驱动器、声霸卡和视霸卡等)，完成简单的多媒体功能和交互式功能，用于教育培训或家庭娱乐。第二层是在通用个人计算机硬件和软件平台上，设计制造了与多媒体技术有关的专用的硬、软件。Amiga 系统设计了专用的动画、音响及图形处理芯片。同时，还设计了实时多任务操作系统、Amiga Vision 多媒体著作语言以及完备的图符编程语言。Apple 公司的 QuickTime 是一个不依赖硬件的 MAC 操作系统的扩展，它为该系统增加了管理数字视频的协议，使用户像管理静态图像一样，管理与时间有关的数据。此外，它为用户提供了一个标准方式拷贝、显示、压缩和粘贴基于时间的数据。第三层是多媒体工作站系统，几种运行的工作站：Sun、HP、SGI、DEC 以及 IBM 等都逐渐配有多媒体技术，这是功能比较强的多媒体系统。

国外已有许多公司和组织联合推出了 JPEG 静止图像和 MPEG 全运动图像的压缩标准。1992 年通过并推出了数字视频压缩编码标准 MPEG-1，后来，Microsoft 公司利用对称的压缩和解压缩技术，推出了 AVI 音频、视频格式。利用媒体播放器软件，可使 CD-ROM 上的压缩图像和声音文件在带有标准 VGA 和声卡的 PC 机上同步播放。当时由于受到 CD-ROM 传输率等的限制，AVI 显示的电视图像分辨率不能超过 160×120 像素，图像的帧速度在每秒 15 帧以下，颜色不多于 256 种。

高效的压缩和解压缩算法是多媒体系统运行的关键。国际标准化组织先后制定了典型的有关数字视频(及其伴音)压缩编码，如 MPEG-1、MPEG-2、MPEG-4、MPEG-7、MPEG-21 和 H.264。

MPEG-1 是一种 1.2~1.5Mb/s 的运动图像及其伴音的编码，图像质量仅为 200 多线，相当于一般家用录像机水平。一些数码相机和数字摄像机用 MPEG-1 作为其数字音频、视频的记录格式，以 MPEG-1 作为音频、视频编码标准的 VCD 在我国一度曾经非常普及。

MPEG-2 数字视频压缩编码标准主要针对数字电视(DTV)的应用，码率为 1.5~60Mb/s 甚至更高。开发了相应的标准与解码芯片，其中 MPEG-2 的图像分辨率增加到 704×576 像素(PAL 制)或 750×480 像素(NTSC 制)。MPEG-2 的最显著特点是通用性，它保持了与 MPEG-1 向下兼容。以 MPEG-2 作为压缩标准的数字卫星电视已得到广泛应用。新一代的数字视盘 DVD 采用了 MPEG。高清晰度电视(HDTV)广播之中也采用 MPEG-2 作为视频压缩标准。

MPEG-4 的目标是支持在各种网络条件下(含移动通信)交互式的多媒体应用，主要侧重于对多媒体信息内容的访问。它不仅支持自然的(取样)音频和视频，同时也支持计算机合成的音频和视频信息。具有很强的功能，有着广阔的应用前景。

H.264 是国际电信联盟(ITU)的前身 CCITT 制定的一个数字视频编码标准。它适用于在 ISDN 网上以 P*64kb/s(P=1,...,30)的速率开展视频会议和可视电话业务，目前已得到了广泛的使用。

后来，人们又制定出新的国际标准 MPEG-4。它包括了系统、视频、音频、测试、参考软件、多媒体集成框架。于 2000 年 11 月又公布了 MPEG-7，正式规定了"多媒体内容描述接口"。此外，还研制出光存储器技术(相关的产品有 CD-ROM、CD-R、CD-RW、DVD-ROM、DVD-R、DVD-RAM 等)。

随着信息技术的迅速发展，多媒体技术已经成为计算机科学的一个重要研究方向。多媒体技术的开发与应用，使人与计算机之间的信息交流变得生动活泼、丰富多彩。随着多媒体技术的发展，在人们的工作生活中，已经出现了数字图书馆、电子教材、VCD/DVD 家庭影院、多媒体视频会议、网络可视电话、普适计算的应用系统等。可以毫不夸张地讲，多媒体技术的发展，为我们的工作、学习和生活带来了前所未有的变化。

1.7.2　多媒体技术的发展趋势

多媒体技术将计算机与电视技术相结合，一方面实现"双向电视"；另一方面使计算机具有向人类提供综合声、文、图、活动图像等各种信息服务的能力，从而使计算机进入人类生活的各个领域。分布式多媒体技术又进一步把电视的真实性、通信的分布性和计算机的交互性相结合，逐渐向人类提供全新的信息服务，使计算机、通信、新闻和娱乐等行业之间的差别正在缩小或消失。

总而言之，多媒体技术正使信息的存储、管理和传输的方式产生根本性的变化，它影响到相关的每一个行业，同时也产生了一些新的信息行业。因此，多媒体技术的发展很可能是不拘一格、多种多样的。综合起来可以分成以下 4 个方面。

1．多媒体终端的部件化、智能化和嵌入化发展趋势

目前，多媒体计算机硬件体系结构，多媒体计算机的视频、音频接口软件不断改进，尤其是采用了硬件体系结构设计与软件、算法相结合的方案，使多媒体计算机的性能指标进一步提高，但要满足多媒体网络化环境的要求，还需对软件做进一步的开发和研究，使多媒体终端设备具有更高的部件化和智能化特征，对多媒体终端增加如文字的识别和输入、汉语语音的识别和输入、自然语言理解和机器翻译、图形的识别和理解、机器人视觉和计算机视觉等智能。

过去 CPU 芯片设计较多地考虑计算功能，主要用于数学运算及数值处理，随着多媒体技术和网络通信技术的发展，需要 CPU 芯片本身具有更高的综合处理声、文、图等信息及通信的功能，因此我们可以将媒体信息实时处理和压缩编码算法做到 CPU 芯片中。

从目前的发展趋势看，可以把这种芯片分成两类：一类是以多媒体和通信功能为主，融合 CPU 芯片原有的计算功能，它的设计目标是用在多媒体专用设备、家电及宽带通信设备上，可以取代这些设备中的 CPU 及大量 ASIC 和其他芯片。另一类是以通用 CPU 计算功能为主，融合多媒体和通信功能，它们的设计目标是与现有的计算机系列兼容，同时具有多媒体和通信功能，主要用在多媒体计算机中。

近年来，随着多媒体技术的发展，电视与计算机技术的竞争与融合越来越引人注目，传统的电视主要用于娱乐，而计算机重在获取信息。随着电视技术的发展，电视浏览收看功能、交互式节目指南、电视上网等功能应运而生。而计算机技术在媒体节目处理方面也有了很大的突破，视音频流功能的加强，搜索引擎、网上看电视等技术相应出现，比较来看，收发 E-mail、聊天和视频会议终端功能更是计算机与电视技术的融合点，而数字机顶盒技术适应了电视与计算机融合的发展趋势，延伸出"信息家电平台"的概念，使多媒体终端集家庭购物、家庭办公、家庭医疗、交互教学、交互游戏、视频邮件和视频点播等全方位应用于一身，代表了当今嵌入化多媒体终端的发展方向。

嵌入式多媒体系统可应用在人们生活与工作的各个方面，在工业控制和商业管理领域，如智能工控设备、POS/ATM 机、IC 卡等；在家庭领域，如数字机顶盒、数字式电视、WebTV、网络冰箱、网络空调等消费类电子产品；此外，嵌入式多媒体系统还在医疗类电子设备、多媒体手机、掌上电脑、车载导航器、娱乐、军事方面等领域有着巨大的应用前景。

2．多媒体技术的网络化发展趋势

与宽带网络通信等技术相互结合，使多媒体技术进入科研设计、企业管理、办公自动

化、远程教育、远程医疗、检索咨询、文化娱乐、自动测控等领域；多媒体终端的部件化、智能化和嵌入化，提高了计算机系统本身的多媒体性能，利于开发智能化家电。

多媒体技术的发展使多媒体计算机形成更完善的支撑和协同工作环境，消除了空间距离的障碍，也消除了时间距离的障碍，为人类提供更完善的信息服务。交互的、动态的多媒体技术能够在网络环境创建出更加生动逼真的二维与三维场景，人们还可以借助摄像等设备，把办公室和娱乐工具集合在终端多媒体计算机上，可在世界任一角落与千里之外的同行在实时视频会议上进行市场讨论、产品设计，或欣赏高质量的图像画面。新一代用户界面(UI)与智能代理(Intelligent Agent)等网络化、人性化、个性化的多媒体软件的应用还可使不同国籍、不同文化背景和不同文化程度的人们通过"人机对话"，消除相互之间的隔阂，自由地沟通与了解。

世界正迈进数字化、网络化、全球一体化的信息时代。信息技术将渗透到人类社会的方方面面，其中网络技术和多媒体技术是促进信息社会全面实现的关键技术。

多媒体交互技术的发展，使多媒体技术在模式识别、全息图像、自然语言理解(语音识别与合成)和新的传感技术(手写输入、数据手套、电子气味合成器)等基础上，利用人的多种感觉通道和动作通道(如语音、书写、表情、姿势、视线、动作和嗅觉等)，通过数据手套和跟踪手语信息，提取特定人的面部特征，合成面部动作和表情，以并行和非精确方式与计算机系统进行交互，可以提高人机交互的自然性和高效性，实现以三维逼真输出为标志的虚拟现实。

3. 多媒体分布式、协同工作的发展趋势

在当前形势下，各种多媒体系统，尤其是基于网络的多媒体系统，如可视电话系统、点播系统、电子商务、远程教学和医疗等将会得到迅速发展。一个多点分布、协调工作的信息资源环境正在日益完善和成熟。

随着科学技术的迅速发展，当前世界经济正在由物质型经济转向知识型和信息型经济，通信的重要性更为突出。加之社会分工越来越细，人与人之间，单位与单位之间，企业与企业之间的依赖关系越来越多。很多问题，例如行政管理、工程设计、生产调度、报表编制、书刊编写等往往需要由若干位于不同区域、属于不同行业的个人或单位共同讨论和决策。在这种情况下，传统的体制也就需要相互协作，共同发展。因此，综合业务数字网就越来越受到人们的重视。把多媒体技术与广播电视及通信，特别是与综合业务数字网结合起来，使传统的无线通信和数据通信之间的界线逐渐消失，最终计算机、通信、大众传媒势必走向趋同、走向融合。

4. 三电(电信、电脑、电器)通过多媒体数字技术将相互渗透融合

多媒体技术的进一步发展将会充分地体现出多领域应用的特点，各种多媒体技术手段将不仅仅是科研工作的工具，而且还可以是生产管理的工具、生活娱乐的方式。如欣赏声像图书馆的各种资料、阅读电子杂志、向综合信息中心咨询、电子购物等。

另外，还可以采用多媒体信息形式的远程通信，虽然相距遥远，但其交谈和合作的感受却如同相聚一室。

可以预见，多媒体技术在以上各方面将会取得迅速发展，在不久的将来，多媒体将普

及到人们工作和生活的方方面面，人们可以使用多媒体计算机系统作为终端设备，通过网络举行可视电话会议、视频会议、洽谈生意、进行娱乐和接受教育等。在不久的将来，多媒体技术将在中国医疗、水利、交通、海洋、远程监控等领域中得到应用，并且人机交互大学课程将会进入实用。到那时，人们的工作方式、生活方式、学习方式将会产生深刻的变革，多媒体技术的发展将是一幅绚丽多彩的画卷。

1.8　本章小结

在本章中，首先对数据、信息、媒体、多媒体、多媒体系统等一一做了介绍，然后分别对音频、图像、图形、动画和视频等对象进行了定义，并引出了多媒体系统的若干技术，力图给读者一个较为完整的概念，使读者掌握多媒体系统的基本配置，了解多媒体的应用以及所涉及的若干技术。最后，还对多媒体技术的研究范围和要实现的目标进行了阐述，从而使读者对多媒体技术有个较为全面的了解。

1.9　习　　题

1．填空题

(1) 根据 ISO 的定义，_____是对人有用的数据，这些数据将可能影响到人们的_____。

(2) 一般用计算机实现的动画有造型动画和帧动画两种。造型动画是对每一个活动的对象分别进行设计，赋予每个对象一些特征(如形状、大小、颜色等)，然后用这些对象组成完整的_____。这些对象在设计要求下实时_____，最后形成_____动画过程。帧动画是由一幅_____组成的图形或图像_____，这是产生各种动画的基本方法。

(3) 多媒体技术的发展很可能是不拘一格、多种多样的。综合起来，可以分成以下 4个方面：_____、_____、_____、_____。

(4) 多媒体技术的目标是在多媒体环境中尽可能地在_____、保证保真度和_____方面模拟人与人在面对面时所使用的各种感官和能力。多媒体的目标是_____计算机与用户、用户与用户之间的_____，即改善人与计算机之间的交互界面。

2．选择题

(1) 在计算机领域中，能够表示信息的文字、图形、声音、图像、动画等都可以称为_____。

    A. 数据　　　　B. 数字　　　　　C. 媒体　　　　　D. 信息

(2) 下列说法正确的是_____。

    A. 超文本就是超媒体

    B. 媒体不一定是媒介

　　　C. 信息是对人有用的数据

　　　D. 多媒体与多媒体技术根本没有区别

　　(3) 多媒体技术强调的是交互式综合处理多种信息媒体(尤其是感觉媒体)的技术。从本质上来看，它具有信息载体的 3 个主要特征。这 3 个主要特征是_____。

　　　A. 多样性、集成性和交互性　　　　B. 控制性、交互性和复杂性

　　　C. 控制性、综合性和多维化　　　　D. 易变性、集成性和可扩展性

3. 判断题

　　(1) 音频、视频都是连续的数字媒体，因此，它们的性质是完全相同的。　　(　　)

　　(2) 一般情况下，可以认为图形与图像之间没有任何关系。　　　　　　　　(　　)

　　(3) 多媒体技术就是采用计算机技术把文字、声音、图形、图像和动画等多媒体综合一体化，使之建立起逻辑连接，并能对它们获取、压缩编码、编辑、处理、存储和展示。即多媒体技术就是把声、文、图、活动图像和计算机集成在一起的技术。　　(　　)

　　(4) 超文本将信息自然地相连接，而不像纸写文本那样将结构分层归类，它以这种方式实现对无顺序数据的管理。　　　　　　　　　　　　　　　　　　　　　(　　)

　　(5) 超媒体是超文本的扩展，因为除了所含的文本外，这些电子文档也将包括任何可以以电子存储方式进行储存的信息，如音频、动画视频、图形或全运动视频。　　(　　)

4. 简答题

　　(1) 计算机与 5 种媒体的对应关系如何？

　　(2) 多媒体系统由哪些部分组成？

　　(3) 什么是视频、图形、图像？

　　(4) 图形与图像有何区别？

　　(5) 多媒体技术的主要研究内容有哪些？

第 2 章

音频信号处理技术

教学提示：

　　声音是携带信息的极为重要的媒体，音频信号处理技术是多媒体信息处理的核心技术之一，它是多媒体技术和多媒体产品开发中的重要内容。人类生活的环境中声音的种类繁多，如人的语音、乐器声、动物发出的声音、机器产生的声音，以及自然界的雷声、风声、雨声、闪电声等。

教学目标：

　　本章主要介绍多媒体计算机中音频信号处理技术的基本原理、硬件、软件以及应用前景。通过对本章的学习，要求掌握计算机声音处理的常用技术和原理、声音处理硬件的基本构成、常用的声音合成方法、声音的编码和压缩技术、数字音频的合成以及数字声音的应用知识。

2.1 声音的特性、类型与处理

声音是人类交互的最自然方式之一。自计算机诞生以来，人们便梦想能与计算机进行面对面的"交谈"，以致于在许多科幻小说和电影中出现了一些能说会道的机器人。科学家们为实现此目标付出了艰辛的劳动，并取得了较大的突破。尤其在 20 世纪 90 年代大量出现的多媒体计算机环境中，计算机的音频技术得到了淋漓尽致的体现和发挥。

计算机是怎样处理声音的？要回答这一问题，我们不妨先来对自然界的声音现象做一个较为深入的了解。

2.1.1 声音的特性

自然界中，声音是靠空气传播的。人们把发出声音的物体称为声源，声音在空气中能引起非常小的压力变化。而我们的耳朵具有这种功能：声源所引起的空气压力变化，能被耳朵的耳膜所检测，然后产生电信号刺激大脑的听觉神经，从而使人们能感觉到声音的存在。自然界的各种声音大都具有周期性强弱变化的特性，因而也使得输出的压力信号周期性地变化，人们将这种变化用一种图示的方法——正弦波来形象地表示，如图 2.1 所示。

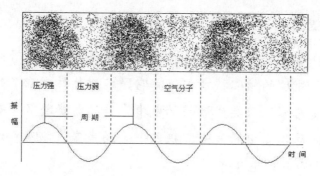

图 2.1　声音的正弦波表示

在图 2.1 中，人们将曲线上的任一点再次出现所需时间间隔称为周期。而 1 秒钟内声音由高(压力强)到低(压力弱)再到高(压力强)，这个循环出现的次数称为频率。频率越高，声音越高，以赫兹(Hz)为其度量单位。一个系统能够接受的频率是有限的，人们把系统能够接受的从最低频率到最高频率之间的范围称为系统的带宽(Bandwidth)。人类能够接受的听觉带宽是从 20Hz 到 20kHz。

从听觉的角度来看，声音有其自身特有的特性、声学原理及质量标准。

1. 声音的三要素

声音的三要素为音调、音强、音色。音调与声音的频率有关，频率快则声音高，频率慢则声音低。音强又称响度，取决于声音的幅度，即振幅的大小和强弱。而音色则由混入基音的泛音所决定，每个基音又都有其固有的频率和不同音强的泛音，从而使得每个声音具有特殊的音色效果。

2．声音的连续谱特性

声音是一种弹性波，声音信号可以分成周期信号与非周期信号两类。周期信号即为单一频率音调的信号，其频谱是线性谱；而非周期信号包含一定频带的所有频率分量，其频谱是连续谱。

真正的线性谱仅可从计算机或类似的声音设备中听到，这种声音听起来十分单调。

其他声音信号或者属于完全的连续谱，如电路中的平滑噪声，听起来完全无音调；或者属于线性谱中混有一段段的连续谱成分，只不过这些连续谱成分比起那些线性谱成分来说要弱，以至于整个声音还是表现出线性谱的有调特性，也正是这些连续谱成分使声音听起来饱满、生动。

3．声音的方向感特性

声音的传播是以声波形式进行的。由于人类的耳朵能够判别出声音到达左右耳的相对时差、声音强度，所以能够判别出声音的方向以及由于声音的来回反射而造成声音的特殊空间效果。

因此，现在的音响设备都在竭力模拟这种立体声效果和空间感效果。在现有的多媒体计算机环境中，声音的方向感特性也是试图要实现的需求之一。

4．声音的时效性

声音具有很强的时效性，没有时间也就没有声音，声音适合在一个时间段中表现。声音常常处于一种伴随状态，如伴音、伴奏等，起一种渲染气氛的作用。由于时间性，声音数据具有很强的前后相关性，因而，数据量要大得多，实时性要求也比较高。

5．声音的质量

声音的质量与声音的频率范围有关。一般说来，频率范围越宽，声音的质量就越高。表 2.1 给出了不同种类声音的频率范围。

表 2.1　不同种类声音的频率范围

声音的种类	频　宽
次声(Infra-sound)	0～20Hz
电话语音	200Hz～3.4kHz
调幅广播	50Hz～7kHz
调频广播	20Hz～15kHz
音响	20Hz～20kHz
超声(Ultrasound)	20kHz～1GHz

在有些情况下，系统所提供的声音媒体并不能满足所需的频率宽度，这会对声音质量有影响。因此，要对声音质量确定一个衡量的标准。对语音而言，常用可懂度、清晰度、自然度来衡量；而对音乐来说，保真度、空间感、音响效果都是重要的指标。现在对声音主观质量进行衡量比较通用的标准是 5 分制，各档次的评分标准见表 2.2。

表 2.2　声音质量的评分标准

质量等级	评　价	失真程度
5	优(Excellent)	感觉不到声音失真
4	良(Good)	刚察觉但不讨厌
3	中(Fair)	声音有些失真，有点讨厌
2	差(Poor)	声音失真，不令人反感
1	劣(Bad)	严重失真，令人反感

2.1.2　声音的类型与处理

　　自然界中的声音可分为 4 种类型：次声、可听声、超声与特超声(1GHz ~ 10THz)，表 2-1 给出的是前 3 种声音的频率范围，人类的听觉范围是 20Hz ~ 20kHz，次声、超声与特超声均非可听声。超音频信号具有很强的方向性，而且可以形成波束，在工业上得到广泛的应用，如超声波探测仪，超声波焊接设备等就是利用这种信号。在多媒体技术中，处理的信号主要是音频信号，它包括音乐、话音、风声、雨声、鸟叫声、机器声等。

　　人们是否都能听到音频信号，主要取决于各个人的年龄和耳朵的特性。一般来说，人的听觉器官能感知的声音频率大约在 20Hz ~ 20000Hz 之间，在这种频率范围里感知的声音幅度大约在 0 ~ 120dB 之间。除此之外，人的听觉器官对声音的感知还有一些重要特性，这些特性将在后续章节中介绍，它们在声音数据压缩中已经得到广泛的应用。因此，多媒体计算机主要处理的是人类听觉范围内的可听声。

　　声音的处理主要有：声音的录制、回放、压缩、传输和编辑等。这涉及声音的两种最基本表示形式：模拟音频和数字音频，下面介绍这两种形式的基本概念。

1. 模拟音频(Analog Audio)

　　自然的声音是连续变化的，它是一种模拟量，人类最早记录声音的技术是利用一些机械的、电的或磁的参数，随着声波引起的空气压力的连续变化而变化来模拟和记录自然的声音，并研制了各种各样的设备，其中最普遍、人们最熟悉的要数麦克风(即话筒)了。当人们对着麦克风讲话时，麦克风能根据它周围空气压力的不同变化而输出相应连续变化的电压值，这种变化的电压值便是一种对人类讲话声音的模拟，是一种模拟量，称为模拟音频。它把声音的压力变化转化成电压信号，电压信号的大小正比于声音的压力。当麦克风输出的连续变化的电压值输入到录音机时，通过相应的设备将它转换成对应的电磁信号，记录在录音磁带上，因而便记录了声音。但以这种方式记录的声音不利于计算机存储和处理，因为计算机存储的是一个个离散的数值。要使得计算机能存储和处理声音，就必须将模拟音频数字化。

2. 数字化音频(Digital Audio)

　　数字化音频的获得是通过每隔一定的时间间隔测一次模拟音频的值(如电压)并将其数字化。这一过程称为采样，每秒钟采样的次数称为采样率。一般地，采样率越高，记录的声音就越自然，反之，若采样率太低，将失去原有声音的自然特性，这一现象称为失真。由模拟量变为数字量的过程称为模-数转换。

由上述内容可知：数字音频是离散的，而模拟音频是连续的，数字音频质量的好坏与采样率密切相关。数字音频信息计算机可以存储、处理和播放。但计算机要利用数字音频信息驱动喇叭发声，还必须通过一个设备将离散的数字量再变为连续的模拟量(如电压等)，这一过程称为数-模转换。因此，在多媒体计算机环境中，要使计算机能记录和发出较为自然的声音，必须具备这样的设备。目前，在大多数个人多媒体计算机中，这些设备集中在一块卡上，这块卡称为声卡。声卡的一般作用如图 2.2 所示。

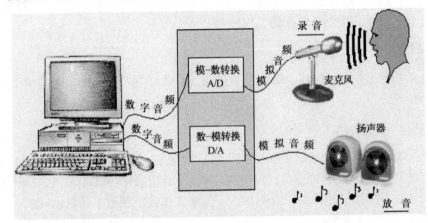

图 2.2　多媒体计算机中声卡录音、放音的处理过程

2.2　声卡的构成与功能

声卡(Sound Card)也叫音频卡，是多媒体技术中最基本的组成部分。声卡是声音处理和转换的设备，是实现声波/数字信号相互转换的一种硬件，它以插件的形式紧固在计算机主板的扩展槽上，或集成在计算机主板上(这种情况称为声音处理部件可能更合适些)。

2.2.1　声卡的组成

声卡由各种电子器件和连接器组成。电子器件用来完成各种特定的功能。连接器一般有插座和圆形插孔两种，用来连接输入输出信号。声卡的类型众多，结构也不尽相同。一般地说，一块声卡至少应具有下列部件。

1.　声音控制芯片

声音控制芯片是把从输入设备中获取的声音模拟信号，通过模-数转换器，将声波信号转换成一串数字信号，采样并存储到电脑中。重放时，这些数字信号被送到一个数-模转换器还原为模拟波形，放大后送到扬声器发声。

2.　数字信号处理器

DSP 芯片通过编程实现各种功能。它可以处理有关声音的命令、执行压缩和解压缩程序、增加特殊声效和传真 Modem 等。大大减轻了 CPU 的负担，加速了多媒体软件的执行。但是，低档声卡一般没有安装 DSP，高档声卡才配有 DSP 芯片。

3．FM 合成芯片

低档声卡一般采用 FM 合成声音，以降低成本。FM 合成芯片的作用就是用来产生合成声音。

4．波形合成表

在波表ROM中存放有实际乐音的声音样本，供播放MIDI使用。一般的中高档声卡都采用波表方式，可以获得十分逼真的使用效果。

5．波表合成器芯片

该芯片的功能是按照 MIDI 命令，读取波表 ROM 中的样本声音，合成并转换成实际的乐音。低档声卡没有这个芯片。

6．跳线

跳线是用来设置声卡的硬件设备，包括 CD-ROM 的 I/O 地址、声卡的 I/O 地址的设置。声卡上游戏端口的设置(开或关)、声卡的 IRQ(中断请求号)和 DMA 通道的设置，不能与系统上其他设备的设置相冲突，否则，声卡无法工作甚至使整个计算机死机。声卡与其他设备的连接如图 2.3 所示。

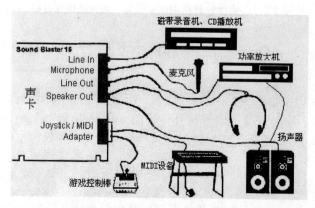

图 2.3　声卡与其他设备的连接

声卡中的 Line In 插孔可连接录音机、袖珍 CD 播放机和合成器等，将其播放的音频信息输入计算机；Microphone 插孔与麦克风相连，用于录音；Speaker Out 可与喇叭、耳机相连，如要将一个功率很大的音箱连入计算机，则需先将功放与 Line Out 相连，然后将音箱与功放相连；Joystick/MIDI Adapter 可与游戏操纵杆、MIDI 设备相连。

(1)　I/O 口地址

PC 机所连接的外设都拥有一个输入/输出地址，即 I/O 地址。每个设备必须使用唯一的 I/O 地址，声卡在出厂时通常设有默认的 I/O 地址，其地址范围为 220H~260H。

(2)　IRQ(中断请求)号

每个外部设备都有唯一的一个中断号。声卡 Sound Blaster 默认 IRQ 号为 7，而 Sound

Blaster PRO 的默认 IRQ 号为 5。

(3) DMA 通道

声卡录制或播放数字音频时，将使用 DMA 通道，在其本身与 RAM 之间传送音频数据，而无需 CPU 干预，以提高数据传输率和 CPU 的利用率。16 位声卡有两个 DMA 通道，一个用于 8 位音频数据传输，另一个则用于 16 位音频数据传输。

(4) 游戏杆端口

声卡上有一个游戏杆连接器。若一个游戏杆已经连在机器上，则应使声卡上的游戏杆跳接器处于未选用状态。否则，两个游戏杆会互相冲突。

2.2.2　声卡的主要功能和性能指标

1. 声卡的主要功能

(1) 录制与播放声音文件。通过声卡及相应的驱动程序的控制，采集来自话筒、收录机等音源的信号，压缩后被存放在计算机系统的内存或硬盘中，随时可打开声音文件进行播放。声音文件的格式可因使用不同的软件而不同。

(2) 音乐合成。将硬盘或激光盘压缩的数字化声音文件还原成高质量的声音信号，放大后通过扬声器放出。对数字化的声音文件进行加工，以达到某一特定的音频效果。控制和调节音量大小，对各种音源进行组合，实现混响器的功能，最后送至音箱或耳机播放。

(3) 压缩和解压缩音频文件。目前，大多数声卡上都固化了不同标准的音频压缩和解压缩软件，常用的压缩编码方法有 ADPCM(自适应差分脉冲编码调制)和 ACM(微软音频压缩管理器)等，压缩比大约为 2:1 ~ 5:1。

(4) 具有与 MIDI 设备和 CD 驱动器的连接功能。通过声卡上的 MIDI 接口，计算机可以同外界的 MIDI 设备相连接，如连接电子琴、电吉他等，使 MPC 具有创作电脑乐曲和播放 MIDI 文件的功能。游戏杆也可通过 MIDI 接口与计算机相连接，使游戏玩起来得心应手。

(5) 利用语言合成技术，通过声卡朗读文本信息。如读英语单词和句子，奏音乐等。

(6) 具有初步的音频识别功能，让操作者用口令指挥计算机工作。

2. 声卡的性能指标

声卡的性能指标决定了声卡声音采集、合成与播放的质量，主要取决于以下几方面。

(1) 采样分辨率：即采样位数，常见有 8 位、16 位、24 位、32 位。其中 16 位的声卡比较流行。采样位数越大，分辨率越高，失真度越小，录制和回放的声音就越真实。

(2) 采样速率：主流声卡分为 11.025kHz、22.05kHz、44.1kHz、48kHz 几个等级，采样速率越高，音质越真实。采样分辨率和采样速率将决定音频卡的音质清晰、悦耳、噪声的程度。

(3) 声道数：包括单声道、双声道和多声道等。常见的有 8 位单声道、8 位立体声、16 位立体声、多通道 16 位立体声、多通道 24 位立体声(DVD 音频标准)。

(4) 兼容性：ADLIB 标准和 SB 标准的声卡兼容性好，可以获得较多的软件支持。

(5) 功能接口：较好的声卡带有 MIDI 合成器(数字音乐接口，可连接类似于电子琴的

MIDI 设备，通过弹奏乐器可将音乐记录并转换成 MIDI 格式文件)、CD-ROM、DVD-ROM 接口。

2.3　声音信号的数字化

由上节可知，自然界的声音是一种模拟的音频信息，是连续量。而计算机只能处理离散的数字量，这就要求必须将声音数字化。音频信息数字化的优点是：传输时抗干扰能力强，存储时重放性能好，易处理，能进行数据压缩，可纠错，容易混合。要将音频信息数字化，其关键的步骤是采样、量化和编码，本节将详细介绍与此相关的概念、硬件、技术与实现方法。

2.3.1　采样

在数字领域中，将模拟信号数字化已有了比较坚实的理论基础和极为成熟的实现技术，其中有一种称为脉冲编码调制(Pulse Code Modulation，PCM)的技术在数字音频系统中广为使用。图 2.4 给出了 PCM 方法的工作原理。

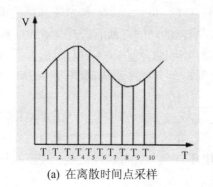
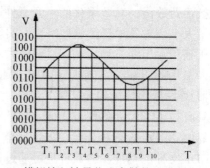

(a) 在离散时间点采样　　　　　　(b) 模拟输入被量化成离散的二进制代码

图 2.4　PCM 方法的工作原理

在该图中，曲线代表声波曲线，是连续变化的模拟量(如电压)，时间轴以一种离散分段的方式来表示，并且波形以固定的时间间隔来测量其值，这种处理称为采样。每一个采样的电压用一个整数数字化，计算机存储或传输这些数据，而不是波形自身。采用的采样频率(每秒采样的次数)称为采样率。一般在采样中采样率是固定的。采样率的倒数称为采样时间。例如，某个系统的采样率为 40000 次/秒，则它的采样时间为 1/40000 秒。因而采样率越高，采样时间越短，记录的数字音频信息与模拟音频就越相似。对于一个数字音频系统而言，选择合适的采样频率，保证数字化音频不失真，是最重要的设计工作之一，因为它决定了系统的带宽。那么，如何采样才能精确地表示音频波形呢？

人们通过对采样的长期研究，已形成了一套采样理论。奈奎斯特(Nyquist)已证明：要完全表示一个具有 S/2Hz 带宽的波形，需要每秒 S 的采样率。换句话说，我们要获得一个无损的采样，就必须以波形最高允许频率的两倍作为采样率。例如，人类能够接受的听觉带宽是 20Hz ～ 20kHz。按照这个理论，要产生听得见的频率范围需要大于 40kHz 的采样率。为了满足这个需要，菲利浦和索尼公司在设计光盘(CD)时，选择了 44.1kHz 的采样率。这个采样频率也是 Windows 所支持的较高采样率。在 Windows 下所支持的其他采样率还有 11.025kHz 和 22.05kHz，这些可用带宽都小于奈奎斯特理论上的最大值的最高频率。在实际应用中，为了避免别名噪声(Aliasing Noise)的导入，大于等于奈奎斯特频率必定要有大量的信号衰减。这个衰减假设发生在最高可用频率和奈奎斯特频率之间。为了将这些频率与现实世界相联系，表 2.3 给出了一些通常声音的频率范围。

表 2.3　通常声音的频率范围

声音类型	基本的频率范围
大钢琴	A_1~C_8(27.1Hz~4.186kHz)
长笛	C_3~B_6(261.63Hz~3.951kHz)
电吉他	E_1~E_5(82.41Hz~1.328kHz)
管乐	C_2~C_{10}(32.7Hz~932.33Hz)
小号	E_2~B 降 4 调(164.81Hz~932.33Hz)
人类声音	50Hz~800Hz

从该表中，我们可以看到，一般声音的最大基音频率都小于 5kHz，意思是它们能够以低频 11.025kHz 被录音而无任何失真。采样后得到的音频信息必须对其数字化。

2.3.2　量化

将采样后得到的音频信息数字化的过程称为量化。因此，量化也可以看作是在采样时间内测量模拟信息值的过程。

在日常生活中，我们也可以找到量化的例子。例如，假设有两个电压表分别连到模拟信号源上，其中一个为模拟电压表，另一个为数字电压表，如图 2.5 所示。

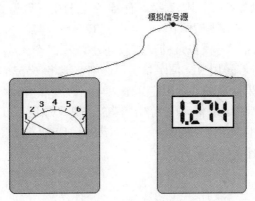

图 2.5　电压值的量化

对于模拟电压表，测量的精度取决于仪表本身的精确度，以及测量者眼睛的识别率。数字电压表度量精度取决于仪表的有效位数。例如，表中如只有两个数字，读数是 1.3，三个数字的读数是 1.27，四个数字的读数则是 1.274。当然，我们可以通过增加数字电压表的位数来提高精度，但不管怎样，对一个数字系统而言，其精度总是有限的。因此，任何一个数字系统量化后的结果与模拟量之间总存在误差。对于一个音频数字化系统而言也是如此，所以，量化的精度也是影响音频质量的另一个重要因素。

在数字系统中，数量级的刻画通常是以二进制的形式来描述的。把连续的幅值转换成离散的幅值，采用的量化方法一般是均匀量化法。例如，把 0.0000V 到 1.0000V 的电压信号转换成由 8 位二进制表示的数。0~1 之间有无穷多个数值，而 8 位二进制数只有 $2^8=256$ 个，即 0，1，2，3，4，…，255。因此，0~1 之间的电压值分为 256 个等级，每个等级代表 1/256=0.0039V。用二进制的 0 表示 0.000~0.0039V，用二进制的 1 代表 0.004~0.0078V，依次类推，显然，量化后的信号丢失了信息，而且引进了量化噪声。同样明显的是，量化等级的数目越多，那么引进的噪声就越小，这就是为什么样本用 16 位二进制数表示的音响质量，比用 8 位二进制数表示的音响质量要好得多的原因。这也是 CD(CompactDisc-DigitalAudio)光盘和 CD-I(CompactDisc-Interactive)光盘中的超级高保真音乐都采用每个样本为 16 位二进制数表示的原因。

在一个数字系统中，可允许的二进制数的位数称为字长，字长决定了音频数字化系统量化的精度。字长越长，精度越高(可区分度越高)，当然，模数转换器的成本也越高。

1. 数字系统是怎样进行量化的

通过前面的学习我们知道，声音若以模拟方式表示，则可表示成正弦波的形式。对该声波进行采样，就是将时间轴分成许多相等的时间间隔，在这些离散的时间点上测得其电压值，处理过程如图 2.4 所示。

在该图中，时间是离散的，但电压轴是连续的，每一时间点测得的电压值与声波曲线上相应的值是相等的。测得模拟信号的值之后，再由量化器对其数量化，转换成二进制代码(又称编码)，如图 2.4(b)所示。

在一个数字系统中，通过对模拟量波形在离散的周期间隔内赋以有限的级别来对模拟信号进行编码。由图 2.4(b)我们可以看到，影响量化精度的第一个因素应是用于编码的二进制的位数(即字长)。例如，二位则 $2^2=4$，有 4 个区分度，若为 3 位，则有 8 个区分度 $(2^3=8)$，若为 4 位，二进制则有 16 个区分度 $(2^4=16)$，16 位则有 65536 个区分度 $(2^{16}=65536)$。区分度越高，与模拟量的误差就越小。第二个因素是波形允许的动态范围(称为振幅)。例如，系统若采用 16 位字长实现，则它能将 65536 个区分级中的某一个赋予理想的模拟波形。如果模拟波形被限定为最大电压级别峰值到峰值为 1V，那么，最高声音信号被编码为 1V，而最低声音等于 1/65536V，这得出的允许动态范围近似于 96dB(分贝)。所以多媒体个人计算机的中、高档声卡一般为了获得较好采样音质，往往选用字长 16 位或 32 位进行采样。

2. 采样精度

在数字化系统中，表示每个声音样本值所用的二进制位数反映了衡量声音波形幅度的精度。例如，每个声音样本用 16 位(2 字节)表示，测得的声音样本值为 0~65536，它的精度就是输入信号的 1/65536。

样本位数的大小影响到声音的质量，位数越多，声音的质量越高，而需要的存储空间也越多；位数越少，声音的质量越低，需要的存储空间就越少。

采样精度的另一种表示方法是信号噪声比，简称为信噪比(Signal-to-Noise Ratio，

SNR)，并用下式计算：

$$SNR = 10lg[(V_{signal}) / (V_{noise})]^2 = 20lg(V_{signal} / V_{noise})$$

其中，V_{signal} 表示信号电压，V_{noise} 表示噪声电压；SNR 的单位为分贝(dB)。

假设 $V_{noise}=1$，采样精度为 1 位，表示为 $V_{signal}=2^1$，它的信噪比 SNR=6dB。

假设 $V_{noise}=1$，采样精度为 16 位，表示为 $V_{signal}=2^{16}$，它的信噪比 SNR=96dB。

通过对本节内容的学习，我们可以得出如下结论。

(1) 采样率和字长是影响声音数字化质量的两个重要技术指标。采样率决定了系统可记录声音的范围，按照采样理论，系统应选择高于所录声音频带二倍作为采样率。如记录自然声音(语音、音乐等)应选择 44.1kHz 的采样率，若只记录语音，则可选择 11.025kHz 的采样率便可保证无失真。

采样的字长决定了量化的精确度，以 44.1kHz，16 位字长采样，其录制的音质可达到 CD 立体声的音质水准。

(2) 采样率越高，字长越长，需存储的声音数据就越多，系统的开销就越大。

(3) 衡量声音性能还需综合其他因素，如 MIDI。

2.3.3　编码

数字化的波形声音是一种使用二进制数表示的串行的比特流(Bit Stream)，它遵循一定的标准或规范进行编码，其数据是按时间顺序组织的。波形声音的主要参数包括：采样频率、采样精度、声道数目、使用的压缩编码方法以及比特率(Bit Rate)，也称为码率，它指的是每秒钟的数据量。数字声音未压缩前，码率的计算公式为：

波形声音的码率 = 取样频率 × 量化位数 × 声道数

由于声音的数字化，将有大量的数据需要计算机存储，如果对这些音频数据不加编码压缩，则很难在个人计算机上实现多媒体功能。例如，100MB 的硬盘空间只能存储 10 分钟 44.1kHz、16 位、双声道的立体声录音。由此可见，高效、实时地压缩音频信号的数据量是多媒体计算机不可回避的关键技术问题之一。

数据压缩之所以可以实现，是因为原始的信源数据(音频信号或音频数据)存在着很大的冗余度，另外，由于人类听觉的生理特性，即只能对 20Hz~20kHz 范围内的声音可听到，其他范围内即便有声音也听不到，因而可实现很高的压缩比。

自 1948 年 Oliver 提出 PCM 编码理论开始，至今已有 60 余年的历史。随着数字通信技术和计算机科学的发展，编码技术日臻成熟，应用范围愈加广泛。其编码方案基本可分为有损压缩和无损压缩两大类。具体采用何种编码方法，与应用领域、所用声卡及相关软件有关。

在目前 PC 机常用的声卡上，有自适应差分脉冲码调制方案，μ律/A 律等。以自适应差分脉冲码调制 ADPCM 编码方案为例，它能以 4:1 的压缩比压缩音频数据。但这种算法是一种有失真的压缩，压缩后的数据如将其解压缩回放时，将引起信号的衰减，一个 16 位立体声信号编码/解码后，结果由原先的 96dB 降到了 60dB 范围内，相当于将接近 CD 的质量降到了 AM 无线的音质。

为了提高多媒体计算机对语音、视频的实时处理能力，自 1993 年起，出现了基于数字信号处理器(DSP)的声卡平台。这引起了在多媒体市场中语音处理技术方面 4 个有重大意义的技术的出现。分别是语音识别、语音合成、声音压缩子程序和 Qsound 三维声音。在这些技术中，有一样东西是共同的：利用计算机强度算法，而这个算法需要带有特殊结构的、功能强大的微处理器去实时运行，DSP 便起了这样一个作用。

2.3.4　声音的重构

经由数字化声音的 3 个步骤：采样、量化和编码，我们得到的是便于计算机处理的数字语音信息，若要重新播放数字化声音，还必须要经过解码、D/A 转换和插值，其中解码是编码的逆过程，又称解压缩；D/A 转换是将数字量再转化为模拟量，便于驱动扬声器发音；插值是为了弥补在采样过程中引起的语音信号失真而采取的一种补救措施，使得声音更加自然。图 2.6 给出了声音重构的一般过程。

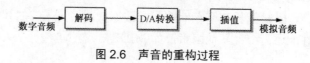

图 2.6　声音的重构过程

2.4　声音文件的存储格式

如同存储文本文件一样，存储声音数据也需要存储格式。在因特网上和各种机器上运行的声音文件格式很多，但目前比较流行的有以.wav(waveform)、.mp3、.wma(Windows Media Audio)、.aiff(Audio Interchangeable File Format)和.snd(sound)为扩展名的文件格式。

用.wav 为扩展名的文件格式称为波形文件格式(WAVE File Format)，它在多媒体编程接口和数据规范 1.0(Multimedia Programming Interface and Data Specifications 1.0)文档中有详细的描述。

该文档早已由 IBM 和微软公司联合开发出来了，它是一种为交换多媒体资源而开发的资源交换文件格式(Resource Interchange File Format，RIFF)。

波形文件格式支持存储各种采样频率和样本精度的声音数据，并支持声音数据的压缩。波形文件由许多不同类型的文件构造块组成，其中最主要的两个文件构造块是格式块(Format Chunk)和声音数据块(Sound Data Chunk)。

格式块包含有描述波形的重要参数，例如采样频率和样本精度等，声音数据块则包含有实际的波形声音数据。RIFF 中的其他文件块是可选择的。它的简化结构如图 2.7 所示。表 2.4 列出了部分声音文件的后缀。

图 2.7　WAV 文件的结构

表 2.4　常见的声音文件扩展名

声音文件扩展名	说　明
au	Sun 和 NeXT 公司的声音文件存储格式
aif(Audio Interchange)	Apple 计算机上的声音文件存储格式
cmf(Creative Music Format)	声霸(SB)卡带的 MIDI 文件存储格式
mct	MIDI 文件存储格式
mff(MIDI Files Format)	MIDI 文件存储格式
mid(MIDI)	Windows 的 MIDI 文件存储格式
mp2	MPEG Layer I 及 MPEG Layer II
mp3	MPEG Layer III
mod(Module)	MIDI 文件存储格式
rm(Real Media)	RealNetworks 公司的流式声音文件格式
ra(Real Audio)	RealNetworks 公司的流式声音文件格式
rol	Adlib 声音卡文件存储格式
snd(sound)	Apple 计算机上的声音文件存储格式
seq	MIDI 文件存储格式

2.5　电子乐器数字接口(MIDI)系统

2.5.1　MIDI 简介

MIDI 是 Musical Instrument Digital Interface 的首写字母组合词，可译成"电子乐器数字接口"。是用于在音乐合成器(Music Synthesizers)、乐器(Musical Instruments)和计算机之间交换音乐信息的一种标准协议。从 20 世纪 80 年代初期开始，MIDI 已经逐步被音乐家和作曲家广泛接受和使用。MIDI 是乐器和计算机使用的标准语言，是一套指令(即命令的约定)，它指示乐器(即 MIDI 设备)要做什么、怎么做，如演奏音符、加大音量、生成音响效果等。MIDI 不是声音信号，在 MIDI 电缆上传送的不是声音，而是发给 MIDI 设备或其他装置让它产生声音或执行某个动作的指令。

MIDI 标准之所以受到欢迎，主要是它有下列几个优点：生成的文件比较小，因为 MIDI 文件存储的是命令，而不是声音波形；容易编辑，因为编辑命令比编辑声音波形要容易得多；可以做背景音乐，因为 MIDI 音乐可以与其他的媒体，如数字电视、图形、动画、话音等一起播放，这样可以加强演示效果。

产生 MIDI 乐音的方法很多，现在用得较多的方法有两种：

- 频率调制(Frequency Modulation，FM)合成法。
- 乐音样本合成法，也被称为波形表(Wavetable)合成法。

这两种方法目前主要用来生成音乐。在介绍 MIDI 之前，先简单介绍 FM 合成法，然后介绍乐音样本合成法，再介绍 MIDI 系统。

2.5.2　FM 合成声音

音乐合成器的先驱 Robert Moog 采用了模拟电子器件生成了复杂的乐音。20 世纪 80 年代初，美国斯坦福大学(Stanford University)的一名叫 John Chowning 的研究生发明了一种产生乐音的新方法，这种方法称为数字式频率调制合成法(Digital Frequency Modulation Synthesis)，简称为 FM 合成器。他把几种乐音的波形用数字来表达，并且用数字计算机而不是用模拟电子器件把它们组合起来，通过数模转换器(Digital to Analog Convertor，DAC)来生成乐音。斯坦福大学得到了发明专利，并且把专利权授给 Yamaha 公司，该公司把这种技术做在集成电路芯片里，成了世界市场上的热门产品。FM 合成法的发明使合成音乐产业发生了一次革命。

FM 合成器生成乐音的基本原理如图 2.8 所示。它由 5 个基本模块组成：数字载波器、调制器、声音包络发生器、数字运算器和模数转换器。数字载波器用了 3 个参数：音调(Pitch)、音量(Volume)和各种波形(Wave)；调制器用了 6 个参数：频率(Frequency)、调制深度(Depth)、波形的类型(Type)、反馈量(Feedback)、颤音(Vibrato)和音效(Effect)。

乐器声音除了有它自己的波形参数外，还有它自己的比较典型的声音包络线，声音包络发生器用来调制声音的电平，这个过程也称为幅度调制(Amplitude Modulation)，并且作为数字式音量控制旋钮，它的 4 个参数写成 ADSR，这条包络线也称为音量升降维持静音包络线。

在乐音合成器中，数字载波波形和调制波形有很多种，不同型号的 FM 合成器所选用的波形也不同。如图 2.9 所示为 Yamaha OPL-III 数字式 FM 合成器采用的波形。

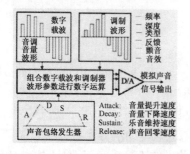

图 2.8　FM 声音合成器的工作原理　　　　图 2.9　声音合成器的波形

各种不同乐音的产生是通过组合各种波形和各种波形参数，并采用各种不同的方法实现的。用什么样的波形作为数字载波波形、用什么样的波形作为调制波形、用什么样的波形参数去组合才能产生所希望的乐音，这就是 FM 合成器的算法。

通过改变图 2.8 中所示的参数，可以生成不同的乐音，例如：

- 改变数字载波频率可以改变乐音的音调，改变它的幅度可以改变它的音量。
- 改变波形的类型，如正弦波、半正弦波或其他波形，会影响基本音调的完整性。
- 快速改变调制波形的频率(即音调周期)可以改变颤音的特性。
- 改变反馈量，就会改变正常的音调，产生刺耳的声音。
- 选择的算法不同，载波器和调制器的相互作用也不同，生成的音色也不同。

在多媒体计算机中，图 2.8 中的控制参数以字节的形式存储在声音卡的 ROM 中。播放某种乐音时，计算机就发送一个信号，这个信号被转换成 ROM 的地址，从该地址中取出的数据就是用于产生乐音的数据。FM 合成器利用这些数据产生的乐音是否真实，真实程度有多高，就取决于可用的波形源的数目、算法和波形的类型。

2.5.3　乐音样本合成声音

使用 FM 合成法来产生各种逼真的乐音是相当困难的，有些乐音几乎不能产生，因此很自然地就转向乐音样本合成法。这种方法就是把真实乐器发出的声音以数字的形式记录下来，播放时改变播放速度，从而改变音调周期，生成各种音阶的音符。

乐音样本的采集相对比较直观。音乐家在真实乐器上演奏不同的音符，选择 44.1kHz 的采样频率、16 位的乐音样本，这相当于 CD-DA 的质量，把不同音符的真实声音记录下来，就完成了乐音样本的采集。

乐音样本通常放在 ROM 芯片上，ROM 是超大规模集成电路(Very Large Scale Integrated，VLSI)芯片。使用乐音样本合成器的原理框图如图 2.10 所示。

乐音样本合成器所需要的输入控制参数比较少，可控的数字音效也不多，大多数采用这种合成方法的声音设备都可以控制声音包络的 ADSR 参数，产生的声音质量比 FM 合成方法产生的声音质量要高。

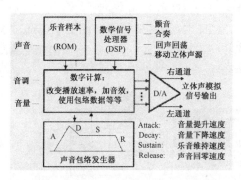

图 2.10　乐音样本合成器的工作原理

2.5.4　MIDI 系统

MIDI 协议提供了一种标准的和有效的方法，用来把演奏信息转换成电子数据。MIDI 信息是以 MIDI Messages 传输的，它可以被认为是告诉音乐合成器(Music Synthesizer)如何演奏一小段音乐的一种指令，而合成器把接收到的 MIDI 数据转换成声音。国际 MIDI 协会(International MIDI Association)出版的 MIDI 1.0 规范对 MIDI 协议做了完整的说明。

MIDI 数据流是单向异步的数据位流(Bit Stream)，其速率为 31.25kb/s，每个字节为 10 位(1 个开始位、8 个数据位和 1 个停止位)。MIDI 数据流通常由 MIDI 控制器(MIDI Controller)产生，如乐器键盘(Musical Instrument Keyboard)，或者由 MIDI 音序器(MIDI Sequencer)产生。MIDI 控制器是当作乐器使用的一种设备，在播放时把演奏转换成实时的 MIDI 数据流，MIDI 音序器是一种装置，允许 MIDI 数据被捕获、存储、编辑、组合和重奏。MIDI 乐器上的 MIDI 接口通常包含 3 种不同的 MIDI 连接器，有 IN(输入)、OUT(输出)和 THRU(穿越)。来自 MIDI 控制器或者音序器的 MIDI 数据输出通过该装置的 MIDI

OUT 连接器传输。

通常，MIDI 数据流的接收设备是 MIDI 声音发生器(MIDI Sound Generator)或者 MIDI 声音模块(MIDI Sound Module)，它们在 MIDI IN 端口接收 MIDI 信息(MIDI Messages)，然后播放声音。图 2.11 表示的是一个简单的 MIDI 系统，它由一个 MIDI 键盘控制器和一个 MIDI 声音模块组成。许多 MIDI 键盘乐器在其内部既包含键盘控制器，又包含 MIDI 声音模块功能。在这些单元中，键盘控制器和声音模块之间已经有内部链接，这个链接可以通过该设备中的控制功能(Local Control)对链接打开(ON)或者关闭(OFF)。

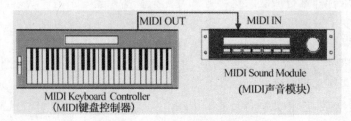

图 2.11　简单的 MIDI 系统

单个物理 MIDI 通道(MIDI Channel)分成 16 个逻辑通道，每个逻辑通道可指定一种乐器，音乐键盘可设置于这 16 个通道之中的任何一个，而 MIDI 声源或者声音模块可被设置在指定的 MIDI 通道上接收。

在一个 MIDI 设备上的 MIDI IN 连接器接收到的信息可通过 MIDI THRU 连接器输出到另一个 MIDI 设备，并能以菊花链的方式连接多个 MIDI 设备，这样就组成了一个复杂的 MIDI 系统，如图 2.12 所示。

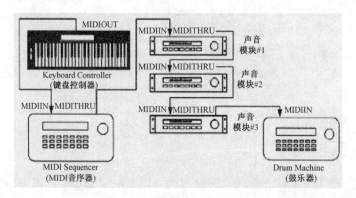

图 2.12　复杂的 MIDI 系统

在这个例子中，MIDI 键盘控制器对 MIDI 音序器(MIDI Sequencer)来说是一个输入设备，而音序器的 MIDI THRU 端口连接了几个声音模块。作曲家可使用这样的系统来创作几种不同乐音组成的曲子，每次在键盘上演奏单独的曲子。这些单独曲子由音序器记录下来，然后音序器通过几个声音模块一起播放。每一曲子在不同的 MIDI 通道上播放，而声音模块可分别设置成接收不同的曲子。例如，声音模块 #1 可设置成播放钢琴声并在通道 1 接收信息，模块 #2 设置成播放低音并在通道 5 接收信息，而模块 #3 设置成播放鼓乐器并在通道 10 上接收消息等。在如图 2.12 所示的系统中使用了多个声音模块同时分别播放不同的声音信息。这些模块也可以做在一起，构成一个称为多音色(Multitimbral)的声音模块，同样可以起到同时接收和播放多种声音的作用。

如图 2.13 所示，这是用个人计算机构造的 MIDI 系统，该系统使用的声音模块就是这样一种单独的多音色声音模块。在这个系统中，个人计算机使用内置的 MIDI 接口卡，用来把 MIDI 数据发送到外部的多音色 MIDI 合成器模块。像多媒体演示程序、教育软件或者游戏等应用软件，它们把信息通过个人计算机总线发送到 MIDI 接口卡。MIDI 接口卡把信息转换成 MIDI 消息，然后送到多音色声音模块，同时播放出许多不同的乐音，例如钢琴声、低音和鼓声。使用安装在 PC 机上的高级的 MIDI 音序器软件，用户可把 MIDI 键盘控制器 (MIDI Keyboard Controller)连接到 MIDI 接口卡的 MIDI IN 端口，也可以有相同的音乐创作功能。

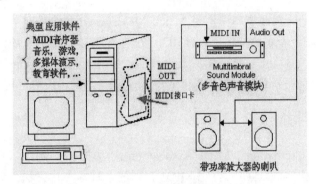

图 2.13　使用 PC 机构成的 MIDI 系统

使用 PC 机构造 MIDI 系统可以有不同的方案。例如，可把 MIDI 接口和 MIDI 声音模块组合在 PC 添加卡上。多媒体个人计算机 MPC(Multimedia PC)规范就要求 PC 添加卡上必须有这样的声音模块，称为合成器(Synthesizer)。通过已有的电子波形来产生声音的合成器称为 FM 合成器(FM Synthesizer)，而通过存储的乐音样本来产生声音的合成器称为波表合成器(Wave Table Synthesizer)。

MPC(Multimedia PC)规格需要声卡的合成器是多音色和多音调的合成器。多音色是指合成器能够同时播放几种不同乐器的声音，在英文文献里常看到用 voices 和 patches 来表示，音色就是把一个人说话(或一种乐器)的声音与另一个人说话(或另一种乐器)的声音区分开来的音品；多音调是指合成器一次能够播放的音符(note)数。MPC 规格定义了两种音乐合成器：基本合成器(Base-level Synthesizer)和扩展合成器(Extended Synthesizer)，基本合成器与扩展合成器之间的差别见表 2.5。

表 2.5　基本合成器与扩展合成器之间的差别

合成器类别(Synthesizer)	旋律乐器(Melodic Instruments)音色数(Timbres)
基本合成器	3 种音色
扩展合成器	9 种音色

基本合成器必须具有同时播放 3 种旋律音色和 3 种打击音色(鼓乐)的能力，而且还必须具有同时播放 6 个旋律音符和 3 个打击音符的能力，因此，基本合成器具有 9 种音调；扩展合成器要能够同时播放 9 种旋律音色和 8 种打击音色。

2.5.5 MIDI 消息

MIDI 设备使用的一系列 MIDI 音符，可被认为是告诉音乐合成器如何播放一小段音乐的指令。因为 MIDI 数据是一套音乐符号的定义，而不是实际的音乐声音，因此 MIDI 文件的内容被称为 MIDI 消息(MIDI Messages)。一个 MIDI 消息由一个 8 位的状态字节并通常跟着两个数据字节组成。在状态字节中，最高有效位设置成 1，低 4 位用来表示这个 MIDI 消息是属于哪个通道，4 位可表示 16 个可能的通道，其余 3 位的设置表示这个 MIDI 消息是什么类型的消息。MIDI 消息可分成通道消息(Channel Messages)和系统消息(System Messages)两大类。

MIDI 通道消息可分成通道声源消息(Voice Messages)，携带的是演奏数据；通道方式消息(Mode Messages)，表示合成器响应 MIDI 数据的方式。MIDI 系统消息分成公共消息(Common Messages)，标识在系统中的所有接收器；实时消息(Real Time Messages)，用于做 MIDI 部件之间的同步和独占消息(Exclusive Messages)，表示厂商的标识代码。

2.5.6 MIDI 文件规范

国际 MIDI 协会(International MIDI Association)出版了标准 MIDI 文件(Standard MIDI Files)规范，该标准说明了处理定时标记 MIDI 数据的一种标准化方法。这种方法适合各种应用软件共享 MIDI 数据文件，这些软件包括音序器、乐谱软件包和多媒体演示软件。

标准 MIDI 文件(Standard MIDI Files)规范定义了 3 种 MIDI 文件格式，MIDI 音序器能够管理文件标准规定的多个 MIDI 数据流，即声轨(Tracks)。MIDI 文件格式 0(Format 0)规定所有 MIDI 音序数据(MIDI Sequence Data)必须存储在单个声轨上，它仅用于简单的单声轨设备；MIDI 文件格式 1(Format 1)规定数据以一个声轨集的方式存储；MIDI 文件格式 2(Format 2)可用几个独立模式存储数据。

MIDI 合成器实时接收和处理 MIDI 消息(MIDI Messages)。当合成器接收到一个"note on(乐音开)"MIDI 消息时，就演奏相应的声音，当接收到一个"note off(乐音关)"MIDI 消息时，就停止演奏。如果 MIDI 数据源是乐器键盘，"note on"消息就实时产生，在像这样的实时应用中，就无需与 MIDI 消息一起发送一个定时信息。

如果 MIDI 数据存储成数据文件，或者使用音序器编辑的数据文件，MIDI 消息就需要某种形式的定时标记(Time-Stamping)。

2.5.7 合成器的音序、音调和音色

合成器或者声音发生器的多音调(Polyphony)是一次演奏多个音符(Note)的能力。大多数早期的音乐合成器是单音调的，即一次仅演奏一个音符。如果在装配有单音调合成器(Monophonic Synthesizer)的键盘上同时按下 5 个键，只能听到一个音符的声音；如果在装配有能支持 4 个音调的合成器的键盘上同时按下 5 个键，可产生 4 个音符的声音。许多现代的声音模块有 16、24 或者 32 个音符的复调音。

合成器或者声音发生器能够产生的不同声音一般用配音(Patch)、指令(Program)、算法(Algorithm)、声音(Sound)或者音色(Timbre)来表示。

现代合成器通常使用指令号(Program Number)来表示它们产生的不同声音。使用指令号或者配音号(Patch Number)来指定想要获得的声音(Sound)。例如，一个声音模块可使用配音#1(Patch Number 1)来产生钢琴声，配音#36(Patch Number 36)产生低音弦乐器声。配音号和声音之间的对应关系称为配音映射(Patch Map)。一个 MIDI Program Change(MIDI指令变化)消息可用来告诉在给定通道上正在接收消息的设备要使用新的乐器声。例如，使用指令号 36 的数据字节，并通过发送一个 MIDI Program Change 消息，音序器可在通道 4 上设置演奏低音弦乐器声(Fretless Bass Sounds)。

如果一个合成器或者声音发生器能够同时产生两个或者两个以上的不同乐音，就说这个合成器或者声音发生器是多音色(Multi-timbral)的。例如，如果一个合成器能够同时演奏 5 个音调(Notes)，就说它是多音调(Polyphonic)的；如果一个合成器也能够同时产生钢琴声(Piano Sound)和低音(Bass Sound)，就说它是一个多音色合成器。如果有 24 个音调(同时播放 24 个音符)并且是 6 种音色(同时产生 6 种不同音色)的一种合成器或者声音模块，它可合成 6 种管弦乐队的声音。音序器可把钢琴部分的 MIDI 消息发送给通道 1，低音部分的MIDI 消息发送给通道 2，萨克斯管部分的 MIDI 消息发送给通道 3，鼓声部分的 MIDI 消息发送给通道 10 等。一个多音色合成器的多音调(Polyphony)通常是动态分配的。在上面的例子中，例如 5 种声源可用于钢琴，两个声源用于低音，一个用于萨克斯管，6 个声源用于鼓乐，剩下 10 个没有使用。

2.5.8　通用 MIDI

通用 MIDI 规范(General MIDI Specification)是由国际 MIDI 协会(International MIDI Association)颁布的，用于通用 MIDI 乐器(General MIDI Instruments)。该规范包括通用MIDI 声音集(General MIDI Sound Set)，即配音映射 (patch map)，通用 MIDI 打击乐音集(General MIDI Percussion Set)，即打击乐音与音符号之间的映射以及一套通用 MIDI 演奏(General MIDI Performance)能力，包括声音数目和 MIDI 消息类型等。

通用 MIDI 系统规定 MIDI 通道 1~9 和 11~16 用于旋律乐器声，而通道 10 用于以键盘为基础的打击乐器声。

2.6　音频信息的压缩技术

2.6.1　常用的声音压缩标准

数字化波形声音的数据量很大，数字语音 1 小时的数据量大约是 30MB，而 CD 盘片上所存储的立体声高保真的数字音乐 1 小时的数据量大约是 635MB。为了降低存储成本和提高通信效率，对数字波形声音进行数据压缩是十分必要的。

波形声音的数据压缩也是完全可能的。其依据是声音信号中包含有大量的冗余信息(例如话语之间的停顿)，再加上还可以利用人的听觉感知特性，因此，产生了许多压缩算法。一个好的声音数据压缩算法通常应做到压缩倍数高，声音失真小，算法简单，编码器/解码器的成本低。

音频信息的压缩方法有多种，见表 2.6。无损压缩法包括不引入任何数据失真的熵编码；有损压缩法又可分为波形编码、参数编码和同时利用这两种技术的混合编码方法。波形编码利用采样和量化过程来表示音频信号的波形，使编码后的波形与原始波形尽可能匹配。它主要根据人耳的听觉特性进行量化，以达到压缩数据的目的。波形编码的特点是在较高码率的条件下可以获得高质量的音频信号，适合对音频信号的质量要求较高和高保真语音与音乐信号的处理。参数编码把音频信号表示成某种模型的输出，利用特征提取的方法抽取必要的模型参数和激励信号的信息，并对这些信息编码，最后在输出端合成原始信号。参数编码的压缩率很大，但计算量大，保真度不高，适合于语音信号的编码。混合编码介于波形编码和参数编码之间，集中了这两种方法的优点。

表 2.6　音频信号压缩方法

压缩方法分类	细　分
无损压缩	Huffman 编码
	行程编码
有损压缩	波形编码
	参数编码
	混合编码

目前在几种常用的全频带声音的压缩编码方法中，MPEG-1、MPEG-2、MPEG-4、H.264 和 VBR、CBR 应用得更为普遍。

1. MPEG-1

MPEG-1 的声音压缩编码标准分为三个层次：第 1 层(Layer1)的编码较简单，主要用于数字盒式录音磁带；第 2 层(Layer2)的算法复杂度中等，其应用包括数字音频广播(DAB)和 VCD 等；第 3 层(Layer3)的编码较复杂，主要应用于因特网上高质量声音的传输。流行的 MP3 音乐就是一种采用 MPEG-1 第 3 层编码的高质量数字音乐，它能以 10 倍左右的压缩比降低高保真数字声音的存储量。

2. MPEG-2

MPEG-2 的声音压缩编码采用与 MPEG-1 声音相同的编译码器，第 1 层、第 2 层和第 3 层的结构也相同，但它能支持 5.1 声道和 7.1 声道的环绕立体声。不仅成为目前当红的 DVD 影片所属的格式，而且还能因应新一代的 HDTV(High Definition Television)规格，或是应用于有线电视与广播方面，连带让卫星直播也能达到广播的水准。

3. MPEG-4

MPEG-4 的压缩技术是通过 DMIF(The Delivery Multimedia Integration Framework)原理，即多媒体传送整体框架，用来建立用户端和服务器端的交互和传输。借助 DMIF，MPEG-4 可提供具有保证频宽(Quality of Service，QoS)的通道，以及面向每个基本串流的速度。

MPEG-4 的诞生，使得网络视频、家庭娱乐系统的需求逐渐跃上台面，且相关应用更成为新一代影像压缩技术成长的推手。相较于以往 MPEG 所提出的规范，MPEG-4 不仅具备一定取样率下的视频、音频编码，甚至更强调多媒体系统间的交互与灵活，且其中最引人注目的就是互动式设计。从另一个角度看，MPEG-4 在视觉效果意义上，试图将人造物体与自然物体相结合，因此将 AV 对象(Audio Video Object)纳入，让交互概念得以实现。

MPEG-4 的另一项特点则是支持取样率调整，让影像在传输过程中，能够依循带宽变化，避免因为网络带宽不足而导致中断。

最初，MPEG-4 主要是锁定影像邮件(Video Email)、视频电话(Video Phone)及电子新闻(Electronic News)等方面的应用，MPEG-4 利用很窄的带宽，利用画面重建技术，压缩与传输数据，以期能实现以最少的数据获得更佳影像品质的境界。

值得一提的是，MPEG-4 对传输过程中发生错误的状况已有解决之道，并考虑了各种格式的存取与强化容错能力，故较能抗拒有干扰的环境，使得 MPEG-4 在网络传输上更具优势。说得更深入一点，MPEG-4 视频编码采用了面向对象的概念，视频对象经过编码传送后再加以合并，举例来说，就是把场景中的主体与背景分开编码，并在解码时复原。

为了使基本流和 AV 对象在同一场景中出现，MPEG-4 引用了对象描述(OD)和 SMT 概念。OD 传输与特殊 AV 对象相关的基本流的视频流图表。SMT 将每一个信号与一个 CAT(Channel Association Tag)相连，让其顺利传送。同时，MPEG-4 定义了一个系统解码模式(SDM)，并要求特殊的缓冲区和即时模式，在有效的管理下，充分利用有限的缓冲区空间。此外，在声音方面，MPEG-4 不仅支持自然声音，而且也包含合成效果。其音频部分通过合成编码与自然声音融合，并含有音频的对象特征。而同样地，MPEG-4 也提供针对自然与合成的视觉对象的编码，合成的视觉对象包括 2D、3D 动画，以及脸部表情等。

MPEG-4 提供了一系列工具，作为构成场景中的一组对象，且一些必要的合成信息即成为场景描述。该场景描述以二进制 BIFS(Binary Format for Scene Description)表示，BIFS 与 AV 对象一并传输、编码。而场景描述主要功用则是告知 AV 对象在场景坐标下，如何组织与同步等问题。现今在多媒体市场上的 MPEG-4 标准，面临微软、Real Networks 及 Apple 三足鼎立之势。微软拥有自行开发的 MPEG-4 Codec，而 MPEG License Alliance 开放标准则是由 Real Networks、Apple 所提供。

4. H.264

H.264 不仅具有更高的压缩表现，而且与相对上一代 H.263 相比，运算量也有过之而无不及，并同时引发影响节电、散热等条件。H.264 声称能通过低于 1Mbps 取样率，经由 Internet 传送，且在压缩比、画质及编解码的表现上，均超出当前的 H.26x 标准。

目前已有越来越多的品牌加入 H.264 阵营，包括 VideoLocus、Heinrich-Hertz-Institut 及 SandVideo 等。

H.264 的特点在于面向对象互动、多平台及场景合成等方面，同时包含网络调节层(Network Adaptation Layer)设计，具有不同网络上交换或传输的因应机制，使得带宽调配更有效率。

5. VBR、CBR

一般而言，在进行音频、视频切换时，时常会看到 VBR、CBR 两项专有名词。其中

VBR 的全名为 Variable Bit Rate，意指随着音频、视频的复杂程度来决定取样率。当影音片段较复杂时，则抽取的位数较多，使得该段影音数据文档随之增加。反之，若是属于单纯的片段，则采用较少的位储存。换句话说，整段音、视频的取样率都不相同。至于CBR，指的是 Constant Bit Rate，即从开始到结束都维持一定的比特率。使用 VBR 取样方式，将可获得较高的音、视频品质。

在有线电话通信系统中，数字语音在中继线上传输时采用的压缩编码方法是国际电信联盟 ITU 提出的 G.71l 和 G.721 标准，前者是 PCM(脉冲编码调制)编码，后者是ADPCM(自适应差分脉冲编码调制)编码。它们的码率虽然比较高，但能保证语音的高质量，且算法简单、易实现，多年来在固定电话通信系统中得到了广泛应用。由于它们采用波形编码，便于计算机编辑处理，所以在计算机中也被广泛使用，例如多媒体课件中教师的讲解、动画演示中的配音、游戏中角色之间的对白等都采用 ADPCM 编码。

2.6.2　脉冲编码调制技术

脉冲编码调制(Pulse Code Modulation，PCM)是概念上最简单、理论上最完善的编码系统，是历史上最早研制成功、使用上最为广泛的编码系统。

1. 均匀量化与非均匀量化

PCM 的编码原理，实际已经在前面介绍过，就是把连续模拟信号变成离散的幅度信号，再把离散的幅度信号变成数字的离散信号。信号的频率决定了采样频率，信号的幅度变化范围决定了每个样本需要分配的二进制数的位数。

量化方法有均匀量化与非均匀量化两种。如果采用相等的量化间隔对采样得到的信号进行量化，这种量化就被称为均匀量化。输入信号 X 和量化后的输出信号 Y 之间的关系如图 2.14 所示。

在均匀量化时，无论对大信号还是小信号，一律都采用相同的量化间隔。为适应输入信号的动态范围变化大，量化噪声小的要求，解决的办法之一就是增加样本的位数。

但是，对语音信号来说，大信号出现的概率很小，因此，PCM 编码系统就没有得到充分利用。

如果采用不均匀的量化间隔，即根据输入样本值的幅度大小去改变量化间隔，那么就可以充分利用 PCM 编码系统。比如，可以采用量化间隔与量化幅度成正比的线性量化器，输入信号幅度越大，量化间隔越大。这样，在满足信号与量化噪声之比的情况下，对小信号和大信号就可以使用较少的位数来表示每个样本值。

非均匀量化的实质，是在编码时对信号进行压缩。在还原时，即译码时，对代码进行扩展。压缩和扩展的特性可以根据应用要求加以选择。

一个典型的压缩扩展特性如图 2.15 所示。

2. μ律压扩算法(G.711)

北美和日本采用的压缩扩展特性称为μ律压扩，中国和欧洲采用的是 A 律压缩扩展标准。μ律压缩扩展特性按下式确定：

$$F_\mu(x) = sgn(x)ln(1+\mu|x|)/ln(1+\mu)$$

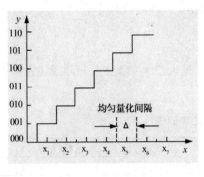

图 2.14　均匀量化

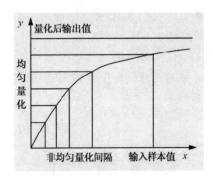

图 2.15　典型的压缩扩展特性

式中：x 为输入信号幅度，归一化为-1≤x≤1；sgn(x)为 x 的极性；μ为确定压缩量的参数，它反映最大量化间隔和最小量化间隔之比，一般来说，100≤μ≤500。

由于压缩曲线的数学特性，有时称这种压缩编码为对数 PCM。对数压缩曲线从量化间隔的意义上看是理想的。μ律压缩扩展的逆特性即扩展特性由下式确定：

$$F_{\mu-1}(y) = \text{sgn}(y)((1+\mu)|y|-1)/\mu$$

式中：y 为压缩值，y = Fμ(x)，(-1≤y≤1)；sgn(y)为 y 的极性；μ 为压缩扩展参数。

当选择μ=255 时，压缩扩展特性可以用 8 条折线来逼近，这就大大简化了计算过程。此外，选用 8 条折线来逼近还有一个好处，就是相邻两条折线的斜率相差一半。用 μ=255 时，前 4 条折线如图 2.16 所示。

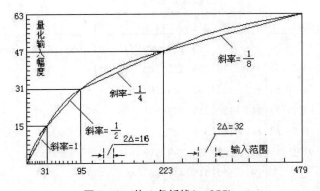

图 2.16　前 4 条折线(μ=255)

模拟信号经 A/D 转换后，变成了数字信号。这个数字信号的二进制数的位数一般都由信号的动态范围及信噪比的要求来决定。在对语音进行数字化时，一般都大于 12 位，若取 13 位，这个 13 位代码用 8 位二进制表示μ=255 的 PCM 代码时，用其中的一位代表信号的极性 P(P=0 代表正信号，P=1 代表负信号)，3 位分配给折线代号，4 位分配给量化代码 Q。它的格式如下：

b_7	b_6	b_5	b_4	b_3	b_2	b_1	b_0

为方便起见，在介绍编/译码的算法时，假定用整数表示，模拟信号输入的最大幅值为 8159。此外，所有折线和幅度都采用二进制数表示法。不过，在实际的系统中，有的 PCM 码可能采用补码来表示。

　　下面，我们来介绍两种较为简单的编/译码算法，一种是直接编码法，另一种是线性编码变换法。

　　(1)　直接编码法

　　这种编码可以直接利用 μ=255 的编码/译码表，见表 2.7，以及它的分段线性近似表，见表 2.8。

表 2.7　μ255PCM 编码/译码表

量化端点	量化间隔	折线代码 S
0~1	1	
1~3、3~5…29~31	2	000
31~35…91~95	4	001
95~103…215~223	8	010
223~239…463~479	16	011
479~511…959~991	32	100
991~1055…1951~2015	64	101
2015~2143…3935~4063	128	110
4063~4319…7903~8159	256	111

注：此表仅表示数值编码。正极性比特分配为"0"，负极性比特分配为"1"。

表 2.8　μ255 压缩扩展分段线性近似表

	折线代码 S								量化代码 Q	
	000	001	010	011	100	101	110	111		
量化端点	0 1 3 5 7	31 35 39	95　　103	223　239	479　511	991 1055	2105	4063	0000	0 1 2 3
	9　11　13	43 47 51	111　119	255　271	543　575	1119	2143	4319	0001	4 5 6 7
	15　17　19	55 59 63	127　135	297　303	607　639	1183	2271	4575	0010	8 9 10
	21　23　25	67 71 75	143　151	319　335	671　703	1247	2399	4831	0011	11　12
	27 29 31	79 83 87	159　167	351　367	735　767	1311	2527	5087	0100	13　14
		91 95	175　183	383　399	799　831	1375	2655	5343	0101	15
			191　199	415　431	863　895	1439	2783	5599	0110	
			207　215	447　463	927　959	1503	2911	5855	0111	
			223	479	991	1567	3039	6111	1000	
						1631	3167	6367	1001	
						1695	3295	6623	1010	
						1759	3423	6879	1011	
						1823	3551	7135	1100	
						1887	3679	7391	1101	
						1951	3807	7647	1110	
						2015	3935	7903	1111	
							4063	8159		

注：①样值参考满标度值 8159。

②负样值用 1 的极性比特符号量值格式编码。

③模拟输出样值被译码成编码量化间隔的中点。

④量化误差为重建输出样值和原始输入样值间的差值。

对样本 x 值进行编码的第一步，是确定折线代号 S。8 条折线终点对应的 x 值分别为 31、95、223、479、991、2015、4083 和 8159。在确定 x 值落在哪条折线段之后，下一步就可确定量化代码。

【例 2.1】某一样本值量化后的值为+1773，求 μ255 的 8 位 PCM 码用 13 位表示的 1773 如下：

$$b_{12}\ b_{11}\ b_{10}\ b_9\ b_8\ b_7\ b_6\ b_5\ b_4\ b_3\ b_2\ b_1\ b_0 = 0011011101101$$

由表 2.7 可知：

$$991 < x = 1773 < 2015 \rightarrow S = 101$$

在 S=101 这段折线里，它的量化间隔为 $\Delta = 64$，1773−991=782

$$782\ \text{div}\ 64 = 12$$

所以 1773 可以表示为 01011100。

也可以利用表 2.8 直接查得同样的结果。

它的译码可以查表，也可以用下式计算：

$$y = (2Q+33) \cdot 2^s - 33$$

用前面编码后的结果代入上式可得：

$$y = 2^5(2\times12+33)-33 = 1791$$

落在 1759 和 1823 的中点。

(2)　线性编码变换法

采用 μ=255 的 μ 律压缩扩展特性，其主要原因是容易利用折线近似方法对均匀编码进行数字变换。对信号极性的表示法与直接编码法相同。如果对线性代码的每个样本值都增加 33，那么就把编码范围从 0~8159 变换成 33~8192，新的码称为偏移线性代码。经过这样变换后，就可以把 8 条折线范围内的 13 位样本值代码表示成一般的形式，见表 2.9。从表中可以看到，所有偏置线性代码都有表示折线段代码号 S 的标志位，其值为 1。代码号 S 的数值等于 7 减去标志位 1 之前的 0 的数目。

量化代码 Q 的值就是表中的 W、X、Y、Z 四位中的值。在变成压缩代码时，Z 后面的值被去掉。

表 2.9　μ255 编码表

偏置线性输入代码	压缩代码	偏置线性输入代码	压缩代码
00000001WXYZa	000WXYZ	0001WXYZabcde	100WXYZ
0000001WXYZab	001WXYZ	001WXYZabcdef	101WXYZ
000001WXYZabc	010WXYZ	01WXYZabcdefg	110WXYZ
00001WXYZabcd	011WXYZ	1WXYZabcdefgh	111WXYZ

在译码时，利用表 2.10，将压缩代码变换成偏置线性代码，无偏置的代码可以由偏置代码中减去 33 得到。

表 2.10　μ255 译码表

压缩代码	偏置线性输入代码	压缩代码	偏置线性输入代码
000WXYZ	00000001WXYZ1	100WXYZ	0001WXYZ10000
001WXYZ	0000001WXYZ10	101WXYZ	001WXYZ100000
010WXYZ	000001WXYZ100	110WXYZ	01WXYZ1000000
011WXYZ	00001WXYZ1000	111WXYZ	1WXYZ10000000

【例 2.2】把+1773 变换成 μ255 的 8 位 PCM 码。

$$1773 \quad 0011011101101$$
$$+33 \quad +100001$$
$$1806 \quad 0011100001110$$

得到 $S=(7-2)_{10}=101$，$Q=1100$，它的 PCM 码为：

$$011\ 100\ 100\ 000$$

利用译码表 2.10，可将这个压缩代码变换成下列偏置线性代码：$b_{12}\ b_{11}\ b_{10}\ b_9\ b_8\ b_7\ b_6$ $b_5\ b_4\ b_3\ b_2\ b_1\ b_0 = 0011100100000$。

上述代码的十进制数表示为 1824，相应的无偏置代码为 1791。

3．A 律压缩扩展算法(G.711)

国际电报电话咨询委员会(CCITT)建议的 A 律压缩扩展特性与 μ 律特性具有相同的基本特性和实现方法。A 律压缩扩展特性同样可以用直线段进行近似，以简化编码算法，并且也很容易与线性编码格式进行相互转换。

需要指出，A 律特性的前一部分是线性的。特性的其余部分($1/A \leqslant x \leqslant 1$)可以用类似于 μ 律特性的方法，通过线性折线来近似。

当 A=87.56 时，8 位 A 律特性的折线端点、量化间隔和相应的代码见表 2.11。为便于用整数表示，其最大值标度用 4096。如果需要，可以使 A 律标度加倍到 8192，使 A 律 PCM 和 μ 律 PCM 系统的标度系数一致。

表 2.11　A87.56 PCM 编码/译码表

	量化间隔	折线代码 S	量化代码 Q	译码器幅度
0~2、2~4…30~32	2	000	0000 0001 1111	13~31
32~34…62~64		001	0000 1111	33~63
64~68…124~128	4	010	0000 1111	66~126
128~136…248~256	8	011	0000 1111	132~252
256~272…496~512	16	100	0000 1111	264~504
512~544…992~1024	32	101	0000 1111	528~1008
1024~1088…1984~2048	64	110	0000 1111	1056~2016
2048~2176…3968~4096	128	111	0000 1111	2112~4032

A 律压缩扩展编码方法与 μ 律压缩扩展编码方法基本相同。但有一点差别，表现在线性编码变换中，A 律取消了偏移量。A 律编码方法也有两种：直接编码法和线性编码变换法。此处不再详述。

2.7　数字语音的应用

声音是人类信息交流最自然的一种方式，随着声音数字化技术的不断成熟，数字语音的应用领域日趋广泛，人机交互更加自然，目前数字语音的应用大都集中在语音识别和语音合成两个方面。在语音识别方面，目前在我国比较成功的应用是汉字的语音输入，其正确率可达 90%以上。而文-语转换则是语音合成方面一个较有发展前途的应用，本节将介绍语音识别和语音合成的基本方法、原理和技术。

2.7.1　语音识别

语音识别是指机器收到语音信号后，如何模仿人的听觉器官辨别所听到的语音内容或讲话人的特征，进而模仿人脑理解出该语音的含义或判别出讲话人的过程。语音识别是数字语音应用的一个重要方面，语音识别系统按其构成与规模有多种不同的分类标准。

1.　按讲话者分类

语音识别系统如果按讲话者作为分类标准，可分为特定人语音识别系统和非特定人语音识别系统。

(1)　特定人语音识别系统

其特点是依赖于讲话者，只有在用特定单词组形成的词汇表系统训练后，它才能识别。为了训练系统识别单词，讲话者要说出具体规定的词汇表中的单词，一次一个。把单词输入系统的过程要重复几次，这样会在计算机中生成单词的参考模板。系统必须在将来使用的环境中训练，以便考虑周围环境的影响。例如，如果系统要在工厂中使用，就必须在工厂中训练它，以把背景噪声也考虑在内。

训练是很枯燥的，但为使识别器能高效地工作，彻底训练是很重要的。如果不在进行训练的环境中使用识别器，也许会工作得很不好。

特定人语音识别系统的优点是它是可训练的，系统很灵活，可以训练它来识别新词。通常，这种类型的系统用于词汇量少于 1000 词的小词汇表情况。这种小词汇表的典型应用是用于定制应用软件需要的用户命令和用户界面。虽然可以训练特定人的系统来识别更大的词汇表，但还存在一些要权衡考虑的方面：第一，这需要彻底的训练，因为要把单词输入系统，需要重复进行很多次；第二，为识别大词汇表中的单词，需要大量的存储空间；最后，为识别词而进行的搜索需要更长的时间，这影响了系统的整体性能。

特定人的系统的缺点是由一个用户训练的系统不能被另一用户使用。如果训练系统的用户得了常见的感冒或声音有些变化，系统就会识别不出用户或犯错误。在支持大量用户的系统中，存储要求会很高，因为必须为每个用户存储语音识别数据。目前，市面上常见的汉字语音输入系统基本都是基于特定人的语音识别。

(2)　非特定人识别系统

此类系统可识别任何用户的语音。它不需要任何来自用户的训练，因为它不依赖于个人的语音签名。无论是男声还是女声，用户是否得了感冒，环境是否改变或噪声如何，或者用户讲方言并带有口音，都没有关系。为生成非特定人识别系统，需大量的用户训练一个大词汇表的识别器。在训练系统时，男声和女声，不同的口音和方言，以及带有背景噪声的环境都计入了考虑范围之内以生成参考模板。系统并不是为每种情况下的每个用户建立模板，而是为每种声音生成了一批模式，并在此基础上建立词汇表。

2．按识别词的性质分类

如果按识别词的性质来分，语音识别系统又可分成 3 类：孤立词语音识别、连接词语音识别和连续语音识别。

这 3 种系统具有不同的作用和要求。它们使用了不同的机理来完成语音识别任务。

(1) 孤立词(语音)识别系统

如图 2.17 所示，一次只提供一个单一词的识别。用户必须把输入的每个词用暂停分开，暂停像一个标志，它标志了一个词的结束和下一词的开始。识别器的第一个任务是进行幅度和噪声归一化，以使由于周围的噪声、讲话者的声音、讲话者与麦克风的相对距离和位置，以及由讲话者的呼吸噪声而引起的语音变化最小化。下一步是参数分析，这是一个抽取语音参数的时间相关变化序列，如共振峰、辅音、线性可预测编码系数等的预处理阶段。

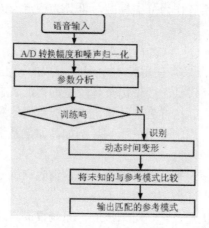

图 2.17　孤立词音识别系统

这一阶段的作用有两个：

- 第一，它抽取了与下一阶段相关的时间变化语音参数。
- 第二，它通过抽取相关语音参数而减少了数据量。如果识别器在训练方式中，就会把新的帧加在参考表上。如果它是在识别方式中，就会把动态时间变形用于未知的模式上以计划音素持续的平均值。然后，未知模式与参考模式相比较，从表中选出最大相似度参考模式。

可以通过把对应于一个词的大量样本聚集为单一群来获得非特定人孤立单词语音识别器。例如，可以把 100 个用户(带有不同的口音和方言)的每个单词 25 遍的发音收集成样本集，这样每个词就有 2500 个样本。把这 2500 个样本中声学上相似的样本聚集在一起，就形成了对应于单词的单一群，群就成为了这个词的参考。

随着词汇表容量的增加，参考模式需要更多的存储空间，计算和搜索就需要更多的计算时间，如果计算时间和搜索时间变长，反应时间就会变长，同时随着处理信息的增加，错误率也会增加。

我们已经讨论了特定人和非特定人语音识别系统间区别的关键。而孤立单词语音识别器和连接词语音识别器之间的主要区别，是正确地把两个词之间的沉默与所讲词的音节之间的沉默分离开来的这种能力。有效地使用单词识别的音素分析会有助于识别音节之间的间断。

(2) 连接词语音识别

连接词语音与连续语音的区别是什么？连接词的语音由所说的短语组成，而短语又是由词序列组成，例如"王主任"和"我们的领导是王主任"。相比较而言，连续语音由在听写中形成段落的完整句子组成，同时它需要更大的词汇表比较。

那么，为什么要把连接词识别单独分出来？孤立单词语音识别(也称为命令识别)使用暂停作为词的结束和开始标志。讲出的连接词的序列，如在短语中那样，也许在单词之间没有足够长的暂停来清楚地确定一个词的结束和下一个词的开始。识别连接词短语中单词的一种方法是采用词定位技术。在这一技术中，通过补偿语音速率变化来完成识别，而补偿语音速率变化又是通过前面所述的称为动态时间变形的过程，以及把调整了的连接词短语表示成沿时间轴滑过所存储的单词模板以找到可能的匹配这样一个过程来实现的。如果在给定时间内，任何相似性显示出已经在说出的短语和模板中找到了相同的词，识别器就定位出模板中的关键词。将动态时间变形技术用于连接词短语上来消除或减少由于讲话者个人或其他影响语音的因素，如因兴奋而造成的讲出单词速率的变化。不同情况下，可以用不同的重音和速度说出同一短语。如果我们在每次用不同的重音说出短语时，都抽取所说短语的瞬时写照，并在时间域中生成帧，我们会很快发现每一获取帧是如何相对其他帧而变化的。这就提供了表示所说短语中可能变化的时间变化参数范围。当把动态时间变形技术用于连接词语音识别时，就可以用数学上的压缩或扩展帧去除可能的时间变化，然后把帧与存储模板相比较来进行识别。

为什么连接词语音识别是有用的？这是一种命令识别的高级形式，其中命令是短语而不是单一的词。例如，连接词语音识别可以用于执行操作的应用中。如短语"给总部打电话"，会引起查询总部电话并拨号。类似于孤立词语音识别，连接词语音识别可用于命令和控制应用之中。

(3) 连续语音识别

这种方法比孤立单词或连接词语音识别都复杂许多。它提出了两个主要问题：分割和标志过程，在此过程中把语音段标记成代表音素、半音节、音节和单词等更小的单元，以及为跟上输入语音并实时地识别词序列所需要的计算能力。用现行的数字信号处理器(DSP)，可以通过选择正确的 CPU 体系结构来获得实时连续语音识别需要的计算能力。

连续语音识别系统可以分成下列 3 部分。

① 数字化、幅度归一化、时间归一化和参数表示。

② 分割并把语音段标记成在基于知识或基于规则系统上的符号串。用于表征语言段特征的知识类型是：语音学，它描述了语音声音(英语中只有 41 个音素)；词汇学，它描述了声音类型；语法，它描述了语言的语法结构；语义学，它描述了词和句子的语义；语用学，它描述了句子的上下文。多数连续语音识别系统是使用基于语音学的、词汇学的、

语法的知识系统。

③　识别词序列并进行语音段匹配。在连续语音识别系统中，语音信号的前端处理与孤立单词语音识别系统中的一样。它把模拟信号转换成数字信号，进行幅度和噪声归一化以使由于周围噪声、讲话者的声音、讲话者相对于麦克风的距离和位置、讲话者的呼吸噪声等引起的语音变化最小化。下一步由参数分析组成，它是一个抽取时间变化的语音参数，如共振峰、辅音、线性可预测编码系数等的预处理阶段。这一步骤有两个目的：首先，它抽取了与下一步相关的时间变化语音参数；其次，它通过抽取相关语音参数而减少了数据量。

下一步完成把语音分割为 10ms 的段并标记这些段。如何标记语音段？孤立词语音识别器使用了把未知发音与已知的参考模式相比较的技术。如果未知发音与已知参考模式之一相类似，那么就找到了一个匹配并识别出了发音。对于连续语音识别，例如，100 个词的词汇表会需要超过 1000 个参考模式。这就要求更大的存储空间和更快的计算引擎来在模式中搜索并完成把模式输入到系统中的处理。如果实时地完成上述处理，将会是一个很高的要求。为解决这一问题，要把语音分割成更小的符号单元段，它们表示语音、音素、半音节、音节和单词。分割过程生成了 10ms 的"快照"，并把语音的时间变化表示转换成符号表示。

再下一步是对语音段作标记，其中使用了由语音、词汇语法和语义知识组成的知识系统。这一过程应用了一种基于知识系统来标记语音段的启发式方法。把语音段结合起来以形成音素，把音素结合起来以形成单词。单词经过一种确认过程，并使用语法和语义知识来形成句子。这一过程是极为数学化、十分复杂的，我们不再细说。

2.7.2　语音合成

语音合成是人工产生语音的过程，根据语音生成原理，现在的语音合成方法大致可分为 3 种类型：基于波形编码的合成；基于分析-合成法的合成；按规则合成。

基于波形编码合成方法的合成系统，它的特点是简单，并能产生高质量的语音，但不够灵活；按规则合成方法构造的系统是另一种极端，它具有非常大的灵活性，但相当复杂，它产生的语音质量与人产生的语音质量相比，仍然相差甚远。实际应用中，到底采用什么方法，应按使用环境和目的加以选用。

1. 波形编码合成法

这种合成方法首先把人说的词或短语记录下来并存放在存储器中，若有一个句子要让机器读出来，则选择适当的词和短语单元，然后把它们连接起来产生语音输出。用这种方法产生的语音，其质量受单元之间连接处的声学特性的影响，连接处的声学特性包括谱包络、幅度、基频及速率。若存储和使用较大的语音单元，如短语和句子，那么合成产生的词和句子的种类和数量均受到限制，但合成语音的可懂度和自然度都比较好。相反，如果存储和使用的语音单元较小的话，如音节和音素，那么合成语音的质量将大大降低，但合成产生的词和句子的范围较广。在这种合成法中，由于词或短语在不同句子中的音调不同，如疑问句、陈述句或感叹句，因此一个相同的词或短语往往要以几种不同音调的形式存储。

用这种方法产生的语音存在两个不足：一是用孤立词或短语连接的句子，产生的声音听起来觉得慢；另一个是句子的重音、节奏、语调听起来不太自然。

2．分析-合成法

这种方法是根据语音生成模型，把人说的词或短语进行分析，抽取它们的特性参数，并按特性参数的时间顺序把参数存储起来。合成语音时，把恰当单元的参数序列连接起来，然后送到语音合成器产生语音输出。用这种方法产生的语音，虽然它的自然度稍差，但由于存储的是词或短语的特性参数，所以可以大大降低存储容量的要求。此外，单元连接处的语音特性可以通过控制特性参数来改善。这种方法存储的语音单元不是简单的原始语音，而是对词或短语进行压缩，存储的是特性参数，因此，从这个观点来看，分析-合成法可以认为是波形编码方法的一种高级形式。

3．基于语音生成机理的合成法

用电路模拟语音生成机理以产生合成语音，文献上介绍较多的有两种方法，一种称为声道模拟法(Vocal Track Analog)，另一种称为终端模拟法(Terminal Analog)。前者是模拟声波在声道上传播，把声道看成由许多管子串联的系统；后者是模拟声道的频谱结构，也就是谐振和反谐振特性，把声道看成是谐振腔。

文-语转换(Text-to-Speech)是文字转换成语音的简称。文字是以数字或代码形式表示的语言信息，而这里指的语音不是通过人的嘴巴说出的语音，而是指由计算机合成后发出的语音。这项技术曾广泛用于为盲人设计的语音阅读设备，但在过去的几年里，这项技术的迅速发展已远远超出了盲人的使用范围。例如，文-语转换技术能够把电子邮件(Electronic Mail)转换成语音邮件(Voice Mail)，再通过电话来阅读；通过电话来阅读大型文本数据库是文-语转换的另一个应用例子。目前，在多媒体 PC 机中，文-语转换功能已很普及，配有语音卡的 PC 都可以具有这种功能。

早期的文-语转换是对预先记录好的词、音节进行安排。在要求词汇量少的情况下，这种文-语转换是很有用的。例如电话簿的辅助系统中仅需有限的短语和电话号码。但即使在这类应用系统中，也有一个音调问题，有些话不得不用音素连接成适当的顺序后再发出语音。这个语音不是真正的合成语音。

文-语转换与录音的重放不同，它是从输入的任何文本产生合成语音输出，这就相当于人读书面文章的过程。这个过程既包含很高级的信息处理，又包含发音器官复杂的生理控制。因此，要实现这种文-语转换，需要广博的知识和高深的技术。

文-语转换系统由两个部分组成，一部分是发音器，这里主要是指语音合成器，它相当于人的发音系统。另一部分是发声的驱动器，它的输入是要发声的文本串或其他语言信息，而它的输出用来驱动发声器发音。

这两个部件都可用软件来实现。国内一些大学、研究所已完成了文-语转换的实验性系统，随着功能的不断完善，实用化可望早日实现。总地来说，文-语转换是一个多学科的研究领域，它需要多方面的科学工作者如语言学家、语音学家、通信科学家、生理学家、心理学家以及电子工程技术人员坚持不懈，共同努力，集中他们的聪明才智，才能使文-语转换系统像人那样去读文章。

2.8　声音媒体编辑软件的应用

为了能对数字声音进行录制与编辑，涌现出了许多声音编辑软件。本节介绍两种常用的声音编辑软件。

2.8.1　Windows 的录音机软件

如果在计算机上安装了声卡和录音话筒(麦克风)，使用便捷的 Windows 录音机软件便可直接进行声音的录制、编辑或播放。

Windows 录音机的主要功能涉及声音的录制、播放、编辑、效果处理和文件的管理。在 Windows 中通过"开始"→"程序"→"附件"→"娱乐"→"录音机"来打开录音机程序，如图 2.18 所示。Windows 附件中的录音机界面上除了菜单和常规录音机的录放控制按钮外，还提供了录音或播放过程中的有关信息。当前声音所处的位置和总长度是以时间为参照单位显示的，可移动的滑块位置与播放声音所处的位置相对应。同时还用动态方式来显示即时声波的波形。"录音机"中编辑的声音文件必须是未压缩的；录下的声音被保存为波形(.wav)文件。

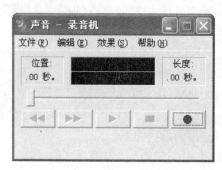

图 2.18　录音机程序界面

1．声音的录制和播放

(1) 录制声音：单击按下程序界面上的红色"录音"按钮，程序开始接收传入的声音。 默认录音"长度"值为 60 秒，当录音进行到 60 秒时将自动停止。如果再次按下"录音"按钮，"长度"值将会增加 60 秒。录音之后，选择"文件"→"保存"命令，输入文件名，便可将刚录入的数字声音存盘。

(2) 播放声音：针对刚录制的声音，可选择"文件"→"打开"命令打开已存在的声音文件。单击软件面板上的"放音"按钮，可使声音文件从头播放，而移动滑块时可随意改变播放位置。

2．声音的编辑

(1) 裁剪首、尾声音片段：拖曳滑块到要分隔声音的位置，使用"编辑"→"删除当前位置之前的内容"命令或者"删除当前位置之后的内容"命令，确定后完成首部或尾部声音的裁剪。

(2) 裁剪中间声音片段：拖曳滑块到第一部分要保留的声音结束位置，选择"编辑"→"复制"命令。拖曳滑块到要删除部分的结束位置，选择"编辑"→"粘贴插入"命令。然后选择"编辑"→"删除当前位置之前的内容"，确定后可完成中间片段的裁剪。

(3) 插入声音片段：先打开声音文件，如"w1.wav"，将滑块移动到需要插入其他声音文件的位置。选择"编辑"→"插入文件"命令，可将其他声音文件如"w2.wav"从滑块位置插入"w1.wav"。

(4) 合并声音片段：先打开声音文件，如"w1.wav"，将滑块移动到需要与其他声音文件合并的位置。选择"编辑"→"与文件混音"命令，可将其他声音文件与当前文件声音效果相混合。

3. 编辑声音以形成特殊效果

单击"效果"菜单，选择相应的命令，可以使录制的声音变调而产生特殊的效果，如图 2.19 所示。

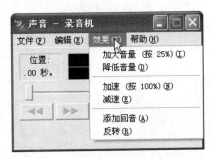

图 2.19　录音机"效果"菜单

对声音每使用一次"加大音量"命令，将提高原来音量的 25%，声音将变得高而润；每使用一次"减速"命令，声音的时间将比原来延长一倍，原来的声音将变慢；使用"添加回音"命令，便可产生回荡效果；选择"反转"命令，可反向播放声音文件。

事实上，Windows "录音机"编辑波形文件的功能较弱，有些软件如 Adobe Audition 提供了很强的编辑功能。

2.8.2　声音编辑软件 Adobe Audition

Adobe Audition 是一个功能强大得多的音轨音频混合编辑软件，集录音、混音、编辑于一体。使用简捷、方便，很受用户的欢迎，它包含高品质的数字效果组件，可在任何声卡上进行 64 轨混音，只要存储空间允许，也可用任意时间长度录音，在互联网上，可以下载到它的免费试用版。

1. 启动运行 Adobe Audition

首先安装 Adobe Audition，然后启动它，运行后的界面如图 2.20 所示。打开一个声音文件，可以看到图中显示了该声音的左右声道的波形(上为 L，下为 R)，默认情况下，可以对两个声道同时操作，也可以单独对其中的一个声道进行操作。

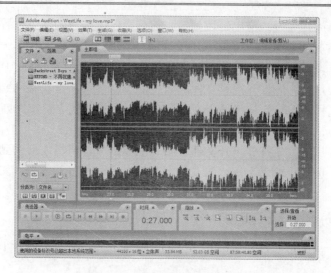

图 2.20　Adobe Audition 的运行界面

用鼠标选择波形的一部分，被选中的部分将会反色显示，可以像操作文件一样地进行简单的声音编辑(如复制、插入、删除等)，如图 2.21 和 2.22 所示。

2. 数字音频的简单编辑

Adobe Audition 对声音的编辑非常简单，如同 Word 对文字的编辑一样，首先选中要编辑的部分，然后进行编辑操作(如复制、插入、删除等)，操作后在 Adobe Audition 的运行界面中便可看到编辑效果。

例如，将声音文件的某一段移动到另外一个位置。操作步骤如下。

(1) 用鼠标选择要移动波形的部分，被选中的部分将会反色显示(见图 2.21)。

(2) 单击 Edit 菜单，选择 Cut 命令(或按 Ctrl+X 键)。

(3) 将光标移到另外一个所要的位置，单击 Edit 菜单，选择 Paste 命令(或按 Ctrl+V 键)。操作过程如图 2.21 和 2.22 所示。

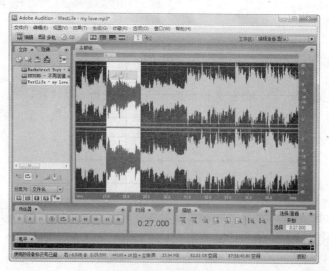

图 2.21　音频复制

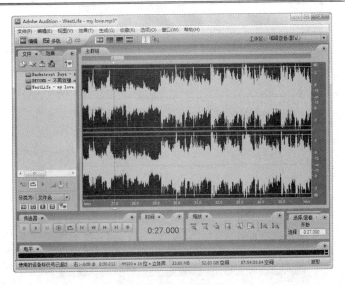

图 2.22　音频的编辑

3．放大、衰减、去噪

(1)　声音的放大(衰减)

在菜单栏中选择"效果"→"振幅和压限"→"放大"命令，选择放大(衰减)的系数，或者从右上角的 Presets(预设)中选取原来已经设置好的参数。单击"确定"按钮开始渲染，可以看到波形已经发生了变化。

(2)　去噪

从旧磁带中翻录或者从现场采集声音，难免会有些杂音，即使是崭新的录音带，在转录的过程中也会混入一些系统噪声和环境噪声。Adobe Audition 提供了强大的去噪功能。它对降低噪声的基本思路是：先设法分析出噪声源的频谱特性，然后削弱整个声音文件中符合该特征的成分。

操作步骤是：在菜单栏中选择"效果"→"修复"→"适应性降噪"命令，弹出去噪的详细参数调整窗口，调整相应的参数设置，就可以对原始声音素材进行降噪处理了。

4．淡化处理

在声音处理中，经常用到的一个效果是淡化。如一个声音开始的时候，音量从小到大渐变，或者一首歌到了末尾结束的时候声音渐渐变小，给人以远去的感觉。淡化是影视作品中很常用的一种处理手段，它能使不同场景之间的音乐或背景音效过渡更为自然。

在 Adobe Audition 中实现这些效果非常容易，选择"效果"→"振幅和压限"→"振幅"→"淡化"命令，在预设栏中，根据需要选择淡入淡出选项，如图 2.23 所示，就可以对声音进行淡化处理了。

5．增加特殊效果

Adobe Audition可为编辑的声音加上如变调、回音等特殊效果。

(1)　声音的变调处理

启动 Adobe Audition，载入需要处理的声音文件。在菜单栏上选择"效果"→"变速

变调"→"变调"命令,弹出"变调"对话框,即可对声音进行变调处理。然后,通过
"预设效果"下拉列表框进行调整,选择相应的变调效果,如图 2.24 所示。

　　单击"确定"按钮确认,开始渲染。完成后,即可按播放键试听变调后的效果。

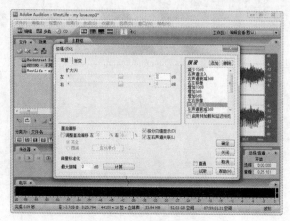

图 2.23　声音的淡化处理

图 2.24　变调的参数设置

　　(2)　加入回音效果

　　选择菜单栏中的"效果"→"延迟和回声"→"回声"命令,弹出"回声"对话框,
即可对声音进行回音处理。回音的选项很多,一般可以使用已经存在的预设值。通过改变
这些值,可以得到不同的回音效果,如图 2.25 所示。

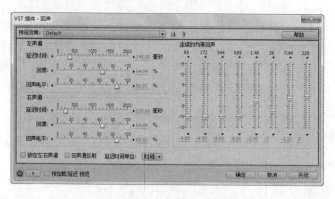

图 2.25　"回声"对话框

6．立体声声像

选择菜单栏中的"效果"→"立体声声像"命令，然后根据需要选择立体声效果，打开相应的对话框，即可对声音进行立体声处理。如图 2.26 所示为"立体声回旋"对话框，可在"预设效果"下拉列表框中选择参数，对音频进行立体声设置。通过改变这些值，可以得到不同的立体声效果。

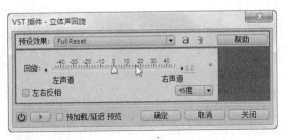

图 2.26　"立体声回旋"对话框

7．合唱

选择菜单栏中的"效果"→"调制"→"合唱"命令，弹出相应的"合唱"对话框，即可对声音进行合唱处理。如图 2.27 所示为"合唱"对话框，可在"预设效果"下拉列表框中选择参数，对音频进行合唱设置。通过改变这些值，可以得到不同的合唱效果。

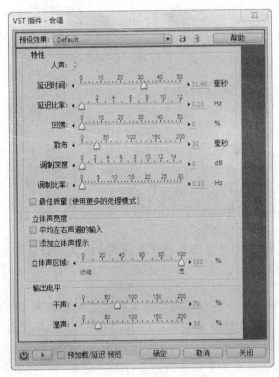

图 2.27　"合唱"对话框

Adobe Audition 还支持多种声音文件格式以及它们之间的转换。

2.9　本　章　小　结

声音是表达信息的一种有效方式。在多媒体应用中，适当地运用语音和音乐，能起到文本、图像等媒体无法替代的效果，使得多媒体应用更加生动有趣。

在本章中，首先介绍了声音的基本概念，声音的性质、类型，声卡的基本知识和声卡的技术特征，以及计算机如何处理声音的方法。音频信息的数字化可分为采样、量化和编码 3 步，语音可以用波形文件的格式存储。对于音乐，还有一种更为节省存储空间的方法，即 MIDI 文件。

音频信息数据量大，因此需要压缩，压缩方法可分为两大类：有损压缩方法和无损压缩方法。

由于声音是人类交流的最自然的方式，所以很多学者以人的语音为研究对象，创建了新的研究领域：语音识别和语音合成。语音识别是指机器收到语音信号后，如何模仿人的听觉器官辨别所听到的语音内容或讲话人的特征，进而模仿人脑理解出该语音的含义或判别出讲话人的过程。语言合成是指计算机接到要发音的字符串后，模仿人脑在讲话之前的思维过程以及模仿人的发音器官发出声音的过程。本章中概要介绍了数字语音的各种应用，以增强读者对音频处理技术的进一步了解。

2.10　习　　题

1．填空题

(1)　人类能够接受的听觉带宽是从_____Hz 到_____kHz。

(2)　声音数字化可分为 3 步进行，第 1 步_____；第 2 步_____。第 3 步_____。

(3)　重新播放数字化声音(声音重构)的步骤有解码、_____、_____。

(4)　目前产生 MIDI 乐音的方法很多，用得较多的方法有两种：一种是_____(Frequency Modulation，FM)合成法，另一种是_____合成法。

(5)　采样频率为 22.05kHz、量化精度为 16 位、持续时间为两分钟的双声道声音，未压缩时，数据量是_____MB。

(6)　使用数字波形法表示声音信息时，采样频率越高，则声音质量越_____。

2．选择题

(1)　使用 16 位二进制表示声音要比使用 8 位二进制表示声音的效果_____。
　　　A. 噪声小，保真度低，音质差　　　B. 噪声小，保真度高，音质好
　　　C. 噪声大，保真度高，音质好　　　D. 噪声大，保真度低，音质差

(2)　使用数字波形法表示声音信息时，采样频率越高，则数据量_____。
　　　A. 越小　　　　　B. 越大　　　　　C. 恒定　　　　　D. 不能确定

(3)　两分钟双声道、16 位采样位数、22.025kHz 采样频率声音的不压缩的数据量是_____。

　　　　A. 5.05MB　　　　　B. 10.58MB　　　　　C. 10.35MB　　　　　D. 10.09MB

　　(4) PC 机中有一种类型为 MID 的文件，下面关于此类文件的一些叙述中，不正确的
是_____。

　　　　A. 它是一种用 MIDI 规范表示的音乐，可以由媒体播放器之类的软件进行播放

　　　　B. 播放 MIDI 文件时，音乐是由 PC 机中的声卡合成出来的

　　　　C. 同一 MIDI 文件，使用不同的 PC 机播放时，音乐的质量是完全一样的

　　　　D. PC 机中的音乐除了使用 MIDI 文件表示外，也可以使用 WAV 文件表示

　　(5) MP3 文件是目前较为流行的音乐文件，它是采用下列哪一个标准对 WAVE 音频
文件进行压缩而成的？_____

　　　　A. MPEG-7　　　　　B. MPEG-4　　　　　C. MPEG-2　　　　　D. MPEG-1

　　(6) 在下列有关声卡的叙述中，不正确的是_____。

　　　　A. 声卡的主要功能是控制波形声音和 MIDI 声音的输入和输出

　　　　B. 波形声音的质量与量化位数、采样频率有关

　　　　C. 声卡中的数字信号处理器(DSP)在完成数字声音的编码、解码及许多编辑操作
　　　　　　中起着重要的作用

　　　　D. 因为声卡所要求的数据传输率不高，所以用 ISA 总线进行传输已足够，因此
　　　　　　目前的声卡都是 ISA 接口声卡

　　(7) 下面关于 PC 机数字声音的叙述中，正确的是_____。

　　　　A. 语音信号进行数字化时，每秒产生的数据量大约是 64KB

　　　　B. PC 机中的数字声音，指的就是对声音的波形信号数字化得到的"波形声音"

　　　　C. 波形声音的数据量较大，一般需要进行压缩编码

　　　　D. MIDI 是一种特殊的波形声音

3. 简答题

　　(1) 声卡的主要功能有哪些？声卡一定是一块卡吗？

　　(2) 何为 MIDI 音乐？MIDI 音乐是如何产生的？有什么优点和不足？

　　(3) 要使声音比较真实、音质清晰，取决于声卡的什么性能？

　　(4) 试计算以 44.1kHz 的采样频率，16 位量化精度，双声道录制 5min 的波形声音，
如果未加压缩，其信息量为多少？

　　(5) 什么是 MP3？其压缩标准是什么？

　　(6) 什么叫语音合成？

　　(7) 什么叫语音识别？

　　(8) 声音编辑软件 Adobe Audition 具有哪些主要功能？

第 3 章

数字图像与视频处理技术

教学提示:

    图像与视频是两种最常见的可视媒体。图像及视频的获取、处理和数字化技术是多媒体信息处理的重要内容。视频是指内容随时间变化的一个图像序列,也称活动图像或运动图像。数字图像与视频的处理技术是一门发展迅速、应用广泛的学科分支,其应用范围涉及人类社会的各个方面。

教学目标:

    本章主要介绍图像、视频的基础知识和处理技术,包括图像及视频的获取、表示、处理与应用等,以及常用图像、视频处理软件的使用。通过本章的学习,要求掌握多媒体技术中有关图像、视频数字化的基本概念、方法、技术和应用等知识。

3.1 概　　述

信息的表示形式是多种多样的，有文字、数字、图形、声音、图像和视频等，而图像和视频则是多媒体中携带信息的极其重要的两种媒体，人们获取的信息有 70%来自视觉系统，将这些信息的表现形式引入计算机，便给传统的计算机赋予了新的含义，也对计算机的体系结构和相关的处理技术提出了新的要求。

计算机中的数字图像按其生成方法可以分为两大类，一类是从现实世界中通过数字化设备获取的图像，它们称为取样图像(Sampled Image)、点阵图像(Dot Matrix Image)、位图图像(Bitmap Image)，以下简称图像(Image)；另一类是计算机合成的图像，它们称为矢量图形(Vector Graphics)，或简称图形(Graphics)。本章主要介绍第一类图像。

从现实世界中获得数字图像的过程称为图像的获取(Capturing)，所使用的设备统称为图像获取设备。

最常用的设备有图像扫描仪、数码相机等。图像扫描仪可用于对印刷品、照片或照相底片等进行扫描输入，用数码相机或数码摄像机可对选定的景物进行拍摄。图像获取的过程实质上是模拟信号的数字化过程。

数字图像最基本的表示单位称为像素，像素对应于图像数字化过程中的一个取样点。按照取样点表示方式的不同，数字图像又可分为两值图像、灰度图像和彩色图像。

将一幅数字图像中的数据按一定的方式进行组织，称为图像的编码。为了减少数字图像的存储空间，往往要进行压缩编码，图像压缩编码有许多国际标准和文件存储格式，如BMP、GIF、TIFF、JPEG、JPEG 2000、TIFF、PNG 等。

借助于专用软件，可对图像进行缩放、旋转、变形、色彩校正、图像增强和修饰等滤镜操作，以提高图像的视觉效果或用于各种不同的应用领域。

美国 Adobe 公司的 Photoshop 以其优越的功能成为人们进行图像处理和编辑的首选工具之一。

视频是影像视频的简称。与动画一样，视频是由连续的随着时间变化的一组图像(或称帧)组成。由于人类有"视觉暂留"的生理现象，当 1 秒钟内连续播放多幅相互关联的静止图像时，就会产生运动的感觉，即运动视频。因此，图像可以看作是视频的特例。

摄像机是获取视频信号最常用的工具，根据摄像机的类别，可分为模拟视频与数字视频。由模拟视频转变为数字视频的过程称为视频的数字化。在个人计算机中，最常用的设备是视频采集卡，简称视频卡。它能将输入的模拟信号(及其伴音信号)进行数字化，然后存储在硬盘中。

由于数字电视、VCD、DVD 以及数字监控、可视通信、远程医疗、远程教学等视频应用的不断普及，大大推动了数字视频处理技术的研究和应用。特别是网络视频和交互式电视等新的应用的出现，诞生了许多视频处理和播放软件，以及支持不同格式的视频压缩编码标准，如 MPEG-1、MPEG-2、MPEG-4 和 H.264 等。

本章以数字图像处理为基础，首先介绍数字图像处理技术，然后介绍动态视频处理技术及应用。

3.2　数字图像数据的获取与表示

计算机要对图像进行处理，首先必须获得图像信息并将其数字化。可以利用图像扫描仪、数码相机等最常用的图像输入设备对印刷品、照片或选定的景物进行拍摄，完成图像输入过程。

下面将介绍数字图像数据的获取与表示的基本原理及相关知识。

3.2.1　数字图像数据的获取

图像数据的获取是图像数字化的基础。图像获取的过程实质上是模拟信号的数字化过程。它的处理步骤大体分为如下 3 步。

(1) 采样。

将画面划分为 M×N 个网格，每个网格称为一个取样点，用其亮度值来表示。这样，一幅模拟图像就转换为 M×N 个取样点，组成的一个阵列，如图 3.1 所示。

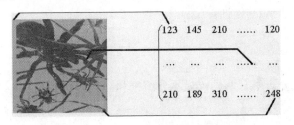

图 3.1　图像采样

(2) 分色。

将彩色图像的取样点的颜色分解成 3 个基色(例如 R、G、B 三基色)，如果不是彩色图像(即灰度图像或黑白图像)，则每一个取样点只有一个亮度值。

(3) 量化。

对采样点的每个分量进行 A/D 转换，把模拟量的亮度值使用数字量来表示(一般是 8 位至 12 位的正整数)。

3.2.2　数字图像的表示

从数字图像的获取过程可以知道，一幅取样图像由 M(行)N(列)个取样点组成，每个取样点是组成取样图像的基本单位，称为像素。

黑白图像的像素只有 1 个亮度值，彩色图像的像素是矢量，它由多个彩色分量组成，一般有 3 个分量(R-红，G-绿，B-蓝)。

因此，取样图像在计算机中的表示方法是：单色图像用一个矩阵来表示；彩色图像用一组(一般是 3 个)矩阵来表示，矩阵的行数称为图像的垂直分辨率，列数称为图像的水平分辨率，矩阵中的元素是像素颜色分量的亮度值，使用整数表示，一般是 8 位至 12 位。彩色图像的表示如图 3.2 所示。

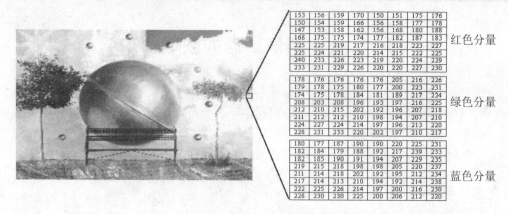

图 3.2　彩色图像的表示

3.3　图像的基本属性

在计算机中存储的每一幅数字图像，除了所有的像素数据之外，至少还必须给出如下一些关于该图像的描述信息(属性)。

3.3.1　分辨率

我们经常遇到的分辨率有两种：显示分辨率和图像分辨率。

1．显示分辨率

显示分辨率是指显示屏上能够显示出的像素数目。例如，显示分辨率为 640×480 表示显示屏分成 480 行，每行显示 640 个像素，整个显示屏就含有 307200 个显像点。屏幕能够显示的像素越多，说明显示设备的分辨率越高，显示的图像质量也就越高。

除手提式计算机和最近的台式计算机用液晶显示器(Liquid Crystal Display，LCD)外，过去的显示器一般都采用阴极射线管(Cathode Ray Tube，CRT)，它类似于彩色电视机中的 CRT。显示屏上的每个彩色像点由代表 R、G、B 的 3 种模拟信号的相对强度来决定，这些彩色像点共同构成一幅彩色图像。

计算机用的 CRT 与家用电视机用的 CRT 之间的主要差别，是显像管玻璃面上的孔眼掩膜和所涂的荧光物不同。孔眼之间的距离称为点距(Dot Pitch)。因此常用点距来衡量一个显示屏的分辨率。电视机用的 CRT 的平均分辨率为 0.78mm，而标准显示器的分辨率为 0.28mm。孔眼越小，分辨率就越高，这就需要更小更精细的荧光点。这也就是为什么同样尺寸的计算机显示器比电视机的价格贵得多的原因。

早期用的计算机显示器的分辨率是 0.41mm，随着技术的进步，分辨率由 0.41→0.38→0.35→0.31→0.28mm 一直过渡到 0.28mm 以下。显示器的价格主要集中体现在分辨率上，因此在购买显示器时，应在价格和性能上综合考虑。

2．图像分辨率

图像分辨率是指组成一幅图像的像素密度的度量方法。对同样大小的一幅图，组成像素数目越多，则说明图像的分辨率越高，看起来就越逼真。反之，图像就会显得粗糙。

在用扫描仪扫描彩色图像时，通常要指定图像的分辨率，用每英寸多少点(Dots Per Inch，DPI)表示。如果用 300dpi 来扫描一幅 8″×10″的彩色图像，就会得到一幅 2400×3000 个像素的图像。像素越多，分辨率就越高。

图像分辨率与显示分辨率是两个不同的概念。图像分辨率是确定组成一幅图像的像素数目，而显示分辨率是确定显示图像的区域大小。如果显示屏的分辨率为 640×480 像素，那么一幅 320×240 像素的图像只占显示屏的 1/4；而 2400×3000 像素的图像在这个显示屏上就不能显示一个完整的画面。

3.3.2　像素深度

像素深度是像素的所有颜色分量的二进制位数之和，它决定了不同颜色(亮度)的最大数目。或者确定灰度图像的每个像素可能有的灰度级数。例如，一幅彩色图像的每个像素用 R、G、B 这 3 个分量来表示，若每个分量用 8 位，那么一个像素共用 24 位表示，就说像素的深度为 24，每个像素可以是 $2^{24}=16777216$ 种颜色中的一种。在这个意义上，往往把像素深度说成是图像深度。表示一个像素的位数越多，它能表达的颜色数目就越多，而它的深度就越深。

虽然像素深度或图像深度可以很深，但各种 VGA(Video Graphics Array)的颜色深度却受到限制。例如，标准 VGA 支持 4 位 18 种颜色的彩色图像，多媒体应用中推荐至少用 8 位 256 种颜色。由于设备的限制，加上人眼分辨率的限制，一般情况下，不一定要追求特别深的像素深度。此外，像素深度越深，所占用的存储空间越大。相反，如果像素深度太浅，那也影响图像的质量，图像看起来让人觉得很粗糙和不自然。

在用二进制数表示彩色图像的像素时，除 R、G、B 分量用固定位数表示外，往往还增加 1 位或几位作为属性(Attribute)位。例如，RGB 5::55 表示一个像素时，用两个字节共 18 位表示，其中 R、G、B 各占 5 位，剩下一位作为属性位。在这种情况下，像素深度为 18 位，而图像深度为 15 位。

属性位用来指定该像素应具有的性质。例如在 CD-I 系统中，用 RGB 5::55 表示的像素共 18 位，其最高位(b_{15})用作属性位，并把它称为透明(Transparency)位，记为 T。T 的含义可以这样来理解：假如显示屏上已经有一幅图存在，当这幅图或者这幅图的一部分要重叠在上面时，T 位就用来控制原图是否能看得见。例如定义 T=1，原图完全看不见；T=0，原图能完全看见。

在用 32 位表示一个像素时，若 R、G、B 分别用 8 位表示，剩下的 8 位常称为 α 通道位，或称为覆盖位、中断位、属性位。它的用法可用一个预乘 α 通道(Premultiplied Alpha)的例子说明。假如一个像素(A、R、G、B)的 4 个分量都用归一化的数值表示，(A、R、G、B)为(1，1，0，0)时显示红色。当像素为(0.5，1，0，0)时，预乘的结果就变成(0.5，0.5，0，0)，表示原来该像素显示的红色强度为 1，而现在显示的红色强度降了一半。

用这种方法定义一个像素的属性在实际中很有用。例如，在一幅彩色图像上叠加文字说明，而又不想让文字把图覆盖掉，就可以用这种办法来定义像素，而该像素显示的颜色又有人把它称为混合色(Key Color)。在图像产品生产中，也往往把数字电视图像和计算机生产的图像混合在一起，这种技术称为视图混合(Video Keying)技术，它也采用 α 通道。

3.3.3　颜色空间

颜色空间的类型，指彩色图像所使用的颜色描述方法，也叫颜色模型。一个能发出光波的物体称为有源物体，它的颜色由该物体发出的光波决定，使用 RGB 相加混色模型；一个不发光波的物体称为无源物体，它的颜色由该物体吸收或者反射哪些光波决定，用 CMY 相减混色模型。

1. 显示彩色图像用颜色模型

显示彩色图像的电视机和计算机显示器色彩显示原理主要基于图像的颜色模型。在此类装置中，使用的阴极射线管(CRT)是一个有源物体。CRT 使用 3 个电子枪分别产生红(Red)、绿(Green)和蓝(Blue)这 3 种波长的光，并以各种不同的相对强度综合起来产生颜色，如图 3.3 所示。

组合这 3 种光波以产生特定颜色称为相加混色，又称为 RGB 相加模型。相加混色是计算机应用中定义颜色的基本方法。

从理论上讲，任何一种颜色都可用 3 种基本颜色按不同的比例混合得到。3 种颜色的光强越强，到达我们眼睛的光就越多，它们的比例不同，我们看到的颜色也就不同，没有光到达眼睛，就是一片漆黑。当三基色按不同强度相加时，总的光强增强，并可得到任何一种颜色。

某一种颜色与这 3 种颜色之间的关系可用下面的式子来描述：

颜色= R(红色的百分比) + G(绿色的百分比) + B(蓝色的百分比)

当三基色等量相加时，得到白色；等量的红绿相加而蓝为 0 值时得到黄色；等量的红蓝相加而绿为 0 时得到品红色；等量的绿蓝相加而红为 0 时得到青色。这些三基色相加的结果如图 3.4 所示。

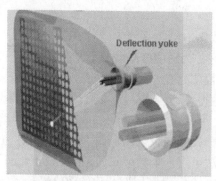

图 3.3　彩色显像管产生颜色的原理

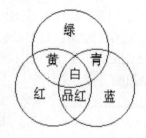

图 3.4　混色相加

一幅彩色图像的一个像素值往往用 R、G 和 B 这 3 个分量来表示。如果每个像素的每个颜色分量用二进制的 1 位来表示，那么每个颜色的分量只有 1 和 0 这两个值。这也就是说，每种颜色的强度是 100%，或者是 0%。在这种情况下，每个像素所显示的颜色是 8 种可能出现的颜色之一，如表 3.1 所示。

表 3.1 相加色

RGB	颜 色	RGB	颜 色
000	黑	100	红
001	蓝	101	品红
010	绿	110	黄
011	青	111	白

对于标准的电视图形阵列(Video Graphics Array，VGA)适配卡的 16 种标准颜色，其对应的 R、G、B 值见表 3.2。在 Microsoft 公司的 Windows 操作系统中，用代码 0~15 表示。在表 3.2 中，代码 1~8 表示的颜色比较暗，它们是用最大光强值的一半产生的颜色；9~15 是用最大光强值产生的。

表 3.2 18 色 VGA 调色板的值

代 码	R	G	B	H	S	L	颜 色
0	0	0	0	160	0	0	黑
1	0	0	128	160	240	60	蓝
2	0	128	0	80	240	60	绿
3	0	128	128	120	240	60	青
4	128	0	0	0	240	60	红
5	128	0	128	200	240	60	品红
6	128	128	0	40	240	60	褐色
7	192	192	192	160	0	180	白
8	128	128	128	160	0	120	深灰
9	0	0	255	160	240	120	淡蓝
10	0	255	0	80	240	120	淡绿
11	0	255	255	120	240	120	淡青
12	255	0	0	0	240	120	淡红
13	255	0	255	200	240	120	淡品红
14	255	255	0	40	240	120	黄
15	255	255	255	160	0	240	高亮白

在表 3.2 中，每种基色的强度是用 8 位表示的，因此可产生 2^{24}=16777216 种颜色。但实际上用一千六百多万种颜色的场合是很少的。在多媒体计算机中，除用 RGB 来表示图像之外，还用色调-饱和度-亮度(Hue-Saturation-Lightness，HSL)颜色模型。

在 HSL 模型中，H 定义颜色的波长，称为色调；S 定义颜色的强度(Intensity)，表示颜色的深浅程度，称为饱和度；L 定义掺入的白光量，称为亮度。

用 HSL 表示颜色的重要性，是因为它比较容易为画家所理解。若把 S 和 L 的值设置为 1，当改变 H 时，就是选择不同的纯颜色；减小饱和度 S 时，就可体现掺入白光的效果；降低亮度时，颜色就暗，相当于掺入黑色。因此在 Windows 中也用了 HSL 表示法，

18 色 VGA 调色板的值也表示在表 3.2 中。

2．打印彩色图像用 CMY 相减混色模型

用彩色墨水或颜料进行混合，这样得到的颜色称为相减色。从理论上说，任何一种颜色都可以用 3 种基本颜料按一定比例混合得到。这 3 种颜色是青色(Cyan)、品红(Magenta)和黄色(Yellow)，通常写成 CMY，称为 CMY 模型。用这种方法产生的颜色之所以称为相减色，是因为它减少了为视觉系统识别颜色所需要的反射光。

在相减混色中，当三基色等量相减时，得到黑色；等量黄色(Y)和品红(M)相减而青色(C)为 0 时，得到红色(R)；等量青色(C)和品红(M)相减而黄色(Y)为 0 时，得到蓝色(B)；等量黄色(Y)和青色(C)相减而品红(M)为 0 时，得到绿色(G)。这些三基色相减的结果，如图 3.5 所示。

图 3.5　相减混色

3.3.4　真彩色、伪彩色和直接色

真彩色、伪彩色和直接色是图像的又一重要属性。理解这些属性的含义，对于编写图像显示程序，理解图像文件的存储格式均有一定的指导意义。

1．真彩色(True Color)

真彩色是指在组成一幅彩色图像的每个像素值中，有 R、G、B 这 3 个基色分量，每个基色分量直接决定显示设备的基色强度，这样产生的彩色称为真彩色。

例如用 RGB 5:5:5 表示的彩色图像，R、G、B 各用 5 位，用 R、G、B 分量大小的值直接确定 3 个基色的强度，这样得到的彩色是真实的原图彩色。

如果用 RGB 8:8:8 方式表示一幅彩色图像，就是 R、G、B 都用 8 位来表示，每个基色分量占一个字节，共 3 个字节，每个像素的颜色就是由这 3 个字节中的数值直接决定，如图 3.6(a)所示，可生成的颜色数就是 2^{24}=16777216 种。用 3 个字节表示的真彩色图像所需要的存储空间很大，而人的眼睛是很难分辨出这么多种颜色的，因此在许多场合往往用 RGB 5:5:5 来表示，每个彩色分量占 5 个位，再加 1 位显示属性控制位，共两个字节，生成的真颜色数目为 2^{15}=32768 种。

在许多场合，真彩色图通常是指 RGB 8:8:8，即图像的颜色数为 2^{24}，也常称为全彩色(Full Color)图像。但在显示器上显示的颜色就不一定是真彩色，要得到真彩色图像，需要有真彩色显示适配器。

2．伪彩色(Pseudo Color)

伪彩色图像的含义是：每个像素的颜色不是由每个基色分量的数值直接决定，而是把

像素值当作彩色查找表(Color Look-Up Table，CLUT)的表项入口地址，去查找一个显示图像时使用的 R、G、B 强度值，用查找出的 R、G、B 强度值产生的彩色称为伪彩色。

彩色查找表 CLUT 是一个事先做好的表，表项入口地址也称为索引号。例如 16 种颜色的查找表，0 号索引对应黑色，15 号索引对应白色。彩色图像本身的像素数值和彩色查找表的索引号有一个变换关系，这个关系可以使用 Windows 定义的变换关系，也可以使用用户自己定义的变换关系。使用查找得到的数值显示的彩色是真的，但不是图像本身的真正颜色，它没有完全反映原图的彩色，如图 3.6(b)所示。

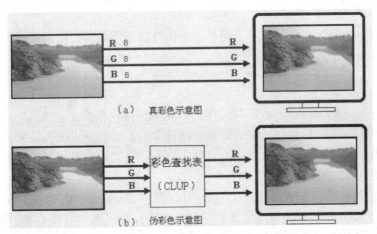

图 3.6　真彩色与伪彩色图像之间的差别

3．直接色(Direct Color)

每个像素值分成 R、G、B 分量，每个分量作为单独的索引值对它做变换。也就是通过相应的彩色变换表找出基色强度，用变换后得到的 R、G、B 强度值产生的彩色称为直接色。它的特点是对每个基色进行变换。

用这种系统产生颜色与真彩色系统相比，相同之处是都采用 R、G、B 分量决定基色强度，不同之处是前者的基色强度直接用 R、G、B 决定，而后者的基色强度由 R、G、B 经变换后决定。因而这两种系统产生的颜色就有差别。实验结果表明，使用直接色在显示器上显示的彩色图像看起来真实、自然。

这种系统与伪彩色系统相比，相同之处是都采用查找表，不同之处是前者对 R、G、B 分量分别进行变换，后者是把整个像素当作查找表的索引值进行彩色变换。

3.3.5　常用图像文件的格式

图像是一种普遍使用的数字媒体，有着广泛的应用。多年来，不同公司开发了许多图像应用软件，再加上应用本身的多样性，因此出现了许多不同的常用图像文件格式。

1．BMP 格式

BMP 图像是微软公司在 Windows 操作系统下使用的一种标准图像文件格式，一个文件存放一幅图像，可以使用行程长度编码(RLC)进行无损压缩，也可不压缩。不压缩的BMP 文件是一种通用的图像文件格式，几乎所有 Windows 应用软件都能支持。

2．GIF 格式

GIF(Graphics Interchange Format)是目前因特网上广泛使用的一种图像文件格式，它的颜色数目较少(不超过 256 色)，文件特别小，适合网络传输。由于颜色数目有限，GIF 适用于插图、剪贴画等色彩数目不多的应用场合。GIF 格式能够支持透明背景，具有在屏幕上渐进显示的功能。尤为突出的是，它可以将许多张图像保存在同一个文件中，显示时按预先规定的时间间隔逐一进行显示，从而形成动画的效果，因而在网页制作中大量使用。

3．JPEG 格式

最流行的压缩图像文件格式，采用静止图像数据压缩编码的国际标准压缩，大量用于因特网和数码相机等。

4．TIFF 格式

TIFF(Tag Image File Format)是 Mac 中广泛使用的图像格式，它由 Aldus 和微软联合开发，最初是出于跨平台存储扫描图像的需要而设计的。它的特点是图像格式复杂、存贮信息多。正因为它存储的图像细微层次的信息非常多，图像的质量也得以提高，故而非常有利于原稿的复制。

该格式有压缩和非压缩两种形式，其中压缩的可采用 LZW 无损压缩方案存储。不过，由于 TIFF 格式结构较为复杂，兼容性较差，因此有时软件可能不能正确识别 TIFF 文件(现在绝大部分软件都已解决了这个问题)。目前在 Mac 和 PC 机上移植 TIFF 文件也十分便捷，因而 TIFF 现在也是微机上使用最广泛的图像文件格式之一。

5．PSD 格式

PSD(Photoshop Document)是著名的 Adobe 公司的图像处理软件 Photoshop 的专用格式。PSD 其实是 Photoshop 进行平面设计的一张"草稿图"，它里面包含有各种图层、通道、遮罩等多种设计的样稿，以便于下次打开文件时可以修改上一次的设计。

在 Photoshop 所支持的各种图像格式中，PSD 的存取速度比其他格式快很多，功能也很强大。由于 Photoshop 越来越被广泛地应用，所以这种格式也逐步地流行起来。

6．PNG 格式

PNG(Portable Network Graphics)是一种新兴的网络图像格式。在 1994 年底，由于 Unysis 公司宣布 GIF 是拥有专利的压缩方法，要求开发 GIF 软件的作者须缴交一定费用，由此促使免费的 PNG 图像格式的诞生。

PNG 一开始便结合 GIF 及 JPG 两家之长，打算一举取代这两种格式。1996 年 10 月 1 日由 PNG 向国际网络联盟提出并得到推荐认可，并且大部分绘图软件和浏览器开始支持 PNG 图像浏览，从此 PNG 图像格式生机焕发。

PNG 是目前保证最不失真的格式，它汲取了 GIF 和 JPG 二者的优点，存贮形式丰富，兼有 GIF 和 JPG 的色彩模式；它的另一个特点是能把图像文件压缩到极限以利于网络传输，但又能保留所有与图像品质有关的信息，因为 PNG 是采用无损压缩方式来减少文件的大小，这一点与牺牲图像品质以换取高压缩率的 JPG 有所不同；它的第三个特点是显示速度很快，只需下载 1/64 的图像信息就可以显示出低分辨率的预览图像；第四，PNG 同样支持透明图像的制作，透明图像在制作网页图像的时候很有用，我们可以把图像背景设为透明，用网页本身的颜色信息来代替设为透明的色彩，这样可让图像和网页背景很和谐地融合在一起。

PNG 的缺点是不支持动画应用效果，如果在这方面能有所加强，简直就可以完全替代 GIF 和 JPEG 了。Macromedia 公司的 Fireworks 软件的默认格式就是 PNG。现在，越来越多的软件开始支持这一格式，而且在网络上也越来越流行。

7. SWF 格式

利用 Flash，我们可以制作出一种后缀名为 SWF(Shockwave Format)的动画，这种格式的动画图像能够用比较小的体积来表现丰富的多媒体形式。在图像的传输方面，不必等到文件全部下载才能观看，而是可以边下载边看，因此特别适合网络传输，特别是在传输速率不佳的情况下，也能取得较好的效果。事实也证明了这一点，SWF 如今已被大量应用于 Web 网页进行多媒体演示与交互性设计。此外，SWF 动画是基于矢量技术制作的，因此不管将画面放大多少倍，画面都不会因此而有任何损害。综上所述，SWF 格式的作品以其高清晰度的画质和小巧的体积，受到了越来越多网页设计者的青睐，也越来越成为网页动画和网页图片设计制作的主流，目前已成为网上动画的实施标准。

8. SVG 格式

SVG 可以算是目前最为火热的图像文件格式了，它的英文全称为 Scalable Vector Graphics，意思为可缩放的矢量图形。它是基于 XML(Extensible Markup Language)，由 World Wide Web Consortium(W3C)联盟进行开发的。严格来说，应该是一种开放标准的矢量图形语言，可让我们设计出激动人心的、高分辨率的 Web 图形页面。用户可以直接用代码来描绘图像，可以用任何文字处理工具打开 SVG 图像，通过改变部分代码来使图像具有互交功能，并可以随时插入到 HTML 中通过浏览器来观看。

它提供了目前网络流行格式 GIF 和 JPEG 无法具备的优势：可以任意放大图形显示，但绝不会以牺牲图像质量为代价；在 SVG 图像中保留了可编辑和可搜寻的状态；平均来讲，SVG 文件比 JPEG 和 GIF 格式的文件要小很多，因而下载也很快。可以相信，SVG 的开发将会为 Web 提供新的图像标准。

3.4 图像处理软件 Photoshop 应用举例

图像的数字化为图像处理奠定了必要的基础。由于不同领域对图像处理各种应用的需要，产生了许许多多图像处理软件。在众多图像处理软件中，Photoshop 成为个人计算机使用最为广泛的应用软件之一。

3.4.1 图像处理软件 Photoshop 简介

Photoshop 是美国 Adobe 公司开发的真彩色和灰度图像编辑处理软件，它提供了多种图像涂抹、修饰、编辑、创建、合成、分色与打印的方法，并给出了许多增强图像的特殊手段，可广泛地应用于美工设计、广告及桌面印刷、计算机图像处理、旅游风光展示、动画设计、影视特技等领域，是计算机数字图像处理的有力工具。Adobe Photoshop 自问世以来，就以其在图像编辑、制作和处理方面的强大功能和易用性、实用性而备受广大计算机用户的青睐。

Photoshop 在图像处理方面，被认为是目前世界上最优秀的图像编辑软件。运行在 Windows 图形操作环境中，可在 Photoshop 和其他标准的 Windows 应用程序之间交换图像数据。Photoshop 支持 TIF、TGA、PCX、GIF、BMP、PSD、JPEG 等各种流行的图像文件格式，能方便地与文字处理、图形应用、桌面印刷等软件或程序交换图像数据。

Photoshop 支持的图像类型除常见的黑白、灰度、索引 16 色、索引 256 色和 RGB 真彩色图像外，还支持 CMYK、HSB 以及 HSV 模式的彩色图像。

作为图像处理工具，Photoshop 着重于效果处理上，即对原始图像进行艺术加工，并有一定的绘图功能。Photoshop 能完成色彩修正、修饰缺陷、合成数字图像，以及利用自带的过滤器来创造各种特殊的效果等。Photoshop 擅长于利用基本图像素材(如通过扫描、数字相机或摄像等手段获得图像)进行再创作，得到精美的设计作品。

Adobe 公司又专门针对中国用户对其最新的 Photoshop 版本进行了全面汉化，使得这一图像处理的利器更容易被人们所掌握和使用。

3.4.2　Photoshop 的运行界面

Photoshop 的界面与大多数 Windows 应用程序一样，有菜单栏和状态栏，也有它独特的组成部分，如工具箱、属性栏和浮动面板等，如图 3.7 所示。

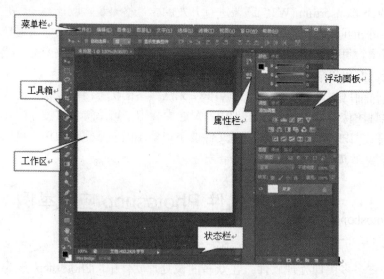

图 3.7　Photoshop 工作界面

(1) 菜单栏。Photoshop 的菜单栏中包括了 10 个主菜单项，Photoshop 的绝大多数功能都可以通过调用菜单来实现。

(2) 工具箱。Photoshop 的工具箱中提供了 20 多组工具，用户可以利用这些工具轻松地复制和编辑图像。

Photoshop 把功能基本相同的工具归为一组，工具箱中凡是带下三角符的工具都是复合工具，表示在该工具的下面还有同类型的其他工具存在。如果要使用这组中其他的按钮，用鼠标按下按钮不放，将会弹出整个按钮组。

(3) 属性栏。属性栏的内容是与当前使用的工具相关的一些选项内容。在工具箱中选不同的工具，属性栏就会显示不同的选项供用户设置。

(4) 状态栏。状态栏提供目前工作使用的文件的大多数信息，如文件大小、图像的缩放比例以及当前工具的简要用法等。

(5) 图像窗口。图像窗口是为编辑图像而创建的窗口。每一个打开的图像文件都有自己的编辑窗口，所有编辑操作都要在编辑窗口中进行才能完成。

(6) 工作区。工作区是图像处理的场所。Photoshop 可以同时处理多个图像，就是说，在工作区中可以同时有多个图像窗口存在。

(7) 浮动面板。在 Photoshop 中提供了十几种面板，其中包括图层面板、颜色面板、风格面板、历史记录面板、动作面板、通道面板等。通过这些面板，用户可以快速便捷地对图层、颜色、动作、通道等进行操作和管理。

3.4.3 Photoshop 的图层与滤镜

1. 图层

在 Photoshop 中，图层是一个极富创意的功能，是 Photoshop 进行图像处理的高级技术之一，图层概念的引入，给图像的编辑处理带来了极大的便利。

图层是一组可以用于绘制图像和存放图像的透明层。可以将图层想象为一组透明的胶片，在每一层上都可以绘图，它们叠加到一起后，从上看下去，看到的就是合成的图像效果。因此，在 Photoshop 中，一幅图像可以由很多个图层构成，每一个图层都有自己的图像信息。若干图层重叠在一起，就构成了一幅效果全新的图像，图层中没有图像的部分是透明的，也就是说，通过这些透明的部分，可以看到下面图层上的图像；图层上有图像信息的部分将遮挡位于其底下的图层图像；图层之间是有顺序的，修改图层之间的顺序，图像就可能随之发生变化。Photoshop 总有一个活动的图层，称为"当前图层"，以蓝色表示，修改时，只会影响当前图层，而不影响其他图层的图像信息，如果当前图层有选区的话，作用范围将进一步缩小为"当前图层的当前选区"。

2. 滤镜

滤镜是 Photoshop 中最有特色的地方，也是最令人激动的地方。利用 Photoshop 提供的各种滤镜，可以制作出各种令人眼花缭乱的图像效果。

Photoshop 中的滤镜可以分为两种：一是 Photoshop 自己内部带的滤镜，这些滤镜在安装了 Photoshop 之后，可以在滤镜菜单下看到。Photoshop 提供了近百种内置的滤镜，每一种都可以产生神奇的效果。另一种是由第三方开发的外挂滤镜，这种滤镜在安装了 Photoshop 后，还需要另外安装这些滤镜后才可以使用。

根据滤镜的效果不同，把 Photoshop 中的滤镜分为两种：一种是破坏性滤镜；另一种是校正性滤镜。

3.4.4　Photoshop 应用举例

利用 Photoshop 对图像素材进行各种编辑，可产生让人赏心悦目的视觉效果。下面略举几例加以说明。

【例3.1】制作晕映效果。

晕映(Vignettes)效果是指图像具有柔软渐变的边缘效果，如图 3.8 所示。

使用 Photoshop 制作晕映效果主要是使用选区的羽化(Feather)特性形成的。Feather 值越大，晕映效果越明显。任意形状的晕映效果可以先利用快速遮罩建立一个形状不规则的选区，然后进行反选、羽化、填充即可。非常容易。

操作步骤如下。

(1) 使用 Photoshop 打开一幅图像。

(2) 在工具栏中选择椭圆套索工具。

(3) 用椭圆套索工具在图像中选取所需的部分，如图 3.9 的左图所示。

(4) 执行 Select 菜单下的 Feather 命令，设置 Feather 值为 40 pixels。

(5) 执行 Select 菜单下的 Inverse 命令，或按 Ctrl+Shift+I 组合键来反转选择区域，如图 3.9 的右图所示。

(6) 设置背景色，如白色。

(7) 按 Del 键用背景色填充选择区域，晕映效果即形成。

图 3.8　椭圆晕映效果示例

图 3.9　反转选择区域示例

【例 3.2】制作倒影效果。

在 Photoshop 图像制作过程中，特别是进行图像合成时，有时需要制作图像的倒影。使用 Photoshop 制作倒影很简单，例如，在图 3.10 中，利用 Photoshop 可将第二幅图中的小狗添加到第一幅图中，由于是在水边，所以在制作时要考虑给第二只小狗制作水中倒影。图像合成并制作倒影效果后的图像如图 3.10 中的第 3 幅图所示。

图 3.10　制作倒影效果示例

倒影的制作主要用到了图层的功能。倒影其实是原图像的一个拷贝，只是考虑到它们之间的映像关系，所以进行了垂直翻转。另外，通常倒影一般要比原图像模糊些，故使用了模糊滤镜对它进行模糊处理。

【例 3.3】制作雨中摄影效果。

在 Photoshop 图像制作过程中，可对一幅已有的图像加上下雨的特效，给人一种雨中摄影的效果，如图 3.11 所示。

图 3.11　制作雨中摄影效果示例

Photoshop 是一个功能很强的图像编辑软件，有兴趣的读者不妨看一看专门介绍Photoshop 的书籍，并上机自己动手做一做。因篇幅所限，此处不再详述。

3.5　视频的基本知识

一般说来，视频信号是连续的随着时间变化的一组图像(24 帧/s、25 帧/s、30 帧/s)，又称为运动图像或活动图像。人们需对视频信息进行记录、存储、传输和播放。常见的有电影、电视和动画。视频信号按其特点可分为模拟和数字两种形式。

3.5.1　视频信号的特性

1．模拟视频

迄今为止，绝大多数视频的记录、存储和传输仍然是模拟方式。例如，电视上我们所见到的图像便是以一种模拟电信号的形式来记录的，并依靠模拟调幅(Analog Amplitude Modulation)的手段在空中传播，利用盒式磁带录像机便可将其作为模拟信号存放在磁带上。科学技术发展到今天，人类已能对自然界中大多数物体进行模拟。我们知道真实的图形和声音是基于光亮度和声压值的。它们是空间和时间的连续函数，将图像和声音转换成电信号是通过使用合适的传感器来完成的。我们所熟悉的摄像机便是一种将自然界中真实图像转换为电信号的传感器。

2．扫描和同步

模拟视频信号是涉及一维时间变量的电信号 $f(t)$，它可通过对 $Sc(x1, x2, t)$ 在时间坐标 t 和垂直分量 $x2$ 上采样得到，其中，$x1$、$x2$ 是空间变量，t 是时间变量。视频摄像机将摄像机前面的图像转换成电信号，电信号是一维的。例如，它们在图像的不同点只有一个值。然而，图像是二维的，并在一个图像的不同位置有许多值。为了转换这个二维的图像成为一维的电信号，图像被以一种步进次序的方式(Orderly Progressive Manner)来扫描，这种方式称为光栅扫描(Raster Scan)。扫描是通过将单个传感点在图像上移动来实现的。必须以一个足够快的速度扫描、捕获全部图像后，这个图像的扫描才算完成。当扫描点在移动时，根据扫描点所在图像的亮度和颜色决定变化其电子信号输出。这个不断变化的电信号将图像以一系列按时间分布的值来表示，这便称为视频信号。图 3.12 给出了快速方式扫描的过程。图像扫描从左上角开始，步进地水平横扫图像，产生一条扫描线。同时，扫描点以非常慢的速度移动，当达到图像右边时再回到左边。

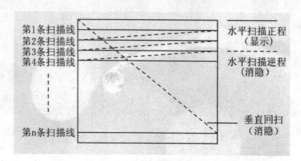

图 3.12　光栅扫描

由于扫描点竖直方向的慢速移动，现在它位于第一条线开始点的下面，然后再横扫下一条线，再迅速折回左边，并继续扫描，直到整个图像被从上至下一系列的线所扫描。当每一条线被扫描时，来自于扫描传感器的电子输出信号表示了图像扫描点每一位置光的强度。在迅速折回时(称为水平空隙，Horizontal Blanking Interval)，传感器被关闭，其输出信号为零，或称空值(Blanking Level)。一幅完全被扫描图的电信号是一个线性信号序列，被一系列水平空隙所隔开，称其为帧。

当摄像机对准景物开始摄像时，对一幅图像由上至下的扫描过程由摄像机自动完成，产生的模拟视频信号可记录在录像带上或直接输入计算机经数字化后存储在磁盘上。

扫描有隔行扫描(Interlaced Scanning)和非隔行扫描之分。非隔行扫描也称逐行扫描，在逐行扫描中，电子束从显示屏的左上角一行接一行地扫到右下角，在显示屏上扫一遍就显示一幅完整的图像，如图 3.13 所示。

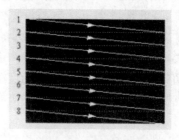

图 3.13　逐行扫描

在隔行扫描中，扫描的行数必须是奇数。如前所述，一帧画面分两场，第一场扫描总行数的一半，第二场扫描总行数的另一半。在图 3.14 的隔行扫描中，要求第一场结束于最后一行的一半，不管电子束如何折回，它必须回到显示屏顶部的中央，这样就可以保证相邻的第二场扫描恰好嵌在第一场各扫描线的中间。正是由于这个原因，才要求总的行数必须是奇数。

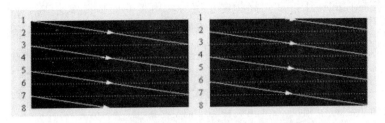

图 3.14　隔行扫描(左图是奇数场，右图是偶数场)

每秒钟扫描多少行称为行频 f_H；每秒钟扫描多少场称为场频 f_f；每秒扫描多少帧称帧频 f_F。f_f 和 f_F 是两个不同的概念。

计算机行业对高分辨率采用逐行扫描的 Δt 为 1/70s，电视行业使用 2:1 隔行扫描，其间依次对称为奇数场和偶数场的奇数行和偶数行进行扫描。这样做目的是：在一个固定带宽下可降低闪烁。因为心理视觉研究表明：如果显示的刷新率大于 50 次/s，人眼就不会感到光闪烁变化。而电视系统若既要采用高的帧率又要维持高分辨率，就需要一个大的传输带宽，而采用隔行扫描可以实现在不增加传输带宽的前提下，降低闪烁。

3．视频信号的空间特性

由光栅扫描所得的视频信息显然具有空间特性。所涉及的主要概念如下。

(1) 长宽比(Aspect Ratio)

扫描处理中一个重要参数是长宽比，即图像水平扫描线的长度与图像竖直方向所有扫描线所覆盖距离的比。它也可被认为是一帧宽与高的比。电视的长宽比是标准化的，早期为 4:3 或 16:9。其他系统如电影利用了不同的长宽比，有的高达 2:1。

(2) 同步(Synchronization)

视频信号被用于调节阴极射线管电子束的亮度时，能以与传感器恰好一样的方式被扫描，重新产生原始图像(显示扫描的原始图像)，这在家用电视机和视频监视器中能精确地进行。因此，电子信号被送到监视器时必须包含某些附加的信息，以确保监视器扫描与传感器的扫描同步。这个信息被称为同步信息，由水平和垂直时间信号组成。

在空隙期，它或许包括视频信号自身，或许在一个电缆上被分开传送，传送的这些信息恰好就是同步信息。

(3) 水平分辨率(Horizontal Resolution)

当摄像机扫描点在线上横向移动时，传感器输出的电子信号连续地变化以反映传感器所见图像部分的光亮程度。扫描特性的测量是用所持系统的水平分辨率来刻画的。它依赖于扫描感光点的大小。为了测试一个系统的水平分辨率，即测量其重新产生水平线的精细程度的能力，通常将一些靠得很近的竖直线放在摄像机前面。如果传感器区域小于竖直线之间的空隙，这些线将重新产生，但当传感器区域太大时，产生的是平均信号，将看不到这些线的输出信号。

为了取得逼真的测量效果，水平分辨率必须与图像中的其他参数相联系。在电视行业中，水平分辨率是通过数黑白竖直线来进行测量的。这些竖直线能以相当于光栅高度的距离被重新产生。因此，一个水平分辨率为 300 线的系统，就能够产生 150 条黑线和 150 条白线。黑白相间，横穿于整个图像高度的水平距离。

黑白线的扫描模式在于能产生高频电子信号，用于处理和转换这些信号的电路均有一个适当的带宽，广播电视系统中，每 80 条线的水平分辨率需要 1MHz 的带宽。由于北美广播电视系统利用的带宽为 4.5MHz，所以水平分辨率的理论极限是 380 线。

(4) 垂直分辨率(Vertical Resolution)

垂直分辨率简单地依赖于同一帧面扫描线的数量。扫描线越多，垂直分辨率就越高。广播电视系统利用了每个帧面 525(北美)或 825(欧洲)线的垂直分辨率。

4．视频信号的时间特性

视频信号的时间特性可用视频帧率(Video Framerate)来描述。视频帧率表示视频图像在屏幕上每秒钟显示帧的数量(frame per second，fps)。图 3.15 给出了视频帧率与图像动态连续性的关系。

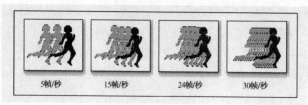

5帧/秒　　　15帧/秒　　　24帧/秒　　　30帧/秒

图 3.15　视频帧率

由该图可看出，帧率越高，图像的运动就越流畅，大于每秒 15 帧便可产生连续的运动图像。在电视系统中，PAL 制式采用 25 帧/s，隔行扫描的方式；NTSC 制式则采用 30 帧/s，隔行扫描的方式。

较低的帧率(低于 10)仍然呈现运动感，但看上去有"颠簸"感。

3.5.2　彩色电视制式

彩色电视系统对三基色信号的不同处理方式，构成了不同的彩色电视制式。广播彩色电视制式要求与黑白电视兼容。为此，彩色电视根据相加混色法中一定比例的三基色光能混合成包括白光在内的各种色光的原理，同时为了兼容和压缩传输频带，一般将红 (R)、绿(G)、蓝(B)三个基色信号组成亮度信号(Y′)和蓝、红两个色差信号(B-Y)′、(R-Y)′，其中亮度信号可用来传送黑白图像，色差信号和亮度信号相组合可还原出红、绿、蓝三个基色信号。因此，兼容制彩色电视除传送相同于黑白电视的亮度信号和伴音信号外，还在同一视频频带内传送色度信号。色度信号是同两个色差信号对视频频带高频端的色负载进行调制而成的。为防止色差信号的调制过载，将(B-Y)′、(R-Y)′进行压缩，用 U、V 来表示。

目前世界上使用的彩色电视制式有 3 种：NTSC 制、PAL 制和 SECAM 制，其中NTSC(National Television Systems Committee)彩色电视制式是 1952 年美国国家电视标准委员会定义的彩色电视广播标准，称为正交平衡调幅制。美国、加拿大等大部分西半球国家，以及日本、韩国、菲律宾等国和中国的台湾均采用这种制式。

由于 NTSC 制存在因相位敏感造成彩色失真的缺点，因此德国(当时的联邦德国)于

1982 年制定了 PAL(Phase-Alternative Line)制彩色电视广播标准，称为逐行倒相正交平衡调幅制。德国、英国等一些西欧国家，以及中国、朝鲜等国家采用了这种制式。

法国制定了 SECAM 彩色电视广播标准，称为顺序传送彩色与存储制。法国、前苏联及东欧国家采用这种制式。世界上约有 85 个地区和国家使用这种制式。

NTSC 制、PAL 制和 SECAM 制都是兼容制制式。这里说的"兼容"有两层意思：一是指黑白电视机能接收彩色电视广播，显示的是黑白图像；另一层意思是彩色电视机能接收黑白电视广播，显示的也是黑白图像，这叫逆兼容性。

不同的电视制式其扫描特性各不相同。

1. PAL 制电视的扫描特性

PAL 制电视的主要扫描特性如下。

(1) 625 行(扫描线)/帧，25 帧/s(40ms/帧)。

(2) 高宽比(aspect ratio)为 4:3。

(3) 隔行扫描，2 场/帧，312.5 行/场。

(4) 颜色模型为 YUV。

一帧图像的总行数为 625 行，分两场扫描。行扫描频率是 15825Hz，周期为 84μs；场扫描频率是 50Hz，周期为 20ms；帧频是 25Hz，是场频的一半，周期为 40ms。在发送电视信号时，每一行中传送图像的时间是 52.2μs，其余的 11.8μs 不传送图像，是行扫描的逆程时间，同时用作行同步及消隐。每一场的扫描行数为 625/2=312.5，其中 25 行进行场回扫，不传送图像，传送图像的行数每场只有 287.5 行，因此每帧只有 575 行有图像显示。

2. NTSC 制的扫描特性

NTSC 彩色电视制式的主要特性如下。

(1) 525 行/帧，30 帧/s(29.97fps，33.37ms/frame)。

(2) 高宽比：电视画面的长宽比(电视为 4:3；电影为 3:2；高清晰度电视为 16:9)。

(3) 隔行扫描，一帧分成两场(field)，262.5 线/场。

(4) 在每场的开始部分保留 20 扫描线作为控制信息，因此只有 485 条线的可视数据。Laser Disc 约 420 线，S-VHS 约 320 线。

(5) 每行 63.5μs，水平回扫时间 10μs(包含 5μs 的水平同步脉冲)，所以显示时间是 53.5μs。

(6) 颜色模型：YIQ。

一帧图像的总行数为 525 行，分两场扫描。行扫描频率为 15750Hz，周期为 63.5μs；场扫描频率是 80Hz，周期为 16.67ms；帧频是 30Hz，周期 33.33ms。每一场的扫描行数为 525/2=282.5 行。除了两场的场回扫外，实际传送图像的行数为 480 行。

3. SECAM

SECAM 制式是法国开发的一种彩色电视广播标准，称为顺序传送彩色与存储制。这种制式与 PAL 制类似，其差别是，SECAM 中的色度信号是频率调制(FM)，而且它的两个色差信号——红色差(R'-Y')和蓝色差(B'-Y')信号是按行的顺序传输的。图像格式为 4:3，625 线，50 Hz，6MHz 电视信号带宽，总带宽为 8MHz。

3.6　视频的数字化

视频信息是人们喜闻乐见的一种信息表示形式，将这些信息的表现形式引入计算机，就必须将其数字化。现有的技术已使 PC 机足以具备视频信息的处理功能。

3.6.1　视频信息的获取

视频信息的获取主要可分为两种方式：其一，通过数字化设备如数码摄像机、数码照相机、数字光盘等获得；其二，通过模拟视频设备如摄像机、录像机(VCR)等输出的模拟信号再由视频采集卡将其转换成数字视频存入计算机，以便计算机进行编辑、播放等各种操作。

在第二种方法中，要使一台 PC 机具有视频信息的处理功能，系统对硬件和软件的需求如图 3.16 所示。

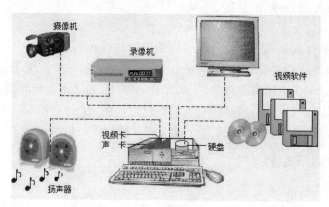

图 3.16　PC 机上录制视频的系统需求

这些设备是：视频卡、视频存储设备、视频输入源及视频软件。

- 视频(捕获)卡：它将模拟视频信号转换为数字化视频信号。
- 视频存储设备：至少有 30MB 的自由硬盘空间或更多。
- 一个视频输入源，如视频摄像机，录像机(VCR)或光盘驱动器(播放器)，这些设备连到视频捕获板上。
- 视频软件(如 Video for Windows)：它包括视频捕获、压缩、播放和基本视频编辑功能。

在 PC 中的视频卡将模拟视频信号转换为数字信号，并记录在一个硬盘文件中。文件格式依赖于录制视频的硬件和软件。一般说来，录制后的视频质量不会比原先的图像质量更高。在多媒体个人计算机(MPC)环境中，捕获视频质量的好坏是衡量其性能的一个重要指标。从原则上讲，在 MPC 中，视频质量主要依赖于 3 个因素：视频窗口大小、视频帧率以及色彩的表示能力。

(1) 视频窗口的大小是以像素来表示的(组成图像的一个点称为一个像素)。例如 320×240 或 180×120 像素。VGA 标准屏幕上是 640×480 像素，这意味着一个 320×240 的视频播放窗口占据了 VGA 屏幕的 1/4。目前，个人计算机显示器的分辨率常用的还有

800×600、1024×768 等。系统能够提供的视频播放窗口越大,对软、硬件的要求就越高。

（2）视频帧率(Video Frame Rate)表示视频图像在屏幕上每秒钟显示帧的数量。一般把屏幕上一幅图像称为一帧。视频帧率的范围可从 0(静止图像)到 30 帧/s。帧率越高,图像的运动就越流畅,最高的帧率为每秒 30 帧。

（3）色彩表示能力依赖于色彩深度和色彩空间分辨率。色彩深度(Color Depth)指允许不同色彩的数量。色彩越多,图像的质量越高,并且表示的真实感就越强。PC 上的色彩深度范围从 VGA 调色板的 4 位、16 色到 24 位真彩色(1670 万种色彩),要用于视频,至少需要一个 256 色的 VGA 卡或更高。色彩空间分辨率指色彩的空间"粒度"或"块状"。即每个像素是否都能赋予它自身的颜色。当每个像素都能赋予它自身颜色时,质量最高。

视频卡是多媒体计算机中处理视频信号获取与播放的插件,主要功能如下:

- 从多种视频源中选择一种输入。
- 支持不同的电视制式(如 NTSC、PAL 等)。
- 同时处理电视画面的伴音。
- 可在显示器上监看输入的视频信号、位置及大小可调。
- 可将 VGA 画面内容(图、文、图像)与视频叠加处理。
- 可随时冻结(定格)一幅画面,并按指定格式保存。
- 可连续地(实时地)压缩与存储视频及其伴音信息,编码格式可选。
- 可连续地(实时地)解压缩并播放视频及其伴音信息,输出设备可选(VGA 监视器、电视机、录像机等)。

3.6.2　视频信息的数字化

通常,摄像机、录像机(VCR)所提供的视频信息是模拟量,要使计算机能接受并处理,需将其数字化,即将原先的模拟视频变为数字化视频。视频图像数字化通常有两种方法,一种是复合编码,它直接对复合视频信号进行采样、编码和传输;另一种是分量编码,它先从复合彩色视频信号中分离出彩色分量(Y:亮度;U、V:色度),然后数字化。

我们现在接触到的大多数数字视频信号源都是复合的彩色全视频信号,如录像带、激光视盘、摄像机等。对这类信号的数字化,通常是先分离成 Y、U、V 或 R、G、B 分量信号,分别进行滤波,然后用 3 个 A/D 转换器对它们数字化,并加以编码。图 3.17 是分量编码系统的基本框图。

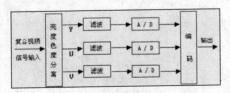

图 3.17　视频数字化系统框图

目前,这种方案已成为视频信号数字化的主流。自 20 世纪 90 年代以来颁布的一系列图像压缩国际标准均采用分量编码方案。

3.6.3　视频信号的采样格式

采样是视频信号数字化的重要内容。对彩色电视图像进行采样时，可以采用两种采样方法。一种是使用相同的采样频率对图像的亮度信号和色差信号进行采样；另一种是对亮度信号和色差信号分别采用不同的采样频率进行采样。如果对色差信号使用的采样频率比对亮度信号使用的采样频率低，这种采样就称为图像子采样。

图像子采样在数字图像压缩技术中得到广泛的应用。可以说，在彩色图像压缩技术中，最简便的图像压缩技术恐怕就要算图像子采样了。这种压缩方法的基本根据是人的视觉系统所具有的两条特性。一是人眼对色度信号的敏感程度比对亮度信号的敏感程度低，利用这个特性可以把图像中表达颜色的信号去掉一些而使人不察觉；二是人眼对图像细节的分辨能力有一定的限度，利用这个特性可以把图像中的高频信号去掉而使人不易察觉。

子采样也就是利用人的视觉系统的这两个特性来达到压缩彩色电视信号而尽量不失真的目的。

实验表明，使用下面介绍的子采样格式，人的视觉系统对采样前后显示的图像质量没有感到有明显差别。目前使用的子采样格式有如下几种。

- 4:4:4：这种采样格式不是子采样格式，它是指在每条扫描线上每 4 个连续的采样点取 4 个亮度 Y 样本、4 个红色差 Cr 样本和 4 个蓝色差 Cb 样本，这就相当于每个像素用 3 个样本来表示。
- 4:2:2：这种子采样格式是指在每条扫描线上每 4 个连续的采样点取 4 个亮度 Y 样本、两个红色差 Cr 样本和 2 个蓝色差 Cb 样本，平均每个像素用 2 个样本来表示。
- 4:1:1：这种子采样格式是指在每条扫描线上每 4 个连续的采样点取 4 个亮度 Y 样本、1 个红色差 Cr 样本和 1 个蓝色差 Cb 样本，平均每个像素用 1.5 个样本来表示。
- 4:2:0：这种子采样格式是指在水平和垂直方向上每两个连续的采样点上取两个亮度 Y 样本、1 个红色差 Cr 样本和 1 个蓝色差 Cb 样本，平均每个像素用 1.5 个样本来表示。

图 3.18 用图解的方法对以上 4 种子采样格式做了说明。

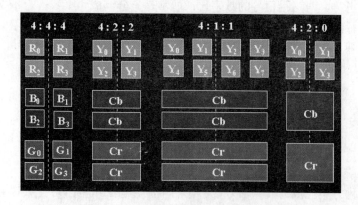

图 3.18　彩色图像 YCbCr 样本的空间位置

1. 4:4:4 YCbCr 格式

图 3.19 说明 625 扫描行系统中采样格式为 4:4:4 的 YCbCr 的样本位置。对每个采样点，Y、Cb 和 Cr 各取一个样本。对于消费类和计算机应用，每个分量的每个样本精度为 8 比特；对于编辑类应用，每个分量的每个样本的精度为 10 比特。因此每个像素的样本需要 24 比特或者 30 比特。

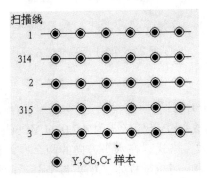

图 3.19　4:4:4 子采样格式

2. 4:2:2 YCbCr 格式

图 3.20 说明 625 扫描行系统中采样格式为 4:2:2 的 YCbCr 的样本位置。在水平扫描方向上，每两个 Y 样本有 1 个 Cb 样本和一个 Cr 样本。对于消费类和计算机应用，每个分量的每个样本的精度为 8 比特；对于编辑类应用，每个分量的每个样本精度为 10 比特。因此每个像素的样本需要 24 比特或者 30 比特。在帧缓存中，每个样本需要 16 比特或者 20 比特。显示像素时，对于没有 Cr 和 Cb 的 Y 样本，使用前后相邻的 Cr 和 Cb 样本进行计算得到的 Cr 和 Cb 样本。

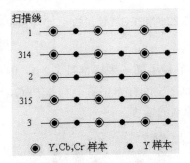

图 3.20　4:2:2 子采样格式

3. 4:1:1 YCbCr 格式

图 3.21 说明 625 扫描行系统中采样格式为 4:1:1 的 YCbCr 的样本位置。这是数字电视盒式磁带(Digital Video Cassette，DVC)上使用的格式。在水平扫描方向上，每 4 个 Y 样本各有 1 个 Cb 样本和一个 Cr 样本，每个分量的每个样本精度为 8 比特。因此，在帧缓存中，每个样本需要 12 比特。显示像素时，对于没有 Cr 和 Cb 的 Y 样本，使用前后相邻的 Cr 和 Cb 样本进行计算得到该 Y 样本的 Cr 和 Cb 样本。

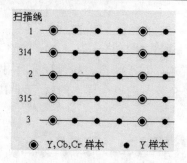

图 3.21　4:1:1 子采样格式

4. 4:2:0 YCbCr 格式

(1)　H.261、H.263 和 MPEG-1

图 3.22 说明 625 扫描行系统中采样格式为 4:2:0 的 YCbCr 的样本位置。这是 H.261、H.263 和 MPEG-1 使用的子采样格式。在水平方向的两个样本和垂直方向上的两个 Y 样本共 4 个样本有 1 个 Cb 样本和一个 Cr 样本。如果每个分量的每个样本精度为 8 比特，在帧缓存中每个样本就需要 12 比特。

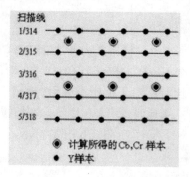

图 3.22　MPEG-1 使用的 4:2:0 子采样格式

(2)　MPEG-2

虽然 MPEG-2 和 MPEG-1 使用的子采样都是 4:2:0，但它们的含义有所不同。图 3.23 说明采样格式为 4:2:0 的 YCbCr 空间样本位置。与 MPEG-1 的 4:2:0 相比，MPEG-2 的子采样在水平方向上没有半个像素的偏移。

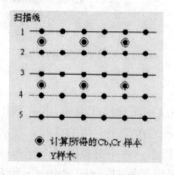

图 3.23　MPEG-2 的空间样本位置

3.7　数字视频标准

为了能方便地在不同的应用和产品中间交换数字视频信息，就需要将数字视频标准化。视频数据是按照压缩的形式来交换的，这就导致了压缩标准的出现。在计算机行业中，有显示分辨率的标准，在 TV 行业中，有数字化演播室标准，而在通信行业中已经建立了标准的通信协议。数字视频通信的出现使得上述 3 个行业联系更加紧密。近年来，横贯所有行业的标准化进程已经开始。早在 20 世纪 80 年代初，国际无线电咨询委员会(International Radio Consultative Committee，CCIR)就制定了彩色电视图像数字化标准，称为 CCIR 801 标准，现改为 ITU-R BT.801 标准。该标准规定了彩色电视图像转换成数字图像时使用的采样频率，RGB 和 YCbCr(YC$_B$C$_R$)两个彩色空间之间的转换关系等。

1. 彩色空间之间的转换

在数字域而不是模拟域中，RGB 和 YCbCr 两个彩色空间之间的转换关系可用下式来表示：

$$Y = 0.299R + 0.587G + 0.114B$$
$$Cr = (0.500R - 0.4187G - 0.0813B) + 128$$
$$Cb = (-0.1687R - 0.3313G + 0.500B) + 128$$

2. 采样频率

CCIR 为 NTSC 制、PAL 制和 SECAM 制规定了共同的电视图像采样频率。这个采样频率也用于远程图像通信网络中的电视图像信号采样。

对 PAL 制、SECAM 制，采样频率 f_s 为：

$$f_s = 625 \times 25 \times N = 15825 \times N = 13.5MHz，N = 864$$

其中，N 为每一扫描行上的采样数目。

对 NTSC 制，采样频率 f_s 为：

$$f_s = 525 \times 29.97 \times N = 15734 \times N = 13.5MHz，N = 858$$

其中，N 为每一扫描行上的采样数目。

采样频率与同步信号之间的关系如图 3.24 所示。

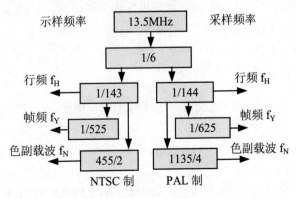

图 3.24　采样频率

3. 有效显示分辨率

对 PAL 制和 SECAM 制的亮度信号，每一条扫描行采样 864 个样本；对 NTSC 制的亮度信号，每一条扫描行采样 858 个样本。对所有的制式，每一扫描行的有效样本数均为 720 个。每一扫描行的采样结构如图 3.25 所示。

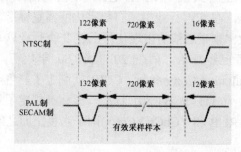

图 3.25   ITU-R BT.801 的亮度采样结构

4. ITU-R BT.601 标准摘要

ITU-R BT.601 用于对隔行扫描电视图像进行数字化，对 NTSC 和 PAL 制彩色电视的采样频率和有效显示分辨率都做了规定。表 3.3 给出了 ITU-R BT.601 推荐的采样格式、编码参数和采样频率。

表 3.3   彩色电视数数字化参数摘要

160 采样格式	信号形式	采样频率/MHz	样本数/扫描行		采样频率/MHz	
			NTSC	PAL	范围(A/D)	
4:2:2	Y	13.5	858(720)	864(720)	220 级(16~235)	
	Cr	6.75	429(360)	432(360)	225 级(16~240)	
	Cb	6.75	429(360)	432(360)	(128±112)	
4:4:4	Y	13.5	858(720)	864(720)	220 级(16~235)	
	Cr	13.5	858(720)	864(720)	225 级(16~240)	
	Cb	13.5	858(720)	864(720)	(128±112)	

ITU-R BT.601 推荐使用 4:2:2 的彩色电视图像采样格式。使用这种采样格式时，Y 用 13.5MHz 的采样频率，Cr、Cb 用 8.75MHz 的采样频率。采样时，采样频率信号要与场同步和行同步信号同步。

5. CIF、QCIF 和 SQCIF

为了既可用 625 行的电视图像又可用 525 行的电视图像，CCITT 规定了公用中分辨率格式 CIF(Common Intermediate Format)，1/4 公用中分辨率格式(Quarter-CIF，QCIF)和子公用中分辨率格式(Sub-Quarter Common Intermediate Format，SQCIF)，具体规格见表 3.4。

CIF 格式具有如下特性。

(1) 电视图像的空间分辨率为家用录像系统(Video Home System，VHS)的分辨率，即 352×288。

(2) 使用非隔行扫描(Non-interlaced Scan)。

(3) 使用 NTSC 帧速率，电视图像的最大帧速率为 30000/1001≈29.97 幅/s。

(4) 使用 1/2 的 PAL 水平分辨率，即 288 线。

(5) 对亮度和两个色差信号(Y、Cb 和 Cr)分量分别进行编码，它们的取值范围同 ITU-R BT.801。即黑色=18，白色=235，色差的最大值等于 240，最小值等于 18。

表 3.4　CIF 和 QCIF 图像格式参数

	CIF		CIF		SQCIF	
	行数/帧	像素/行	行数/帧	像素/行	行数/帧	像素/行
亮度(Y)	288	380(352)	144	180(176)	96	128
色度(Cb)	144	180(176)	72	90(88)	48	64
色度(Cr)	144	180(176)	72	90(88)	48	64

3.8　视频信息的压缩编码

数字化后的视频信号将产生大量的数据。例如，一幅具有中等分辨率(840×480)的彩色(24 位/像素)数字视频图像的数据量约占将近 1MB 的存储空间，100MB 的空间也只能存储约 100 帧静止图像画面。如果以 25 帧/s 的帧率显示运动图像，100MB 的空间所存储的图像信息也只能显示约 4s。由此可见，高效实时地压缩视频信号的数据量是多媒体计算机系统不可回避的关键性技术问题，否则难以推广使用。

3.8.1　概述

从 20 世纪 80 年代开始，世界上许多大的集团和公司就积极从事视频、音频数据压缩技术的研究，并推出了许多商品化的产品。如荷兰菲利浦公司等推出的 CD-I 紧凑盘交互(CompactDisc Interactive)系统采用一个 5 英寸 840MB 只读光盘(CD-ROM)，将声、文、图、动画、静止画面和全运动屏幕等大量信息以压缩形式存储在光盘上，其压缩比约为 10:1，由英特尔和 IBM 公司推出的 DVI(Digital Video Interactive)多媒体系统产品在 CD-ROM 只读光盘基础上开发了一套全屏幕、全运动视频系统。DVI 的视频压缩技术是由 Intel 公司独家生产的 i750 专用芯片组完成的，这套芯片组的特点是利用微程序控制，通过载入微代码，可以执行多种图像压缩算法和图像像素处理及视频显示等特殊功能。目前该芯片组的压缩比可达 100:1 至 180:1 的水平，随着芯片版本的不断更新，将可提供更好的压缩算法，从而提高图像的画面质量。

数据压缩之所以可以实现，是因为原始的视频图像信息存在很大的冗余度。例如，当移动视频从一帧移到另一帧时，大量保留的信息是相同的，压缩算法(或硬件)检查每一帧，经判别后仅存储从一帧到另一帧变化的部分。例如，由运动引起的改变。此外，在同一帧里面某一区域可能由一组相同颜色的像素组成，压缩算法可将这一区域的颜色信息作为一个整体对待，而不是分别存储每个像素的颜色信息。这些冗余，归结起来可有 3 种能够易于识别的类型。

- 空间冗余：由相邻像素值之间的关系所致。
- 频谱冗余：由不同颜色级别或频谱带的关系所致。
- 暂存冗余：由一个图像序列中不同帧之间的关系所致。

压缩方案可以针对任一种类型或所有类型进行压缩。另外，由于在多媒体应用领域中，人是主要接收者，眼睛是图像信息的接收端，就有可能利用人的视觉对于边缘急剧变化不敏感(视觉掩盖效应)和眼睛对图像的亮度信息敏感，对颜色分辨力弱的特点以及听觉的生理特性实现高压缩比，而使得由压缩数据恢复的图像信号仍有满意的主观质量。

图像压缩的目的在于移走冗余信息，减少表示一个图像所需的存储量。有许多方法用于图像压缩，但它们可基本分为两种类型：无损压缩和有损压缩。

在无损压缩中，压缩后重构的图像在像素级是等同的，因而压缩前后显示的效果是一样的，显然，无损压缩是理想的。然而，仅可能压缩少量的信息。

在有损压缩中，重构的图像与原先图像相比退化了，结果能获得比原无损压缩更高的压缩率。一般地，压缩率越高，重构后的图像退化越严重。

3.8.2 常用的图像压缩方案

下面列出几种目前较有影响的图像压缩方案。

1. JPEG

联合图片专家组(Joint Photographic Experts Group，JPEG)经过 5 年的细致工作后，于 1991 年 3 月提出了 ISOCD10918 号建议草案：多灰度静止图像的数字压缩编码。主要内容如下。

(1) 基本系统(Baseline System)提供顺序扫描重建的图像，实现信息有丢失的图像压缩，而重建图像的质量要达到难以观察出图像损伤的要求。它采用 8×8 像素自适应 DCT 算法、量化以及哈夫曼型的熵编码器。

(2) 扩展系统(Extended System)选用累进工作方法，编码过程采用具有自适应能力的算术编码。

(3) 无失真的预测编码，采用帧内预测编码及哈夫曼编码(或算术编码)，可保证重建图像数据与原始图像数据完全相同(即均方误差等于零)。JPEG 能以 20:1 的压缩比压缩图像，且不明显损失图像的质量。高达 100:1 压缩比也是可能的，但压缩率越高，图像损失就越大。

JPEG 的另一个优点是：它是一个对称算法，同样的硬件和软件能被用于压缩和解压缩一个图像。此外，压缩与解压缩的时间是相同的。这对大多数视频压缩方案来说是做不到的。JPEG 事实上已成为压缩静止图像的公认的国际标准。

2. 电视电话/会议电视 P×64K 位/s(CCITTH.28)标准

CCITT 第 15 研究组积极进行视频编码和解码器的标准化工作，于 1984 年提出了"数字基群传输电视会议"的 H.120 建议。其中图像压缩采用"帧间条件修补法"的预测编码"变字长编码以及梅花型亚抽样/内插复原"等技术。该研究组又在 1988 年提出电视电话/会议电视 H.28 建议 P×64K 位/s，P 是一个可变参数，取值为 1 到 30，P=1 或 2 时，支持

1/4 通用中间格式(Quarter Common Intermediate Format，QCIF)每秒帧数较低的视频电话；当 P≥8 时可支持通用中间格式(Common Intermediate Format，CIF)每秒帧数较高的电视会议。P×84K 位/s 视频编码压缩算法采用的是混合编码方案，在低速时(P=1 或 2，即 64 或 128K 位/s)，除采用 QCIF 外，还可采用亚帧(Subframe)技术，即隔一(或二，三)帧处理一帧，压缩比可达 48:1。

3．运动图像专家组 MPEG-1 标准

JPEG 发起者国际电报电话咨询委员会(Consultative Committee International Telegraph and Telephony)和国际标准化组织(International Standards Organization)已专门为处理运动视频定义了一个压缩标准，称为 MPEG。ISOCD11172 号建议于 1992 年通过。它包括 3 部分：MPEG 视频、MPEG 音频和 MPEG 系统。由于视频和音频需要同步，所以 MPEG 压缩算法对视频和音频联合考虑，最后产生一个具有电视质量的视频和音频压缩形式的 MPEG 单一位流，其位速率约为 15Mb/s。

MPEG 视频压缩算法采用两个基本技术：运动补偿，即预测编码和插补编码；变换域(DCT)压缩技术。

在 MPEG 中，如果一个视频剪辑的背景在帧与帧之间是相同的，MPEG 将存储这个背景一次，然后仅存储这些帧之间的不同部分。MPEG 平均压缩比为 50:1。

此外，MPEG 的内部编码能力在其压缩算法的对称性方面不同于 JPEG，它是非对称的，MPEG 压缩全运动视频比解压缩需要利用更多的硬件和时间。

以 MPEG-1 作为视音频压缩标准的 VCD 在我国已经形成了庞大的市场。

4．运动图像专家组 MPEG-2 标准

MPEG-2 主要针对数字电视(DTV)的应用要求，码率为 1.2Mb/s~1.5Mb/s 甚至更高。

MPEG-2 最显著的特点是通用性，它保持了 MPEG-1 向下兼容，以 MPEG-2 作为音视频压缩标准的数字卫星电视接收机 IRD 已经形成了很大市场，1993 年下半年，美国高级电视联盟(ATV Grand Alliance)和欧洲数字视频广播计划(Digital Video Broadcast Project)先后决定将 MPEG-2 用于自己的高分辨率电视(HDTV)广播中，新一代的数字视盘 DVD 也采用 MPEG-2 作为其视频压缩标准。

5．运动图像专家组 MPEG-4 标准

MPEG-4 制定于 1998 年，MPEG-4 是为了播放流式媒体的高质量视频而专门设计的，它可利用很窄的带宽，通过帧重建技术，压缩和传输数据，以求使用最少的数据获得最佳的图像质量。目前 MPEG-4 最有吸引力的地方在于它能够保存接近于 DVD 画质的小体积视频文件。另外，这种文件格式还包含了以前 MPEG 压缩标准所不具备的比特率的可伸缩性、动画精灵、交互性甚至版权保护等一些特殊功能。这种视频格式的文件扩展名包括.asf、.mov 和 DivX AVI 等。

MPEG-4 的编码理念是：MPEG-4 标准同以前标准的最显著的差别在于它是采用基于对象的编码理念，即在编码时将一幅景物分成若干在时间和空间上相互联系的视频音频对象，分别编码后，再经过复用传输到接收端，然后再对不同的对象分别解码，从而组合成所需要的视频和音频。这样既方便我们对不同的对象采用不同的编码方法和表示方法，又

有利于不同数据类型间的融合，并且这样也可以方便地实现对于各种对象的操作及编辑。

例如，我们可以将一个卡通人物放在真实的场景中，或者将真人置于一个虚拟的演播室里，还可以在互联网上方便地实现交互，根据自己的需要有选择地组合各种视频音频以及图形文本对象。

MPEG-4 系统的一般框架是：对自然或合成的视听内容的表示；对视听内容数据流的管理，如多点、同步、缓冲管理等；对灵活性的支持和对系统不同部分的配置。

6. 运动图像专家组 MPEG-7、MPEG-21 标准和其他标准

此外，常用的还有 MPEG-7、MPEG-21 和 H.264。

MPEG-21 标准其实就是一些关键技术的集成，通过这种集成环境对全球数字媒体资源进行增强，实现内容描述、创建、发布、使用、识别、收费管理、版权保护、用户隐私权保护、终端和网络资源撷取及事件报告等功能。H264 标准是由 JVT(Joint Video Team，视频联合工作组)组织提出的新一代数字视频编码标准。JVT 于 2001 年 12 月在泰国 Pattaya 成立。它由 ITU-T 的 VCEG(视频编码专家组)和 ISO/IEC 的 MPEG(活动图像编码专家组)两个国际标准化组织的专家联合组成。JVT 的工作目标是制定一个新的视频编码标准，以实现视频的高压缩比、高图像质量、良好的网络适应性等目标 H264 标准。H264 标准将作为 MPEG-4 标准的一个新的部分(MPEG-4 part.10)而获得批准，是一个面向未来 IP 和无线环境下的新数字视频压缩编码标准。

3.9　Windows 中的视频播放软件

Microsoft Windows Media Player(以下称 Media Player)是 Windows 操作系统自带的一种通用多媒体播放器，使用 Windows Media Player 可以播放 CD、DVD 和 VCD，能从 CD 复制曲目，创建自己的音频和数据 CD，收听电台广播，搜索和组织数字媒体文件及向便携设备(如 Pocket PC 和便携式数字音频播放机)复制文件。

3.9.1　Media Player 的运行

Media Player 的运行步骤如下。

从 PC 桌面选择"开始"→"程序"→"附件"→"娱乐"→"Windows Media Player"命令，即可运行该软件，软件运行后，屏幕便出现如图 3.26 所示的运行界面 (Media Player 9.0)。

Media Player 的运行界面由"菜单栏"、"快速访问面板"、"正在播放区域"、"播放控件区域"和"播放信息区域"等部分组成。其中"快速访问面板"由"正在播放"等 6 个按钮组成。各自的功能如下。

(1) 正在播放：观看视频、可视化效果或有关正在播放内容的信息。要快速选择播放的 CD、DVD、VCD、唱片集、艺术家、流派、播放列表或电台，可以单击"快速访问面板"按钮("正在播放"旁边的箭头)。

(2) 媒体库：组织计算机上的数字媒体文件以及指向 Internet 上内容的链接，或创建

一个播放列表，让其包含自己喜爱的音频和视频内容。

　　(3)　翻录：从音频 CD 翻录音乐，播放 CD 或将特定曲目复制到计算机的媒体库中。

　　(4)　刻录：将文件刻录到 CD，可编辑播放列表以创建新的列表，使用已存储在媒体库中的曲目创建(刻录)自己的 CD。还可用这一功能将曲目复制到便携设备或存储卡中。

　　(5)　同步：将内容同步到便携设备，编辑播放列表并进行同步设置。

　　(6)　指南：在 Internet 上查找数字媒体。

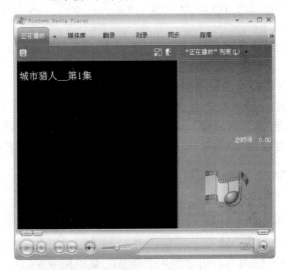

图 3.26　Windows Media Player 的运行界面

3.9.2　Media Player 支持的媒体格式

Media Player 可支持多种音频、视频格式，详见表 3.5。

表 3.5　Microsoft Windows Media Player 支持的文件格式

文件格式	文件扩展名
音乐 CD 播放(CD 音频)	.cda
音频交换文件格式(AIFF)	.aif、.aifc、.aiff
Windows Media 音频和视频文件、Windows 音频和视频文件	.asf、.asx、.wax、.wm、.wma、.wmd、.wmp、.wmv、.wmx、.wpl、.wvx .avi、.wav
Windows Media Player 外观	.wmz
运动图像专家组(MPEG)	.mpeg、.mpg、.m1v、.mp2、.mpa、.mpe、.mp2v*、.mpv2
音乐器材数字接口(MIDI)	.mid、.midi、.rmi
AU(Unix)	.au、.snd
MP3	.mp3、.m3u
DVD 视频	.vob
Macromedia Flash	.swf

说明：要播放.mp2v文件，计算机上必须安装有DVD解码器软件或硬件。

3.9.3　利用 Media Player 播放数字视频

1．利用 Media Player 观看 DVD

用户可以使用 Windows Media Player 在计算机上观看 DVD。与普通 DVD 播放机相同，使用播放机也可以跳到特定的标题和章节，播放慢镜头，使用特殊功能并切换音频和字幕的语言。除了这些普通的 DVD 播放机任务之外，还可以从 Internet 上检索有关每张光盘的信息。操作步骤如下。

(1)　在"播放"菜单上指向"DVD、VCD 或 CD 音频"，然后单击包含 DVD 的驱动器。

(2)　在播放列表窗格中单击适当的 DVD 标题或章节名。

说明：要播放 DVD，计算机上必须安装有 DVD-ROM 驱动器、DVD 解码器软件或硬件。如果未安装兼容的 DVD 解码器，播放机将不会显示与 DVD 相关的命令、选项和控件，也就无法播放 DVD。默认情况下，Windows 不含 DVD 解码器。

2．利用 Media Player 观看 VCD

利用 Media Player 观看 VCD 的操作步骤如下。

(1)　运行 Media Player。

(2)　将 VCD 插入 CD-ROM 驱动器中，VCD 就会自动开始播放。若 Windows Media Player 播放机正在播放其他内容，可以使用"播放"菜单播放 VCD。

3．利用 Media Player 播放视频文件

若要在 Media Player 中播放视频文件，操作步骤如下。

(1)　运行 Media Player。

(2)　选择"文件"→"打开"命令，选择要播放的视频文件。

3.10　数　字　视　频

3.10.1　数字视频的概述

数字视频就是以数字形式记录的视频，是与模拟视频相对的。数字视频有不同的产生方式、存储方式和播出方式。比如通过数字摄像机直接产生数字视频信号，存储在数字带，P2 卡，蓝光盘或者磁盘上，从而得到不同格式的数字视频。然后通过 PC、特定的播放器等播放出来。为了存储视觉信息，模拟视频信号的峰和谷必须通过模拟/数字(A/D)转换器来转变为数字的 0 或 1。这个转变过程就是我们所说的视频捕捉(或采集过程)。如果要在电视机上观看数字视频，则需要一个从数字到模拟的转换器将二进制信息解码成模拟信号，才能进行播放。

模拟视频的数字化包括不少技术问题，如电视信号具有不同的制式而且采用复合的 YUV 信号方式，而计算机工作在 RGB 空间；电视机是隔行扫描，计算机显示器大多是逐行扫描；电视图像的分辨率与显示器的分辨率也不尽相同等。因此，模拟视频的数字化主要包括色彩空间的转换、光栅扫描的转换以及分辨率的统一。模拟视频一般采用分量数字

化方式，先把复合视频信号中的亮度和色度分离，得到 YUV 或 YIQ 分量，然后用三个模/数转换器对三个分量分别进行数字化，最后再转换成 RGB 空间。

3.10.2　数字视频的发展

谈到数字视频的发展历史，不能不回顾计算机的发展历程，它实际上是与计算机所能处理的信息类型密切相关的，自 20 世纪 40 年代计算机诞生以来，计算机大约经历了以下几个发展阶段：

(1) 数值计算阶段。这是计算机问世后的"幼年"时期。在这个时期，计算机只能处理数值数据，主要用于解决科学与工程技术中的数学问题。实际上，世界上第一台电子计算机 ENIAC 就是为美国国防部解决弹道计算问题和编制射击表而研制生产的。

(2) 数据处理阶段。20 世纪 50 年代发明了字符发生器，使计算机不但能处理数值，也能表示和处理字母及其他各种符号，从而使计算机的应用领域从单纯的数值计算进入了更加广泛的数据处理。这是由世界上第一个批量生产的商用计算机 UNIAC-1 首开先河的。

(3) 多媒体阶段。随着电子器件的进展，尤其是各种图形、图像设备和语音设备的问世，计算机逐渐进入多媒体时代，信息载体扩展到文、图、声等多种类型，使计算机的应用领域进一步扩大。

由于视觉(即图形、图像)最能直观明了、生动形象地传达有关对象的信息，因而在多媒体计算机中占有重要的地位。

在多媒体阶段，计算机与视频就产生了联姻。数字视频的发展主要是指在个人计算机上的发展，可以大致分为初级、主流和高级几个历史阶段。

① 第一阶段是初级阶段，其主要特点就是在台式计算机上增加简单的视频功能，利用电脑来处理活动画面，这给人展示了一番美好的前景，但是由于设备还未能普及，都是面向视频制作领域的专业人员，普通 PC 用户还无法奢望在自己的电脑上实现视频功能。

② 第二个阶段为主流阶段，在这个阶段，数字视频在计算机中得到广泛应用，成为主流。初期数字视频的发展没有人们期望得那么快，原因很简单，就是对数字视频的处理很费力，这是因为数字视频的数据量非常大，1 分钟的满屏的真彩色数字视频需要 1.5GB 的存储空间，而在早期，一般台式机配备的硬盘容量大约是几百兆，显然无法胜任如此大的数据量。

虽然在当时处理数字视频很困难，但它所带来的诱惑促使人们采用折衷的方法。先是用计算机捕获单帧视频画面，可以捕获一帧视频图像并以一定的文件格式存储起来，可以利用图像处理软件进行处理，将它放进准备出版的资料中；后来，在计算机上观看活动的视频成为可能。虽然画面时断时续，但毕竟是动了起来，带给人们无限的惊喜。

而最有意义的突破是计算机有了捕获活动影像的能力，将视频捕获到计算机中，随时可以从硬盘上播放视频文件。能够捕获视频得益于数据压缩方法，压缩方法有两种：纯软件压缩和硬件辅助压缩。纯软件压缩方便易行，只用一个小窗口显示视频，有很多这方面的软件。硬件压缩花费高，但速度快。在这一过程中，虽然能够捕获到视频，但是缺乏一个统一的标准，不同的计算机捕获的视频文件不能交换。虽然有过一个所谓的"标准"，但是它没有得到足够的流行，因此没有变成真正的标准，它就是数字视频交互(DVI)。

DVI 在捕获视频时使用硬件辅助压缩，但在播放时却只使用软件，因此在播放时不需要专门的设备。但是 DVI 没有形成市场，因此没有被广泛了解和使用。因此就难以流行。这就需要计算机与视频再做一次结合，建立一个标准，使得每台计算机都能播放令人心动的视频文件。这次结合成功的关键是各种压缩解压缩 Codec 技术的成熟。

Codec 来自于两个单词 Compression(压缩)和 Decompression(解压)，它是一种软件或者固件(固化于用于视频文件的压缩和解压的程序芯片)。压缩使得将视频数据存储到硬盘上成为可能。如果帧尺寸较小，帧切换速度较慢，再使用压缩和解压，存储 1 分钟的视频数据只需 20MB 的空间而不是 1.5GB，所需存储空间的比例是 20:1500，即 1:75。当然在显示窗口看到的只是分辨率为 160×120 邮票般大小的画面，帧速率也只有 15 帧/s，色彩也只有 256 色，但画面毕竟活动起来了。

Quicktime 和 Video for Windows 通过建立视频文件标准 MOV 和 AVI 使数字视频的应用前景更为广阔，使它不再是一种专用的工具，而成为每个人电脑中的必备成分。而正是数字视频发展的这一步，为电影和电视提供了一个前所未有的工具，为影视艺术带来了影响空前的变革。

③ 第三阶段是高级阶段，在这一阶段，普通个人计算机进入了成熟的多媒体计算机时代。各种计算机外设产品日益齐备，数字影像设备争奇斗艳，视音频处理硬件和软件技术高度发达，这些都为数字视频的流行起到了推波助澜的作用。

3.10.3　数字视频的采样和标准

1．采样

根据电视信号的特征，亮度信号的带宽是色度信号带宽的两倍。因此它数字化时可采用幅色采样法，即对信号的色差分量的采样率低于对亮度分量的采样率。用 Y:U:V 来表示 YUV 三分量的采样比例，则数字视频的采样格式分别有 4:2:0、4:1:1、4:2:2 和 4:4:4 多种。电视图像既是空间的函数，也是时间的函数，而且又是隔行扫描式，所以其采样方式比扫描仪扫描图像的方式要复杂得多。分量采样时采到的是隔行样本点，要把隔行样本组合成逐行样本，然后进行样本点的量化、YUV 到 RGB 色彩空间的转换等，最后才能得到数字视频数据。

2．标准

为了在 PAL、NTSC 和 SECAM 电视制式之间确定共同的数字化参数，国家无线电咨询委员会(CCIR)制定了广播级质量的数字电视编码标准，称为 CCIR 601 标准。在该标准中，对采样频率、采样结构、色彩空间转换等都作了严格的规定，主要有：

● 采样频率为 f_s=13.5MHz。
● 分辨率与帧率。
● 根据 f_s 的采样率，在不同的采样格式下计算出数字视频的数据量。

这种未压缩的数字视频数据量对于目前的计算机和网络来说无论是存储或传输都是不现实的，因此在多媒体中应用数字视频的关键问题是数字视频的压缩技术。

3.10.4　数字视频的应用

随着视频处理技术的日趋成熟和应用的不断深入，数字视频已经并正在用于社会的许多方面。其应用领域主要列举如下。

(1) 娱乐出版。数字视频在娱乐、出版业的应用是有目共睹的。其表现形式主要有：VCD、DVD、视频游戏和名目繁多的 CD 光盘出版物。

(2) 广播电视。在广播电视业，数字视频的主要应用有：高清晰度电视(HDTV)、交换式电视(ITV)、视频点播(VOD)、电影点播(MOD)、新闻点播(NOD)、卡拉 OK 点播(KOD)等。

(3) 教育训练。数字视频在教育、训练中的应用主要有：多媒体辅助教学、远程教学、远程医疗等。

(4) 数字通信。数字视频的实用化为通信业提供了新的应用服务，主要有：视频电话、视频会议、网上购物、计算机支持的协同工作等。

(5) 监控。目前，数字视频也用于各种数字视频监控系统中，这样系统的性能优于模拟视频监控系统，有着广阔的发展前景。

3.11　本 章 小 结

在视觉表示媒体中，高分辨率的数字化彩色静止图像和全运动图像虽然对于处理速度、存储容量、传输带宽和显示精度的要求最高，但也最引人入胜。

本章着重介绍了视频的基本概念，视频信号的特征，视频信号的存储，如何获取、编辑、播放数字视频。与音频数据一样，视频数据也需要压缩，视频数据能够压缩是因为视频信息有很大的冗余度，较为著名的压缩方法主要有 JPEG 和 MPEG。此外，本章还介绍了视频卡的结构和技术特征，以及数字视频的应用领域。

3.12　习　　题

1. 填空题

(1) 图像数据的获取是图像数字化的基础。图像获取的过程实质上是模拟信号的数字化过程，它的处理步骤大体分为 3 步，第 1 步，_____；第 2 步，_____；第 3 步，_____。

(2) 图像分辨率是指组成一幅图像的像素密度的度量方法。对同样大小的一幅图，如果组成该图的图像像素数目越多，则说明图像的分辨率越高，看起来就越逼真。图像分辨率的单位是_____。

(3) 颜色空间的类型，指彩色图像所使用的颜色描述方法，也叫颜色模型。显示彩色图像的电视机和计算机显示器色彩显示原理主要基于_____颜色模型。

(4) 视频信号是指连续的随着时间变化的一组图像(24 帧/s、25 帧/s、30 帧/s)，又称运动图像或活动图像。常见的视频信号按其特点可分为模拟和_____两种形式。

(5) 一幅 1024×768 真彩色的数字图像，在未压缩的情况下所占用的存储空间为_____MB。

(6) VCD 采用的压缩标准是_____。

2．选择题

(1) Windows XP 支持目前流行的多种多媒体数据文件格式。下列文件格式(类型)中，哪组均是图像文件？_____。

A. GIF、JPG 和 TIFF　　　　　B. JPG、MPG 和 BMP

C. GIF、BMP 和 MPG　　　　　D. CDA、DXF 和 ASF

(2) 数字视频信息的数据量相当大，对 PC 机的存储、处理和传输都是极大的负担，为此必须对数字视频信息进行压缩编码处理。目前 DVD 光盘上存储的数字视频采用的压缩编码标准是_____。

A. MPEG-1　　　　　　　　　B. MPEG-2

C. MPEG-4　　　　　　　　　D. MPEG-7

(3) 下列关于图像的说法不正确的是_____。

A. 图像的数字化过程大体可分为 3 步：取样、分色、量化

B. 像素是构成图像的基本单位

C. 尺寸大的彩色图片数字化后其数据量必定大于尺寸小的图片的数据量

D. 黑白图像或灰度图像只有一个位平面

(4) 一幅具有真彩色(24 位)、分辨率为 1024×768 的数字图像，在没有进行数据压缩时，它的数据量大约是_____。

A. 900KB　　　　　　　　　　B. 1200KB

C. 3.75MB　　　　　　　　　　D. 2.25MB

3．判断题

(1) GIF 格式的图像是一种在因特网上大量使用的数字媒体，一幅真彩色图像可以转换成质量完全相同的 GIF 格式的图像。　　　　　　　　　　　　　　　　(　　)

(2) DVD 与 VCD 相比，其图像和声音的质量均有了较大提高，所采用的视频压缩编码标准为 MPEG-4。　　　　　　　　　　　　　　　　　　　　　　　　(　　)

(3) MPEG 由 MPEG 视频、MPEG 音频和 MPEG 系统 3 部分组成。　　　　(　　)

(4) 视频信号的时间特性可用视频帧率来刻画。视频帧率表示视频图像在屏幕上每秒钟显示帧的数量，视频帧率越高，图像抖动越小。　　　　　　　　　　　　(　　)

4．简答题

(1) 何为视频卡？有哪几种类型？

(2) 在空间上和二维平面上图像是如何表示的？

(3) 什么是计算机图像处理？数字图像处理技术包括哪些内容？

(4) 图像数字化过程的基本步骤是什么？

(5) 图像数字化的主要设备有哪些？

(6) 图像的描述信息(属性)主要有哪些？什么是真彩色？

(7) 颜色深度反映了构成图像的颜色总数目，某图像的颜色深度为 16，则可以同时显示的颜色数目是多少？

(8) 常见的数字图像文件格式有哪些？

(9) 图像压缩的目的是什么？

(10) 如何利用 Media Player 观看 DVD？

第4章

多媒体数据压缩技术

教学提示：

多媒体数据压缩技术是多媒体领域中的核心技术，它揭示了多媒体数据处理的本质，是在计算机上实现多媒体信息处理、存储和应用的前提。静态图像和视频数据压缩国际标准的制定为多媒体通信和大规模应用提供了统一的技术标准。学习和掌握多媒体数据压缩技术的相关知识，是更深入学习多媒体技术其他知识所必备的。

教学目标：

在本章中，将从基础理论开始，对数据压缩的基本原理和方法、静态图像压缩编码国际标准 JPEG 及 JPEG 2000、运动图像压缩编码国际标准中 ISO/IEC 制定的 MPEG 系列和 ITU-T 制定的 H.26x 系列进行讲述。

4.1　数据压缩的基本原理和方法

　　数字多媒体技术是 20 世纪后期在计算机应用领域诞生的一朵奇葩，它为计算机的大规模普及应用创造了必备的技术条件。早期的计算机只能处理文本这样的信息，主要应用于军事和工业领域，随着数字多媒体技术的发展，尤其是多媒体信息压缩编码技术的发展，使得音频、图形、图像、视频、动画等多媒体信息在普通计算机上的应用成为可能。

　　多媒体数据压缩技术的目的，是将原先比较庞大的多媒体信息数据以较少的数据量表示，而不影响人们对原信息的识别。多媒体信息在计算机以及网络中的应用，极大地改善了人机交互的方式，使得以往只有专业人员使用的计算机走入了寻常百姓家。随着多媒体信息在计算机中的大量应用，计算机在承担传统任务的同时，可以让用户通过计算机制作图文并茂的文档、听音乐、看电影、进行远程语音通信、做在线视频聊天等。同时，多媒体数据压缩技术也是实现数字高清晰电视和信息家电不可缺少的技术，是实现信息家电产业化的技术前提。多媒体数据压缩技术的发展潜力十分巨大，具有广阔的应用前景。

　　本章主要介绍多媒体数据压缩技术的基本原理和方法，并向读者介绍得到广泛应用和影响巨大的相关图像、视频压缩编码国际标准及其新技术。

4.1.1　数据压缩简介

　　数据压缩是指对原始数据进行重新编码，除去原始数据中的冗余，以较小的数据量表示原始数据的技术。数据压缩技术是实现在计算机上处理音视频等多媒体信息的前提。

　　数据压缩技术可分为两种类型：一种是无损压缩；一种是有损压缩。

　　无损压缩是指对被压缩数据进行解压缩(或称还原)时，解压缩得到的数据与原始数据完全相同。这样，原始数据经过无损压缩后，编码的总长度减少了；另一方面，经压缩后的数据经过解压缩，又可以得到没有任何损失的信息还原。无损压缩常用于对信息还原要求很高的情况。如计算机程序、原始数据文件等磁盘文件。就目前的技术而言，无损压缩一般不具有太高的压缩比。

　　有损压缩是指对被压缩数据进行解压缩时，解压缩得到的数据与原始数据不完全相同，但一般不影响人对原始数据所表达的信息的理解。有损压缩常用于对信息还原要求不太严格的情况下，如音频数据的压缩中，压缩的目的是在保证所需要的音频质量情况下，尽可能多地压缩原始数据，以便以较少的数据量表达复杂的音频信息。尤其是在视频信息的压缩过程中，因视频信息中所包含的信息更丰富，其中信息的冗余度也更大，所以在保证要求的视频质量、丢掉一部分信息而不至于影响人对视频信息理解的情况下，其压缩的比例也就可以更高一些，从而达到更高的压缩比。

　　多媒体数据区别于文本数据的突出特点之一就是数据量十分庞大(尤其是视频)。

　　例如，一部《红楼梦》约为 100 万字，如果用文本方式保存，只需大约 2MB。

　　而对于音频信息来说，如果按 CD 音质(CD-A)对原始音频进行不经压缩的数字化，以 CD-A 音频标准，采样频率为 44.1kHz、采样精度为 16bit/样本、双声道立体声，则每分钟的数据量为：

$$44.1×10^3×16×2×60/8/2^{20}=10.1(\text{MB})$$

这样，一张 CD-ROM 光盘按 650MB 的容量来计算，只能存放 1 小时的 CD 音乐。

再以不经压缩的静态图像为例：目前数码相机主流的分辨率为 500 万像素(2576×1932dpi)，如果按 24 位色深来表达，则每个像素点需要 24 位来表示，则存储这张图片所需的磁盘空间为：

$$5000000×24/8/2^{20}=14.3(\text{MB})$$

则一张 128MB 的存储卡只能存储 8 张照片。

以计划中的高清晰数字电视视频数据为例，其最高分辨率达 1920×1152(采用 MPEG-2 的 MP@HL 主框架和高级别编码方案)，则其每秒钟视频数据量高达：

$$1920×1152×24/8/41944=158.2(\text{MB})$$

由一张 CD-ROM 光盘按 650MB 的容量来计算，只能存放 4 秒的高清晰电视节目。

多媒体信息的数据量过大使得利用计算机对多媒体数据的处理面临很大的困难，再加上多媒体数据处理通常还有实时性的要求，多媒体信息的处理要求计算机具有极高的带宽、很高的运算速度和"海量"的存储器才能完成，而这是大多数普通计算机所不可能完成的。所以应该对多媒体原始数据进行压缩，只保留有用的信息并交给计算机来处理，这样就可以解决上述问题。

4.1.2　数据压缩的基本原理

编码是指将各种信息以 0、1 数字序列来表示。数据压缩编码是指减少码长的有效编码。根据数据压缩编码的长度，可以将编码方法分为等长编码和不等长编码两种。以最简单的情况为例，我们来看一看数据压缩编码的基本原理。

【例 4.1】对字符串"aa bb cccc dddd eeeeeeee"进行编码。

上述字符串的每一个字符，在 ASCII 码表中都可以查到，每一个字符对应于一个 8 位二进制码，存储时占用 1 个字节。字符与其 ASCII 编码的对应关系见表 4.1。

表 4.1　字符的 ASCII 编码表

字　符	ASCII 编码	字　符	ASCII 编码
空格	00100000	c	01100011
a	01100001	d	01100100
b	01100010	e	01100101

所以可以采取以下几种编码方式。

(1) 方式 1：ASCII 码直接编码。对每一个字符，直接写出其 ASCII 编码为：01100001 01100001 00100000 01100010 01100010...。

上述字符串的编码总长度为：24(字符个数)×8(每个字符的编码长度)=192(bit)。

(2) 方式 2：等长压缩编码。取每一个字符 ASCII 码的后 3 位进行观察，可以看出它们各不相同(即可以通过这 3 个 bit 唯一识别)，如只取每个字符的后 3 位直接编码，则新的码字序列可写为：001 001 000 010 010...，则可计算出编码总长度为：

24(字符个数)×3(每个字符的编码长度)=72(bit)

即数据压缩比为 37.5%。

(3) 方式 3:不等长编码考查字符串中不同字符出现的概率并对其重新定义一个编码字,见表 4.2。

表 4.2 字符与其新定义的编码表

字　　符	出现次数	出现概率	新　编　码
e	8	1/3	0
d	4	1/6	100
c	4	1/6	101
空格	4	1/6	110
a	2	1/12	1110
b	2	1/12	1111

则其编码的总长度为:

$$8×1+4×3×3+2×4×2=60(\text{bit})$$

数据压缩比达到 31.2%。

与之对应,数据经过压缩编码后,如果要解开压缩的数据,则可采取相应的解压缩方法得到(如查编码表)。对于等长编码方式来说,解压缩过程比较简单,只要从压缩编码中取出 n 位,就可以得到对应的一个原始字符,而对于不等长编码来说,解压缩过程相对复杂一些。

1. 行程长度(游程长度编码)

行程长度编码是指将一系列的重复值(如像素值)由一个单独的值和一个计数值代替的编码方法。行程长度编码是一种无损压缩编码方法,它是视频压缩编码中最简单、但十分常见的方法,例如,在静态图像压缩编码国际标准 JPEG 中就采用了行程长度编码方法。

以黑白二值图像(仅由黑白两种像素构成)为例:由于图像中相邻像素之间存在较大的相关性,所以在图像的一个扫描行上,它总是由若干段连续的黑色像素点和若干段连续的白色像素点构成。黑(白)像素点连续出现的点数称为行程长度。黑白像素点的行程长度总是交替出现,其交替的频度与图的复杂程度有关。

例如,对二值图像像素序列,如图 4.1 所示。

图 4.1　二值图像的一行中黑、白像素的分布

按行程长度编码方法可编写为:白 8 黑 5 白 3 黑 8 白 6……。

行程长度编码是一种基于统计的压缩编码方法。对于灰度图像和色彩不太复杂的二维图像来说,也可以按照相似的方法进行压缩编码。对于出现概率大的像素,分配短的编码,对于出现概率小的像素,可分配长的编码,以达到信息压缩的目的。对于二维图像,除可以按上述编码方法外,还要考虑相邻行像素之间存在的相关性,如在 JPEG 对图像的压缩编码中,就采用了 Z 型扫描方法,得到一个扫描序列后再进行编码。

行程长度编码最适用于有大面积颜色相同的图像，可以取得较好的压缩效果。在实际应用中，对二值图像、灰度图像、色彩不太丰富的彩色图像常采用行程长度编码方法。但对于特征比较复杂的自然图像(如纯随机的"沙土型"图像)，编码效果不理想。

2．预测编码

自然界中的音频和视频信息都是连续变化的模拟信号。模拟信号是无穷量，计算机要对这些多媒体信息进行处理，必须将模拟信号转化为有穷的、可以被计算机处理的数字信号，并在保持信息和可理解性的前提下，尽可能地压缩编码的数据量。预测编码的基本思想是根据原始信号的相关性，在当前时刻(或位置)预测下一时刻(或位置)的信号值，并对预测出现的误差进行编码。一般而言，通过预测产生的误差信息与原始信号相比会比较小，所以对误差信号进行编码就可以用较小的值来表达，这样可以压缩编码所用的数据长度，即缩短了编码长度，从而达到数据压缩的目的。预测编码主要考虑消除两个方面的信息冗余：一是消除存在于图像内部的数据冗余，即空间冗余度；二是消除存在于相邻图像之间的数据冗余，即时间冗余度。

(1) 消除空间冗余度的预测编码。空间冗余度可能出现在一维空间中，也可能出现在二维空间中。

① 对于一维情况下的原始音、视频信号，可表示为如图 4.2 所示。

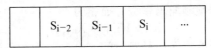

图 4.2　一维信息

其中：S_i 为第 i 时刻的信号采样值。设当前信号为 S_{i-1}，则对下一时刻(第 i 时刻)的信号预测算法可表述为下面两种形式：

- $S'_i = S_{i-1}$　　　　　(算法 1)
- $S'_i = 2 \times S_{i-1} - S_{i-2}$　　　　(算法 2)

其中 S'_i 为第 i 时刻的预测值。则经过预测后，预测值与实际值之间会存在一个预测误差 Δi，记为 $\Delta i = S_i - S'_i$。

依次对 Δi 进行编码，即可得到预测压缩的编码序列。

② 二维情况下，图像中相邻像素点之间的关系如下所示：

$$X(i-1,j-1)\,X(i,j-1)\,X(i+1,j-1)\,X(i-1,j)\,X(i,j)\,X(i+1,j)$$

其中 X(i, j)为第 i 行第 j 列像素的实际值。在实际图像中，相邻像素之间往往存在较大的相关性，所以对 X(i, j)像素点的预测，可以通过相邻像素值的运算进行预测，常用的有下列 3 种预测方式：

- $X'(i, j) = [X(i-1, j) + X(i, j-1)] / 2$　　　　(算法 1)
- $X'(i, j) = [X(i-1, j) + X(i+1, j-1)] / 2$　　　(算法 2)
- $X'(i, j) = X(i-1, j) - X(i-1, j-1) + X(i, j-1)$　　(算法 3)

其中 X'(i, j)为第 i 行第 j 列位置像素点的预测值。与一维情况下一样，经过预测后，预测值与实际值之间会存在一个预测误差 $\Delta(i, j)$，可记为 $\Delta(i, j) = X(i, j) - X'(i, j)$，依次对 $\Delta(i, j)$进行编码，即可得到预测压缩的编码序列。

(2) 消除时间冗余度的预测编码。时间冗余度出现在视频的帧与帧之间。在连续的视频图像中，以 VCD 为例，标准要求每秒钟播放 30 帧，则在相邻两帧之间的相关性很大，差别非常小。这样在进行预测压缩编码时，可利用上一帧图像中的数据去预测下一帧图像。如果设计比较好的预测算法，则经过预测后产生的误差与原始视频信号相比，大部分误差为 0 或接近于 0，少数点上存在一些误差，则经预测后的编码序列将会比较短。帧间存在的时间冗余如图 4.3 所示。

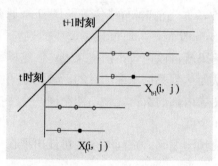

图 4.3　帧间的时间冗余

用于消除时间冗余度的预测编码算法可描述为：

$$X't + 1(i, j) = X_t(i, j)$$

不管是对消除空间冗余度方面还是对时间冗余度方面的预测，多数情况下都存在预测误差。与原始信号相比，误差是一个比较小的量，所以可以用比较少的比特数来编码。这是预测编码能够对视频信息进行压缩的本质。

预测编码算法简单、易操作，计算复杂度不高，有较高的编解码效率，所以基于预测编码技术的传统算法得到广泛应用，如差分脉冲编码调制(DPCM)方法、自适应差分脉冲编码调制(ADPCM)方法、增量调制(DM)方法、自适应增量调制(ADM)方法等。同时随着计算机软硬件技术的发展，基于预测编码的新算法不断涌现并得到大量的应用，如线性预测编码(LPC)方法、自适应预测编码(APC)方法、多脉冲线性预测编码(MPC)方法、码激励线性预测编码(CELPC)方法等。这些算法被广泛应用于数字音、视频编码技术中。

3. 变换编码

变换编码的基本思想是利用变换方法(如 DCT 变换)先改变表示图像的模式(如 RGB 模式→YUV 模式)，再对变换得到的变换基信号进行量化取整和编码的技术。

变换编码不直接对原始的空域信号(基于空间的视频信号)进行编码，而是首先将空域信号映射到另一个正交矢量空间(如以可见光频率表示的图像频域空间)，经过这样的变换后，将得到一批变换系数(即基信号)，再对这些系数进行编码。

在这个变换的过程中，最常用的正交变换是最佳正交变换——K-L 变换和次最优正交变换——离散余弦变换(DCT)两种，尤其是离散余弦变换，在近年来被广泛应用于数字图像处理和视频压缩编码技术中。

离散余弦变换是一种实数域变换。对一幅图像进行离散预选变换后，许多有关图像的重要可视信息都集中在 DCT 变换的一小部分系数中。因此，离散余弦变换是有损图像压缩 JPEG 的核心，同时也是所谓"变换域信息隐藏算法"的主要"变换域"之一。因为图像处理运用二维离散余弦变换，所以我们直接介绍二维 DCT 变换。

离散余弦变换的优势在于，其压缩变换的性能和误差与最佳正交变换——K-L 变换非常接近，但其计算复杂度要比 K-L 变换要小，而且还具有可分离特性(有选择地压缩编码)、快速算法等特点。从 20 世纪 90 年代以后的数字图像压缩和视频压缩技术中，DCT 变换广泛应用于 JPEG、MPEG、H.26X 等国际或行业标准中，成为计算机多媒体技术中的基本压缩算法之一。

第一种方法是使用函数 dtc2，该函数使用一个基于 FFT 的快速算法来提高当输入较大的输入方阵时的计算速度。dtc2 函数的调用格式如下：

$$B = dtc2(A, [M\ N])\ \ 或\ \ B = dtc2(A, M, N)$$

其中，A 表示要变换的图像，M 和 N 是可选参数，表示填充后的图像矩阵大小。B 表示变换后得到的图像矩阵。

第二种方法使用由函数 dctmtx 返回的 DCT 变换矩阵，这种方法较适合于较小的输入方阵(如或方阵)。dctmtx 的调用格式如下：

$$D = dctmtx(N)$$

其中，N 表示 DCT 变换矩阵的维数，D 为 DCT 变换矩阵。对图像经过 DCT 变换编码后，可利用离散余弦变换的逆变换(IDCT)对编码数据进行逆变换，可将图像变换回到 RGB 色度空间，从而实现图像的解压缩，图像得到还原。

4. 矢量量化编码

矢量量化编码是一种有失真的压缩编码方法，是近年来在图像压缩编码和音频压缩编码技术中应用比较多的一种新型量化编码方法。矢量量化是相对于标量量化而言的。标量是指只有大小、没有方向或其他限制的量，标量量化是一次只对单个采样点量化的技术(如 PCM 方法)；矢量是指既有大小、又有方向或其他限制的量，矢量量化是指一次对多个具有相关性的采样点进行量化的技术。矢量量化编码技术流程如图 4.4 所示。

图 4.4　矢量量化编码与解码流程

在矢量量化过程中，对于给定的矢量 X_i，在码本中进行比较，得到一个与 X_i 最为接近的矢量 Y_i，则码本矢量 Y_i 在码本中的矢量编号 i 即为 X_i 的量化值。这样，对于某个矢量 X_i，在编码时可以用一个编号 i 进行编码。

矢量量化编码可以将多个复杂的采样点编码量化到一个码本矢量的编号，进而对这一矢量编号进行编码。

只要有码本和相应的编号，就可以快速解码。所以可以极大地压缩编码率。矢量量化的关键是设计一个能体现矢量关键特征的码本。

5. 熵编码

行程长度编码、预测编码、变换编码和矢量量化编码等几种编码方法，都是从消除信息冗余度方面来考虑的，压缩算法的实质是将原始信息中的多余部分去除，以较小的编码数据来表示原始信息。熵编码则是一种基于统计的、可变码长的压缩编码方法，它从另外一个方面来考虑压缩编码：首先将原始信息中所有不同的信息(也称为事件)进行统计，将出现概率最多的信息赋予最短的编码，将出现概率较少的信息赋予较长的编码，以缩短平均编码长度。

(1) 熵及其计算

熵用于表示一个事件所包含的信息量大小。信息量越大，表示事件的不稳定性越大，则对该事件进行编码时就需要更多的比特数。

假设 N 为待编码的信息集(如一幅图像中的像素色彩等级)，P_i 为某事件(如图像中的某种色彩)出现的概率，则 P_i 的信息量 A 可记为：

$$A = Log_2(1/P_i) = -Log_2 P_i$$

(2) 熵编码实例——哈夫曼编码

哈夫曼(Huffman)编码方法于 1952 年问世，是一种典型的熵编码，并被广泛应用于现代数字图像处理技术中，如 JPEG、MPEG、和 H.26X 等压缩标准中。

哈夫曼编码过程采用变字长的编码方法，编码过程中，编码器对不同概率的信息输出的编码长度不同。

对于大概率信息符号，赋短字长的输出(编码)，对于小概率的信息符号，赋长字长的输出(编码)。

现已证明，按照概率出现的大小顺序，对输出码字分配不同码长的变字长编码方法，其输出的编码平均码长最短，与信息熵理论值接近，是一种最佳的压缩编码方法。以一幅图像的哈夫曼编码为例，其算法可描述为：

① 对图像中出现的不同像素值进行概率统计，得到 n 个不同概率的信息符号。

② 按符号出现的概率由大到小、由上到下排列。

③ 对两个最低概率符号分别以二进制 0、1 赋值。

④ 两最低概率相加后作为一个新符号的概率重新置入符号序列中。

⑤ 对概率按从大到小重新排列。

⑥ 重复②~⑤，直到只剩下两个概率符号的序列。

⑦ 分别以二进制 0、1 赋值后，以此为根节点，沿赋值的顺序的逆序依次写出该路径上的二进制代码，得到哈夫曼编码。

【例 4.2】根据表 4.3 中的信息及出现的概率，写出其哈夫曼编码。

表 4.3　例 4.2 的信息及出现的概率

信　息	00	01	10	02	20	11	12	21	22
出现概率	0.49	0.14	0.14	0.07	0.07	0.04	0.02	0.02	0.01

上述信息按哈夫曼编码方法，其过程如图 4.5 所示。

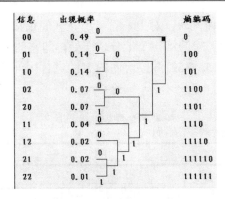

图 4.5　哈夫曼编码过程

哈夫曼编码的过程形成了一棵二叉树，上例的哈夫曼编码形成的二叉树如图 4.6 所示。在编写哈夫曼编码时，只要从根节点开始，沿根节点到编码节点的路径依次写出各段的权值，即可得到哈夫曼编码。

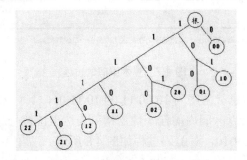

图 4.6　哈夫曼编码的二叉树

哈夫曼编码的最终结果包含了一个可供查询的哈夫曼表，每个信息符号与其对应的编码一一对应。在解码过程中，对于输入的编码值，可通过查询哈夫曼表而快速得到信息符号，所以哈夫曼方法的解码速度比较快，是一种成熟的优秀压缩算法。

6. 算术编码

算术编码也是一种基于统计的压缩编码方法。在算术编码中，信息符号用 0 到 1 之间的实数进行编码。算术编码以符号的概率和它的编码间隔为参数，信息符号的概率决定了压缩编码的效率，也决定了编码过程中信息符号的间隔，而这些间隔包含在 0 到 1 之间。

编码过程中的间隔决定了符号压缩后的输出。下面以具体的例子说明算术编码的编码与解码过程。

【例 4.3】一个信息符号集为{00, 01, 10, 11}，每个符号对应的概率分别为{0.1, 0.4, 0.2, 0.3}，当输入的信息符号序列为 10 00 11 00 10 11 01 时，写出其算术编码及解码过程。编码过程中，首先按概率确定每个符号所在的编码区间。对于一个编码信息集，所有的信息符号的总概率和为 1。因此，可以用 0 作为起点，以 1 为终点，将信息符号依次对应到一个区间内。则符号 00 在[0, 0.1)区间内，01 在[0.1, 0.5)区间内，10 在[0.5, 0.7)区间内，11 在[0.7, 1]区间内。

对于输入的信息符号序列，第一个输入的符号为 10，则可判断其信息编码落在 [0.1,

5]区内，当第二个符号 00 输入时，对上一符号所在区间仍按信息符号的概率再进行一次区间划分，它落在[0.5, 0.7]区间的第一个十分之一处，即它的区间为[0.5, 0.52]；当第三个符号 11 输入时，对区间[0.5, 0.52]再按前面的方法进行区间划分，则可知其落在[0.514, 5146]之间；依次类推，如图 4.7 所示。

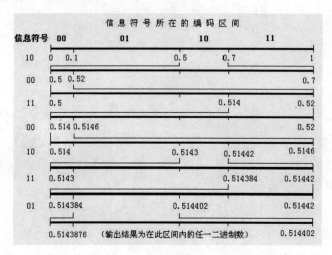

图 4.7　算术编码的过程

这样，对于输入的信息符号序列 10 00 11 00 10 11 01，其算术编码应落在 0.5143876~0.514402 这个区间内，所以区间内的任一数据都可表达出该符号序列。解码时，对于给出的一个解码序列如(0.51439)10，其解码过程如图 4.8 所示。

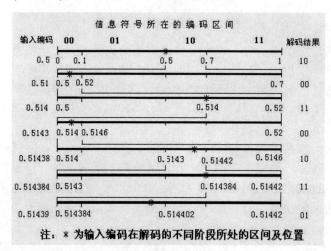

图 4.8　解码过程

上例中，解码过程是在已知编码长度的情况下进行的，对于未知长度的解码过程，只需要设置一个终止符用于终止解码过程即可。

算术编码是基于统计的编码方法，需要对待编码的信息符号进行概率估计，但实际编码过程中，要做到准确估计是十分困难的，而且在编码过程中，估计的概率会随着输入信息符号的变化而变化。算术编码对整个输入的消息序列只产生一个码字，其译码过程中要求将全部编码输入后才能正确解码。同时，算术编码又是一种对错误敏感的压缩方法，如果码字是传递了错误的编码，将导致整个解码的失败。理论上讲，算术编码比哈夫曼编码更具压缩的优势，据 JPEG 成员测试，对于许多图像，算术编码的压缩效果比哈夫曼编码的压缩效果要好 5%~10%。

7．其他编码技术

在传统的压缩技术中，对于没有统计特性或无法事先进行统计的信息符号，不少学者提出了一些很优秀的压缩编码方法，这些方法统称为通用编码技术，其中的代表算法为词典编码方法。在词典编码技术中，LZ77 算法、LZSS 算法、LZ78 算法及 LZW 算法等都是较有代表性的词典压缩编码算法。

进入 20 世纪 90 年代，图像压缩编码技术研究出现了两个重要方向：一是多分辨率编码(Multiresolution Coding)；二是金字塔编码(Pyramid Coding)。尤其在多分辨率编码技术上发展起来的分波编码和小波编码技术十分引人注目。

分波变换编码技术的基本原理是利用人眼的视觉特点，使用分波几何中的自相似原理(仿射变换)来实现。其本质在于保存极小量的仿射变换系数来取代存储大量的图像数据。它的特点是图像压缩比要比经典方法高得多；压缩和解压缩不对称，压缩慢但解压缩快；与分辨率无关。

小波变换编码技术的基本原理是对整幅图像进行变换，采用小波变换的本质是对一幅图像进行高通和低通滤波，对不同的频带上的图像部分可采用不同的量化技术进行量化。其主要依据是变换后的各级分辨率的图像之间自相似的特点，采用逐级逼近技术来实现减少编码的数据量。它的特点是适应性广，可适用于各种视频数据的压缩；压缩比较高，可达到 300:1 或 450:1；压缩速度较快；压缩精度较高。

4.2　静态图像的压缩标准(JPEG)

4.2.1　JPEG 标准简介

JPEG(Joint Photographic Experts Group)是指由国际标准化组织(ISO)和国际电报电话委员会(CCITT)联合成立的专家组联合制定的一个适用于连续色调、多级灰度、彩色或单色静止图像数据压缩的国际标准。JPEG 方案的问世，在多媒体技术领域产生了巨大的影响，并迅速应用于视频压缩编码国际标准 MPEG 中。JPEG 以其较大的压缩比和很好的压缩效果，对网络多媒体的应用、多媒体系统集成等产生了极其重要的推动作用。

1987 年 6 月，JPEG 从全球征集的 12 个静态图像压缩编码方案中，筛选出了 3 个方案，并对其进行了改进。1988 年 1 月，确定其中以 8×8 DCT 为基础的 ADCT 方案的画面质量最好，1991 年被确定为国际标准。

以 JPEG 有损压缩方式、压缩比为 25:1 对图像进行压缩处理，压缩后的图像与原图像比较，用肉眼几乎分辨不出它们之间的差别，而数据量仅为原始图像的 1/25。

1997 年 3 月，JPEG 又开始着手制定用于静态图像压缩的更优秀的方案，该方案采用以小波转换(Wavelet Transform)为主的多解析编码方式，并命名为 JPEG 2000，并于 1999

年 11 月公布为国际标准，成为图像压缩领域又一项具有划时代意义的技术。

JPEG 图片以 24 位颜色存储单个光栅图像。JPEG 是与平台无关的格式，支持最高级别的压缩，不过，这种压缩是有损耗的。渐近式 JPEG 文件支持交错，可以提高或降低 JPEG 文件压缩的级别。但是，文件大小压缩是以图像质量为代价的。压缩比可以高达 100:1(JPEG 格式可在 10:1~20:1 的比率下轻松地压缩文件，而图片质量不会下降)。

JPEG 压缩可以很好地处理写实摄影作品。但是，对于颜色较少、对比级别强烈、实心边框或纯色区域大的较简单的作品，JPEG 压缩无法提供理想的结果。

有时，压缩比会低到 5:1，严重损失了图片完整性。这一损失产生的原因是，JPEG 压缩方案可以很好地压缩类似的色调，但是 JPEG 压缩方案不能很好地处理亮度的强烈差异或处理纯色区域。

4.2.2　JPEG 标准中的主要技术

在 ISO 公布的 JPEG 标准方案中，包含了两种压缩方式。一种是基于 DCT 变换的有损压缩编码方式，它包含了基本功能和扩展系统两部分；另一种是基于空间差分脉冲编码调制(DPCM，是预测编码的一种)方法的无损压缩编码方式。

这两种方式中，基于 DCT 的压缩编码方式虽然是有损压缩，但它可用较少的编码得到较好品质的还原图像，所以作为 JPEG 标准的基础。另一方面，基于二维空间的 DPCM 压缩编码方法虽然压缩比较低，但可实现图像的无失真还原，可满足对图像还原要求较为苛刻的处理环境，如卫星图像、遥感图像的处理等。为实现标准的完整性，也作为标准的一部分。在 JPEG 标准中采用的相关技术主要分为 3 个部分。

在有损压缩编码的基本功能(Baseline)部分，主要采用对 8×8 像素块的 DCT 变换，对 DCT 系数采用 Z 形扫描得到数据序列并使用哈夫曼编码，输入图像精度为 8 位，编码图像还原后的显示方式为顺序方式。顺序方式是指图像的解码显示从一幅图像的开始处(左上角)依次解码显示。

在有损压缩编码的扩展功能部分，采用对 8×8 像素块的 DCT 变换，对 DCT 系数采用 Z 形扫描，得到数据序列并使用哈夫曼编码，输入图像精度为 12 位，编码图像还原后的显示方式为累进方式。累进方式是指图像的解码显示按复合显示程序，由一幅粗略的图像概貌开始，逐步细化到一幅完整的清晰图像。

在无损压缩编码部分，主要采用基于二维空间的 DPCM 预测编码，输入图像精度为 2bit~16bit，对预测编码进一步采用哈夫曼编码，以顺序方式显示图像。

4.2.3　JPEG 标准对静态图像的压缩过程

JPEG 压缩编码的基本单位是图像中的 8×8 像素块，所以 JPEG 在压缩开始之前需要把原始图像分割为若干个 8×8 像素块。压缩开始，按照从上到下、从左到右的顺序，依次对 8×8 像素块进行 DCT 变换，对变换系数量化后再进行熵编码，并输出压缩图像的编码数据。解压缩过程是压缩过程的逆过程，并最终得到还原重构的图像。JPEG 的压缩/解压缩过程如图 4.9 所示。

对有关 JPEG 的编码与解码过程中的几个问题说明如下。

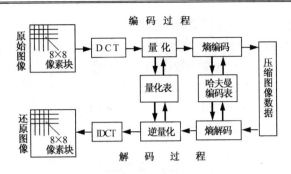

图 4.9　JPEG 编码与解码流程

1. DCT 变换

DCT 变换用于将 RGB 色彩空间的图像信号变换为以 YUV 频率空间表达的图像信号。变换后，每一个像素点对应形成一个变换系数。这样每一个 8×8 像素块经 DCT 变换后得到了 64 个变换系数，这些系数是进行下一步编码的依据。经过 DCT 变换，图像的频率信息被集中在少数几个系数中，大部分的系数值为 0。这为图像的压缩打下了良好的基础。DCT 使用 8×8 像素块进行变换的原因还在于当像素块小于 8×8 时，采用变换处理可能带来块与块之间边界上存在着被称为"边界效应"的不连续点。实验证明，当像素块小于 8×8 时，边界效应明显；而像素块过大，虽然可以得到更佳的压缩效果和重构图像质量，但在应用上已没有太多的实际意义，而变换过程的计算量将大幅度增加，对计算机性能要求高，实现起来比较困难。

2. 量化

量化是对 DCT 变换的系数进行的，量化实际上是一个取整处理的过程，可表示为：

$$R_{uv} = \text{round}(S_{uv}/Q_{uv})$$

其中 S_{uv} 为 DCT 变换得到的数据，Q_{uv} 为某个整数，它来自于量化表。量化的目的是减少非"0"系数的幅度并增加"0"值系数的数量。量化的结果直接导致了失真的出现，也是导致图像质量下降的最主要原因。细粒度的量化可以产生好的还原图像质量，但会导致压缩比下降。相反，较粗粒度的量化在提高压缩比的同时，会导致还原图像质量的下降。JPEG 允许用户自定义量化表来控制压缩图像的品质。

3. 熵编码用于消除图像内的空间冗余度

在消除图像内的空间冗余度技术中的熵编码主要包括了 3 个压缩过程。

首先，对于 8×8 像素块经 DCT 变换和量化后得到的数据，在 8×8 块的左上角的一个数据称为直流系数(DC)，它代表了 8×8 像素块的平均灰度，是 64 个采样点实际值的平均值。JPEG 对一幅图像的直流系数进行编码时，将整幅图像中每一个 8×8 像素块按从左到左、从上到下的顺序，抽取其中的直流系数进行空间 DPCM 编码。其依据是：在自然图像中，图像灰度变化比较平缓，相邻直流系数的数据差别一般不大，所以对灰度信息使用 DPCM 方法进行编码可达到较好的压缩效果。

其次，每一个 8×8 像素块中其余的 63 个系数被称为交流系数(AC，代表频率信息)。交流系数表达了对应像素的亮度信息。由于相邻像素的亮度信息具有很强的相关性，也就是说，相邻的若干个像素出现相同亮度的概率比较大。对 AC 系数进行 Z 形扫描的目的就是要增加连续的"0"系数的个数，即增加"0"系数的行程长度。经过 Z 形扫描后，就将一个 8×8 的矩阵变成了一个具有 64 个数据的一维矢量，同时，对重构图像影响较大的高频系数被集中在前面，对图像重构影响不大的低频系数会集中在后面。经量化后，后面的低频系数大多为"0"。对于这样的数据序列采用行程长度编码方法进行编码可以达到较高的压缩比。AC 系数的 Z 形扫描方法如图 4.10 所示。

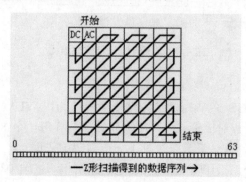

图 4.10　8×8 块 AC 系数的 Z 形扫描

第三，对 DPCM 编码后的直流系数(DC)和行程长度编码后的交流系数(AC)还有进一步压缩的潜力，采用熵编码中的哈夫曼编码可进一步压缩信息量。使用哈夫曼编码的原因是可以使用比较简单的查表方法进行编码，压缩过程中，对高概率符号分配较短的编码，对低概率符号分配较长的编码，而这种变长编码所用的码表可事先进行定义，JPEG 标准中给出了建议的哈夫曼编码表。

经过 3 步压缩后，JPEG 最后将各种标记代码和编码后的图像数据按帧组成数据位流，用于保存、传输和应用。

4. 逆 DCT 变换

IDCT 是逆 DCT 变换，用于将 YUV 信号变换为 RGB 信号，用于图像的重建输出。

4.2.4　JPEG 2000

JPEG 2000 是由 ISO 的 JPEG 组织负责制定的，正式名称为"ISO15444"，1997 年 3 月开始筹划，1999 年年底制定完成。JPEG 2000 与 JPEG 相比，可得到更高的压缩比，在相同的压缩比情况下，可以得到更好的还原图像质量。JPEG 2000 在 200 倍的压缩比下，仍然可以得到不错的显示品质，而 JPEG 的压缩比一般为 20~40。对与数字影像相关的软件或硬件而言，JPEG 2000 技术标准的问世，都具有里程碑式的意义。

1. JPEG 2000 的原理

JPEG 2000 与传统 JPEG 最大的不同，在于它放弃了 JPEG 所采用的以离散余弦转换 (Discrete Cosine Transform)为主的区块编码方式，而改用以小波转换(Wavelet Transform)为主的多解析编码方式。DCT 变换方式对图像信息中的频率信息进行处理，但时间信息无法表达。DCT 处理了图像的频率分辨率问题，但不知道这些频率什么时候以及在什么地方出现，即没有处理时间分辨率的问题；同时，区块编码方式的主要缺点是将自然图像中的相关性人为地割裂开来，所以会导致图像还原时出现块与块之间的"边界效应"。小波转换将一幅图像作为一个整体进行变换和编码，很好地保存了图像信息中的相关性，达到了更好的压缩编码效果，如图 4.11 所示。

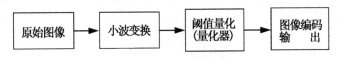

图 4.11　小波图像分解编码过程

小波变换是一种函数。用于不同压缩目的的小波函数常以开发者的名字命名，如 Haar 小波、Moret 小波等。在小波变换中，采用缩放和平移的方法对图像进行处理，经过小波变换处理的图像，既包含了频率分辨率的信息，也包含了时间分辨率的信息。频率分辨率可以用以控制编码图像的大小，时间分辨率可以选择对图像的哪一部分进行压缩。这样，用户可以构造出从最大(原始图像)分辨率到极小分辨率的图像。在编码过程中，小波可用一个极小分辨率的图像加上图像细节值进行编码，以取得高压缩比。同时，根据压缩数据解压缩时，只要选择合适的量化器，就可以还原出符合用户要求的图像质量。这一过程既可以是无失真的，也可以是有失真的。这样，用户可对图像中感兴趣的部分分别进行处理。

以最简单的小波变换——哈尔(Haar)小波变换为例，我们来观察小波变换对图像信息的分解与压缩过程。

【例 4.4】一幅图像是只有 4 个像素的一维图像，对应的像素值为{11 7 4 6}，计算它的哈尔变换系数。

(1) 求均值：将像素值从左至右，两个一组求均值，得到{9 5}。经过这一步，图像分辨率从 1×4 变换为 1×2，从而得到一个大小为 1/2 低分辨率的图像(如果是二维图像，则得到一个分辨率为原图像 1/4 的低分辨率图像)。

(2) 求差值：求均值的过程丢掉了一些信息(细节系数)，而这部分信息正是还原图像时所需要的图像细节。要弥补因图像分辨率缩小而造成的图像损失，需要将丢失的信息写进编码中。方法是从左向右，将每像素对中的第一个像素值减去它们的平均值，从而得到一个细节系数，并依次写入均值后面。求差值过程的结果为{9 5 2 -1}。这样，一幅图像经过一次求均值和一次求差值后，可以用两个平均值和两个细节值来表达。

(3) 重复步骤 1 和 2，把图像{9 5 2 -1}进一步分解为{7 2 2 -1}。这样原图像被分解为一个平均值和 3 个细节值。分辨率只有原始图像的 1/4(如果是二维图像，则得到一个分辨率为原图像 1/16 的低分辨率图像)。

对第 3 步的结果采用合适的量化器量化后就可以进行小波编码。与 DCT 中的量化相似，量化过程主要目的是将一些不太重要(值比较小)的细节量化为 0，以便取得较高的压缩比，同时又不对还原图像的质量产生过大的影响。

对于二维图像的小波分解与变换也可以分为 3 个步骤：首先将像素值构成的矩阵的所有行求均值和求差值；然后对所有列求均值和求差值；最后经量化器量化后进行小波编码。对一幅原始图像进行的处理及结果如图 4.12 所示。在处理过程中，量化器中阈值取值为 5，也就是把[5, -5]之间的细节值量化为 0。

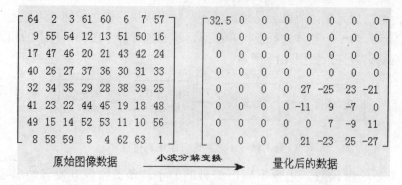

图 4.12　小波变换前后的数据对比

从图 4.12 可以看出，原始图像信息经过小波分解变换后，其非"0"数据集中在两个位置，一个是位于左上角的一个值，它代表了整个图像的像素平均值。一个是位于右下角的若干个值，它们代表了图像的细节系数。

对于图像处理而言，去掉一些对视觉影响不大的"小细节"(即绝对值小于阈值的细节系数)，对重构图像质量的影响不大，是可以接受的。

阈值的使用可以用来消除图像中的噪声，同时设置不同大小的阈值可以得到不同的压缩比。阈值越大，压缩比越高，同时图像质量会有所下降。对一般图像，阈值设置为 5 时，重构的图像质量与原始图像用肉眼不能区分；当阈值设置为 10 时，对重构图像的质量影响不大。

对二维图像的所有行进行一次求均值，相当于在水平方向将图像分辨率降低 1/2。对二维图像的所有列进行一次求均值，相当于在垂直方向将图像分辨率降低 1/2。图 4.13 演示了一幅图像经过 3 次小波分解变换后图像分辨率变化的情况。

图 4.13　小波分解产生的多种分辨率图像

2. JPEG 2000 的优势及应用

JPEG 2000 标准作为 JPEG 升级版，其压缩比要比 JPEG 高约 30%；同时支持有损压缩(阈值非 0)和无损压缩(阈值为 0)，而 JPEG 最常用的压缩方案为有损压缩；支持所谓的"感兴趣区域"特性，可任意指定影像上感兴趣区域的压缩质量，还可以选择指定的部分先解压缩，便于突出重点。JPEG 2000 可以实现累进式传输，特别适合具有 QoS 要求的网络传输；图 4.14 展示了低压缩比下 JPEG 和 JPEG 2000 的压缩效果。

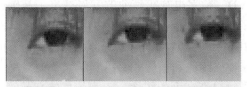

图 4.14　人脸压缩细节效果对比

高压缩比下，以相同的压缩率压缩后的图像细节放大对比如图 4.15 所示。

图 4.15　JPEG 与 JPEG 2000 压缩图像的细节对比

JPEG 2000 与 JPEG 相比优势明显，且向下兼容，有可能取代传统的 JPEG 格式。

JPEG 2000 在图像的网络传输方面具有明显的优势。对于高质量的图像，往往因为数据量较大，所以在网络上传输会有较大的延迟，利用 JPEG 2000 对图像进行压缩后，可大幅度降低图像的数据量，因此，对于使用 PC 机、笔记本、掌上电脑或 PDA，通过 Modem 接入因特网访问图像数据的用户来说是非常必要的。另外在需要进行保密或在抗干扰要求比较高的应用(如卫星图像传输等)中，JPEG 2000 编码器特有的码流组织形式使输出码流具有有效抑制误码的能力。这样，可以大幅度降低由于传输误码而造成的损失。

可以预见，JPEG 2000 将在以下领域得到广泛的应用：因特网、移动和便携设备、印刷、扫描(出版物预览)、数码相机、遥感、传真(包括彩色传真和因特网传真)、医学应用、数字图书馆和电子商务等。

4.3　运动图像压缩标准(MPEG)

4.3.1　MPEG 系列标准

MPEG 是 Moving Picture Experts Group(动态图像专家组)的缩写。MPEG 系列标准是由 ISO/IEC(国际标准化组织/国际电工委员会)共同制定的。MPEG 专家组成立于 1988 年，专门负责为运动图像建立视频和音频标准，以适用于配合不同带宽和数字影像质量的要求。MPEG 采用有损和不对称压缩编码算法，在多种视频压缩算法中 MPEG 是可提供低数据率和高质量的最好算法，其高压缩比可达 20:1。现有版本为 MPEG-l、MPEG-2、MPEG-4、MPEG-7 及 MPEG-21。

MPEG 系列标准作为运动图像压缩编码国际标准，具有很好的兼容性和较高的压缩比(最高可达 200∶1)。而且数据的损失小。MPEG-1 和 MPEG-2 提供了压缩视频音频的编码表示方式，为 VCD、DVD、数字电视等产业的发展打下了基础。MPEG-4 通过本身的特性将音视频业务延伸到了更多的领域，其特性包括：可扩展的码率范围，可分级性，差错复原功能，在同一场景中对不同类型对象的无缝合成，实现内容的交互等。MPEG-4 采用了基于对象的编码方法，使压缩比和编码效率得到了显著的提高。继 MPEG-4 之后，视频压缩标准要解决的问题是对日渐庞大的图像、声音信息的有效管理和迅速搜索，针对该问题 MPEG 提出了解决方案 MPEG-7，它采用标准化技术对多媒体内容进行描述和检索。随着 MPEG-7 的出现，在互操作方式下用户与网络之间方便地交换多媒体信息成为现实。

MPEG-21 的重点是为从多媒体内容发布到消费所涉及的所有标准建立一个基础体系，支持连接全球网络的各种设备透明地访问各种多媒体资源。目前，MPEG 系列国际标准已经成为影响最大的多媒体技术标准，对数字电视、视听消费电子产品、多媒体通信产业产生了深远的影响。

随着 MPEG 新标准的推出，数据压缩编码、传输技术和基于内容的多媒体信息检索等技术将趋向更加规范化和实用化。本节将介绍有关 MPEG 系列标准中的基本内容。

4.3.2　MPEG-1 标准中的主要技术及压缩过程

MPEG-1 标准公布于 1992 年。MPEG-1 是按工业级标准而设计并可用于不同带宽的设备，如 CD-ROM、Video-CD、CD-I 等，它还对 SIF 标准分辨率(对于 NTSC 制为 352×240；对 PAL 制为 352×288)的图像进行压缩，传输速率为 1.5Mb/s，每秒播放 30 帧，具有 CD 音质，质量级别基本与 VHS 相当。

MPEG-1 的编码速率最高可达 4~5Mb/s，但随着速率的提高，其解码后的图像质量有所降低。MPEG-1 也被用于数字电话网络上的视频传输，如非对称数字用户线路(ADSL)、视频点播(VOD)及教育网络等。同时，MPEG-1 也可用于多媒体信息的存储和 Internet 音频的传输。

1．MPEG-1 标准系统结构

MPEG-1 标准体系共分为 5 个部分。

第一部分(ISO/IEC 11172-l：系统)：用于将一个或多个 MPEG-1 标准的视频音频流进行合并，并同步成为一个数据流，以便于进行数字化存储和传输。

第二部分(ISO/IEC 11172-2：视频)：定义了视频压缩编码的表示方法，比特率大约为 1.5Mb/s。

第三部分(ISO/IEC 11172-3：音频)：定义了音频(单声道或多声道)压缩编码表示方法。其技术核心是子带编码和心理声学模型。音频采样输入编码器映射后，产生了经过过滤和子抽样的输入音频流，心理声学模型根据输入音频产生相应的参数，用于控制量化和编码。量化及编码部分根据映射后的样本产生编码标记。经打包将数据流输出。音频编码器的结构如图 4.16 所示。

第四部分(ISO/IEC 11172-4：统一性监测)：介绍设计检测手段来证明比特流和解码器是否能满足 MPEG-1 标准中前 3 部分要求的方法。编码器制造商和客户均可使用这些方法来验证编码器产生的码流是否正确。

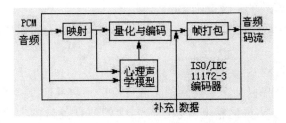

图 4.16　MPEG-1 音频编码的基本结构

第五部分(ISO/IEC 11172-5：软件模型)：从技术上讲，这部分不算标准，只是一种技术报告，描述了 MPEG-1 标准的前 3 部分功能的软件实现，源代码是不公开的。

2. MPEG-1 中的关键技术

MPEG-1 编码过程中既要考虑消除一帧图像内部的数据冗余，又要考虑消除存在于帧与帧之间的数据冗余。对于视频来说，视频中的一帧可看作是一幅静态图像，所以可以用静态图像的压缩方法来消除数据冗余。而在连续的相邻两帧甚至多帧之间会有相当大的数据冗余，以电视信号为例，每秒钟电视要播放(刷新)25 帧图像以保持视频的稳定。除镜头切换等特殊情况外，绝大多数情况下，在 1/25s 时间间隔中的两帧图像会存在绝大多数的相同点。这样在帧与帧之间，可以通过运动估计和运动补偿等方法来消除时间冗余度导致的数据冗余。

MPEG-1 标准在编码开始时，首先要对视频源的图像序列进行分组。通常以 10 或 15 帧图像为一组开始其压缩过程。按照标准的规定，MPEG-1 视频帧率为 30 帧/s，一般情况下，在 1/2~1/3s 内，视频镜头切换的几率比较小，换而言之，在这个期间，视频信息中数据冗余量很大，即使存在镜头切换，在下一个在 1/2~1/3s 内再进行处理也不会对视觉造成大的影响。这样，经分组后，对于每组图像就可以进行分类处理。MPEG-1 对于一组图像只对少量的图按照 JPEG 方式进行压缩编码，以消除帧内存在的空间冗余度，对其他的大部分图像则进行以运动估计和运动补偿为主要压缩算法的预测编码。这样可以在当时技术条件下，最大程度地压缩编码数据。图 4.17 描述了 MPEG-1 标准中使用的编码帧及其分块结构。在该图中，描述了对一幅图像进行内部划分的情况。其中切片是对一幅图像按行(每行包含 8 列像素)的划分，其目的是为了进一步详细地划分图像。宏块用于消除帧间数据冗余的运动估计和补偿算法。块用于消除帧内数据冗余的 JPEG 压缩编码算法。

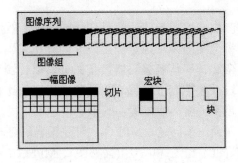

图 4.17　MPEG-1 帧结构

在 MPEG-1 标准中，用于帧内压缩编码的主要技术如下。

(1) 基于 8×8 像素块的余弦变换 DCT

DCT 不直接对图像产生压缩作用，但对图像的能量具有很好的集中效果，为压缩打下了基础。

(2) 量化器量化过程

量化器量化过程是指以某个量化阈值去除 DCT 系数并取整。量化步长的大小称为量化精度，量化步长越小，量化精度就越细，包含的信息就越多，但所需的编码数据也越多。不同的 DCT 变换系数对人类视觉感应的重要性是不同的，因此编码器根据视觉感应准则，对一个 8×8 的 DCT 变换块中的 64 个 DCT 变换系数采用不同的量化精度，以保证尽可能多地包含特定的 DCT 空间频率信息，又使量化精度不超过需要。DCT 变换系数中，低频系数对视觉感应的重要性较高，因此分配的量化精度较细；高频系数对视觉感应的重要性较低，分配的量化精度较粗，通常情况下，一个 DCT 变换块中的大多数高频系数量化后都会变为零。

(3) Z 型扫描与行程长度编码

DCT 变换产生一个 8×8 的二维数组，为进行传输，还必须将其转换为一维排列方式。Z 型扫描(Zig-Zag)是最常用的一种将二维数组转换成一维数组的方法。由于经过量化后，大多数非零 DCT 系数集中于 8×8 二维矩阵的左上角，即低频分量区。Z 型扫描后，这些非零 DCT 系数就集中于一维排列数组的前部，后面跟着长串的量化为零的 DCT 系数，这些就为行程长度编码创造了条件。行程长度编码中，只有非零系数被编码。一个非零系数的编码由两部分组成：前一部分表示连续非零系数的数量(称为行程长度)，后一部分是那个非零系数。这样就把 Z 型扫描的优点体现出来了，行程长度编码的效率比较高。当一维序列中的后部剩余的 DCT 系数都为零时，只要用一个"块结束"标志(EOB)来指示，就可结束这一 8×8 变换块的编码，产生的压缩效果非常明显。

(4) 熵编码

量化仅生成了 DCT 系数的离散表示，实际传输前，还必须对其进行压缩编码，产生用于传输的数字比特流。熵编码是基于编码信号统计特性的优秀的压缩编码方法。在视频压缩编码技术中使用很广，主要用于帧内的空间冗余度的消除。哈夫曼编码是熵编码中的杰出代表。

哈夫曼编码在确定了所有编码信号的概率后生产一个码表，对大概率信号分配较少的比特表示，对小概率信号分配较多的比特表示，使得平均码长趋于最短。

(5) 信道缓存

由于采用了熵编码，产生的比特流的速率是变化的，随着视频图像的统计特性变化。但大多数情况下，传输系统分配的频带都是恒定的，因此在编码比特流进入信道前，需设置信道缓存。信道缓存以变比特率从熵编码器接收数据，以传输系统标定的恒定比特率向外读出，送入信道，并通过反馈控制压缩算法，调整编码器的比特率，使得缓存器的写入数据速率与读出数据速率趋于平衡，使得缓存既不上溢也不下溢。

为了解决帧间的数据冗余压缩问题，MPEG-1 对视频编码时，将编码图像分为 3 类，分别称为 I 图(帧内图)、P 图(预测图)和 B 图(插补图)。MPEG-1 视频图像序列中 I、P、B 3 类图像的分布情况如图 4.18 所示。

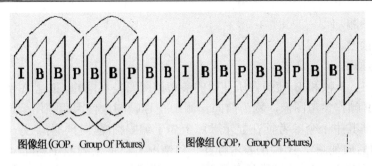

I B B P B B P B B I B B P B B P B B I
图像组(GOP，Group Of Pictures)
图像组(GOP，Group Of Pictures)

图 4.18　分布情况

在该图中，I 图图像采用帧内编码方式，即只利用了单帧图像内的空间相关性进行压缩。压缩技术核心为 JPEG 压缩算法。

I 图的主要作用是实现 MPEG-1 视频流中图像的随机存取。如定格、快进、快退等 VCR 操作。I 图图像的压缩比相对较低，同时也是 P 图和 B 图产生的依据，所以 I 图质量好坏直接影响整个 MPEG-1 视频流的还原质量。I 图是周期性出现在图像序列中的，出现频率可由编码器选择。

P 图由最近的前一个 I 图或 P 图通过预测编码算法产生(采用向前预测算法)，所以可以有较大的压缩比。

同时，因为 P 图是经过预测编码产生的，所以必然存在着一些预测误差，而且 P 图可以作为下一个 P 图产生的依据，所以使用 P 图会引起误差的传递和扩大。

B 图既可以使用前一图像(I 图或 P 图)、又可以使用后一图像(I 图或 P 图)、或使用前后两个图像(I 图或 P 图)预测编码的图像。B 图提供了最大程度的压缩效果，并且不会产生误差传递。双向预测是两个图像的平均，它可根据前面或后面图的信息进行双向插补，从而调节画面的质量。增加 B 图的数目，能提高压缩比，但视频质量会有损失。所以在 MPEG-1 中，允许用户根据压缩视频画面的复杂程度和还原视频的质量要求来综合考虑决定 I、P、B 三类图像之间的时间间隔。

典型的 MPEG-1 视频图像序列安排如图 4.19 所示。

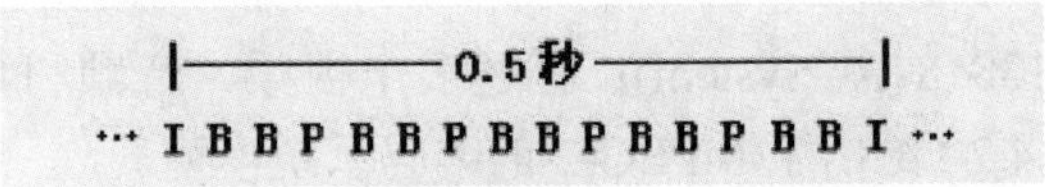

0.5 秒
… I B B P B B P B B P B B P B B I …

图 4.19　典型的 MPEG-1 视频图像序列

因此 P 帧和 B 帧图像采用帧间编码方式，即同时利用了空间和时间上的相关性，可以提高压缩效率。MPEG-1 用以进行帧间压缩编码的主要技术如下。

(1)　运动估计

运动估计是指利用相邻帧之间的相关性，对于当前目标图像中的某一宏块(Best Match)，在参考图像中寻找与之最相似的宏块，然后对它们的差值进行编码。运动估计用于消除帧间的时间冗余度，估计的准确程度直接影响帧间编码的压缩效果。运动估计以宏块(16×16 像素块)为单位进行，计算被压缩图像与参考图像的对应位置上的宏块间的位置偏移。并以相应的运动矢量来描述，一个运动矢量代表水平和垂直两个方向上的位移。运动估计的本质是预测编码，用于运动估计的基本算法如下。

① 向前预测。

② 向后预测。

③ 双向预测。

运动估计时，P帧和B帧图像所使用的参考帧图像是不同的。P帧图像使用前面最近解码的I帧或P帧作参考图像，称为前向预测；而B帧图像使用两帧图像作为预测参考，称为双向预测，其中一个参考帧在显示顺序上先于编码帧(前向预测)，另一帧在显示顺序上晚于编码帧(后向预测)，B帧的参考帧在任何情况下都是I帧或P帧。上述算法可用差分编码(即对相邻的块的运动矢量信息的差值矢量进行编码)。由于运动差值矢量信号除了物体边缘外，其他部分差别都很小，所以可进一步使用熵编码压缩数据。

(2) 运动补偿

利用运动估计得到的运动矢量，将参考帧图像中的宏块移至水平和垂直方向上的相对应位置，即可生成对被压缩图像的预测。

在绝大多数的自然场景中，运动都是有序的。因此这种运动补偿生成的预测图像与被压缩图像的差分值是很小的，可以最大程度上压缩数据。

MPEG-1标准公布后，迅速在应用领域取得了极大的成功。尤其是VCD数字视频系统，可谓是风靡一时，而MPEG-1标准中的音频编码技术也为我们贡献了方兴未艾、优美动听的MP3。

4.3.3 MPEG-2标准对MPEG-1的改进

MPEG-2标准于1994年由ISO/IEC制定并公布，是多媒体视频压缩技术中的又一重要标准。MPEG-2在MPEG-1的基础上，对音频、视频、码流合成、音视频控制等方面进行了大量的扩充，同时保持了向下兼容。

1. MPEG-2标准的体系结构

MPEG-2标准目前分为9个部分，统称为ISO/IEC 13818国际标准。各部分的内容简单描述如下。

第一部分(ISO/IEC13818-1，System)：描述多个视频、音频和数据基本码流合成传送流和程序流的方式。图4.20给出了MPEG-2的编码系统模型。

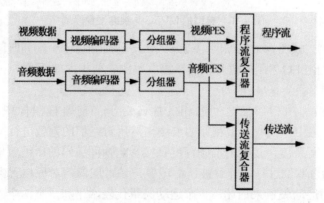

图4.20　MPEG-2系统模型

程序流与 MPEG-1 中的系统复合流相似。它由一个或多个同一时刻的打包元流 (Packetized Elementary Streams，PES)合成一个流。程序流一般用在错误相对较少的环境下，适用于包含到软件处理的应用中。程序流的长度是可变的，而且可以相对较长。传送流是将一个或多个不同时刻的 PES 合成到一个流中。传送流适用于可能出错的环境下，例如，在有丢失或噪音的媒体中传输或存储。传送流包的长度固定为 188 字节。

第二部分(ISO/IEC13818-2，Video)：描述视频编码方法。MPEG-2 在 MPEG-1 标准视频压缩能力的基础上，新增加了大量的编码工具。

第三部分(ISO/IEC13818-3，Audio)：描述与 MPEG-1 音频标准向下兼容的音频编码方法。

第四部分(ISO/IEC13818-4 Compliance)：描述测试一个编码码流是否符合 MPEG-2 码流的方法。

第五部分(ISO/IEC13818-5 Software)：描述 MPEG-2 标准的第一、二、三部分的软件实现方法。

第六部分(ISO/IEC13818-6 DSM-CC(DSM-CC，Digital Storage Media Command and Control)，即数字存储媒体命令与控制)：描述交互式多媒体网络中服务器与用户间的会话指令集。DSM-CC 定义了一个称为会议及资源管理器(SRM)的逻辑部分，它提供一个逻辑上集中的对 DSM-CC 会议及资源的管理。

以上 6 个部分在数字电视、DVD 技术等领域得到了广泛应用。此外，MPEG-2 标准中的第七部分规定了不与 MPEG-1 音频向下兼容的多通道音频编码；第八部分现已停止；第九部分规定了传送码流的实时接口。这里不予详述。

2．MPEG-2 的框架与级

MPEG-2 视频编码标准(ISO/IEC13818)是一个分等级的系列，按编码图像的分辨率分成 4 个"级"(Levels)；按所使用的编码工具的集合分成 5 个"框架"(Profiles)。"级"与"框架"的若干组合构成 MPEG-2 视频编码标准在某种特定应用下的子集：对某一输入格式的图像，采用特定集合的压缩编码工具，产生规定速率范围内的编码码流，称为 MPEG-2 适用点。MPEG-2 中的框架划分如图 4.21 所示。

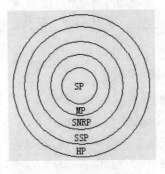

图 4.21　MPEG-2 的框架

说明：每一个框架可在一定的应用范围内支持多组相应的应用特征。

(1) 简单框架(Simple Profile，SP)：低延迟视频会议。

(2) 主框架(Main Profile，MP)：MPEG-2 的核心部分，普通应用(如 DVD)。

(3) 信噪比可分级框架(SNR Profile，SNRP)：多级视频质量。

(4) 空间可分级框架(Spatially Scaleable Profile，SSP)：多级质量及方案。

(5) 高级框架(High Profile，HP)：多级质量、规定和色度格式。

在 MPEG-2 的 5 个"框架"中，较高的"框架"意味着采用较多的编码工具集，对编码图像进行更精细的处理，在相同比特率下将得到较好的图像质量，当然实现的代价也较大。较高框架编码除使用较低框架的编码工具外，还使用了一些较低框架没有的附加工具，因此，较高框架的解码器除能解码用本框架方法编码的图像外，也能解码用较低框架方法编码的图像，即 MPEG-2 的"框架"之间具有向下兼容性。

目前，标准数字电视和 DVD 视盘采用的是 MP@ML(主框架和主级)，而 HDTV 采用的是 MP@HL(主框架和高级)。MPEG-2 中编码图像仍被分为 3 类，分别称为 I 帧、P 帧和 B 帧。其产生方式与 MPEG-1 中的方式相同。不同之处在于 MPEG-2 中 I 帧的出现频率和图像分辨率在不同的框架和级中可调节度更大，编码方式更加灵活多样。

4.3.4　MPEG-4 标准中的新技术

1999 年 1 月，MPEG-4 正式成为国际标准，并在 2000 年推出了 MPEG-4 Version 2.0，增加了可变形、半透明视频对象和工具，以进一步提高编码效率，所有版本都是向下兼容的，即兼容较低的版本。MPEG-4 视频编码技术采用了现代图像编码方法，利用人眼的视觉特性，从轮廓-纹理的思路出发，支持基于内容和对象的编码与交互功能。

MPEG-4 视频编码正在完成从基于像素的传统编码向基于对象和内容的现代编码的转变，它代表了新一代智能图像编码，必将对未来图像通信机制产生深远的影响。

MPEG-4 标准与 MPEG-1 和 MPEG-2 标准最根本的区别在于 MPEG-4 采用基于对象的方法，可以支持基于对象的互操作性。为适应通用访问，MPEG-4 标准中加入了面向功能的传送机制，其中的错误鲁棒性、错误恢复的处理和速率控制等功能使编码能适应不同信道的带宽要求。MPEG-4 编码系统是开放性质的，可随时加入新的编码算法模块，可根据不同的应用需求，现场配置解码器。

MPEG-4 标准的开发目标是实现多媒体业务在各个领域的应用，涉及面非常广泛，不同的应用对应的码率、分辨率、质量和服务也不同。目前基于 MPEG-4 标准的应用有：数字电视、实时多媒体监控、视频会议、低比特率下的移动多媒体通信、PSTN 网上传输的可视电话等。

1．MPEG-4 标准的体系结构

MPEG-4 标准由下面 5 个部分组成。

第一部分：多媒体传送整体框架(The Delivery Multimedia Integration Framework，DMIF)。DMIF 主要解决交互网络、广播环境以及磁盘应用中多媒体信息的操作问题。通过传输多路合成比特信息，来建立客户和服务器之间的交互和传输。通过 DMIF，MPEG-4 可以建立起具有服务质量保证(Quality of Service，QoS)的通道和面向每个基本流的带宽。

DMIF 整体框架主要包括 3 方面的技术：交互式网络技术(Internet、ATM 等)，广播技术(电视、卫星等)和磁盘技术(CD、DVD 等)。

第二部分：缓冲区管理和实时识别。MPEG-4 定义了一个系统解码模型(SDM)，该解

码模型描述了理想情况下解码比特流的句法语义，它要求特殊的缓冲区和实时处理模式。通过有效的管理，可以更好地利用有限的缓冲区空间。

第三部分：音频编码。MPEG-4 不仅支持自然声音，而且支持合成声音。MPEG-4 的音频部分将音频的合成编码与自然声音的编码相结合，并支持音频的对象特征。

第四部分：视频编码。与音频编码类似，MPEG-4 也支持对自然和合成的视觉对象的编码。合成的视觉对象包括 2D、3D 动画和人的面部表情动画等。

第五部分：场景描述。MPEG-4 提供了一系列工具，用于描述组成场景中的一组对象。这些用于合成场景的描述信息，就是场景描述。场景描述以二进制格式 BIFS(Binary Format for Scene Description)表示，BIFS 与 AV 对象一同传输、编码。场景描述主要用于描述各 AV 对象在一具体 AV 场景坐标下，如何组织与同步等问题。同时还有 AV 对象与 AV 场景的知识产权保护等问题。MPEG-4 为我们提供了丰富的 AV 场景。图 4.22 描述了一个 MPEG-4 视频终端根据对象及场景描述重建一个场景的例子。

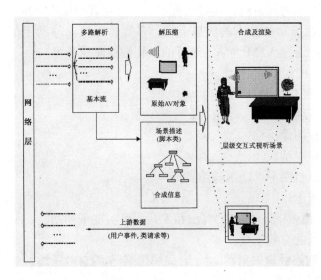

图 4.22　重建一个场景

2．MPEG-4 视频编码功能与特点

MPEG-4 为支持众多的多媒体应用，不仅保留了现有 MPEG 标准中的解决方案，而且开发了众多的面向对象和基于内容的视频编码、传输、存取、交互等新功能。这些功能的应用，使得交互式视频游戏、实时可视通信、交互式存储媒体应用、虚拟会议、多媒体邮件、移动多媒体应用、远程视频监控等成为现实。

与 MPEG-1、MPEG-2 相比，MPEG-4 具有如下独特的优点。

(1) 基于内容的交互性

MPEG-4 提供了基于内容的多媒体数据访问工具，如索引、超级链接、上下载、删除等。利用这些工具，用户可以方便地从多媒体数据库中有选择地获取自己所需的与对象有关的内容，并提供了内容的操作和位流编辑功能，可应用于交互式家庭购物，淡入淡出的数字化效果等。MPEG-4 提供了高效的自然或合成的多媒体数据编码方法。它可以把自然场景或对象组合起来，成为合成的多媒体数据。

（2）　高效的压缩性

MPEG-4 基于更高的编码效率。与已有的或即将形成的其他标准相比，在相同的比特率下，它基于更高的视觉、听觉质量，这就使得在低带宽的信道上传送视频、音频成为可能。另外，MPEG-4 还能对同时发生的数据流进行编码。一个场景的多视角或多声道数据流可以高效、同步地合成为最终的数据流。这可用于虚拟三维游戏、三维电影、飞行仿真练习等。

（3）　通用的访问性

MPEG-4 提供了易出错环境的稳定性，以保证其在许多无线和有线网络以及存储介质中的应用，此外，MPEG-4 还支持基于内容的可分级性，即把内容、质量、复杂性分成许多小块，以满足不同用户的不同需求，支持具有不同带宽、不同存储容量的传输信道和接收端。

这些特点无疑会加速多媒体应用的发展，从中受益的应用领域有：因特网多媒体应用；广播电视；交互式视频游戏；实时可视通信；交互式存储媒体应用；演播室技术及电视后期制作；采用面部动画技术的虚拟会议；多媒体邮件；移动通信条件下的多媒体应用；远程视频监控；通过 ATM 网络等进行的远程数据库业务等。

MPEG-4 主要应用如下：

- 应用于因特网视音频广播。
- 应用于无线通信。
- 应用于静止图像压缩。
- 应用于电视电话。
- 应用于计算机图形、动画与仿真。
- 应用于电子游戏。

MPEG-4 的视频编码部分提供的算法和工具，可实现下列功能：

- 图像和视频的有效压缩。
- 2D 和 3D 网格纹理映射图(用于合成图像编码)的有效压缩。
- 隐含的 2D 网格的有效压缩。
- 控制网格运动的数据流的有效压缩。
- 对各种视频对象的有效存取。
- 对图像和视频序列的扩展操纵。
- 基于内容的图像和视频编码。
- 纹理、图像和视频基于内容的伸缩性。
- 视频序列中时域、空间及质量的伸缩性。
- 易错环境下的稳定性。

上述的这些功能，大部分与基于内容的创作、发布和存取有关。MPEG-4 支持合成视频对象技术。MPEG-4 可对合成的面部与人体进行参数化描述；对面部与身体活动信息以参数化的数据流进行描述；支持具有纹理映射功能的静态/动态网格编码；支持视点有关应用(View Dependent Application)中的纹理编码。使用户根据制作者设计的具体自由度，与场景进行交互。用户不仅可以改变场景的视角，还可以改变场景中物体的位置、大小和形状，或对该对象进行置换甚至清除。用户将从这些简便、灵活的交互过程中获得丰富的信息和极大的乐趣。

3．从矩形帧到 VOP(视频对象面，Video Object Plane)

传统图像编码方法依据信源编码理论，将图像作为随机信号，利用其随机特性来达到压缩的目的。由于信源编码理论的限定，使得传统的图像编码具有较高的概括性和综合性，并在 H.261、MPEG-1/MPEG-2 等实际应用中获得了巨大成功。

MPEG-4 在博采众长的基础上，采用现代图像编码方法，利用人眼的视觉特性，抓住图像信息传输的本质，从轮廓-纹理的思路出发，实现了支持基于视觉内容的交互功能。其关键技术是基于视频对象的编码。为此，MPEG-4 引入了视频对象面(Video Object Plane，VOP)的概念。这一概念将视频场景的一帧看成是由不同 VOP 所组成，VOP 可以是人们感兴趣的物体的形状、运动、纹理等，而同一对象连续的 VOP 称为一个视频对象(Video Object，VO)。VO 可以是视频序列中的人物或具体的景物，例如电视新闻中的播音员，或是电视剧中一辆奔驰的汽车；也可以是计算机图形技术生成的二维或三维图形。对于输入的视频序列，通过分析，可将其分割为 n 个 VO(n=1，2，3，…)，对同一 VO 编码后形成 VOP 数据流。VOP 的编码包括对运动(采用运动预测方法)及纹理(采用变换编码方法)的编码，其基本原理与 H.261 和 MPEG-1/MPEG-2 极为相似。

由于 MPEG-4 基于内容图像编码方法 VOP 具有任意形状，因此要求编码方案可以处理形状(Shape)和透明(Transparency)信息，这同只能处理矩形帧序列的现有视频编码标准形成了鲜明的对照。在 MPEG-4 中，矩形帧被认为是 VOP 的一个特例，这时编码系统不用处理形状信息，退化为类似于 H.261、MPEG-1/MPEG-2 的传统编码系统，同时也实现了与现有标准的兼容。从矩形帧到 VOP，MPEG-4 实现了从基于像素的传统编码向基于对象和内容的现代编码的方式的转变，体现了视频编码技术的最新发展成果。

4．基于 VOP 的视频编码

VOP 编码器通常由两个主要部分组成：形状编码和纹理、运动信息编码。其中纹理编码、运动预测和运动补偿部分与现有标准基本一致。

MPEG-4 在 MPEG 图像编码标准系列中第一次引入形状编码技术。为了支持基于内容的功能，编码器可对图像序列中具有任意形状的 VOP 进行编码。但编码的基本技术仍然是基于 16×16 像素宏块(Macro Block)来设计的，一方面考虑到与现有标准的兼容，另一方面是为了便于对编码器进行更好的扩展。

VOP 被限定在一个矩形窗口内，称为 VOP 窗口(VOP Window)，窗口的长、宽均为 16 的整数倍，同时保证 VOP 窗口中非 VOP 的宏块数目最少。标准的矩形帧可认为是 VOP 的特例，在编码过程中其形状编码模块可以被屏蔽。系统依据不同的应用场合，对各种形状的 VOP 输入序列采用固定的或可变的帧频。对 VOP 的编码算法采用帧内(Intra)变换编码与帧间预测编码相结合的方法，所采用的技术与 MPEG-1/MPEG-2 相同。对于极低码率(≤64kb/s 下的应用)，由于方块效应较明显，需用除方块滤波器进行相应的处理。

(1) 形状编码

将"形状"纳入完整的视频编码标准内，这是 MPEG-4 对 MPEG 系列标准的重大贡献。VO 的形状信息有两类：二值形状信息和灰度形状信息。二值形状信息用 0、1 来表示 VOP 的形状，0 表示非 VOP 区域，1 表示 VOP 区域。二值形状信息的编码采用基于运动补偿块的技术，可以是无损或有损编码。灰度形状信息用 0~255 之间的数值来表示 VOP 的透明程度，其中 0 表示完全透明(相当于二值形状信息中的 0)，255 表示完全不透明(相当于二值形状信息中的 1)。灰度形状信息的编码采用基于块的运动补偿和 DCT 方法 (与纹理编码相似)，属于有损编码。目前的标准中采用矩阵的形式来表示二值或灰度形状信息，称为位图(或阿尔法平面)。实验表明，位图表示法具有较高的编码效率和较低的运算复杂度。但为了能够进行更有效的操作和压缩，在最终的标准中使用了另一种表示方法，即借用高层语义的描述，以轮廓的几何参数进行表征。图 4.23 演示了典型的新闻节目头肩像的形状编码过程。

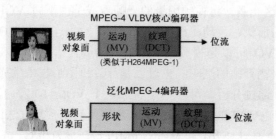

图 4.23　MPEG-4 中的形状编码

(2)　运动信息编码

MPEG-4 采用运动预测和运动补偿技术去除图像信息中的时间冗余度，这些编码技术是现有标准向任意形状的 VOP 的延伸。VOP 的编码有 3 种模式，即帧内(Intra-frame)编码模式(I-VOP)，帧间(Inter-frame)预测编码模式(P-VOP)，帧间双向(Bi-directionally)预测编码模式(B-VOP)。在 MPEG-4 中，运动预测和运动补偿可以是基于 16×16 像素宏块的，也可以是基于 8×8 像素块的。为了能适应任意形状的 VOP，MPEG-4 引入了图像填充(Image Padding)技术和多边形匹配(Polygon Matching)技术。图像填充技术利用 VOP 内部的像素值来外推 VOP 外的像素值，以此获得运动预测的参考值。多边形匹配技术则将 VOP 的轮廓宏块的活跃部分包含在多边形之内，以此来增加运动估值的有效性。此外，MPEG-4 采用 8 参数仿射运动变换来进行全局运动补偿；支持静态或动态的 Sprite 全局运动预测(见图 4.24)，对于连续图像序列，可由 VOP 全景存储器预测得到描述摄像机运动的 8 个全局运动参数，利用这些参数来重建视频序列。

(3)　纹理编码

纹理编码的对象可以是 I-VOP、B-VOP 或 P-VOP。编码方法仍采用基于 8×8 像素块的 DCT 方法。I-VOP 编码时，对于完全位于 VOP 内的像素块，则采用经典的 DCT 方法；对于完全位于 VOP 之外的像素块，则不进行编码；对于部分在 VOP 内，部分在 VOP 外的像素块，则首先采用图像填充技术来获取 VOP 之外的像素值，之后再进行 DCT 编码。对 B-VOP 和 P-VOP 编码时，可将那些位于 VOP 活跃区域之外的像素值设为 128 再进行预测编码。此外，还可采用 SADCT(形状自适应 DCT，Shape-adaptive DCT)方法对 VOP 内的像素进行编码，该方法可在相同码率下获得较高的编码质量，但运算的复杂程度稍高。变换之后的 DCT 因子还需经过量化(采用单一量化因子或量化矩阵)、扫描及变长编码，这些过程与现有标准基本相同。

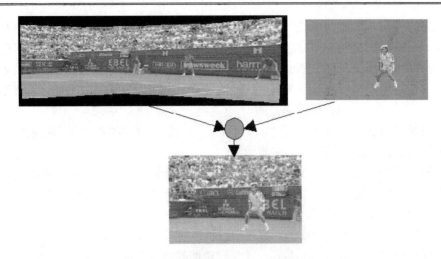

图 4.24 视频序列 Sprite 编码示例

(4) 分级编码

分级编码是为实现需要系统支持时域、空域及质量可伸缩的多媒体应用而制定的。例如，在远程多媒体数据库检索及视频内容重放等应用中，分级编码的引入使得接收机可依据具体的通道带宽、系统处理能力、显示能力及用户需求进行多分辨率的解码回放。接收机可视具体情况对编码数据流进行部分解码。MPEG-4 通过视频对象层 VOL 的数据结构来实现分级编码。每一种分级编码都至少有两层 VOL，低层称为基本层，高层称为增强层。空间伸缩性可通过增强层强化基本层的空间分辨率来实现，因此在对增强层中的 VOP 进行编码之前，必须先对基本层中相应的 VOP 进行编码。同样，对于时域伸缩性，可通过增强层来增加视频序列中某个 VO(特别是运动的 VO)的帧率，使它与其余区域相比更为平滑。

MPEG-4 引入 VO 的目的，是希望实现基于内容的编码，但对视频流中的对象提取问题，涉及模式识别等诸多方面的问题，目前还没有非常有效的方法进行对象分割，所以真正意义的基于 VO 的视频编码技术还有很长的路要走。

4.3.5 多媒体内容描述接口标准 MPEG-7

MPEG-7(ISO/IEC 15938)一般称为多媒体内容描述接口，侧重于媒体数据的信息编码表达，是一套可用于描述多种类型的多媒体信息的标准。MPEG-7 定义了一个关于内容描述方式的可互操作的框架，它超越了传统的元数据概念，具有描述从低级元素信号特征，如颜色、形状、声音特质到关于内容搜集的高级结构信息的能力。MPEG-7 通过定义的一组描述符与多媒体信息的内容本身相关联，支持用户快速有效地搜索其感兴趣信息。通过给携有 MPEG-7 数据的多媒体信息加上索引，用户就可方便地进行信息检索了。

MPEG-7 使多媒体信息查询更加智能化，它对多媒体内容进行描述的功能对现有的 MPEG-1、MPEG-2、MPEG-4 标准将起到功能扩展的作用。

MPEG-7 的应用可以分成三大类：第一类是索引和检索类应用；第二类是选择和过滤类应用，可以帮助使用者只接受符合需要的信息服务数据；第三类是与 MPEG-7 中"元(meta)"内容表达有关的专业化应用。

对于多媒体信息，要实现基于内容的检索的关键是定义一种描述多媒体信息内容及特征的方法。MPEG-7 的目标就是为多媒体信息制定一种标准化的描述方法，即多媒体内容描述接口(Multimedia Content Description Interface)。这种描述与多媒体信息的内容一起，帮助用户实现对多媒体信息基于内容的快速的检索。MPEG-7 采用以下概念来描述多媒体信息。

(1) 特征：指数据的特性。特征本身不能比较，它需要使用描述子和描述值来表示。如图像的颜色、语音的声调、音频的旋律等。

(2) 描述子(Descriptor，D)：是特征的表示。它定义特征表示的句法和语义，可以赋予描述值。一个特征可能有多个描述子，如颜色特征可能的描述子有：颜色直方图、频率分量的平均值、运动的场描述、标题文本等。

(3) 描述值：是描述子的实例。描述值与描述模式结合，形成描述。

(4) 描述模式(Description Scheme，DS)：说明其成员之间的关系结构和语义。成员可以是描述子和描述模式。描述模式和描述子的区别是：描述子仅仅包含基本的数据类型；不引用其他描述子或描述模式。如对于影片，按时间结构化为场景和镜头，在场景级包括一些文本描述子，在镜头级包含颜色、运动和一些音频描述子。

(5) 描述：由一个描述模式和一组描述值组成。

(6) 编码的描述：是对已完成编码的描述，满足诸如压缩效率、差错恢复和随机存取的相关要求。

(7) 描述定义语言(Description Definition Language，DDL)：一种允许产生新的描述模式和描述子的语言，允许扩展和修改现有的描述机制。

MPEG-7 的主要工作是标准化以下内容：

- 描述方案和描述符的集合。
- 指定描述方案的语言，即 DDL。
- 描述的编码策略。

MPEG-7 标准需要制定有关静止图像、图形、音频、动态视频以及合成信息的描述方法，而这种基于内容的标准化描述可以附加到任何类型的多媒体资料上，不管多媒体资料的表示格式如何，或是什么样的压缩形式，加上了这种标准化描述的多媒体数据就可以被索引和检索了。

MPEG-标准可以独立于其他 MPEG 标准使用，但 MPEG-4 中所定义的音频、视频对象的描述适用于 MPEG-7。MPEG-7 的适用范围广泛，既可以应用于存储，也可以用于流式应用，还可以在实时或非实时的环境下应用。MPEG-7 的系统组成如图 4.25 所示。

MPEG-7 标准不包括对描述特征的自动提取，因此特征提取技术不是 MPEG-7 的标准部分。这样做的目的是可以使这些算法的新进展及时物化，避免阻碍未来 MPEG-7 的应用，同时生产厂家可以在这些算法中体现自己的特色，充分发挥自身优势。搜索引擎和数据库的组织也是 MPEG-7 的非标准部分。另外，与以前的 MPEG 标准一样，MPEG-7 只标准化它的码流语法，只规定了解码器的标准，而编码器的具体实现不在标准之内。

MPEG-7 目前已经实现了的应用包括数字图书馆、广播媒体选择、多媒体目录服务、多媒体编辑、远程教育、医疗服务、电子商务、家庭娱乐等，涉及教育、新闻工作、旅游、娱乐、地理信息系统、医疗应用、商业、建筑等诸多领域。

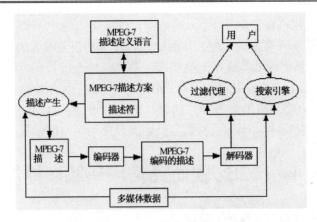

图 4.25　MPEG-7 的系统组成

4.3.6　MPEG-21 标准及其应用

由于多媒体内容的处理涉及到了许多不同的平台，关系到数字资产权利保护等诸多问题，所以虽然目前用于多媒体内容的传输和使用的许多标准都已存在，但想要建立一个统一的完整体系，还有很多问题需解决。

为了将不同的协议、标准和技术结合在一起，使得用户可以在现有的各种网络和设备上透明地使用多媒体内容，实现互操作(Interoperability)，需要建立一个开放的多媒体框架，所以出现了 MPEG-21 标准。

MPEG-21 标准(ISO/IEC 21000)的正式名称是多媒体框架，其制订工作于 2000 年 6 月开始。MPEG-21 致力于创建一个开放的多媒体传输和消费的框架，通过将不同的协议、标准和技术结合在一起，使用户可以通过现有的各种网络和设备透明地使用网络上的多媒体资源。MPEG-21 中的用户可以是任何个人、团体、组织、公司、政府和其他主体，在 MPEG-21 中，用户在数字项的使用上拥有自己的权力，包括用户出版/发行内容的保护、用户的使用权和用户隐私权等。

制定 MPEG-21 标准的目的是：

- 将不同的协议、标准、技术等有机地融合在一起。
- 制定新的标准。
- 将这些不同的标准集成在一起。

MPEG-21 标准其实就是一些关键技术的集成，通过这种集成环境对全球数字媒体资源进行透明和增强管理，实现内容描述、创建、发布、使用、识别、收费管理、产权保护、用户隐私权保护、终端和网络资源抽取、事件报告等功能。

MPEG-21 包括 7 个基本要素：数字项声明(Digital Item Declaration)，数字项识别和描述，内容处理和使用，知识产权管理和保护，终端和网络，内容表示，事件报告。

数字项是 MPEG-21 框架中的基本单元，它由资源、元数据(metadata)和结构共同组成，是一个有标准化结构的数字对象。要素中的资源包括了采用 MPEG-1、MPEG-2、MPEG-4 标准的多媒体信息。通过数字项的定义，MPEG-21 集成了 MPEG 系列的其他标准，由此也可以看出，MPEG-21 是建立在其他标准基础之上的。

MPEG-21 标准支持以下功能：内容创建、内容生产、内容分配、内容的消费和使用、内容的分组、知识产权管理和保护、内容识别和描述、用户权限、终端和网络资源提取、内容表示和事件报告等。该标准是从商业内容与其相关服务的前景等角度开发的，将同已有的 MPEG 系列标准等进行适当结合，从而使用户对视频、音频的处理更加方便和有效，最终为多媒体信息的用户在全球范围内提供透明而有效的视频通信应用环境。MPEG-21 的出现可以将现有的标准统一起来，消费者将可以自由地使用音视频内容而不被不兼容的格式、编解码器、媒体数据类型及诸如此类的东西所干扰。

4.4 H.26x 视听通信编码解码标准

数字视频技术广泛应用于通信、计算机、广播电视等领域，带来了会议电视、可视电话及数字电视、媒体存储等一系列应用，促成了许多视频编码标准的产生。ITU-T 是国际电信同盟远程通信标准化组(ITU Telecommunication Standardization Sector)的简称，它成立于 1993 年，其前身为国际电报和电话咨询委员会(International Telegraph and Telephone Consultative Committee，CCITT)。

ITU-T 与 ISO/IEC 是制定视频编码标准的两大组织。ISO/IEC 负责制定了 MPEG 系列视频压缩编码国际标准，主要应用于视频存储(DVD)、广播电视、因特网或无线网上的流媒体等。而 ITU-T 制定出了 H.26x(包括 H.261、H.262、H.263、H.264 等)系列电信行业的国际标准。

H.26x 主要应用于实时视频通信领域，如会议电视；两个组织也共同制定了一些标准，H.262 标准等同于 MPEG-2 的视频编码标准，而最新的 H.264 标准则被纳入 MPEG-4 的第 10 部分。可以说从标准产生的时间、参与制定标准的专家以及采用的关键技术等方面看，MPEG 系列标准与 H.26x 系列标准都有着千丝万缕的联系。

1. H.261 视频编码标准

H.261 是 ITU-T 为在综合业务数字网(ISDN)上开展双向声像业务(可视电话、视频会议)而制定的，主要针对于 64kb/s 的多重数据率而设计。

几乎与 MPEG 同时，1988 年，ITU-T 开始制定 H.261，并于 1990 年 12 月正式公布。它又称为 P*64，其中 P 为 1~30 的可变参数。这些数据率适合于 ISDN 线路，因此设计出视频编码和译码。实际的编码算法类似于 MPEG 算法，但不能与后者兼容。

H.261 在实时编码时比 MPEG 所占用的 CPU 运算量少得多，此算法为了优化带宽占用量，引进了在图像质量与运动幅度之间的平衡折中机制，也就是说，剧烈运动的图像比相对静止的图像质量要差。因此，这种方法是属于恒定码流可变质量编码而非恒定质量可变码流编码。

H.261 结合携带 RTP 的任意底层协议，并利用实时传输协议 RTP 传输视频流。H.261 只对公用中间格式(Common Intermedial Frame，CIF，分辨率为 352×244)和 1/4 公用中间格式(Quarter Common Intermedial Frame，QCIF，分辨率为 176×144)两种图像格式进行处理，每帧图像分成图像层、宏块组(GOB)层、宏块(MB)层、块(Block)层来处理。

H.261 是最早的运动图像压缩标准，它详细制定了视频编码的各个部分，包括运动补偿的帧间预测、DCT 变换、量化、熵编码，以及与固定速率的信道相适配的速率控制等部分。

　　H.261 是第一个实用的数字视频编码标准。H.261 使用了混合编码框架，包括了基于运动补偿的帧间预测、基于离散余弦变换的空域变换编码、量化、zig-zag 扫描和熵编码。H.261 编码时基本的操作单位称为宏块。

　　H.261 使用 YCbCr 颜色空间，并采用 4:2:0 色度抽样，每个宏块包括 16×16 的亮度抽样值和两个相应的 8×8 的色度抽样值。H.261 标准仅仅规定了如何进行视频的解码，并没有定义编解码器的实现。编码器可以按照自己的需要对输入的视频进行任何预处理，解码器也有自由对输出的视频在显示之前进行任何后处理。

　　H.261 标准中的编码算法主要有变换编码、帧间预测和运动补偿。帧内编码采用 JPEG，帧间采用预测编码和运动补偿。编码算法的数据率为 40kb/s~2Mb/s。H.261 标准中的关键技术与 MPEG-1 的基本技术原理十分相似。在 H.261 的编码序列中，只有帧内图 (I 图)和预测图(P 图)而没有插补图(B 图)，其解码图像序列如图 4.26 所示。

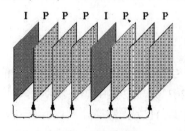

图 4.26　解码图像

　　H.261 的压缩编码过程要经过转换、预处理、源图像编码、多元视频编码和传输编码等多个过程。其压缩编码处理过程如图 4.27 所示。

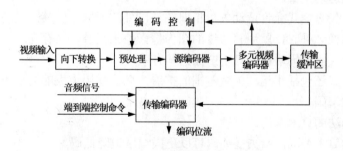

图 4.27　H.261 的压缩编码流程

　　(1)　向下转换

　　向下转换主要有两项工作，首先是将模拟视频信号转成 CIF 或 QCIF 格式的数字图像，其次图像的色彩空间由 RGB 模式转换为 YUV 模式。

　　(2)　预处理

　　视频信号的模数转换和格式转换会引入噪声及假频瑕疵。预处理的目的是减少噪声及假频瑕疵的影响，使画面看起来比较柔和。

　　预处理通常采用平滑算法(如线性低通滤波器)。

　　(3)　源编码

　　源编码阶段采用的主要方法有转换编码(基于 8×8 的 DCT)、量化、熵编码、运动估计和运动补偿等。其中前 3 项技术与 MPEG-1 中采用的 JPEG 帧内压缩编码方法完全一致。在运动估计及补偿阶段所使用的预测与补偿技术与 MPEG-1 没有太大的区别，但 H.261 只考虑预测图像(P 图)的编码问题，这是与 MPEG-1 最大的不同之处。

P 图的产生可以使用 I 图或前一个 P 图。P 图的使用可以较大幅度降低编码率，但 P 图本身所携带的误差将会向下一个 P 图传递，从而导致误差的放大增值。所以在实际应用中，P 图的连续使用通常是 3 帧，这样既达到了数据压缩的目的，同时，视频的质量在明显下降之前，下一个 I 图就已经出现。

(4) 传输缓冲器

H.261 的传输缓冲器与 MPEG-1 中的信道缓冲器的作用相同。在熵编码和运动补偿阶段的编码过程中，因为采用了可变码率的熵编码，所以对视频信息编码后，产生的编码率不是恒定不变的，但在输出端的位输出率是固定的。因此必须设置一个传输缓冲器来对数据进行缓冲处理，并由传输缓冲器中数据量的大小来控制编码器编码数据的速率，以保证信息压缩的进度和传输。

2．H.263 视频编码标准

H.263 是 ITU-T 第一个专为低于 64kb/s 的窄带通信信道制定的视频编码标准。1996 年 3 月制定完成后，又在 H.263+及 H.263++等升级版本中增加了许多更强大的功能，使其具有更广泛的适用性。H.263 以 H.261 为基础，该标准对帧内压缩采用变换编码，但对帧间压缩采用的预测编码进行了改进，主要包括半像素精度运动补偿、无限制运动矢量、基于句法的算术编码、PB-帧及先进的预测算法等。标准是输入图像格式可以是 S-QCIF、QCIF、CIF、4CIF 或者 16CIF 的彩色 4:2:0 取样图像。

(1) 无限制运动矢量。

无限制运动矢量模式允许运动矢量指向图像以外的区域。当某一运动矢量所指的参考宏块位于编码图像之外时，就用其边缘的图像像素值来代替。当存在跨边界的运动时，这种模式能取得很大的编码增益，对小图像尤其有效。

此外，该模式还包括了运动矢量范围的扩展，允许使用更大的运动矢量，更有利于摄像机运动方式的编码。

(2) 基于句法的算术编码。

基于句法的算术编码比哈夫曼编码可以更大幅度地降低码率。

(3) 先进的预测模式。

先进的预测模式允许一个宏块中 4 个 8×8 亮度块各对应一个运动矢量，从而提高预测精度；两个色度块的运动矢量则取这 4 个亮度块运动矢量的平均值。补偿时，使用重叠的块运动补偿，8×8 亮度块的每个像素的补偿值由 3 个预测值加权平均得到。使用该模式可以产生显著的编码增益，特别是采用重叠的块运动补偿，会减少块效应，提高主观质量。

(4) PB-帧。

PB-帧模式规定一个 PB-帧包含作为一个单元进行编码的两帧图像。PB 帧模式可在码率增加不多的情况下，使帧率加倍。

在 H.263 基础上，1998 年，ITU-T 发布了 H.263 标准的版本 2，非正式地命名为 H.263+标准。在向下兼容的同时，进一步提高了压缩效率或改善某方面的功能。

H.263+标准允许更大范围的图像输入格式和自定义图像的尺寸，使之可以处理基于视窗的计算机图像、更高帧频的图像序列及宽屏图像。H.263+采用先进的帧内编码模式、增强的 PB-帧模式和去块效应滤波器，在提高压缩效率的同时，也提高了重建图像的质量。

H.263+增加了时间分级、信噪比和空间分级，另外还对片结构的模式、参考帧的选择模式等进行了改进，以适应误码率较高的网络传输环境。

在 H263+基础上，为了增强码流在恶劣信道上的抗误码性能，同时为了提供增强的编码效率，H263++又增加了 U、V、W 等 3 个选项。

- 选项 U：称为增强型参考帧选择，用于提供增强的编码效率和信道传输错误的再生能力(如包丢失)，它需要有多个缓冲区用于存储多参考帧图像以便进行错误的恢复。
- 选项 V：称为数据分片，它能够提供增强型的抗误码能力(特别是在传输过程中本地数据被破坏的情况下)，通过分离视频码流中 DCT 的系数头和运动矢量数据，采用可逆编码方式保护运动矢量。
- 选项 W：在 H263+的码流中增加补充信息，保证增强型的反向兼容性。附加信息包括：指示采用的定点 IDCT、图像信息和信息类型、任意的二进制数据、文本、重复的图像头、交替的场指示、稀疏的参考帧识别。

一个软件实现必须是高度优化的，来达到有效的视频质量(比如说，每秒多于 10 帧，352×288 像素每帧)。这包括了一系列的操作，例如，在计算密集处使用快速算法，最小化移动或复制操作并循环展开。

在一些情况下，汇编代码会进一步加速运行(例如，使用 Intel 的 MMX 指令集)。一个典型的 Codec 会对计算密集的部分使用专门的硬件逻辑来进行处理(例如，运动估计/补偿、DCT、量化器和熵编码)，它们使用控制模块来定制事件顺序，并记录编码解码的参数。一个可编程的控制器是更佳的，因为很多的编码参数(例如，码率控制算法)可以通过适应不同的环境来进行修改或是调整。

3. H.264 视频编码标准

H.264 也被称为 MPEG-4 AVC，是由 ISO/IEC 与 ITU-T 组成的联合视频组(JVT)制定的新一代视频压缩编码标准。ITU-T 的视频编码专家组(VCEG)在制定 H.263 标准后的 1998 年 1 月开始研究制定一种新标准以支持极低码率的视频通信，即 H.26L。

1999 年 9 月完成了第一个草案，2001 年 5 月制定了其测试模式 TML-8，并于 2002 年 6 月的 JVT 第 5 次会议上通过了 H.264 的草案最终稿(Final Committee Draft，FCD)。

2001 年，ISO 的 MPEG 组织认识到 H.26L 潜在的优势，便与 ITU 开始组建包括来自 ISO/IEC MPEG 与 ITU-T VCEG 的联合视频组(JVT)，JVT 的主要任务就是将 H.26L 草案发展为一个国际性标准，并在 ISO/IEC 中该标准命名为 AVC(Advanced Video Coding)，作为 MPEG-4 标准的第 10 个选项，而在 ITU-T 中正式命名为 H.264 标准。

H.264 可以在相同的重建图像质量下比 H.263+和 MPEG-4(SP)减小 50%码率，同时对信道延时适应性增强。H.264 既可满足低延时的实时业务需要(如会议电视等)，也可满足无延时限制的视频存储等场合。

H.264 提高网络适应性，强化了对误码和丢包的处理，提高了解码器的差错恢复能力。在编/解码器中对图像质量进行了可分级处理，以适应不同复杂度的应用。在 H.264 中还增加了 4×4 整数变换、空域内的帧内预测、1/4 像素精度的运动估计、多参考帧和多种大小块的帧间预测技术等。

(1) 4×4 整数变换。H.26L 中建议的整数变换采用基于 4×4 的 DCT 变换，在大大降低算法的复杂度的同时，对编码的性能几乎没有影响，而且实际编码还稍好一些。

(2) 基于空域的帧内预测技术。视频编码是通过去除图像的空间与时间冗余度来达到压缩的目的。空间冗余度通过变换技术消除(如 DCT 变换、H.264 的整数变换)，时间冗余度通过帧间预测来去除。在此前的编码技术中，变换仅在所变换的块内进行(如 8×8 或者 4×4)，并没有块与块之间的处理。H.263+与 MPEG-4 引入了帧内预测技术，在变换域中根据相临块对当前块的某些系数做预测。H.264 则是在空域中，利用当前块的相邻像素直接对每个系数做预测，更有效地去除相临块之间的相关性，极大地提高了帧内编码的效率。

H.264 基本部分的帧内预测包括 9 种 4×4 亮度块的预测、4 种 16×16 亮度块的预测和 4 种色度块的预测。

(3) 运动估计。H.264 的运动估计具有 3 个新的特点：1/4 像素精度的运动估计；7 种大小不同的块进行匹配；前向与后向多参考帧。H.264 在帧间编码中，一个宏块(16×16)可以被分为 16×8、8×16、8×8 的块，而 8×8 的块被称为子宏块，又可以分为 8×4、4×8、4×4 的块。总体而言，共有 7 种大小不同的块做运动估计，以找出最匹配的类型。

与以往标准的 P 帧、B 帧不同，H.264 采用了前向与后向多个参考帧的预测。半像素精度的运动估计比整像素运动估计有效地提高了压缩比，而 1/4 像素精度的运动估计可带来更好的压缩效果。

编码器中运用多种大小不同的块进行运动估计，可节省 15%以上的比特率(相对于 16×16 的块)。运用 1/4 像素精度的运动估计，可以节省 20%的码率(相对于整像素预测)。

多参考帧预测方面，假设为 5 个参考帧预测，相对于一个参考帧，可降低 5%~10%的码率。

(4) 熵编码。H.264 标准采用的熵编码有两种：一种是基于内容的自适应变长编码(CAVLC)与统一的变长编码(UVLC)结合；另一种是基于内容的自适应二进制算术编码(CABAC)。CAVLC 与 CABAC 根据相临块的情况进行当前块的编码，以达到更好的编码效率。CABAC 比 CAVLC 压缩效率高，但要复杂一些。

(5) 去块效应滤波器。H.264 标准引入了去块效应滤波器，对块的边界进行滤波，滤波强度与块的编码模式、运动矢量及块的系数有关。去块效应滤波器在提高压缩效率的同时，改善了图像的主观效果。

(6) 分层设计。H.264 的算法在概念上可以分为两层：视频编码层(Video Coding Layer，VCL)负责高效的视频内容表示，网络提取层(Network Abstraction Layer，NAL)负责以网络所要求的恰当的方式对数据进行打包和传送。在 VCL 和 NAL 之间定义了一个基于分组方式的接口，打包和相应的信令属于 NAL 的一部分。这样，高编码效率和网络友好性的任务分别由 VCL 和 NAL 来完成。

VCL 层包括基于块的运动补偿混合编码和一些新特性。与前面的视频编码标准一样，H.264 没有把前处理和后处理等功能包括在草案中，这样可以增加标准的灵活性。

NAL 负责使用下层网络的分段格式来封装数据，包括组帧、逻辑信道的信令、定时信息的利用或序列结束信号等。例如，NAL 支持视频在电路交换信道上的传输格式，支持视频在 Internet 上利用 RTP/UDP/IP 传输的格式。NAL 包括自己的头部信息、段结构信息和实际载荷信息，即上层的 VCL 数据(如果采用数据分割技术，数据可能由几个部分组成)。

(7) 统一的 VLC。H.264 中，熵编码有两种方法，一种是对所有的待编码的符号采用统一的 VLC(Universal VLC，UVLC)，另一种是采用内容自适应的二进制算术编码(Context-Adaptive Binary Arithmetic Coding，CABAC)。

CABAC 是可选项，其编码性能比 UVLC 稍好，但计算复杂度也高。UVLC 使用一个长度无限的码字集，设计结构非常规则，用相同的码表可以对不同的对象进行编码。这种方法很容易产生一个码字，而解码器也很容易地识别码字的前缀，UVLC 在发生比特错误时，能快速获得重同步。

(8) 面向 IP 和无线环境。H.264 草案中包含了用于差错消除的工具，便于压缩视频在误码、丢包多发的环境中传输，如移动信道或 IP 信道中传输的健壮性。为了抵御传输差错，H.264 视频流中的时间同步可以通过采用帧内图像刷新来完成，空间同步由条结构编码(Slice Structured Coding)来支持。同时为了便于误码以后的再同步，在一幅图像的视频数据中还提供了一定的重同步点。另外，帧内宏块刷新和多参考宏块允许编码器在决定宏块模式的时候不仅可以考虑编码效率，还可以考虑传输信道的特性。

除了利用量化步长的改变来适应信道码率外，在 H.264 中，还常利用数据分割的方法来应对信道码率的变化。从总体上说，数据分割的概念就是在编码器中生成具有不同优先级的视频数据以支持网络中的服务质量 QoS。例如采用基于语法的数据分割(Syntax-based Data Partitioning)方法，将每帧数据按其重要性分为几部分，这样允许在缓冲区溢出时丢弃不太重要的信息。还可以采用类似的时间数据分割(Temporal Data Partitioning)方法，通过在 P 帧和 B 帧中使用多个参考帧来完成。

在无线通信的应用中，我们可以通过改变每一帧的量化精度或空间/时间分辨率来支持无线信道的大比特率变化。可是，在多播的情况下，要求编码器对变化的各种比特率进行响应是不可能的。

因此，不同于 MPEG-4 中采用精细分级编码(Fine Granular Scalability，FGS)的方法(效率比较低)，H.264 采用流切换的 SP 帧来代替分级编码。

H264 标准是由视频联合工作组(Joint Video Team，JVT)组织提出的新一代数字视频编码标准。JVT 于 2001 年 12 月在泰国 Pattaya 成立。由 ITU-T 的 VCEG(视频编码专家组)和 ISO/IEC 的 MPEG(活动图像编码专家组)这两个国际标准化组织的专家联合组成。

JVT 的工作目标是制定一个新的视频编码标准，以实现视频的高压缩比、高图像质量、良好的网络适应性等目标 H264 标准。

H264 标准将作为 MPEG-4 标准的一个新的部分(MPEG-4 Part.10)而获得批准，是一个面向未来 IP 和无线环境下的新的数字视频压缩编码标准。

H264 标准的主要特点如下。

(1) 更高的编码效率：与 H.263 等标准相比，能够平均节省大于 50%的码率。

(2) 高质量的视频画面：H.264 能够在低码率情况下提供高质量的视频图像，在较低带宽上提供高质量的图像传输是 H.264 的应用亮点。

(3) 提高网络适应能力：H.264 可以工作在实时通信应用(如视频会议)低延时模式下，也可以工作在没有延时的视频存储或视频流服务器中。

(4) 采用混合编码结构：与 H.263 相同，H.264 也采用 DCT 变换编码加 DPCM 差分编码的混合编码结构，还增加了如多模式运动估计、帧内预测、多帧预测、基于内容的变长编码、4×4 二维整数变换等新的编码方式，提高了编码效率。

(5) H.264 的编码选项较少：在 H.263 中编码时往往需要设置相当多的选项，增加了编码的难度，而 H.264 做到了力求简洁的"回归基本"，降低了编码时的复杂度。

(6) H.264 可以应用在不同场合：H.264 可以根据不同的环境使用不同的传输和播放速率，并且提供了丰富的错误处理工具，可以很好地控制或消除丢包和误码。

(7) 错误恢复功能：H.264 提供了解决网络传输包丢失的问题的工具，适用于在高误码率传输的无线网络中传输视频数据。

(8) 较高的复杂度：264 性能的改进是以增加复杂性为代价而获得的。据估计，H.264 编码的计算复杂度大约相当于 H.263 的 3 倍，解码复杂度相当于 H.263 的 2 倍。

H264 标准各主要部分有访问单元分割符(Access Unit delimiter)、附加增强信息(SEI)、基本图像编码(Primary Coded Picture)、冗余图像编码(Redundant Coded Picture)。还有即时解码刷新(Instantaneous Decoding Refresh，IDR)、假想参考解码(Hypothetical Reference Decoder，HRD)、假想码流调度器(Hypothetical Stream Scheduler，HSS)。

H.264 是国际标准化组织(ISO)和国际电信联盟(ITU)共同提出的，是继 MPEG-4 之后的新一代数字视频压缩格式，它既保留了以往压缩技术的优点和精华，又具有其他压缩技术无法比拟的许多优点。

- 低码率(Low Bit Rate)：与 MPEG-2 和 MPEG-4 ASP 等压缩技术相比，在同等图像质量下，用 H.264 技术压缩后的数据量只有 MPEG-2 的 1/8，MPEG-4 的 1/3。显然，H.264 压缩技术的采用将大大节省用户的下载时间和数据流量收费。
- 高质量的图像：H.264 能提供连续、流畅的高质量图像(DVD 质量)。
- 容错能力强：H.264 提供了解决在不稳定网络环境下容易发生的丢包等错误的必要工具。
- 网络适应性强：H.264 提供了网络抽象层(Network Abstraction Layer)，使得 H.264 的文件能够容易地在不同的网络上传输(如互联网、CDMA、GPRS、WCDMA、CDMA2000 等)。

H.264 最大的优势是具有很高的数据压缩比率，在同等图像质量的条件下，H.264 的压缩比是 MPEG-2 的两倍以上，是 MPEG-4 的 1.5~2 倍。

举个例子说，原始文件的大小如果为 88GB，采用 MPEG-2 压缩标准压缩后，变成 3.5GB，压缩比为 25:1，而采用 H.264 压缩标准压缩后，变为 879MB，从 88GB 到 879MB，H.264 的压缩比达到了惊人的 102:1。低码率(Low Bit Rate)对 H.264 的高的压缩比起到了重要的作用，与 MPEG-2 和 MPEG-4 ASP 等压缩技术相比，H.264 压缩技术将大大节省用户的下载时间和数据流量收费。

尤其值得一提的是，H.264 在具有高压缩比的同时，还拥有高质量流畅的图像，正因为如此，经过 H.264 压缩的视频数据在网络传输过程中所需要的带宽更少，也更加经济。

4.5　本章小结

本章以信息压缩编码技术为主线，介绍了数据压缩的基本原理与方法、静态图像压缩编码国际标准 JPEG 及 JPEG 2000、ISO/IEC 制定的运动图像压缩编码国际标准 MPEG 系列和 ITU-T 制定的 H.26x 系列。其中，对数据压缩的基本原理、常用的压缩编码方法、JPEG 压缩编码方法、小波分割与变换算法、MPEG-1 压缩编码过程及算法进行了较为详细的讲述。同时对 JPEG 2000、MPEG-2、MPEG-4、MPEG-7、MPEG-21、H.26x 的框架和主要技术进行了概要性的介绍，并对 MPEG 系列标准与 H.26x 系列标准的关系进行了讲述。本章内容是深入了解多媒体信息压缩编码技术的基础，也为进一步学习多媒体技术的相关知识打下了坚实的基础。

4.6　习　　题

1. 填空题

(1) 计算机中处理的多媒体信息需要压缩的原因是_____。

(2) 行程长度编码的基本思想是_____。

(3) 预测编码的基本思想是_____。

(4) 变换编码的基本思想是_____。

(5) 矢量量化编码的基本思想是_____。

(6) MPEG-7 是_____。制定 MPEG-7 的目的是_____。

2. 多选题

(1) JPEG 静态图像压缩编码技术的主要技术有(　　)。

　　A. 行程长度编码

　　B. 二维空间的 DPCM 编码

　　C. 熵编码

　　D. 基于对象的编码

(2) MPEG-2 对 MPEG-1 的发展主要体现在(　　)方面。

　　A. 音频、视频、码流合成、音视频控制等方面进行了扩充

　　B. 保持了向下兼容

　　C. 实现了分级编码

　　D. 实现了智能化的对象分割与编码

(3) 在 MPEG-1 中，为提高数据的压缩比，采用的主要压缩技术有(　　)。

　　A. Z 型扫描的行程长度编码

　　B. 空间的 DPCM 编码

　　C. 熵编码

　　D. 运动估计与补偿

　　　　E. 分级编码

(4) MPEG-4 中采用基于 VOP 的视频编码新技术，主要有(　　)。

　　　　A. 形状编码

　　　　B. 运动信息编码

　　　　C. 纹理编码

　　　　D. 分级编码

(5) MPEG-1 与 H.261 共同采用的压缩编码技术有(　　)。

　　　　A. 帧内的变换编码

　　　　B. 帧间的预测编码

　　　　C. 运动估计与补偿

　　　　D. 基于 VOP 的分级编码

3. 操作题

(1) 利用画图(或其他图像处理工具)制作一幅图像，分别保存为 BMP 和 JPG 格式，比较文件的大小，并分析原因。

(2) 根据表 4.4 中的信息及出现的概率，利用哈夫曼算法，求出其编码。

表 4.4　信息及出现的概率表

信　息	A_1	A_2	A_3	A_4	A_5	A_6	A_7	A_8
出现概率	0.40	0.20	0.15	0.10	0.07	0.04	0.03	0.01

(提示: 答案不唯一)

第 5 章

多媒体计算机中的动画技术

教学提示：

　　计算机动画是多媒体应用系统中不可缺少的重要技术之一。动画作为一种人们喜闻乐见的信息表现形式，在多媒体计算机的多种信息媒体中受到了人们的普遍欢迎。其应用范围从专业影视片的制作、广告宣传、教育培训到工程设计几乎无处不有。目前计算机动画已从早期的二维动画发展到了三维动画，如今一些在高性能机器上制作的动画甚至可以达到以假乱真的程度。

教学目标：

　　本章将介绍计算机动画的基本知识，动画的分类、生成过程，计算机中二维、三维动画的有关概念、实现方法、相关技术、动画语言、动画传输以及发展趋势等内容。通过本章的学习，要求掌握计算机动画的基本概念、了解常用的动画制作软件和动画制作的基本知识等。

5.1　什么是计算机动画

文化背景各异的人们对动画片的喜爱却是一样的。由此可见，动画这种极具表现力的多媒体品种是非常重要的。当我们学习这部分内容的时候，不禁要问：什么是动画？动画是怎样产生的？计算机动画是什么？

一般地讲，动画是一种产生运动图像的过程。事实上，运动的图像并不真正运动，任何看过电影胶片的人都会知道它是由许多静止图像所组成的。从严格的科学观点来看，动画依赖于眼睛的结构，当物体移动快于一个特定的速率时(每秒 18~24 次)，一个称为视觉暂留的生理现象便起作用，在短暂的时间间隔中尽管没有图像出现，但人的脑子里仍保留了上一幅图像的幻觉，如果第二幅图像能在一个特定的极小时间内出现(大约 50ms)，那么大脑将把上幅图像的幻觉与这幅图像结合起来。当一系列的图像序列一个接一个，以一个特定的极小时间间隔连续出现时，其最终的效果便是一个连续运动的图像，即动画。

正如我们后面将要看到的，动画能以几种不同的方式产生。在这些方式中，1 秒钟呈现给眼睛的图像的数量决定了景物的"闪烁率"。当眼睛能够测出每一图像帧时，便出现抖动(Flicker)，这是因为帧与帧之间的时间间隔太长。标准的 35 毫米胶片的电影采用每秒 24 帧的帧率，这意味着每秒将有 24 帧的图像信息呈现在屏幕上。以这个速率，通常不会有抖动感。电视不同的制式其帧率略有不同，NTSC 制式每秒 30 帧，PAL 和 SECAM 制式每秒均为 25 帧。当电影在电视上播放时，常采用补帧的方法，如在 NTSC 制式上播放，每秒应补 6 帧，通常每个第 4 帧播两次。

计算机动画是采用计算机生成一系列可供实时演播的连续画面的一种技术，即通过计算机产生可视运动的过程。根据计算机硬件和动画软件的不同，所产生的动画质量和用途也有明显的区别。一般可分为二维动画和三维动画。计算机动画的制作过程与影视动画有相似之处。我们知道卡通动画片传统地是由手工一幅一幅画出来的，每一帧的图案与上一帧的图案有细微的不同。在计算机动画中，尽管计算机或许也画出不同的帧，但在大多数情况下，动画的创作人员只要画出开始和结束帧，计算机将由软件自动产生中间的各帧。在全计算机动画中，利用复杂的数学公式产生最终的图片。这些公式对一个内容广泛的数据库中的数据进行操作，这些数据定义了物体存在的数学空间。这个数据库由端点、颜色、明暗度、运动轨迹等构成，对于立体感较强的三维动画，将涉及三维变换、阴影、三维模型、光线等专门的计算机技术。

如今的个人计算机已完全具备制作二维和三维动画的能力。除了可用计算机语言的绘图语句画出各类图案外，有许多专业的动画制作软件，如二维动画软件 Animator、Flash，三维动画软件 3ds Max 等。

计算机中动画的原理与影视动画类似，也是由若干连续的帧序列组成的，只要以足够高的帧率显示这些图案(一般 24 帧/秒，或更高)就会在计算机屏幕上呈现出连续运动的画面而没有抖动感。图 5.1 给出了一匹马 1 秒钟奔跑的 24 帧图案。

计算机动画有很多用途，它可辅助制作传统的卡通动画片或通过对三维空间中虚拟摄像机、光源及物体的变化(形状、彩色等)和运动的描述，逼真地模拟客观世界中真实的或虚构的三维场景随时间演变的过程。

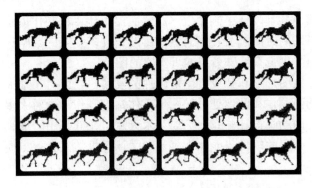

图 5.1　马奔跑 1 秒钟的各种不同姿势

5.2　计算机动画的应用

计算机动画的应用十分广泛,可用于影视领域中的电影特技、动画片制作、片头制作、基于虚拟角色的电影制作等;还有电视广告制作、教育领域中的辅助教学、教育软件等;科技领域中的科学计算可视化;复杂系统工程中的动态模拟;视觉模拟领域中的作战模拟;军事训练驾驶员训练模拟。此外,还有娱乐业中的各种大型游戏软件,尤其是与虚拟现实技术相结合,会创建出各种幻想游乐园。今天,计算机动画已经渗透到社会的许多方面。下面将介绍计算机动画在几个主要方面的应用情况。

1. 在电影工业中的应用

可能计算机动画使用最多的要数电影工业了。早在 20 世纪 60 年代,两位来自贝尔实验室的科学家 Messrs Zajac 和 Knowtion 就开始了这方面的尝试。后来由于计算机图形学方面的进步和一系列图形输出设备的推出,在电影界开始用计算机代替手工制作动画。

据资料介绍,近年来所推出的影视作品中的动画和许多特技镜头,大都是计算机的杰作。看过《侏罗纪公园》这部电影的读者一定会对影片中那些栩栩如生的庞然大物——恐龙记忆犹新,如图 5.2 所示。它能与演员同处一个画面,并能将汽车掀翻。这个影片中的所有的动画镜头全都是用计算机制作的,其效果达到了以假乱真的程度。另外,星球大战也是一部许多人熟悉的科幻影片,在影片中出现的 X 机翼的用计算机制作的战斗机,看上去与真实的模型没有任何区别。

图 5.2　影片《侏罗纪公园》中的恐龙

利用计算机动画制作电影的好处在于能让计算机控制物体的运动,无需重构每一步。

这样便提高了真实感，并且降低了制作成本。然而，用计算机制作动画也需较长的时间，动画的质量越高，所需的时间越长，因为其中将涉及许多复杂的数学计算。这些数学公式能被用于处理景物和产生带有特殊效果的真实感的图像。

时至今日，计算机图形学和计算机图形硬件的发展已经取得了很大的突破，一些厂家已相继推出了面向动画制作和图像处理的图形工作站。制作动画对大多数人来说已不再是一件难事。然而，好的动画设计毕竟还需要艺术天赋，尤其是用于影视艺术的动画。而对于一般的动画制作，今天的软件已能让大多数初学计算机的人就可方便地完成，其过程基本上是自动的。

2. 在教育中的应用

计算机动画在教育领域中的应用有着光辉灿烂的未来。随着个人计算机的不断普及，将会有越来越多的课程利用计算机辅助教学，而在计算机辅助教学中，动画则是一种人们喜闻乐见的信息表示形式。例如，利用动画可以教幼儿识数；辨别上、下、左、右；利用动画可以演示一个物理定律；说明一个化学反应过程。

目前，我国已有为数众多的计算机辅助教学软件用于幼儿园、小学、中学、大学乃至职业培训，如图 5.3 所示。

图 5.3　计算机辅助教学软件

在这些软件中，出现了大量的计算机动画，学习者可以自己操纵计算机，计算机按照人们输入的信息显示各种信息和动画的运动过程，这会极大提高学习者的兴趣，巩固所学的知识。例如，有些化学实验的化学反应，需要一定的时间(有的长达几天)，并且若操作不当还会发生爆炸、燃烧等危及人身安全的情况，同时，化学实验还需耗费大量的实验材料。而利用计算机动画模拟的化学实验，学生只需在计算机上选择所要做的实验以及进行该实验的材料、步骤，计算机便会用动画动态地模拟实验的每一步过程，给出反馈信息和学生学习情况，使实验者从计算机屏幕上能够一目了然地获得实验数据。

3. 在科学研究中的应用

动画在科学研究中被大量用来模拟和仿真某些自然现象、物体的内部构造及其运动规律。在空间探测领域，计算机动画被用来模拟飞行器或行星的运行轨道或太空中的某些自然现象。凡看过卫星发射电视转播的人都还记得，在卫星发射中心控制室的大屏幕上能动态地画出卫星的运行轨道及所处的位置，使控制中心的工作人员一目了然。这便是计算机动画所起的作用。卫星发射后，各种测量仪器将测量的卫星飞行数据源源不断地送往控制中心的计算机中，计算机根据这些数据，准确、及时地在屏幕上画出卫星的飞行情况。

　　早在 1986 年 1 月，由美国国家航空航天局发射的先驱者和旅行者空间探测器的探测情况被喷气推进实验室的科学家根据所接收的观察数据和太空的自然运动法则动态地显示在计算机屏幕上。美国国家航空航天局的科学家们能够直观地了解到太空行星特定轨道和太空中观察的景色，就好像科学家们自己乘坐探测器观察的那样。这个软件还允许选择观察的视角，将观察点放在探测器的后面，这样就既可以看到探测器也可以看到行星。

　　图 5.4 给出了美国旅行者号火星车着陆火星表面并行走的动态模拟。

图 5.4　美国旅行者号火星车着陆火星表面爬行的模拟图

　　在医学研究中，计算机动画能够帮助医生和研究者可视化地构造特定的器官和骨骼结构，分析病人的病症，好有的放矢，对症下药。如今像这些带有计算机动画功能的医疗设备在一些大的医院和医学研究机构已随处可见。

4．在训练模拟中的应用

　　计算机动画也可用于训练模拟。例如，在运动员训练中，可以利用计算机帮助运动员改进他们的动作。如一个运动员跑步时，计算机能根据捕获的图像数据，分析运动员训练时存在的问题，给出相应的训练建议和动作要求，其中动作的要求也由计算机用动画产生，运动员可根据计算机的动画演示，来进行动作训练。同样的思想可用于游泳、网球等。据资料介绍，采用这种辅助训练系统，对改正运动员不规范的动作，提高运动成绩有很大的帮助。

　　计算机动画技术在飞行模拟器的设计中起着非常重要的作用，该技术主要用来实时生成具有真实感的周围环境图像，如机场、山脉和云彩等。此时，飞行员驾驶舱的舷舱成为计算机屏幕，飞行员的飞行控制信息转化为数字信号直接输出到电脑程序，进而模拟飞机的各种飞行特征。

　　飞行员可以模拟驾驶飞机进行起飞、着落、转身等操作，如图 5.5 所示。

图 5.5　飞行模拟器

5. 在工程设计中的应用

计算机辅助设计(CAD)在如今的工程界已不再是一个新的名词了，在世界许多国家中，有大量的计算机用于工程设计，如今的 CAD 软件已能做到设计完成后能动态地将设计结果用三维图形显示出来(如图 5.6 所示)。

图 5.6　计算机辅助设计应用

例如，一个机械设计师，当为某一机器设计了一个部件后，计算机便可模拟这个部件的真实情况，能以不同的光洁度和不同的视角显示设计结果，如果是一组配套部件，还能够显示装配过程。

在建筑工程中，在开始施工之前，就提供大楼的建筑模型，能有助于防止大量由于设计方案疏忽所引起的不良结果。例如，当一座大楼设计完毕时，可以让计算机显示这幢楼房的模型，同时计算机动画还能模拟这幢楼房对周围环境的影响，例如能动态显示太阳升起时各个不同时刻光线照在楼房窗子上的情况，各个不同角度光线的反射情况，如果反射的光线直接影响楼房入口处，或楼房边马路上汽车驾驶员的行驶(如容易产生危险，发生交通事故等)，那么设计师们将根据计算机动画的模拟结果，修改大楼的设计方案，调整大楼的位置或角度。

6. 计算机动画在艺术和广告中的应用

计算机和艺术家相结合，无疑会给艺术家的艺术创作提供极大的便利和许多艺术灵感，计算机的绘画软件能提供比画家原先绘画更多的色彩，并提供使物体更具真实感的各种光照模型，且用计算机作画、修改也极为方便。

在广告领域，计算机动画是大有用武之地的，如今各类电视广告在各种节目中出现，而这些广告中，有相当一部分是利用计算机动画制作的。某些专用动画软件的功能是许多艺术家所望尘莫及的，对使用者的要求也很低，只要略懂一点计算机就行了。

计算机动画除了影视广告中的应用之外，在各类信息板、广告牌中也大量使用。如今，当我们穿梭在繁华闹市或暂留在车站码头时，到处可见五颜六色的各类大型电子广告牌，而这些广告牌中显示的各种文字、图案、动画均是计算机的杰作。如图 5.7 所示为计算机制作的汽车广告。

图 5.7　计算机广告动画

5.3　计算机动画的分类

计算机动画的分类方法有多种，按不同的方法有不同的分类。按生成动画的方式分为逐帧动画(Frame by Frame Animation)、实时动画(Real Time Animation)；按运动控制方式来分，有关键帧动画、算法动画、基于物理的动画；按变化的性质又可分为运动动画(如景物位置发生改变)、更新动画(如光线、形状、角度、聚焦发生改变)。

1. 关键帧动画

关键帧动画实际上是基于动画设计者提供的一组画面(即关键帧)，自动产生中间帧的计算机动画技术。关键帧动画有几种实现方法。

(1) 基于图形的关键帧动画，它是通过对关键帧图形本身的插值获得中间画面，其动画形体是由它们的顶点刻画的。运动由给定的关键帧规定，每一个关键帧由一系列对应于该关键帧顶点的值构成，中间帧通过对两关键帧中的对应顶点施以插值法来计算，插值法可以是线性的或三次曲线或样条的插值，例如，我们在网上所见到的大多数 Flash 动画都是此类动画。

(2) 参数化关键帧动画，又称关键-变换动画。可以这样认为：一个实体是由构成该实体模型的参数所刻画的，动画设计者通过规定与某给定时间相适应的该参数模型的参数值集合来产生关键帧，然后，对这些值按照插值法进行插值，由插值后的参数值确定动画形体的各中间画面的最终图形。

2. 算法动画

算法动画中形体的运动是基于算法控制和描述的。在这种动画中，运动使用变换表

(如旋转大小、位移、切变、扭曲、随机变换、色彩改变等)，由算法进行控制和描述，每个变换由参数定义，而这些参数在动画期间可按照任何物理定律来改变。常用的物理定律包括运动学定理、动力学定理。这些定理可以使用解析形式定义或使用复杂的过程(如微分方程的解)来定义。

3．基于物理的动画

基于物理的动画是指采用基于物理的造型，运用物理定律以及基于约束的技术来推导、计算物体随时间运动和变化的一种计算机动画。

基于物理的造型将物理特性并入模型中，并允许对模型的行为进行数值模拟，使其模型中不仅包含几何造型信息，而且也包含行为造型信息，它将与其行为有关的物理特性、形体间的约束关系及其他与行为的数值模拟相关信息并入模型中。

动画的运动和变化的控制方法中引进了物理推导的控制方法，使产生的运动在物理上更准确、更有吸引力、更自然。

5.4　计算机动画的制作

动画制作是一个非常繁琐而吃重的工作，分工极为细致。通常分为前期制作、中期制作、后期制作等。前期制作又包括了企划、作品设定、资金募集等；制作包括了分镜、原画、中间画、动画、上色、背景作画、摄影、配音、录音等；后期制作包括剪接、特效、字幕、合成、试映等。

计算机的加入使如今动画的制作变得简单了，所以网上有很多的人用 Flash 做一些短小的动画。而对于不同的人，动画的创作过程和方法可能有所不同，但其基本规律是一致的。传统动画的制作过程可以分为总体规划、设计制作、具体创作和拍摄制作四个阶段，每一阶段又有若干个步骤。

1．总体设计阶段

(1) 剧本。任何影片生产的第一步都是创作剧本，但动画片的剧本与真人表演的故事片剧本有很大不同。一般影片中的对话，对演员的表演是很重要的，而在动画影片中则应尽可能避免复杂的对话。在这里最重要的是用画面表现视觉动作，最好的动画是通过滑稽的动作取得的，其中没有对话，而是由视觉创作激发人们的想象。

(2) 故事板。根据剧本，导演要绘制出类似连环画的故事草图(分镜头绘图剧本)，将剧本描述的动作表现出来。故事板由若干片段组成，每一片段由系列场景组成，一个场景一般被限定在某一地点和一组人物内，而场景又可以分为一系列被视为图片单位的镜头，由此构造出一部动画片的整体结构。故事板在绘制各个分镜头的同时，作为其内容的动作、道白的时间、摄影指示、画面连接等都要有相应的说明。一般 30 分钟的动画剧本，若设置 400 个左右的分镜头，将要绘制约 800 幅图画的图画剧本——故事板。

(3) 摄制表。这是导演编制的整个影片制作的进度规划表，以指导动画创作集体各方人员统一协调地工作。

2．设计制作阶段

(1) 设计。设计工作是在故事板的基础上，确定背景、前景及道具的形式和形状，完成场景环境和背景图的设计及制作。另外，还要对人物或其他角色进行造型设计，并绘制出每个造型的几个不同角度的标准画，以供其他动画人员参考。

(2) 音响。在动画制作时，因为动作必须与音乐匹配，所以音响录音不得不在动画制作之前进行。录音完成后，编辑人员还要把记录的声音精确地分解到每一幅画面位置上，即第几秒(或第几幅画面)开始说话，说话持续多久等。最后要把全部音响历程(即音轨)分解到每一幅画面位置与声音对应的条表，供动画人员参考。

3．具体创作阶段

(1) 原画创作。原画创作是由动画设计师绘制出动画的一些关键画面。通常是一个设计师只负责一个固定的人物或其他角色。

(2) 中间插画制作。中间插画是指两个重要位置或框架图之间的图画，一般就是两张原画之间的一幅画。助理动画师制作一幅中间画，其余美术人员再内插绘制角色动作的连接画。在各原画之间追加的内插的连续动作的画，要符合指定的动作时间，使之能表现得接近自然动作。

4．拍摄制作阶段

这个阶段是动画制作的重要组成部分，任何表现画面上的细节都将在此制作出来，可以说是决定动画质量的关键步骤。

采用计算机所生成的一系列画面，可在显示屏上动态演示，也可记录在电影胶片上或转换成视频信息输出到录像带上。

5.4.1 二维动画

我们已经知道，由计算机制作的动画画面是二维的透视效果时便是二维动画。二维动画是计算机动画中的一种最简单形式，即使没有专门的动画软件，利用已有的计算机语言(如 Pascal 语言)也能产生各种动画效果。现在的电脑制作的二维动画是对手工传统动画的一个改进。通过输入和编辑关键帧；计算和生成中间帧；定义和显示运动路径；交互式给画面上色；产生一些特技效果；实现画面与声音的同步；控制运动系列的记录等。

二维动画的特点是，传统的二维动画是由水彩颜料画到赛璐璐片上，再由摄影机逐张拍摄记录而连贯起来的画面，计算机时代的来临，让二维动画得以升华，可将事先手工制作的原动画逐帧输入计算机，由计算机帮助完成绘线上色的工作，并且由计算机控制完成记录工作。下面介绍二维动画的一般实现方法。

1．字符集动画

在任何一种计算机中都提供了许多字符(如字母等)符号、图符等，我们把这些称为字符集。利用这些字符集中的字符或自己制造一些图符，编一个简单的小程序，就可实现二维动画。一般在动画创作中，先创作关键帧。例如，设计一个人与另一个人再见的动画，可先设计两幅关键帧，一帧是将手臂伸出做再见的手势，另一帧是将手臂放回原处的图案。为了使运动的动作流畅、连续，往往在两个关键帧之间还要补上许多中间帧。利用计算机内部提供的字符集就可以设计关键帧与中间帧。假设要设计一个鸟飞行的动画，其过程是：首先选择拼成鸟飞行时各种姿势图案的字符集。我们选择下列4个字符，其点阵的放大图如图5.8所示。

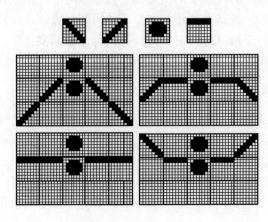

图 5.8　字符集动画

帧 1　　　循环开始

帧 2

帧 3

帧 4　　　循环的中间点

帧 3

帧 2

帧 1　　　循环的终点，开始下一轮循环

帧 2

……

由于上述原因，我们称其为循环动画，这是动画中较容易实现的一种，下面给出实现该动画的类 Pascal 的算法描述，读者很容易将其改写成其他程序：

```
Program Character_animator;
usescrt;
type fram = array[1..3]of string[5];
var i,j:integer;
bird1,bird2,bird3,bird4:fram;
procedure display(bird:fram); { 显示动画的一帧 }
begin
    writeln(bird[1]);
    writeln(bird[2]);
    writeln(bird[3]);
    delay(1000);
end;
begin
    window(1,1,70,70); { 定义动画显示窗口 }
    textmode(3);
    bird1[1]:=' '; { 字符集动画第 1 帧 }
```

```
    bird1[2]:='  /  +  \';
    bird1[3]:='/ \';
    bird2[1]:='  ';  { 字符集动画第 2 帧 }

    bird2[2]:='  / -* - \ ';
    bird2[3]:='  ';
    bird3[1]:='  。        ';  {字符集动画第 3 帧 }
    bird3[2]:='  --  * --';
    bird3[3]:='  ';
    bird4[1]:='\ 。 /';  { 字符集动画第 4 帧 }
    bird4[2]:='  -- * --;
    bird4[3]:='  ';
    For i:=1 to 500 do
    begin
        gotoxy(1,1);
        display(bird1);  { 显示第 1 帧 }
        gotoxy(1,1);
        display(bird2);  { 显示第 2 帧 }
        gotoxy(1,1);
        display(bird3);  { 显示第 3 帧 }
        gotoxy(1,1);
        display(bird4);  { 显示第 4 帧 }
        gotoxy(1,1);
        display(bird3);  { 显示第 3 帧 }
        gotoxy(1,1);
        display(bird2);  { 显示第 2 帧 }
    end;
end.
```

上面给出的程序所产生的动画只在一个地方运动，如果要使这只鸟沿着给定的路线运动，例如沿屏幕对角线或水平运动，可每次修改 gotoxy 语句中的屏幕坐标，在新的图形显示前，将老的图形消去(可编一子程序，用空格字符消去原图形)，有兴趣的读者不妨上机一试。当然，也可自己定义字符集产生动画。

2. 图形动画

在二维动画中，大量出现的是基于图的动画。这种方法产生的动画将比用字符方式产生的动画有更好的效果。一般在个人计算机中，若不用专门的动画软件，用某一种计算机语言，如 BASIC 语言也能创作动画。基本方法是：在图形方式下，首先选择某种色彩，然后用绘图语句，如 DRAW、LINE、Circle 等画图，要使图形移动，再选一种新的色彩(往往是底色)将原图再画一遍(即消去原图)。然后，再用另一种颜色在新的位置将原图再画一遍，这种方式对初学者来说容易掌握，但速度、效果等可能不太满意。用该方法产生动画的步骤如下。

(1) 产生运动物体。

(2) 描述运动轨迹。

在计算机动画中物体运动轨迹(路线)的描述一般可分为两种情况，对于有规则的运动则可以将物体的运动路线用数学公式来表示(如圆、直线、斜线、抛物线等)，如图 5.9(a) 所示反映了运动过程。

而对于无规则的运动，可采用坐标组来刻画其运动规则。现在许多专门的动画软件和多媒体著作软件如 ToolBook，当定义了运动物体之后，可用鼠标拖动该运动物体在屏幕上移动，计算机自动记录运动路径的平面坐标，并能按设定的路线使物体运动。

(3) 产生运动过程中各运动物体的中间图像。计算机动画过程中，各运动物体的中间图像不论是二维的还是三维的，都可以通过各种数学变换，如平移、旋转等获得，在这方面已有相当成熟的图形变换算法和软件可供使用。而对于一些简单图形的变换，利用BASIC 语言就可实现。

(4) 显示运动过程。由本章开头部分所述的动画原理可知，一个连续的运动过程是由若干幅离散的图形组成的，只要以一定的速度依次显示这些图形即可。如果显示速度达不到一定的要求，就会出现运动不连续的抖动感。动画显示速度除受计算机硬件本身性能的制约外，软件及实现方法也起着重要的作用。为了提高显示速度，常采用局部运动的方法。例如，图 5.9(b)要产生运动效果，可有 3 种处理方案：让小船运动；让波浪运动；让背景山峰向后运动。一般先消去原运动物体，再在新的位置重新显示该物体。这一过程在如今专用的动画软件中已完全由计算机自动实现，无需使用者编写程序。

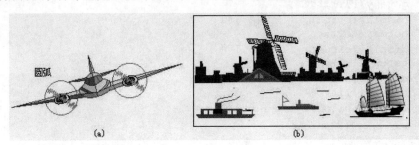

图 5.9　图形动画

3．二维动画软件——Flash CS6

Flash CS6 是目前 PC 机上最为流行的动画制作软件之一。自 Flash 2.0 公布以来，历经 CS3、CS4、CS5，到 Flash CS6，其影响迅速扩大，现已发展成为迄今流行比较广，兼具“网页动画插件”与“专业动画”制作功能的动画制作软件。以下是 Flash CS6 的一些主要功能特性。

(1) HTML 5 发布支持

基于 Flash Professional 动画和绘图工具，利用新的扩展包(单独下载 CreateJS 工具包)来导出 HTML 5 交互内容。

(2) 自动生成 Sprite Sheet

将原件和动画导出为 Sprite Sheet 序列帧，游戏开发流程更顺畅，增强游戏运行效率和体验。

(3) 锁定 Stage 3D 硬件加速

用 GPU 硬件加速模式启用开源 Starling 框架为 2D 渲染效率带来质的飞跃。

(4) 领先业界的动画制作工具

用时间轴和动画编辑器来创建补间动画，用反向运动工具来开发自然顺畅的角色关节动画。

(5) 先进的文本引擎

全球双向语言支持，通过文字布局框架获取媲美印刷质量的 API，可更好地导入由 Adobe 其他工具设计的文本版式。

(6)　基于 XML 的 FLA 源文件

让合作开发项目更容易，以文件夹的方式更方便地管理项目资源。

(7)　与开发套装整合

可将位图往返编辑于 Adobe Photoshop CS6，与 Adobe Flash Builder 4.6 紧密结合。

(8)　专业的视频工具

轻松地将视频植入到您的项目中，使用内置 Adobe 媒体转换器，高效地转成各种视频格式。

(9)　滤镜、混合特效

给文本、按钮、影片剪辑增加各种视觉效果，创建给力体验。

(10) 基于对象的动画

直接将动画赋予元件而不依赖于关键帧，用曲线工具控制动效和独立动画属性。

(11) 三维变换

通过三维平移和旋转工具，沿x、y、z轴将三维动画赋予平面元件。

(12) 具有弹簧属性的骨骼工具

将缓动和弹性带入骨骼系统，由强大的反向动力关节引擎带来栩栩如生的真实动作。

(13) 装饰画笔

配备高级动画效果的装饰画笔，可绘制动态粒子特效，如云和雨，可用多个对象绘制风格化的线条或图案。

(14) 便捷的视频集成

用可视化视频编辑器大幅简化视频嵌入和编码过程，可直接在场景上操作 FLV 视频控制条。

(15) 反向运动关节锁定

可将反向运动关节锁定在场景中，设置选中骨骼的运动范围。可定义更复杂的运动，比如循环行走。

(16) 统一的开发套装界面

用直观易用的面板简化软件操作，提高工作效率。

(17) 更精准的层操作

可在不同文件和项目中拷贝多个层，并保留其文档结构。

5.4.2　三维动画

1．三维动画的发展和应用

由于三维动画的表现形式更加直观，早期人们为了创作三维动画，不得不用木头、泥土或纸张等建立各种各样的三维模型，再设法使其运动。然而，在现实世界中建立一个三维模型需具有一定的专业技能，并且建立模型的过程是一件乏味的事情，一个模型一旦建立，若要修改，必须花费大量的劳动。人们为了方便地交流信息，更多地是将这些三维物体在一个平面上(如纸上)表示。如今即使一个最复杂的三维结构也能被以二维形式表示出来，并且这种表示方式被大量用于工程设计和影视动画。

随着计算机技术的进步和计算机图形学的发展，特别是微型计算机的迅速普及，已有越来越多的人感受到用计算机制作三维模型和动画的优越性。首先获利的是工程设计和影视制作。如今设计工程师们能够利用计算机辅助设计(CAD)系统方便地建立设计模型，让计算机自动画出该模型的各种图纸，并能获得用其他物理模型都无法获得的视觉效果。例如，建筑设计师们能够在计算机上产生他们设计的建筑模型，他们能够"进入"计算机产生的房子里面，从居住者所希望的视角来观察。他们也能快速、容易地修改一个计算机产生的模型，并能为模型选择建筑材料。

计算机三维动画也给影视业制作注入了新的活力。

使用计算机，人们能够较容易地创作各种动画角色和特技效果，采用现有的视频技术能使计算机动画产生的角色与许多著名影星同场演出，目前已出现了计算机"演员"，如图5.10所示为《玩具总动员》中的动画角色。

图5.10　《玩具总动员》中的动画角色

我们知道，动画是一种基于时间空间的媒体，正由于这些，计算机三维动画能让我们自主地控制自己的信息空间。利用动画，能够在几秒钟内有效地显示一个长的时间过程(比如土壤的分化)，相反，为了便于理解一些转瞬即逝的事件发生过程，利用动画可减慢其发生过程，让它在5~10秒内发生。

2．怎样建立三维动画

早期在计算机上建立三维动画是靠用某一种计算机语言编写程序实现的，这需要有较高的计算机、数学和艺术素养。在计算机技术迅速发展的今天，对一般用户而言，没有必要从基础做起，因为如今在各类计算机上已有足够多的三维动画软件或工具供选择。用这些软件建立三维动画一般来说有5个基本的步骤，这对大多数软件包而言是共同的，无需考虑正在使用的计算机平台。这5个基本步骤如下：①建立一个三维模型；②应用逼真的材料；③加入光线和摄像机；④使物体移动；⑤表演。下面就详细地看一下这些步骤。

(1)　建立三维模型

在一个典型的三维建模软件中，有多种方法构造一个三维模型。

首先，建模对象能从一些原始的物体中产生，或从像立方体、球体、锥体、圆柱这样简单的三维模型中产生。

事实上，现实世界有许多物体与这些物体是相似的。例如，一张桌子通常是由 4 个圆柱和一个长方体组成的。

第二种方法是由二维轮廓线来构造三维物体。例如，一个酒杯的断面能够旋转 360°，形成一个三维的高脚杯，如图 5.11 所示。相似地，一个香蕉能由一个圆沿着一段弧增大或减少其圆周时形成。

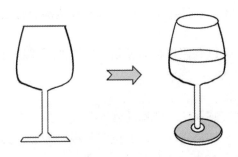

图 5.11　用二维轮廓构造三维图物体

此外，在现在的一些三维软件包中已预先设置了许多常用的三维物体，这些三维物体的原始模型往往是用计算机辅助设计软件建立的，它们被存储在一个标准的数据交换格式文件中(.DXF)。国外的某些公司如 Viewpoint Engineering 现在专门为多媒体开发者提供三维模型。他们能够按照用户的提供的真实物体数字化的要求来数字化真实世界中的物体。

(2)　应用逼真的材料

一旦一个几何形状已经获得或建立，建立动画的下一步便是在实景中用材料附于物体表面。例如，桌面能用灰色大理石来装饰，而椅子则可选用一种橡木材料来装饰。这样做的目的是使物体更具有真实感。而有时材料的选用，目的并不是为了使景物看上去更真实，而是其看上去更具幻想和有趣。在计算机中，将各种材料特性赋予任何物体的能力是三维动画功能最强的方面之一。通常，三维计算机动画软件包括一个内部建立的材料库，库中存有多种材料，并提供一个材料编辑器，用于创立或修改材料。

指定一种材料最基本的方法是指定其颜色特性。例如，物体的反光强度。通常颜色特性利用光的 3 个属性来说明，即扩散(Diffuse)、光泽(Specular)和环境(Ambient)。

扩散分量是指物体自身的颜色。例如，有一个球体，若给扩散分量赋上红颜色，便能模拟一个红色的塑料球。

光泽分量是指物体表面光线最强处的光亮程度。例如，若想把同一个红球装饰成用玻璃做成的，便可将一个小的白色的强光点赋在这个材料上，这样球的表面就像玻璃做成的了。通过改变光泽点的大小和颜色，也能近似地把该球看作是由别的材料如金属或橡胶等做成的。

环境参数是指它在实景中周围的光线。

指定对象属性的另一种方法称为纹理图案(Texture Map)。例如，假设现已建立了一辆汽车的模型，若要说明该车是救护车，则最好的办法是将一个带有红十字标记的特征图放在汽车上。特征图是一种简单的位图，可用计算机绘图程序产生或扫描到计算机中。若想在计算机中产生一个地毯，可先扫描一个地毯样板，输入计算机，然后将它用于模型地面的装饰材料。特征图能够用作物体的底或按一定的比例来应用。例如，如果我们将一块大理石特征图放在一个黄色材料上，并让它通过黄色材料渗透出来，便能让物体看上去更复杂，就像一团变幻莫测的浓雾一样。

特征图也能以一种称为簸箕图的技术被用于模拟一个凹凸不平的表面。这时的特征图的值被用于模拟一个表面区域的升高或降低，所以其结果看上去像是粒状的不光滑。

创作一个物体表面最高级的方法之一是利用一个称为 Shader 的可编程过程。因为许多普通材料，如大理石、木头和砖等，利用计算机算法都能有效地实现，它比特征图有更好的真实感。

在一个动画场景中，可以利用软件为各物体广泛地选择材料，但材料选择得越多，数据占用的磁盘空间就越大。

(3) 加入光线和摄像机

为了使物体更具有真实感和达到特殊的修饰效果，必须为已建好的模型加入光线和摄像机。就像在现实世界中一样，光在不同的位置照在物体上，其反射的程度和效果是不一样的。图 5.12 给出了加入光线和摄像机后的显示效果。

图 5.12　加入光线和摄像机的效果

在如今的大多数动画软件中，设有许多不同种类的光线，就像每天在我们周围的各种自然光线一样。例如，聚光灯的光线常被用来在一个特定的方向上发送锥形光线，我们可以决定锥形光线的大小和光照的位置。使用聚光灯，一般能在物体的后面产生阴影。这通常是与聚光灯相联系的另一个参数，聚光灯在三维动画中是一个想象中的光源，在实际场合中是看不到的，只能从物体表面的反光程度和物体的阴影感受到它的存在。

大多数三维动画软件包也含有一个自动摄像机，我们可将其设置在场景中的不同位置。该功能实际上是让人们从各个不同的角度来观察场景和场景中的物体。

(4) 表演

完成了上述 3 步之后，为了看看自己创作的模型和场景的实际效果，便可进行表演。这时可利用软件将其中的摄像机移到期望的位置，然后显示一个单景物。表演实际上是计算机化的处理过程，这意味着计算机需要花费一定的时间为其服务。因此表演的速度受到许多因素的制约。

在软件中有几种不同级别的表演。就表演速度而言，最简单和最快的渐变方法是"单调渐变"(Flat Shading)，事实上，某些计算机能用硬件完成模型小到中等的瞬间渐变。但是一个单调渐变表演给人的感觉是很差的，每一多边形被赋上单一的颜色，其结果常常看上去像假的，单调渐变常用在电影的先期制作和时装款式的开发中。

渐变技术的高一级别是平滑渐变(Smooth Shading)，这种类型的渐变克服了单调渐变在物体表面颜色上的单调刻板，不是每一面只有一种颜色，而是可以有多种颜色，以产生平滑的表现效果，但这将要多花费一点计算机的计算时间，因而显示的时间也相应加长。

还有其他形式的渐变方法，但限于目前微型计算机的计算速度，要用其制作多帧动画，需要太长的时间，以致不太容易实现。比如，象鼻子卷动梨子的动画目前尚未实现。

(5) 使物体移动

当我们了解如何建立一个模型，为其开发材料特性，以及了解如何演示单帧画面后，下面是该考虑怎样使它运动的时候了。

在二维动画的情况下，正如前面所说的，我们可用传统的方法画出每一个帧面。在这每个帧面中，运动物位置略有不同，一般说来，我们的观察是固定的，物体在前面移动。

而三维动画的过程稍有不同。目前使用最多的是一种称为关键帧的动画实现技术。关键帧动画能被定义为这样一个过程：指派特定数量帧面的物体，让其运动。这些帧面构成了一个动画序列。例如，在第 30 帧上设置一个球抛向空中的位置，并建立一个关键帧，则计算机将平滑地从 0 帧到 30 帧移动这个球。这个球移动轨迹的光滑程度可通过软件进行设置。

通常在完成关键帧动画时，现在的软件能帮助我们建立物体之间的某种联系，以使得当一个物体运动时，与它相联系的物体也发生变化。例如，可将手与臂建立联系，使得当我们移动臂时，手也随着移动。

在交互式图形系统中，一般常用关键帧技术产生动画。在这类系统中，可用鼠标和其他设备移动关键帧中的物体。在辅助动画设计方面，计算机软件做得越来越好。在某些情况下，特定物体的属性能被编程。在一些像 3D Studio 这样的专业动画软件中，飞机能自动地围绕跑道倾斜行进。一个球无需人工关键帧也能设置成上下弹跳，甚至波和涟漪在今天的软件中也能自动实现。

总地说来，三维动画的产生过程可以是简单的，也可以是复杂的，这不仅与所采用的软件及运动物体的复杂程度有关，还与计算机动画的相关技术(如造型技术、图像绘制技术、运动控制和描述技术、图像编辑与合成技术、特殊视觉效果生成技术等)有关。

5.4.3　三维动画制作软件——3ds Max

3ds Max 软件，是由国际著名的 Autodesk 公司的子公司 Discreet 公司制作开发的，它是集造型、渲染和制作动画于一身的三维制作软件。从它出现的那一天起，即受到了全世界无数三维动画制作爱好者的热情赞誉，3ds Max 也不负众望，屡屡在国际上获得大奖。当前，它已逐步成为在个人计算机上最优秀的三维动画制作软件。所谓三维动画，就是利用计算机进行动画的设计与创作，产生真实的立体场景和动画。其主要功能有动画处理、建立高分辨率三维模型和着色投影等。其版本不断更新，功能越来越强。其前身是基于 DOS 操作系统的 3D Studio 系列软件，最新版本是 2012。

出于对 PC 三维制作市场的关注，除 3D Studio Max(简称 3ds Max)之外，很多原来只能运行在工作站上的优秀三维软件，如 Maya、Lightwave、Softimage 等纷纷推出能运行于 Windows 的版本，但 3ds Max 还是普通用户的首选，因为它对硬件的要求不太高，能稳定运行在 Windows 操作系统上，容易掌握，且国内的参考书多。一般的版本都具有建立模型、材料编辑、着色投影、动画及超强的后期制作剪辑功能，并可提供光盘 World-Creating Toolkit，内含 3D 物体、动画等大约 500MB 的丰富内容。

1．3ds Max 的特色

(1) 软件结构十分完整，从平面造型到立体造型及立体编辑工具，甚至动画画面的产生与素材的编辑，都完整地包含在一套软件之中。

(2) 与 AutoCAD 及 Animator Pro 软件相兼容。原来各行各业的宝贵资料都可以送入 3ds Max 中处理，例如建筑业的 AutoCAD 文件.DWG，可由 DXFOUT 指令转换成.DXF 格式以供 3ds Max 读取，而原先由 Animator Pro 所做的公司简介或广告等，也可以送入 3ds Max 做贴图处理，呈现美观的立体效果。

(3) 由于 3ds Max 使用普遍，它的.FLI 和.FLC 文件格式俨然成为 PC 动画的标准，与 Microsoft 的 AVI 视频文件共同成为多媒体世界的宠儿，使得各种多媒体展示与简报软件纷纷加入这几种文件格式的播放功能。

2．3ds Max 的组成

3ds Max 有以下 5 个功能模块。

(1) 建模(Modeling Object)

3ds Max 的重要特点是有一个集成的建模环境。可以在同一个工作空间完成二维图纸、三维建模及制作动画的全部工作。建模、编辑和动画工具都可以在命令面板和工具栏上找到。3ds Max 2012 是 Autodesk 公司屡次获奖的关于 3D 建模、动画和渲染的新的解决方案。该软件能够有效解决由于不断增长的 3D 工作流程的复杂性对数据管理、角色动画及其速度/性能提升的要求，是目前业界帮助客户实现游戏开发、电影和视频制作以及可视化设计中三维创意的最受欢迎的软件之一。该软件含有如高级的角色工具、脚本特性和资源管理等工具。

(2) 材质设计(Material Design)

3ds Max 在一个浮动的窗口中提供了一个高级材质编辑器，可通过定义表面特征层次来创建真实的材质。表面特征可以是静态材质，在需要特殊效果时也可以产生动画材质。3ds Max 2012 允许进行无限量贴图混合来表现超级真实的材质效果，并可使用 UV Pelt Mapping(UV 贴图工具)，该工具可基于给定的几何表面的 UV 坐标快速地生成精确的贴图。

(3) 灯光和相机(Lighting and Camera)

创建各种特性的灯光是为了照亮场景。灯光可产生投射阴影、投影图像，也可以创建大气光源的容积光效果。创建的相机有着真实相机的控制器，如焦距、景深，还有各种运动控制，如推进、转动、平移。

(4) 动画(Animate)

通过单击 Animate 按钮，可以在任意时间使场景产生动画。通过时间的改变及对场景中对象参数的控制即可产生动画。还可以通过 Track View(轨迹视图)控制动画。Track View 是一个浮动窗口，可用于编辑关键帧、建立动画控制器或编辑运动曲线。

在角色动画方面，从 3ds Max 4.0 开始，采用了全新的 IK 系统，包括了历史无关和历史相关的反向动力学算法和肢体算法，及新增的可视化着色骨骼系统(Volumetric Shaded Bones)，可进行精确的蒙皮骨架匹配和预览及变形。

(5) 渲染(Rendering)

3D Studio Max 渲染器的特征包括选择性的光线跟踪、分析性抗锯齿、运动模糊、容积光、环境效果和新加入的动态着色(Active Shade)及渲染元素(Render Elements)。新的功能将提供更方便的交互式渲染控制和更强大的渲染能力。

如果你的计算机是网络的一部分，3ds Max 2012 还支持网络渲染，可将渲染工作分配到多台计算机上。由于 3ds Max 具有良好的三维动画特性，所以它仍是目前市场上热门的多媒体三维动画制作软件之一。

3．3ds Max 的应用领域

(1) 游戏动画

主要客户有 EA、Epic、SEGA 等，大量应用于游戏的场景、角色建模和游戏动画制作。3ds Max 参与了大量的游戏制作，例如大名鼎鼎的《古墓丽影》系列就是 3ds Max 的杰作。即使是个人爱好者，利用 3ds Max，也能够轻松地制作一些动画角色。对于 3ds Max 的应用范围，只要充分发挥想象力，就可以将其运用在许多设计领域。

(2) 建筑动画

绘制建筑效果图和室内装修是 3ds Max 系列产品最早的应用之一。先前的版本由于技术不完善，制作完成后，经常需要用位图软件加以处理，而现在的 3ds Max 直接渲染输出的效果就能够达到实际应用水平，更由于动画技术和后期处理技术的提高，这方面最新的应用是制作大型社区的电视动画广告。

(3) 室内设计

用 3ds Max 可以制作出 3D 模型，可用于室内设计，例如制作室内设计效果图模型。

(4) 影视动画

热门电影《阿凡达》、《诸神之战》、《2012》等都引进了先进的 3D 技术。前面已经说过 3ds Max 在这方面的应用。早期，3ds Max 系列还仅仅是用于制作精度要求不高的电视广告，现在，随着 HDTV(高清晰度电视)的兴起，3ds Max 毫不犹豫地进入这一领域，而 Discreet 公司显然有更高的追求，制作电影级的动画一直是奋斗目标。现在，好莱坞大片中常常需要 3ds Max 参与制作。

(5) 虚拟的运用

虚拟的运用包括建三维模型、设置场景、建筑材质设计、场景动画设置、运动路径设置、计算动画长度、创建摄像机并调节动画。用 3ds Max 模拟的自然界，可以做到真实、自然。比如用细胞材质和光线追踪制作的水面，整体效果没有生硬、呆板的感觉。

5.5　计算机动画运动控制方法

运动控制方法指的是：控制和描述动画形体随时间而运动和变化的运动控制模型。主要方法有运动学方法、物理推导方法、随机方法、自动运动控制方法、刺激-响应方法、行为规则方法等。

1．运动学方法

它是通过几何变换(旋转、比例、切变、位移)来描述运动的。在运动的生成中，并不使用物体的物理性质。运动学的控制包括正向运动学和逆向运动学。正向运动学通过变换矩阵对造型树从根到叶子的遍历来确定点的位置，逆向运动学则是从空间某些特定点所要求的终结效果确定所用几何变换的参数。可见，运动学方法是一种传统的动画技术。

2．物理推导方法

它指的是运用物理定律推导物体的运动。运动是根据物体的质量、惯量，作用于物体上的内部和外部的力、力矩，以及运动环境中的其他物理性质来计算的。采用此方法，动画设计者可不必详细规定其运动的细节，采用动力学作为控制技术，并建立一个系统，可实现以最少的用户交互作用产生高度复杂的真实运动，能逼真地模拟自然现象，可自动反映物体对内部和外部环境的约束。

3．随机方法

它是在造型和运动过程中使用随机扰动的一种方法。它与分维造型、粒子系统等方法相结合，确定不规则的随机体(如云彩、火焰等)的运动和变化。

4．自动运动控制方法

指的是基于人造角色，使用人工智能、机器人技术，在任务级上设计并用物理定律计算运动。它可用于跟踪实际动作，产生行为动画等。

5．刺激-响应方法

在运动生成期间，考虑环境的相互影响，建立一个神经控制网络，从对象的传感器接受输入，由神经网络输出激发对象运动。采用此方法，可生成反映人面部表情的愉快与忧愁的运动情况等。

6．行为规则方法

使用这种方法，从传感器接受输入，由运动的对象感知，使用一组行为规则，确定每步运动要执行的动作。如由人控制传感器输入到计算机中，从而实时产生相应的(如唐老鸭的)各种动作。

5.6　动画语言、动画传输与发展趋势

5.6.1　动画语言简介

什么是动画语言？动画语言是用于规定和控制动画的程序设计语言。在动画语言中，运动的概念和过程由抽象数据类型和过程来加以表示。动画形体造型、形体部件的时态关系和运动变量显式地由程序设计语言描述。

动画语言适用于算法控制或模拟物理过程的运动，其缺点主要是动画设计者在完成程序设计并绘出整个动画之前，不能看到其设计结果。

基于动画描述模型开发的动画语言主要有 3 类。

(1) 线性表语言，即用符号表达的线性表来描述动画功能，线性表语言简单直观，一般提供编码、求精和动画过程，编码任务可通过一种智能的记号编辑器来完成。

(2) 通用语言，在通用程序设计语言中嵌入动画功能是一种常用的方法，语言中变量的值可用作执行动画例程的参数。如 C 及 C++中也开发了很多动画语言。

(3) 图形语言，它支持可视的设计方式，以可视化的方式描述、编辑和修改动画功能。这种语言能将动画中场景的表示、编辑、表现同时显示在屏幕上。

5.6.2　动画的传输

动画的传输主要有两种方式：其一，以符号方式表示和传输动画对象及运动命令；其二，以位图图像方式表示和传输。前者需传输的数据量少，接收端需花费大量处理时间生成动画；后者需传输的数据量大，接收端重显动画所需处理的工作量较少。

5.6.3　计算机动画的发展趋势

随着计算机硬件技术的高速发展和计算机图形学的深入研究，用计算机生成各种以假乱真的动态虚拟场景画面和特技效果已成为可能，这就是为我们所熟知的三维计算机动画技术。1998 年，ACM Siggraph 计算机图形杰出奖的获得者 Michael F. Cohen 在该年度的 Siggraph 会议上曾说："在 Siggraph 过去的 25 年历史里，我们的世界发生了翻天覆地的变化。在电影屏幕上，当恐龙以不可思议的真实朝我们走来时，很少有人会表示惊讶，对穿梭于电视屏幕上闪闪发光的三维标志，人们已经习以为常。"

这充分说明，计算机动画已经渗透到人们的生活中。在过去的几十年里，计算机动画一直是图形学中的研究热点。在全球图形学的盛会 Siggraph 上，几乎每年都有计算机动画的专题。一年一度的计算机动画节给动画师们提供了展示自己作品和想象力的天地。推动计算机动画发展的一个重要原因是电影电视特技等娱乐行业的需求。目前，计算机动画已经形成了一个巨大的产业，并有进一步壮大的趋势。

计算机动画是计算机图形学和艺术相结合的产物，是伴随着计算机硬件和图形算法高速发展起来的一门高新技术，它综合利用计算机科学、艺术、数学、物理学和其他相关学科的知识，用计算机生成绚丽多彩的连续的虚拟真实画面，给人们提供了一个充分展示个人想象力和艺术才能的新天地。在《魔鬼终结者》、《侏罗纪公园》、《玩具总动员》、《泰坦尼克号》、《恐龙》等优秀电影中，我们可以充分领略到计算机动画的高超魅力。

1993 年，电影《侏罗纪公园》采用动画特技制作的恐龙片段获得了该年度的奥斯卡最佳视觉效果奖。

1996 年，世界上第一部完全用计算机动画制作的电影《玩具总动员》上映，该片不仅获得了破纪录的票房收入，而且给电影制作开辟了一条新路。1998 年放映的电影《泰坦尼克号》中，船翻沉时乘客的落水镜头有许多是采用计算机合成的，从而避免了实物拍摄中的高难度、高危险动作。美国沃尔特·迪斯尼公司预言，21 世纪的明星将是一个听话的计算机程序，它们不再要求成百上千万美元的报酬或头牌位置。计算机动画不仅可应用于电影特技，还可应用于商业广告、电视片头、动画片、游艺场所、计算机辅助教育、科学计算可视化、军事、建筑设计、飞行模拟等。

计算机硬件技术和图形学的发展推动了动画技术的进步，同时，动画软件的功能也越来越强大。20 世纪 70 年代后期，随着计算机图形学和硬件技术的发展，计算机造型技术和真实感图形绘制技术得到了长足的进步，出现了与卡通动画有质的区别的三维计算机动画。自 20 世纪 80 年代初开始，市场上先后推出了多个三维动画软件，这些计算机动画系统以友好的界面提供给用户一系列生成各种动画和视觉效果的手段和工具，用户可组合使用这些工具来生成所需的各种运动和效果。或许我们能找出 20 世纪 80 年代计算机动画作品中存在的许多不尽如人意的地方，但 20 世纪 90 年代的动画系统已能制作出许多以假乱真的影视特技，这在《侏罗纪公园》、《终结者 II》等电影中都得到了淋漓尽致的展现，观众已难以区分哪些是计算机动画生成的画面，哪些是模型制作的结果。

简单地讲，计算机动画是指用绘制程序生成一系列的景物画面，其中当前帧画面是对前一帧画面的部分修改。动画是运动中的艺术，正如动画大师 John Halas 所讲的，运动是动画的要素。一般来说，计算机动画中的运动包括景物位置、方向、大小和形状的变化，虚拟摄像机的运动，景物表面纹理、色彩的变化。

计算机动画所生成的是一个虚拟的世界，虚拟景物可以是商标、汽车、建筑物、人体、分子、桥梁、云彩、山脉、恐龙或昆虫等，虚拟景物并不需要真正去建造，物体、虚拟摄像机的运动也不会受到什么限制，动画师可以随心所欲地创造他的虚幻世界。

计算机动画主要研究运动控制技术以及与动画有关的造型、绘制、合成等技术。尽管造型技术在 CAD 和 CAGD 中得到了广泛的研究，但计算机动画对传统的实体、曲面造型提出了一些新的要求。一方面，计算机动画中场景造型的精度不必像工业设计那样高；另一方面，对造型工具的灵活性及景物运动的可控性提出了更高的要求。这导致许多针对动画应用而设计的造型技术，如隐函数曲面造型技术和 Catmull-Clark 离散曲面造型技术等。除此之外，由于其简单性和兼容性，多边形网格模型在计算机动画系统中得到了广泛的重视。绘制本身是真实感图形的主要研究内容，但随着动画技术的发展，传统的真实感图形绘制技术必须予以改造，使之满足动画的需要。

动画技术有很多，要对它们进行细致的分类是困难的。在后面的内容中，我们将从关键帧动画、渐变和变形物体动画、过程动画、关节动画和人体动画、基于物理的动画几个方面对计算机动画的研究现状做一个较全面的介绍。

计算机动画发展到今天，无论在理论上还是在应用上都已经取得了巨大的成功，但离人们的期望还有一定的距离，采用计算机动画模拟许多自然界的现象还有困难。

从最近发表的论文和取得的成果看，下面几个研究方向值得我们注意。

1. 复杂拓扑曲面的造型和动画研究

动画追求的新奇性和创新性推动了这一方向的发展。物体的造型与动画通常有密切的联系，造型的某些新方法往往同时提供了新的动画控制方法。由于 NURBS 曲面在表示复杂拓扑物体方面存在着许多困难，由 Catmull 和 Clark 提出的根据任意拓扑控制网格生成 B 样条曲面的细分曲面方法近几年来在计算机动画中越来越受到人们的重视，相关的论文不少。在 1998~2000 年的 Siggraph 中，有近 10 篇与 Catmull-Clark 细分曲面有关的论文，其中 Pixar 公司的 DeRose 等人把细分曲面引入到角色动画中，取得了非常好的效果。在动画软件 Maya 中，基于 Catmull-Clark 细分曲面的造型和动画已经成为其重要手段。隐式曲面的造型和动画研究也令人关注。

2．运动捕获动画数据的处理

运动捕获技术在电影《泰坦尼克》中取得了非常大的成功，该片中乘客从船上落入水中的许多惊险镜头都是由动画特技来完成的。实际上，运动捕获已成为现代高科技电影不可缺少的工具。运动捕获的动画数据包括关节运动数据和脸部表情动画数据。怎样把运动捕获动画数据重用和重置目标值得进一步研究。

3．基于物理的动力学动画

影视特技要求虚拟的动作画面能以假乱真，基于物理的动力学动画能较好地满足这一要求。这一方面的研究包括怎样建立更具普遍性的数学模型、怎样减少计算量和怎样有效地控制动画过程等。

5.7　Flash CS6 动画制作

Flash CS6 是美国 Macromedia 公司(现已被 Adobe 公司收购)出品的矢量图形编辑和动画创作的软件，它与该公司的 Dreamweaver(网页设计)和 Fireworks(图像处理)组成了网页制作的"三剑客"，而 Flash 则被誉为"闪客"。

Flash CS6 动画是由以时间发展为先后顺序排列的一系列编辑帧组成的，在编辑过程中，除了传统的"帧-帧"动画变形外，还支持了过渡变形技术，包括移动变形和形状变形。"过渡变形"方法只需制作出动画序列中的第一帧和最后一帧(关键帧)，中间的过渡帧可通过 Flash 计算自动生成。这样不但大大减少了动画制作的工作量，缩减了动画文件的尺寸，而且过渡效果非常平滑。

对帧序列中的关键帧的制作，产生不同的动画和交互效果。播放时，也是以时间线上的帧序列为顺序依次进行的。

Flash CS6 动画与其他电影的一个基本区别就是具有交互性。所谓交互，就是通过使用键盘、鼠标等工具，可以在作品各个部分跳转，使受众参与其中。从制作的角度说，Flash CS6 简单易学，用户可以很轻松地掌握 Flash，并制作出效果非凡的 Flash 动画。

5.7.1　Flash CS6 的启动与用户界面

1．Flash CS6 的启动

单击"开始"按钮，选择"程序"→"Macromedia"→"Macromedia Flash CS6"命令，此时屏幕将显示如图 5.13 所示的 Flash CS6 初始界面。

2．Flash CS6 的用户界面

启动 Flash CS6 后，屏幕上便呈现出如图 5.13 所示的 Flash CS6 工作界面，熟悉该工作界面的构成是正确使用 Flash CS6 的基础。

基本功能
文件(F) 编辑(E) 视图(V) 插入(I) 修改(M) 文本(T) 命令(C) 控制(O) 调试(D) 窗口(W) 帮助(H)
未命名-1
场景 1
100%
颜色
样本
属性
库
对齐
信息
变形
代码片断
组件
动画预设
项目
时间轴
动画编辑器

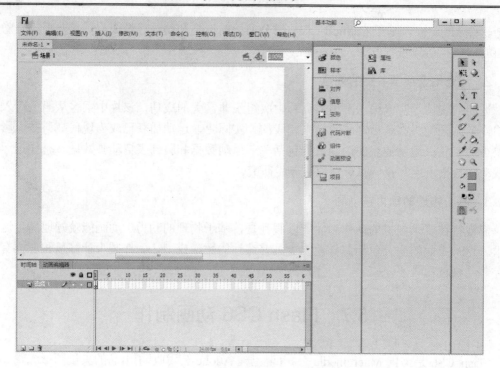

图 5.13　Flash CS6 的工作界面

(1) 菜单栏

菜单栏包括除绘图命令以外的绝大多数 Flash 命令。可依次选择“文件”、“编辑”、“视图”等菜单命令，了解各主菜单包含的子菜单，如图 5.14 所示。

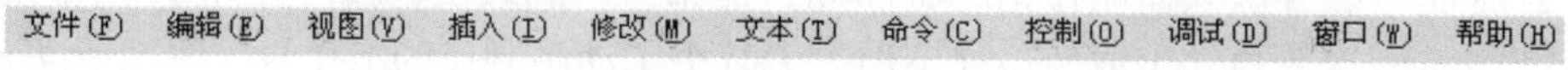

文件(F) 编辑(E) 视图(V) 插入(I) 修改(M) 文本(T) 命令(C) 控制(O) 调试(D) 窗口(W) 帮助(H)

图 5.14　菜单栏

(2) 控制工具栏

控制工具栏用于控制动画的播放，如图 5.15 所示，该栏中按钮与录音机的按钮十分相似。选择“窗口”→“工具栏”→“控制器”命令可显示或隐藏控制工具栏。

控制器

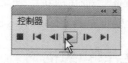

图 5.15　控制工具栏

(3) 工具箱

工具箱包括用于创建、放置和修改文本与图形的工具。它位于窗口的右侧，可以使用鼠标将其拖至窗口的任意位置，如图 5.16 所示。

(4) 浮动面板

浮动面板是指可以在窗口任意位置移动的面板。Flash CS6 保留了 Flash 5 中的一些浮动面板，对某些面板进行了改进(如时间轴面板、调色板面板)，并且新增了一些面板(如属性面板、组件面板、组件选项面板等)。

图 5.16　工具箱

(5)　时间轴面板

时间轴用于组织和控制影片内容在一定时间内播放的层数和帧数。时间轴面板位于标准工具栏下方，如图 5.17 所示。选择"窗口"→"时间轴"命令，可打开或关闭"时间轴"面板。

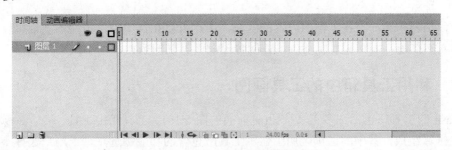

图 5.17　"时间轴"面板

时间轴的各组成部分如下。

①　时间轴的主要组件是图层、帧。与胶片一样，Flash 影片也将时长分为帧。图层就像层叠在一起的幻灯胶片一样，每个图层都包含一个显示在舞台中的不同图像。

②　文档中的图层列在时间轴左侧的列中。每个图层中包含的帧显示在该图层名右侧的一行中。时间轴顶部的时间轴标题显示帧编号。

③　时间轴状态显示在时间轴的底部，它指示所选的帧编号、当前帧频以及到当前帧为止的运行时间。

④　可以更改帧的显示方式，也可以在时间轴中显示帧内容的缩略图。时间轴可以显示影片中哪些地方有动画，包括逐帧动画、补间动画和运动路径。

⑤　时间轴的图层部分中的控件可以隐藏或显示、锁定或解锁图层以及将图层内容显示为轮廓。

⑥　可以在时间轴中插入、删除、选择和移动帧。也可以将帧拖到同一图层中的不同位置，或是拖到不同的图层中。

(6)　属性面板

当在工作区中选取某一对象或在绘图工具栏中选择某些工具时，属性面板中将显示与它们对应的属性。例如，用选择工具在工作区中任意选中一个填充区或笔触区对象，属性面板中会显示该对象的长度和宽度以及其在舞台中的坐标，如图 5.18 所示。

图 5.18　文本工具属性面板

(7)　舞台

舞台是创作影片中各个帧的内容的区域，用户可以在其中自由地绘图，也可以在其中安排导入的插图，编辑和显示动画，并配合控制工具栏的按钮演示动画。

5.7.2　利用工具箱中的工具画图

Flash 的工具箱包括许多工具按钮(见前面的图 5.16)。工具箱由工具、查看、颜色和选项 4 个区域组成，其中的选项区用于显示工具所包含的功能键选项，当用户选择不同的工具时，选项区中就会出现与之相应的功能键。可分别选择下列工具，在舞台中绘制简单图形，验证其功能。

1．画椭圆和矩形

(1)　单击椭圆工具，在舞台中拖放鼠标绘制椭圆。按 Shift 键拖动鼠标，则绘制圆。

(2)　单击矩形工具，拖放鼠标绘制矩形。若按住 Shift 键拖动鼠标，则绘制正方形。

2．画线

利用线条工具、铅笔工具和钢笔工具可绘制各种线条。

(1)　单击直线工具，在舞台中拖放鼠标，可绘制直线。若按住 Shift 键拖动鼠标，则可绘制垂直、水平直线或 45°斜线。

(2)　单击铅笔工具，可以画直线或曲线。

(3)　单击钢笔工具，可以绘制连续线条和贝塞尔曲线，且绘制后还可以配合部分选取工具来加以修改。用钢笔工具绘制的不规则图形可以在任何时候重新调整。

要调整所画的图形，可选择工具箱中的"箭头工具"。单击箭头工具，在工具箱的选项部分，可以根据情况在选项栏部分选择"对齐对象"(绘制、移动、旋转或调整的对象将自动对齐)、"平滑"(对直线和形状进行平滑处理)和"伸直"(对直线和形状进行平直处理)。

3. 选择图形并移动

利用工具箱中的部分选择工具、套索工具可选择已画好的图形对象或拖放鼠标使其移动。

(1) 单击部分选取工具，用拖放鼠标的方法圈出一个矩形，选中圆(或正方形)对象后，将显示出一条带有节点(小方块或圆)的蓝色线条。若单击套索工具，可以选择不规则区域。观察"选项"栏的显示，该工具包括"魔术棒"和"多边形模式"两种，魔术棒可根据颜色选择对象的不规则区域，多边形模式可选择多边形区域。

(2) 拖动鼠标将选中的图形移到所需要的位置。

4. 图形的填充

用于图形填充的工具主要有填充变形工具、墨水瓶工具和颜料桶工具。

填充变形工具可对有渐变色填充的对象进行操作，改变图形对象中的渐变色的方向、深度和中心位置等。

(1) 单击椭圆工具和"颜色"栏的"填充色"按钮，打开颜色选择框。

(2) 选择颜色选择框底部左起的第 4 个渐变色按钮。

(3) 在舞台中绘制一个有渐变色的圆。

(4) 选择填充变形工具，再单击上述有渐变色的圆，该圆被选中，并显示圆和正方形等标记。

(5) 对选取的圆进行相关操作。墨水瓶工具可用来更改线条的颜色和样式。颜料桶工具可用来更改填充区域的颜色，操作步骤如下。

① 单击颜料桶工具，它的选项栏包括"空隙大小"和"锁定填充"两项。空隙大小决定如何处理未完全封闭的轮廓，锁定填充决定 Flash 填充渐变的方式。

② 选择空隙大小和填充颜色，单击圆或椭圆，改变填充颜色。

③ 单击锁定填充按钮，再选择一种填充颜色，依次单击圆和正方形，改变其填充的颜色。

5. 图形的擦除

橡皮擦工具可以完整或部分地擦除线条、填充及形状。

5.7.3　简单动画的制作

Flash 动画只包含有两种基本的动画制作方式，即补间动画和逐帧动画。Flash 生成的动画文件的扩展名默认为 .fla 和 .swf。前者只能在 Flash 环境中运行，后者可以脱离 Flash 环境独立运行。

1. 补间动画

补间动画可用于创建随时间移动或更改的动画，例如，对象大小、形状、颜色、位置的变化等。在补间动画中，用户只需创建起始和结束两个关键帧，而中间的帧则由 Flash 通过计算自动生成。由于补间动画只保存帧之间更改的值，因此可以有效减小生成文件的大小。

补间动画分为补间动作动画和补间形状动画两种，其区别如下。

(1) 补间动作动画。在改变一个实例、组或文本块的位置、大小和旋转等属性时，可使用补间动作动画。使用补间动作动画还可以创建沿路径运动的动画。

(2) 补间形状动画。在改变一个矢量图形的形状、颜色、位置，或使一个矢量图形变为另一个矢量图形时，可使用补间形状动画。

2. 逐帧动画

逐帧动画是一种传统的动画形式，在逐帧动画中，用户需要设置舞台中每一帧的内容。由于逐帧动画中 Flash 要保存每个帧上的内容，因此采用逐帧动画方式的文件通常要比采用补间动画的文件大。

逐帧动画模拟传统卡通片的逐帧绘制方法，不仅费时，而且要求用户具有较高的绘图能力。补间动画则不然，由于所有中间帧均由工具自动完成，使不会绘画的用户也可轻松地制作出形状和色彩逐渐变化、移动速度快慢随意的动画，动画文件的容量也较逐帧动画小得多，因而更适合于绘画水平不高的初学者使用。

【例 5.1】利用 Flash CS6 创建一个简单运动动画，显示一只小鸡从树下走向小屋的过程，如图 5.19 所示。

图 5.19　运动动画

具体操作步骤如下。

(1) 运行 Flash CS6，单击属性面板中的"文档属性"按钮，在弹出的"文档属性"对话框中，设定动画的大小为 500px×300px。

(2) 选择"文件"→"导入"菜单命令，导入背景文件：背景 1.jpg。

(3) 在时间轴窗口的第 1 帧处，单击工具箱中的任意变形工具 ，将导入图片调整到与舞台同等大小。

(4) 在图层 1 的第 50 帧处单击鼠标右键，在弹出的快捷菜单中选择"插入帧"命令，使图片在动画的全过程中一直显示。

(5) 单击时间轴面板中的插入图层按钮，创建图层 2。

(6) 选中图层 2 中的第 1 帧，选择"文件"→"导入"菜单命令，导入本书所配光盘中的文件：公鸡 1.bmp。

(7) 使用任意变形工具，将导入图片调整到合适的大小。

(8) 选择"修改"→"分离"菜单命令将图片打散。

(9) 单击工具箱中的套索工具，在其选项区中选择魔术棒工具，单击公鸡图片的背景，然后按 Delete 键将打散后图片的白色背景去掉。

(10) 选择"修改"→"转换为元件"菜单命令，将处理好的图片转换为一个"图形"类型的符号。

将小鸡移到舞台外围的左下部，如图 5.20 所示。

图 5.20　制作图层 2 的第 1 帧

(11) 在图层 2 的第 1 帧处将小鸡移到舞台外围的左下部。

(12) 在图层 2 的第 50 帧处单击鼠标右键，在弹出的快捷菜单中选择"插入关键帧"命令，插入一个关键帧。

(13) 在 50 帧处将小鸡移到小屋处。

(14) 单击图层 2 时间轴面板中的第 1 帧处，在属性面板中的"补间"下拉列表中选择"动作"。

(15) 按 Enter 键，看动画效果。

(16) 选择"文件"→"保存"命令，以文件名 animator3 保存到 C 盘根目录。

5.8　本 章 小 结

动画技术自 20 世纪 60 年代问世以来，已经有了飞速的发展。计算机动画的应用已渗透到社会的许多方面。本章首先介绍了动画的基本概念及各种动画的分类，详细地介绍了计算机动画的生成、二维动画、三维动画一般的制作步骤等。然后，对计算机动画的运动控制方法、动画语言和动画的传输等进行了一般性的介绍，目的是让读者对计算机动画的众多方面能有所了解。本章的最后，详细介绍了如何创作 Flash 动画。希望读者通过学习本章，既能了解计算机动画的一般知识，又能学会简单动画的创作方法。

5.9 习　　题

1. 填空题

(1) 我们所看到的动画，实际上是由若干幅静止图片所组成的。之所以能有动的感觉，主要是由人类的_____生理现象所致。

(2) 计算机动画若按运动控制方式来分，有_____、_____和基于物理的动画。

(3) 运动控制方法指的是_____的运动控制模型。

(4) 基于动画描述模型开发的动画语言主要有 3 类，它们是线性表语言、_____、_____。

(5) Flash 生成的动画文件的扩展名默认为.fla 和.swf。它们的区别是_____。

(6) 在 Flash 中制作动画的方法分为两种：_____和_____。

2. 选择题

(1) 计算机动画的生成过程一般包括许多步骤，下列不是计算机动画生成所必需的步骤是_____。

    A. 关键帧与背景的绘制   B. 预演与编辑

    C. 动画输出   D. 配音

(2) 计算机动画有二维动画与三维动画之分。下列有关二维动画与三维动画的叙述中不正确的是_____。

    A. 二维动画比三维动画制作简单

    B. 二维动画比三维动画所需存储空间小

    C. 三维动画制作的时间比二维动画要长

    D. 三维动画制作者必须是计算机专业人员

(3) 下列不是 Flash 动画输出格式的是_____。

    A. .fla   B. .gif

    C. .doc   D. .html

(4) 动画的传输主要有两种方式：其一，以符号方式表示和传输动画对象及运动命令；其二，以位图图像方式表示和传输。下列说法中正确的是_____。

    A. 前者需传输的数据量少，后者需传输的数据量大

    B. 前者需传输的数据量大，后者需传输的数据量小

    C. 前者接收端重显动画所需处理的工作量较大

    D. 前者接收端显示的图像质量不如后者

(5) 矢量图形和动画有许多优点，下列不是其优点的是_____。

    A. 只用少量的数据就可以描述一个复杂的对象

    B. 图形任意地缩放而不会变形

    C. 显示图形简单

    D. 便于网络传输

3. 判断题

(1) 计算机动画是由若干幅静止画面所组成的。 （ ）

(2) 图像显示得是否流畅，与动画本身无关，只与显示器性能有关。 （ ）

(3) Flash CS6是一种用于制作三维动画的软件。 （ ）

(4) Flash动画包含有补间动画和逐帧动画两种基本的动画制作方式。 （ ）

(5) Flash生成的动画文件默认扩展名为.fla，它可以脱离Flash环境独立运行。 （ ）

4. 简答题

(1) 什么是动画？什么是计算机动画？

(2) 用计算机实现的动画最常见的可分为哪几类？

(3) 什么是二维动画？二维动画如何实现？

(4) 简述制作计算机动画的一般过程。

(5) 什么是动画语言？动画语言有哪几种类型？

(6) 计算机动画的传输有哪几种方式？各有何特点？

(7) 计算机动画和视频图像有何区别？

第6章

多媒体数据库技术

教学提示：

  多媒体数据具有信息多样、数据量大、内容复杂而且难以描述等特点。对多媒体信息进行有效的管理是多媒体技术中的一项重要内容。多媒体数据管理既可以通过文件管理、超文本/超媒体等方式进行，也可以通过面向对象数据库和多媒体数据库方式进行。研究并制定多媒体信息基于内容的表示方法是实现基于内容的多媒体信息处理的前提。基于内容的多媒体数据表示是目前研究的重点和难点，虽然制定了用多媒体信息描述的框架，但还没有实用的、统一的技术标准。面向对象数据库和多媒体数据库从不同的技术角度探索了对多媒体信息进行集成管理的方法，但技术上还有许多没有解决的问题，距离完善的实用阶段还有相当的差距。

教学目标：

  在本章中，将讲述多媒体数据的特点和多媒体数据管理的技术现状。针对现状分别从面向对象的数据库技术、超文本与超媒体技术、超文本标记语言和多媒体数据库等多个方面，讨论多媒体信息的组织和管理技术。本章的重点是学习和掌握多媒体数据管理中的基本方法和技术，了解多媒体数据管理技术中目前所存在的主要技术难题。

6.1　多媒体数据与数据管理

近年来，随着扫描仪、数码相机、视频采集卡、数码摄像机、数码音频录放等多媒体采集设备的技术进步和大量普及，多媒体信息采集和处理技术有了很大的发展。多媒体信息与传统的纯文本信息具有本质的不同，它具有信息多样、数据量大、内容难以描述等特点。多媒体信息的大量应用给人们的工作和生活带来诸多好处的同时，如何对多媒体信息进行有效的管理成为一个十分重要的问题。

6.1.1　多媒体数据的特点

多媒体数据包含了文本、图形、图像、音频、视频、动画等多种不同的媒体信息。在这些信息中，有些信息的编码方式是固定的，如文本，它的基本特点是不同信息符号的编码事先已经定义，如针对英文及符号的 ASCII 编码集，针对简体汉字的 GB2312 字符编码集等。不同的文字在组成一段文本信息时，其内部的编码已经确定，被称为是格式化的信息。对于格式化的信息，由于每个信息符号的编码都是确定的，所以对这些信息的检索可由计算机按照统一的检索算法进行处理，较少需要用户考虑信息的内部组织方式及展示方式。相对于文本这种最常见的、最简单的信息，多媒体中包含的其他类型的数据都是非格式化的数据，且具有以下特点。

(1) 多媒体数据种类多、信息量巨大(量的差距也很大)，处理时间长，尤其是音、视频数据。

(2) 多媒体数据大都经过多个压缩编码算法的处理，多数处理过程中还使用了有失真的压缩方法，而且信息还原过程需要有相应解码算法的支持。多媒体压缩编码算法种类繁多，并处于快速发展过程中，不同时期的压缩算法可能存在着版本控制问题。

(3) 多媒体信息分布具有分散性。现行的多媒体数据压缩编码方案一般只考虑消除信息中存在的冗余度，而不考虑这些信息向人们所传达的内容及代表的真实意义。如一段视频中常包含多个视频片段。而基于内容的、统一的多媒体信息描述方法是一个研究前沿的问题，许多问题尚未完全解决，所以对多媒体信息进行有效组织和检索比较困难。如图形、图像和视频节目中基于内容的检索等。

(4) 多媒体数据包含的信息具有复合性和时序性，重现过程可能会有服务质量(QoS)的要求。如视频数据中一般都包含有音频信息，有些视频中甚至还包含有字幕等信息，在播放时对时延要求较高，而且需要字幕、音、视频的同步。

多媒体数据的以上特点使得这些数据的管理面临着十分复杂的技术要求。如何高效地对多媒体数据进行管理以及如何实现基于内容的管理，是多媒体数据库技术研究的核心问题之一。

6.1.2　多媒体数据的管理技术

随着多媒体技术的发展，数码相机、数码摄像机、电脑动画、CD 音乐、MP3 音乐等各种各样的多媒体产品和信息也越来越多，每天新产生的多媒体信息量急剧增加。与此同时，如何对越来越多的多媒体数据进行有效管理是摆在人们面前的紧迫任务。

多媒体数据的管理就是对多媒体资料进行存储、编辑、检索和展示等。随着多媒体数据的管理方式和技术的不断发展，目前对计算机多媒体信息的管理主要有文件系统管理方式、扩充关系数据库方式、面向对象的数据库方式和超文本(超媒体)管理方式等。

1. 文件系统管理方式

文件系统管理方式是计算机对软、硬件资源统一管理的传统方式。从外部存储器出现以后，计算机对信息的管理方式主要是使用文件系统管理方式。与其他进入计算机的信息一样，多媒体数据必须以二进制文件的形式存储在计算机上，所以可以用各种操作系统的文件管理功能实现对多媒体数据的存储管理。

根据不同媒体信息产生方式的不同，多媒体数据的文件格式很多，常见的多媒体数据文件格式(以扩展名区分)如下。

(1) 文本文件：TXT、WRI、DOC、PPT、RTF 等。

(2) 音频文件：VOC、WAV、DAT(CD)、MID、MP3、WMA、AIFF、AU 等。

(3) 视频文件：AVI、DAT(MPEG)、ASF、WMV、RM、RMVB、MOV、FLC、FLI、FLX、MP4 等。

(4) 矢量图形文件：DRW、PIC、WMF、WPG、CGM、CLP、DXF、HGL 等。

(5) 图像文件：PCX、BMP、TIFF、JPG(JPEG)、GIF、IMG、PDF、DIB、PNG、ICO、PSD、EPS、MAC、TGA 等。

(6) 数据库文件：DBF 等。

在目前流行的 Windows 操作系统中，利用资源管理器不仅能实现文件查询、删除、复制等存储管理功能，而且可以通过文件属性的关联，当用户双击鼠标时就能实现有些图文资料的编辑、显示或播放等。

同时，为便于用户管理和浏览多媒体数据，近年来出现了很多图形、图像的浏览软件，如图像浏览编辑软件 ACDSee 等。

这些工具软件不仅可浏览绝大部分格式的图形图像文件(如 BMP、GIF、JPEG、PCX、Photo-CD、PNG、TGA、TIFF、WMF 等)，而且提供了常用的图形图像编辑功能，如调整图像、选取图像、复制图像、转换图像的格式等功能。

操作系统以树型目录的层次结构实现对文件的分类管理。它具有层次分明、结构性好等优点，尤其是随着软件技术的发展，在 Windows 2000 以上版本的操作系统中，提供了对主流格式(并非所有格式)多媒体文件的"缩略图"和预览方式，用户可在选取而不是打开这些文件的时候，预览音频、视频、图形和图像文件。利用文件系统管理方式的关键是建立合理的目录结构，以便于多媒体数据文件的管理。

尽管文件系统的管理方式对文件的存储管理比较简单，但当多媒体数据文件的数量和种类过多时，浏览和查询的速度将大大降低，而且由于可以预览的文件格式受限制，某些格式的多媒体文件将不能通过"预览"实现展示和播放。所以，文件系统的管理方式一般仅适用于小的项目管理或较特殊的数据对象，所表示的对象及相互之间的逻辑关系比较简单，如管理单一媒体信息，如图片、动画等。

2．扩充关系数据库的方式

数据库技术可以实现将多种不同属性的数据置于同一个数据库文件中进行统一的管理，具有文件系统管理方式不可比拟的优越性，但传统的关系型数据库只能处理数字、文字、日期、逻辑数据等传统的文本数据，不能对音频、视频和图形图像数据进行统一管理。那么如何利用现有的数据库系统、通过改进技术实现对多媒体数据的统一管理呢？可以设想，如果在原有的关系数据库基础上增加对多媒体的有关数据类型的支持，原有的数据库系统就可以实现对相应多媒体类型数据的存储和统一管理。

但设想与实现之间往往存在着一定的差距。关系数据库系统是在严格的关系模型基础上建立起来的，它描述的是各属性之间以及各元组间的内在的、本质的关系。但多媒体数据所表达的内在含义目前还没有一个标准的、通用的描述方法，利用关系数据库的管理方式，简单的逻辑关系无法表达复杂的多媒体信息。可以说多媒体数据的丰富内含已远远超出了关系模型的表示能力。所以在多媒体信息描述技术方面如果没有大的突破，利用关系数据库技术来对多媒体信息进行妥善的处理就存在着很多困难。在现阶段，比较可行的方案是对原有系统进行一些扩充，使其支持声音、图像等相对简单的多媒体数据。目前全球大型的数据库公司都已在原有的关系数据库产品中引入新的数据类型，以便存储多媒体对象字段(如图像、声音等)，使之在一定程度上能支持多媒体的应用。如 Oracle、DB2、SYBASE、VFP、INFORMIX 等。

使用关系数据库对多媒体数据进行存储和管理的方法有如下几种。

(1) 用专用字段存放全部多媒体文件，实现多个多媒体数据文件的集中存放与管理。

(2) 将多媒体数据分段存放在不同字段中，播放时再重新构建。

(3) 将文件系统与数据库系统管理方式结合起来，多媒体资料以文件系统方式存放，用关系数据库存放媒体类型、应用程序名、媒体属性、关键词等，以便用数据库方式对多媒体数据进行查询。

3．面向对象数据库的方式

20 世纪 80 年代后期，出现了面向对象的数据库管理系统。面向对象数据库是指对象的集合、对象的行为、状态和联系是以面向对象的数据模型来定义的。面向对象的数据库技术将面向对象的程序设计语言与数据库技术相结合，是多媒体数据库研究的主要方向。

面向对象技术为新一代数据库应用所需的数据模型提供了基础，它通过类、对象、封装、继承和多态的概念和方法来描述复杂的对象，可以清楚地表示出各种对象及其内部结构和联系。

面向对象的数据库方式的优点如下。

(1) 多媒体数据的复杂内涵可以抽象为被类型链连接在一起的节点网络，它可以用面向对象方法描述，面向对象数据库的复杂对象管理能力正好对处理非格式多媒体数据适用。

(2) 面向对象数据库可根据对象标识符的导航功能，实现对多媒体数据的存取，有利于对相关信息的快速访问。

(3) 面向对象的编程方法为高效能软件开发提供了技术支持。

尽管面向对象的数据库方式具有很多优点，但由于面向对象概念在应用领域中尚未有统一的标准，使得面向对象数据库直接管理多媒体数据尚未达到实用水平。

4．超文本(或超媒体)的方式

超文本技术是一种对文本的非线性阅读技术。它将文本信息以节点表示，并将各个节点以其内在的联系(称为链)进行连接，从而构成一个非线性网状结构。这种非线性网状结构可以按照人脑的联想思维方式把相关信息联系起来，供人们浏览。在超文本系统中引入了多媒体后，即节点的内容可以是多媒体元素时，超文本就成为了超媒体。

超媒体方式以超文本的思想来实现对多媒体数据的存储、管理和检索。超媒体系统中的一个节点可以是文本、图形、图像、音频、视频、动画，也可以是一段程序，其大小可以不受限制，通过链的指示提供了各节点之间信息的浏览与查询功能。目前因特网上的 Web 网页基本上都是按照超媒体的思想来实现对多媒体信息的组织。

超文本或超媒体应用系统可以使用高级语言进行编程开发，也可以用支持超文本功能的工具软件来实现。目前可用于实现超文本或超媒体的软件很多，如 HTML(超文本标记语言)、Microsoft Office 组件中的链接与嵌入对象技术等都可以实现超媒体的功能。超文本或超媒体技术的特点决定了它适合于面向浏览的应用，所以特别适用于 Web 网页、多媒体课件、电子出版物等，但不适合用于大量多媒体数据管理。

5．综合的多媒体数据管理模式

多媒体数据管理的不同方法各有优缺点，它们分别适应于不同的应用。如果将不同的方法进行有效的组合，充分发挥每一种方法的优势，将会提高对多媒体数据管理的效率。目前在综合的多媒体数据模式下，常用的方法有两种。

(1) 文件系统管理与关系数据库管理相结合。实现的主要方法是将多媒体资料以文件系统的方式存储在计算机中，用关系数据库中的字段存储多媒体数据的类型、应用程序名、媒体属性和关键词等，从而实现多媒体数据存储与查询功能的结合。这种方式实现起来比较简单，所以在目前多媒体资料管理系统中用得较多。

(2) 用面向对象的概念扩充关系数据库。传统关系型数据库系统中不支持多媒体数据类型及相应的操作，使用面向对象技术对关系数据库的基本关系类型进行扩充，使其支持复杂对象及相关的操作，就可以利用关系数据库的优势实现对多媒体数据的管理。

6.2　面向对象数据库

数据库是按一定规则组织起来的数据的集合。多媒体数据是非结构化的数据，使用数据库方式进行管理时，面临着许多问题。利用面向对象技术对多媒体数据进行组织并实现数据库方式的管理，可以大大提高多媒体数据的管理效率。本节主要讨论面向对象的数据库的特点、研究的主要内容以及设计方法。

6.2.1　面向对象数据库概要

面向对象数据库系统(ODBMS)与传统的关系数据库系统(RDBMS)相比，具有许多共同的特点。数据库可以方便地对数据进行索引、查询、维护等有效的管理，能够将数据长期保存在磁盘等存储器上以利于数据的重用、支持并发和数据恢复等。

面向对象数据库系统具有比关系数据库更优的数据存取性能。据 Sun 公司 1991 年的相关测试报告显示：对磁盘数据库存取的 ODBMS 比 RDBMS 平均快 5 倍；在内存中的数据库存取要快 30 倍，在内存中对某一给定的对象访问与之相联系的所有对象方式中，ODBMS 比 RDBMS 高出 3 个数量级。

1. 面向对象数据库系统的优缺点

面向对象数据库具有传统数据库所不具备的优点，具体表现在以下几个方面。

(1) 复杂信息的表达与查询：面向对象的方法符合人们的思维规律，它将复杂的客观事物表示为具有属性和行为的对象。设计人员用 ODBMS 开发的应用系统更直接地反映了客观世界，便于用户的理解和使用。

(2) 可维护性好：面向对象数据库系统使用面向对象的方法使得代码重用率很高，系统维护相对简单。

(3) 解决了"阻抗不匹配"(Impedance Mismatch)问题：所谓"阻抗不匹配"问题，是指应用程序语言与数据库管理系统对数据类型支持的不一致问题。这是关系数据库运行中不易解决的典型问题。

(4) 因为技术方面的原因，面向对象的数据库系统仍然存在着一些不足之处。

(5) 面向对象数据技术还很不成熟：技术上的不成熟与标准化的问题使得有效的检索存在困难，而且不同的 ODBMS 之间数据交换也比较困难。

(6) 基础理论尚不完善：面向对象的数据库理论还不成熟，缺乏严密的演算或理论方法支撑。

总地来说，人们对面向对象数据库的核心概念正逐步取得共识，标准化的工作正在进行。核心技术进步比较困难，外围工具正在开发，面向对象数据库系统正在走向实用阶段。但用户对其性能和形式化理论的担忧仍然存在，系统实现中仍面临着新技术的挑战。

2. 面向对象数据库系统的主要研究内容

(1) 数据模型及核心概念

20 世纪 80 年代中期以后，关于面向对象数据模型的问题，一些核心概念逐渐得到了公认，并提出了核心数据模型的概念，它包括以下主要的概念：对象和对象标识符、属性与方法、封装和消息传递、类/类层次和类继承等。核心数据模型的提出与实践，较好地解决了大部分应用类型的数据模型要求，但是许多工程应用中还需扩充一些概念，其中最重要的有两部分内容，一部分是如何反映对象之间的整体与部分的关系，即聚集关系，另一部分是如何反映对象之间的版本关系。与之有关的两个重要概念可做如下的解释。

- 复合对象：如果一个对象的一个属性不是一个基本数据类型(如整数、实数、字符串等)，而是对另一个对象的引用，则这个对象称为复合对象。引用又可分为两种类型：复合引用和弱引用。反映整体与部分(聚集)关系的引用为复合引用，一般联系的引用为弱引用。

- 版本关系：建立一个对象后，该对象可能有一些新版本对象从它派生出来，而其他一些新版本对象又能从它们再派生出来等。版本控制是下一代数据库应用中最重要的数据建模要求之一。

(2)　语言接口

目前，面向对象数据库系统的设计基本上可以分为 3 种方法来实现系统的语言接口。

第一种是采用扩充的关系模型，在传统关系型数据库基础上设计出支持面向对象的数据库。通常的做法是用面向对象的特性，如复杂对象，二进制多媒体数据，来扩充关系的行和列模型。这种方法可以利用关系数据库的优化及实现技术的大量经验，具有研制工作量小、研制周期短、面向对象数据与关系数据库中的其他数据可以共享等优点，但它不能支持面向对象的语义，性能和效率难有提高。

图 6.1 是 Oracle 实现的面向对象数据库的模型。

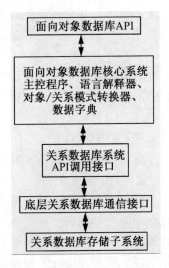

图 6.1　扩充关系模型的面向对象数据库模型

第二种方法是在面向对象的设计环境中加入数据库功能。它以当前的面向对象的程序设计语言系统为基础，加入对象的永久化功能，绝大多数开发是在 C++ 和 Smalltalk 上实现的。永久对象管理器是作为类库用运行模块加到语言中的，常常采用特殊的预处理器。现存的程序可以继续工作，但存储管理器能使程序使用永久对象和数据库。这种系统面向的是程序员而不是终端用户，但面向对象与关系数据库在设计思想上差距很大，面向对象所支持的对象标识符、类属联系、方法等概念在关系型数据库中没有对应的概念存在，导致数据共享难以实现。

而且应用程序员需要学习和使用两种不同的语言、处理两种语言所允许的数据模型和数据结构的差异，即"阻抗不匹配"问题。比较典型的系统有 Objectstore(Object Design 公司开发的带有 C 和 C++ 语言连接的系统)等。

第三种方法是设计纯面向对象的数据库系统。纯面向对象数据库，整个系统完全按面向对象的方法开发，也常将数据库模型和查询语言集成进面向对象中。它具有系统结构清晰、效率高的优点，同时也存在着开发难度大、缺乏统一数据模型及形式化理论等问题。

最近几年，原型系统研究所遇到的许多问题已逐步解决，许多系统已逐渐走向商品化。纯面向对象数据库的较著名的例子有 Gemstone(由 Servio 公司开发的第一个广泛使用的商品化的对象数据库系统)、Objectivity/DB(已得到大量应用)等。

与传统数据库的接口语言设计相似，在面向对象的数据库语言接口设计中，必须包括数据定义子语言，查询和数据操纵子语言，以及数据控制子语言，而且必须将这些子语言设计成能完全反映面向对象数据模型所固有的灵活性和约束。为了实现面向对象程序语言和数据库语言的无缝式连接，就必须将这些子语言设计成与面向对象系统消息传递方式相一致。

(3) 面向对象数据库的体系结构

面向对象数据库管理系统一般由对象子系统和存储子系统两大部分组成。对象子系统由模式管理、事务管理、查询处理、版本管理、长数据管理以及外围工具等模块组成，而存储子系统由缓冲区管理和存储管理模块组成。

① 对象子系统。对象子系统各模块及其主要功能如下。

- 模式管理：读模式源文件生成数据字典，对数据库进行初始化，建立起数据库的框架。
- 事务管理：对并行事务进行处理，实现锁管理和恢复管理机制。
- 查询处理：查询处理负责对象的创建、查询等请求，并且处理由执行程序发送的消息。
- 版本管理：对对象的版本进行控制。
- 长数据管理：工程中有些对象如图形、图像、对象一般都较大，可达数 KB 甚至数 MB。这么大的数据需要进行特殊的管理。
- 外围工具：面向对象数据模型语义丰富，使对象数据库的设计变得较复杂，这给用户的应用开发带来难度。要使 ODBMS 实用化，需要在数据库核心层外开发一些工具，帮助用户进行数据库的应用。主要的工具有：模式设计工具、类图浏览工具、类图检查工具、可视化的程序设计工具及系统调试工具等。

② 存储子系统。存储子系统各模块及其主要功能如下。

- 缓冲区管理：对对象的内外存交换缓冲区进行管理，同时处理对象标识符与存储地址之间的变换。
- 存储管理：对物理存储(磁盘)空间进行管理。存储管理过程中采用有效的磁盘调度算法来改进系统的存取性能。一种方法是将预计一起调用的对象聚为一簇(Cluster)，比如将用户所指定的类层次中的所有对象聚集成簇，并一次全部读入内存。这样，当应用程序所调用的相关对象正好在内存中时，应用程序可以实现直接存取，从而大大加快存取速度。另一种方法是利用索引技术，对磁盘中的对象建立索引以便于快速检索。利用索引，应用程序可以将对象的标识符快速地映射到它们的物理地址上，实现对磁盘数据的快速访问。这种方法对大型数据库尤为有效，常用的索引方法有杂凑(Hashing，又称哈希)算法或采用 B 树(或 B+树)索引方法等。

(4) 基于客户/服务器(Client/Server)网络的数据库结构

面向对象的数据库系统既可以运行在单机环境中，又可以运行在由多个处理机组成的网络上。处于网络中的数据库由一个节点进行管理(服务器)，但可以由一个也可以由多个节点(客户)来访问，以这样的方式进行数据访问的数据库系统称为"客户/服务器"数据库系统。一个基于网络的数据库系统如果由一个以上的节点进行管理，使得数据库的物理布局对用户是透明的，这种数据库系统被称为分布式数据库系统。

目前的大多数面向对象的数据库系统都是客户/服务器系统。客户/服务器系统结构为"无盘"客户机用户提供了便利的管理数据的方法，同时它比分布式对象数据库管理系统更容易实现。所以，大多数面向对象的数据库管理系统，如 Gemstone、IRIS、O2 及 Object-store 等都采用客户/服务器的结构。但客户/服务器结构也有一些缺点：如服务器会造成单点故障而且对永久数据库的存取要求网络通信等，但这并不影响客户/服务器结构的广泛应用和令人满意的服务性能。

6.2.2　面向对象的数据库设计技术

数据库的设计方法主要有两种：属性主导型和实体主导型。属性主导型从归纳数据库应用的属性出发，在归并属性集合(实体)时维持属性间的函数依赖关系；实体主导型则先从寻找对数据库应用有意义的实体入手，通过定义属性来定义实体。面向对象的数据库设计是从对象模型出发的实体主导型设计。数据库的设计是否支持应用系统的对象模型，这是判断是否是面向对象数据库系统的基本依据。

面向对象数据库的设计与传统数据库设计的步骤基本相同，主要可以划分为以下几个阶段。

(1) 需求分析阶段：对需求的收集与分析，主要考虑用户的应用需求，如使用何种数据及进行何种处理。

(2) 概念设计阶段：根据需求分析的结果，对数据库的概念结构进行设计。

(3) 逻辑设计阶段：将数据库的概念设计，利用相应的映射规则、数据库管理系统的功能和优化方法，对数据库的逻辑结构进行设计，并完成数据模型的优化。

(4) 物理设计阶段：在逻辑设计的基础上，结合用户应用需求，对数据库系统的详细特征进行设计，并对数据库的物理结构的设计情况进行评价与性能检测，验证是否能够满足应用需求。

(5) 数据库实施阶段：完整实现一个数据库应用系统，进行实验性的运行并修正存在的问题。

(6) 数据库运行与维护阶段：将设计的数据库交付用户，并在使用中进行各种正常的维护。

由于面向对象的设计思想与传统关系数据库中的关系没有直接的一一对应关系，所以在面向对象的数据库设计中，需要考虑的重点是如何以类为基础，并根据类的层次结构和继承关系构造数据库；同时，面向对象的数据库中对数据的操作(如添加、删除、修改、查询等)也需要在封装的对象中进行，所以在设计中除了考虑数据本身的属性外，还应包括对属性的相应操作。面向对象数据库设计可以分为两个阶段：逻辑设计和物理设计。

1. 面向对象数据库的逻辑数据库设计

逻辑数据库设计包括了数据库设计步骤中的需求分析、概念设计和逻辑设计阶段。主要工作包括类的定义、类的层次结构、属性定义、关系定义和方法定义等。

(1) 类的定义：类的定义是对客观事物的抽象。在用户需求分析的基础上，对需要描述的对象进行抽象和分解。抽象的过程可以对客观事物的属性及其需要的操作进行提取，以便使用面向对象的方法表示；分解的过程可以将一个对象分解成为多个对象，以便对复杂的内部结构进行更细致的表示。

(2) 类的层次结构定义：一个实用的面向对象数据库系统中可能存在多个类，这些类之间可能存在着层次上的关系。如包含、派生、多态以及对已有类的重用等。层次定义以能够反映实际应用中的自然关系为准则。

(3) 属性定义：按照需求分析和类的定义，确定类中所需的属性。对类的属性定义主要考虑属性的访问方式。直接访问类的属性方式会破坏类的封装特性，但可简化编程访问；而利用方法提供接口的方式虽然可以灵活处理内部的各类数据，但在进行查询等操作时效率不高。可行的办法是允许用户直接读取属性，但只能通过方法更改属性。

(4) 关系定义：关系定义主要考虑在一个关系中如何调用对象数据、如何实现一对多或多对多的关系以及对象引用的完整性。

(5) 方法定义：方法是对对象的操作，方法定义主要考虑哪些操作应该定义为方法、方法所应用的类及其多态性。

2. 面向对象数据库的物理数据库设计

面向对象的物理数据库设计主要考虑数据的存储结构和索引结构。

存储结构是指数据库中数据的存储分布情况。主要考虑是单节点存储方式还是分布式存储方式。小型应用系统常采用单节点的存储方式，它以类为基础，并根据类的层次结构和继承关系用链表来构造数据库。分布式存储方式用于大型数据库中，数据库的数据分布在不同的节点上，各节点通过网络进行通信，处于不同节点上的数据以分布式数据库的方式进行存取，并在逻辑上形成一个完整的数据库。

索引的目的是加速查询的速度。对数据库进行的操作大多是基于查询的，如插入数据、删除数据、编辑修改等。建立合理的索引结构，可以大大加速查询的速度。尤其是对于大型数据库，如果不使用索引，则查询过程以扫描的方式进行，效率极低。

需要说明的是，数据库设计的过程是一个不断反馈和不断完善的过程。当数据库经过逻辑设计和物理设计后，就可以将数据输入到数据库中，在进行必要的测试后，就可以发布并交付用户了。

综上所述，面向对象的数据库技术目前还处于研究和发展阶段。已经取得的成果主要集中在理论及形式化研究方面，如复杂对象模型的表示、扩充的关系代数理论、嵌套关系表示、复杂对象演算方法等。实验系统的研究侧重于面向对象和复杂对象的操作语言。其商业化的面向对象数据库系统受基础理论研究的限制，大多以某一种实现技术为原型进行开发，适用的行业还比较有限，其功能方面各有优缺点。

6.3　超文本与超媒体

超文本与超媒体技术是面向浏览的多媒体组织方式。利用超文本与超媒体技术，可以对多媒体数据进行有效的组织，并构建出广泛应用于互联网的多媒体应用系统。本节主要就超文本与超媒体的基本概念、主要成分、应用与发展等问题进行讨论。

6.3.1　超文本与超媒体的概念

超文本是相对于文本而言的一种信息组织方式。文本是人们熟知的以文字和字符表示信息的一种方法。其特点是在阅读和学习这些内容时，通常是逐字、逐行、逐页按顺序阅读，文本信息的文件组织方式采用线性和顺序的结构形式。文本方式对文本信息的组织是可行的，因为文本本身就是由文字、符号等组成的格式化数据，而对图形、图像、音频等非格式化的多媒体数据来说，纯文本方式难以适应对多媒体数据管理的要求。

1．超文本的发展历史

1945 年，科学家 Varmever Bush(1890-1974)在其论文中提出了信息超载问题，预言了文本存在一种非线性结构，提出了采用交叉索引链接来解决这个问题。并在他设计的一种名为 Memex 的系统中首先描述了这一概念，利用这一系统实现了对微缩胶片的管理和检索。虽然他没有明确使用"超文本"一词，但目前公认为他是超文本技术的创始人。

1965 年，Ted Nelson 创造了"超文本(Hypertext)"一词，命名这种非线性网状文本为超文本，而且在计算机上实现这个想法，并在他的 Xanadu 计划中，尝试使用超文本方法对分布在不同地域计算机上的文献资源进行联机。

超文本在 1945 年出现初步设想，到 20 世纪 60 年代正式产生，20 世纪 70 年代有较大发展，20 世纪 80 年代开始用于实际并得到快速发展。1987 年 11 月，在美国北卡罗来纳大学召开了 ACM 超文本会议；1989 年在英国约克郡举行了第一次公开的超文本会议；1990 年在法国举行了第一届欧洲超文本会议；1989 年，第一本专门的超文本科学杂志《Hypermedia》正式出版发行。所有这些学术活动及其相关研究，都对超文本技术的发展起到了重要的推动作用。

2．超文本的相关概念

(1) 超文本：是由节点和表示节点之间关系的链组成的非线性网状结构。

(2) 节点：是按文本信息内部固有独立性和相关性划分成的不同的基本信息块。具体到应用中，每一个节点可以是某一大小的文本块，如卷、文件、帧或更小的信息单位。

(3) 链：用来表示节点之间的逻辑关系，并用来连接各节点。通常情况下，链的个数是不固定的，它依赖于每个节点的内容。有些节点与许多节点相连，而有的节点可能只有一个链与目标节点相连。

文本与超文本的结构如图 6.2 所示。

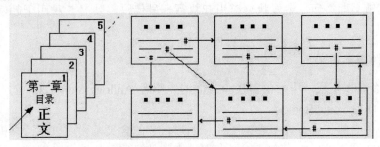

图 6.2　文本结构与超文本结构

(4) 超媒体：超媒体是指引入多媒体信息的超文本系统，即：

$$超媒体 = 超文本 + 多媒体$$

3．超文本的主要成分

超文本主要是由节点和表示节点之间关系的链构成的信息网络。其主要成分是节点和链。在实际应用中，节点除了可以表示具体的某种实际信息外，还可用于存储节点的组织方式和推理类型。节点按其表示信息的成分不同，可划分为以下 11 种。

(1) 文本节点：由文本或片段组成。

(2) 图形节点：由矢量图或其一部分组成。

(3) 图像节点：由扫描仪或摄像机等输入的静态图像及其性质构成。

(4) 声音节点：是一段录制或合成的声音。

(5) 视频节点：由视频信息组成。

(6) 混合媒体节点：是上述 5 种节点的某种组合。

(7) 按钮节点：用于执行某一过程，并获取其执行的结果。以上 7 种表示信息。

(8) 索引节点：由单个索引项组成，用以表示某种索引的方法。

(9) 索引文本节点：由指向索引节点的链组成。

(10) 对象节点：用来描述对象，用以表示知识的某种结构。

(11) 规则节点：用于存放规则，指明符合规则的对象、判断规则是否被引用以及规则的解释说明等。以上 4 种表示节点组织和推理类型。

链除了可以表达不同节点之间的关系而用于导航与检索过程外，也可用于处理超媒体节点和链之间的组织关系和推理规则。根据链的用途，可将链细分为以下 10 种。

(1) 基本链：表示节点的基本顺序。

(2) 移动链：表示从一个节点到另一个相关节点，即导航。

(3) 缩放链：扩大/缩小当前节点的显示。

(4) 全景链：返回超文本系统的高层。

(5) 视图链：是隐藏性的，常被用来实现可靠性和安全性。以上 5 种用于导航和检索信息。

(6) 索引链：用于实现节点中的"点"和"域"之间的连接。

(7) Is-a 链：用来组织节点。

(8) Has-a 链：描述节点的性质。

(9) 蕴含链：等价于规则。

(10) 执行链：即按钮，触发执行链引起执行一段代码。以上 5 种用于超媒体节点和链的组织和推理。

4．超媒体基本定义

在 20 世纪 70 年代，用户语言接口方面的先驱者 Andries Van Dam 创造了一个新词"电子图书"(Electronic Book)。

电子图书中自然包含有许多静态图片和图形，它的含义是你可以在计算机上去创作作品和联想式地阅读文件，它保存了用纸做存储媒体的最好的特性，而同时又加入了丰富的非线性链接，这就促使在 20 世纪 80 年代产生了超媒体(Hypermedia)技术。超媒体不仅可以包含文字，而且还可以包含图形、图像、动画、声音和电视片段，这些媒体之间也是用超级链接组织的，而且它们之间的链接也是错综复杂的。

超媒体一词是由超文本衍生而来的。但要弄清这一概念，还必须从超链接说起。超链接大量应用于 Internet 的万维网 3W 中，它是指在 Web 网页所显示的文件中，对有关词汇所作的索引链接能够指向另一个文件。3W 使用链接方法能方便地从 Internet 上的一个文件访问另一个文件(即文件的链接)，这些文件可以在同一个站点，也可在不同的站点。可见 3W 中的超链接能将若干文本组合起来形成超文本。同样道理，超链接也可将若干不同媒体、多媒体或流媒体文件链接起来，组合成为超媒体。

可见，超媒体是超文本和多媒体在信息浏览环境下的结合。它是对超文本的扩展，除了具有超文本的全部功能以外，还能够处理多媒体和流媒体信息。在技术学上，人们把用数据库管理多媒体信息的方法称为多媒体数据库；用超文本技术来管理多媒体信息，其对应的名词就是超媒体。形象地说，超媒体=超文本+多媒体。它是以多媒体方式呈现的相关文件信息，意指多媒体超文本(Multimedia Hypertext)。

5. 超媒体系统的组成

(1) 编辑器——可以帮助用户建立，修改信息网络的节点和链。对于不同的用户，超媒体系统给予不同的修改能力。有的用户可能没有任何编辑能力，只能播放；有的用户可以增加注释和标记路径；而对于创作者则有所有的编辑功能，包括建立、修改、删除等。

(2) 导航工具——超媒体系统支持两种形式的查询。一种是像数据库那样基于条件的查询，另一种是交互式沿链走的查询。当节点多的时候，后一种查询必须有导航工具，否则会迷路。

(3) 超媒体语言——能以一种程序设计的方法描述超媒体网络的构造、节点和其他各种属性。总之，对于大量的多媒体数据创作、整理和更新来说，利用超媒体语言可以方便地建立多媒体信息系统。

6.3.2　超文本与超媒体的应用及发展

超文本与超媒体对文本和多媒体信息的组织方式与人类思维特征具有很多相似之处。以链连接起来的节点之间的关系较好地体现了人类思维中的"联想"能力。所以利用超文本和超媒体将多种媒体信息组织起来，这样的系统对浏览或学习者来说就显得十分自然，浏览和学习的过程具有很好的灵活性。超文本与超媒体在互联网和多媒体集成系统中的广泛的、成功的应用，正是其强大生命力的体现。

1. 超文本与超媒体系统的特征

超文本与超媒体系统具有以下特征。
(1) 节点信息的呈现以多媒体形式呈现，而且支持标准的窗口操作和多窗口形式。
(2) 具有良好的网络链路结构，可用不同方式查询节点内容。
(3) 具有良好的导航策略和导航工具，以防用户迷路。
(4) 用户可根据自己的需要动态地改变节点和链。

(5) 具有网络共享功能。

(6) 具有交互能力和程序员接口。

2. 超文本与超媒体系统中的导航技术

导航技术用来向用超文本与超媒体系统的使用者提供信息浏览的向导服务。在一个超文本或超媒体系统中，信息量可能是非常大的，使用者在浏览过程中，常常需要由系统给出信息查询或标注的方法，在超文本与超媒体系统下，常用的导航技术有以下 5 种。

(1) 检索导航。利用系统提供的检索服务功能供用户查询，并根据查询结果访问相关的节点。

(2) 导航图导航。系统提供超媒体结构的网络地图，用户通过查看导航图确定自己的位置。

(3) 回撤导航。根据系统提供的多个按钮，返回用户选定的某个节点，如上一页、下一页、第 n 页等。

(4) 书签导航。根据系统提供的书签功能，对感兴趣的内容，用户可以设置书签号码的方式标记这部分内容，以后用户通过输入书签号，即可返回其对应的节点。

(5) 帮助导航。利用帮助菜单，提供用户解决问题的办法和途径。

3. 超文本与超媒体的应用

随着多媒体技术的发展，超文本与超媒体技术，具有广阔的应用前景。超文本与超媒体组织和管理信息方式符合人们的"联想"思维习惯。适合于非线性的数据组织形式，以它独特的表现方式，得到了广泛的应用。

(1) 办公自动化

Apple 公司的 Hypercard 软件展示了把 Hypercard 用于办公室的日常工作的一个方面，它以卡片的形式提供了形象的电话簿、备忘录、日历、价格表与文献摘要等，是应用多媒体管理技术的一个实例。

(2) 大型文献资料信息库

超文本与超媒体技术因其独特的优点，而广泛应用于大型文献资料信息库的建设，目前已经研制出来的中英文字典系统，就是按照超文本与超媒体的方式组织和构造的，采用这种方式存储的 30 卷百科全书，查询时间只需几秒钟。

(3) 综合数据库应用

在各类工程应用中，要求用图纸、图形、文字、动画或视频表达概念和设计，一般数据库系统是无法表达的，而超文本与超媒体技术为这类工程提供了强有力的信息管理工具，不少系统已将它应用于联机文档的设计和软件项目的管理。

(4) 友好的用户界面

超文本与超媒体不仅是一项信息管理技术，也是一项界面技术。图形用户接口 GUI 使用户桌面由字符命令菜单方式转为图形菜单方式，而超文本技术在 GUI 基础上再上了一个新台阶，即多媒体用户口接口 MMGUI，这样数字和图形、图像、动画、音频、视频等信息均能展现在用户的面前。

4. 超文本与超媒体系统存在的问题

超文本与超媒体是一项正在发展中的技术，虽然它有许多独特的优点，但也存在许多不够完善的方面。

(1) 信息组织

超文本的信息是以节点作为单位。如何把一个复杂的信息系统划分成信息块是一个较困难的问题。例如一篇文章，一个主题，又可能分成几个观点，而不同主题的观点又相互联系，如果把这些联系分割开来，就会破坏文章本身表达的思想。所以节点的组织和安排就可能要反复调整和组织。

(2) 智能化

虽然大多数超文本系统提供了许多帮助用户阅读的辅助信息和直观表示，但因超文本系统的控制权完全交给了用户，当用户接触一个不熟悉的题目时，可能会在网络中迷失方向。要彻底解决这一问题，还需要研究更有效的方法，这实际上是要超文本系统具有某种智能性，而不是只能被动地沿链跳转。超文本在结构上与人工智能有着相似之处，使它们有机地结合将成为超文本与超媒体系统的必然趋势。

(3) 数据转换

超文本系统数据的组织与现有的各种数据库文件系统的格式完全不一样。引入超文本系统后，如何为传统的数据库数据转换到超文本中也是一个问题。

(4) 兼容性

目前的超文本系统大都是根据用户的要求分别设计的，它们之间没有考虑到兼容性问题，也没有统一的标准可循。所以要尽快制定标准并加强对版本的控制。标准化是超文本系统的一个重要问题，没有标准化，各个超文本系统之间就无法沟通，信息就不能共享。

(5) 扩充性

现有的超文本系统有待于提高检索和查询速度，增强信息管理结构和组织的灵活性，以便提供方便的系统扩充手段。

(6) 媒体间的协调性

超文本向超媒体的发展也带来了一系列需要深入研究的问题，如多媒体数据如何组织，各种媒体间如何协调，节点和链如何表示，音频和视频这一类与时间有密切关系的媒体引入到超文本中对系统的体系结构将产生什么样的影响等。另外，当各种媒体数据作为节点和链的内容时，媒体信息时间和空间的划分，内容之间的合理组织，都是在多媒体数据模型建立时要认真解决的问题。

5. 超文本与超媒体技术的发展

从目前技术发展和应用层面来看，超文本与超媒体技术主要向以下几个方面发展。

(1) 从超文本到超媒体

从超媒体所包含的信息形式上看，超媒体信息更加接近自然表达的形式，更易为人们所接受。超媒体信息几乎覆盖了信息世界的各个方面，所以超文本向超媒体发展是超文本发展的主要方向之一。

(2) 由超媒体向智能超媒体发展

在超媒体技术的研究中，有人提出智能超媒体或专家超媒体(Expertext)。这种超媒体打破了常规超媒体文献内部和它们之间严格的链的限制，在超媒体的链和节点中嵌入知识或规则，允许对链进行计算和推理，使得多媒体信息的表现智能化。

(3) 由超媒体向协作超媒体发展

超媒体建立了信息之间的链接关系，那么也可用超媒体技术建立人与人之间的链接关系，这就是协作超媒体技术。超媒体节点与链的概念使之成为支持协同性工作的自然工具。协同工作使得多个用户可以在同一组超媒体数据上共同进行操作。这样未来的电子邮政、公共提示板等都可能应用到超媒体系统中。

6.4 超文本标记语言

超文本标记语言(HTML)是按照超文本与超媒体思想设计的、应用于互联网信息传播的标记语言。HTML 是目前网络信息传递中使用最为广泛的标记语言。学习和掌握超文本标记语言，有助于我们深入理解多媒体数据面向浏览的组织方式。

6.4.1 HTML 简介

HTML(Hyper Text Mark-up Language)是超文本标记语言的简称。HTML 是在 1986 年 ISO 公布的信息管理国际标准 SGML(Standard Generalized Markup Language，标准通用标记语言)基础上发展起来的，它定义了独立于平台和应用的文本文档的格式、索引和链接信息，为用户提供一种类似于语法的机制，用来定义文档的结构和指示文档结构的标签。

HTML 对不同的媒体信息使用标记(Tag)来控制，实现预期的显示效果。HTML 的标记按用途可以分为以下不同的类型。

(1) 基本标记：用于创建一个 HTML 文档、设置文档的标题及文档的可见部分。

(2) 标题标记：设置文档在标题栏中的标题。

(3) 文档整体属性标记：设置文档的背景、文字颜色、各类超级链接的颜色。

(4) 文本标记：设置文本的字体、字号和文字颜色等属性。

(5) 链接标记：创建内部或外部的超级链接。

(6) 格式排版标记：设置文档段落的格式。

(7) 图形元素标记：在文档中添加图像并设置其位置、边框、显示的图像大小等。

(8) 表格标记：创建表格并设置表头的格式。

(9) 表格属性标记：设置表格的大小、对齐方式、边框等表格属性。

(10) 窗框标记：定义窗框的大小以及在不支持窗框的浏览器中显示的提示。

(11) 窗框属性标记：设置窗口框的内容、边框、滚动条以及是否允许用户调整窗口。

(12) 表单标记：创建表单、滚动菜单、下拉菜单、文本框、单/复选框、按钮等。

HTML 继承了 SGML 的全部优点，实现了对现有各种文档的结构类型的支持，并可用于创建与特定的软件和硬件无关的文档，灵活地使用 HTML 的各种标记，可将各种媒体信息组织成为画面生动活泼、人们喜闻乐见的网页形式，所以被广泛地应用于因特网的信息传递过程中。

　　HTML 采用超文本方式来组织多媒体信息，从而构成一个超媒体系统。它规定了以标记方式设定各种多媒体信息的展示(显示)属性。用 HTML 组织的文件本身属于普通的文本文件，它可以用一般的文字编辑软件编辑，如记事本、Microsoft Word 等。也可以使用专门的 HTML 文件编辑软件来编辑，如 Microsoft FrontPage、Sausage Software 公司的 HotDog HTML 编辑器等。

　　HTML 文件的扩展名可以是.html 或.htm，现有的因特网浏览器都支持这两种类型的 HTML 文件。浏览器用于将 HTML 文件中包含的信息以标记所指示的显示方式展现给用户，目前互联网上的大多数网页都是以 HTML 方式对多媒体信息进行组织的。

6.4.2　HTML 的语法结构

1．HTML 文件的基本结构

　　HTML 文件是标准的 ASCII 文件，用一个文本编辑器打开一个 HTML 文件，可以看到其内容是加入了许多被称为标记(Tag)的特殊字符串的普遍文本文件。一个 HTML 文件应具有下面的基本结构：

```
<html> <!--html 文件开始标记 -->
    <head> <!--文件头开始标记--> 文件头 </head> <!--文件头结束标记-->
    <body> <!--文件体开始标记-->文件体 </body> <!--文件体结束标记-->
</html> <!--html 文件结束标记 -->
```

　　其中，<!--...-->中的内容为注释。从结构上讲，HTML 文件由各种类型的元素组成，元素用于组织文件的内容和指示文件的输出格式。绝大多数元素类似于一个"容器"，即它有起始标记和结尾标记。

　　元素的起始标记是用一对尖括号括起来的标记名，如<head>、<body>等。元素的结束标记是用一对尖括号括起来的、以"/"开始的标记名，如</head>、</body>等。

　　在起始标注和结尾标注中的部分是元素体。每一个元素都有名称和可以选择的属性，元素的名称和属性都在起始标注内标明，其中的属性名用于控制元素的输出格式。

　　每一个 HTML 文件都以<html>标记作为文件的开始，而以一个</html>标记作为文件的结束。其他的各种标记都被包含在这一对标记中。在文件内部，大部分标记的元素体内还可以嵌入其他的属性控制标记，如字体、色彩、字号等。

　　以 HTML 文件的基本结构为例，在<head>和</head>之间包括文档的头部信息，该标记中的内容就是在浏览器的左上方显示网页的标题，而对网页标题的属性控制标记(如<title>和</title>标记)就会出现在这里。<body>和</body>标记之间是在浏览器中显示的正文内容。这一部分用来实现网页丰富多彩的各种特殊效果，可以使用的标记类型及属性控制很多，也是学习 HTML 技术难度和灵活度要求较高的地方。

　　需要注意的是：对于 HTML 文件中的标记来说，英文字母的大小写不做区分。如<title>和<TITLE>或者<TiTlE>是一样的，但对元素体来说，字母大小写是要区分的。

　　在 HTML 文件中，有些元素只能出现在头元素中，绝大多数元素只能出现在体元素中。在头元素中的元素表示的是该 HTML 文件的一般信息，比如文件名称、是否可检索等。这些元素书写的次序是无关紧要的，它只表明该 HTML 是否具有该属性。

与此相反，出现在体元素中的元素是对次序敏感的，改变元素在 HTML 文件中的次序会改变该 HTML 文件的输出形式。

2．HTML 文件中元素的语法结构

一般来讲，HTML 的元素有下列 3 种表示方法。

- <元素名>文件或超文本</元素名>
- <元素名 属性名="属性值">文本或超文本</元素名>
- <元素名>

第一种语法结构适用于基本标记、标题标记、文本标记和表格标记等。

第二种语法结构适用于文档属性标记、字体设置标记、超级链接标记、图形元素标记、表格属性标记、窗框标记和表单属性等。

第三种语法仅适用于一些特殊的元素，比如分段元素 p，其作用是通知 www 浏览器在此处分段，因而不需要界定作用范围，所以它没有结尾标记。为保持语法上的严谨，在 HTML 3.0 标准中，也定义了</p>标注，它用于需要界定作用范围的段落，比如增加对齐方式属性的段落。下面是一段 HTML 代码：

```
<html>
    <head>
        <title>This is a example! </title>
    </head>
    <body background="P3052032.JPG">
        <h2 align="left">   静夜思</h2>
        床前明月光，疑是地上霜。<p> 举头望明月，低头思故乡。<p>
    </body>
</html>
```

这里需要注意的是，背景图像文件(P3052032.JPG)需要事先准备好，用户当然可以选择其他的已有的图像文件作为网页的背景。打开任何一个文本编辑软件，将上述代码输入后，命名并保存为 6_1.html。

上面的代码由 Microsoft Internet Explorer 执行后，结果如图 6.3 所示。

结合如图 6.3 所示的显示效果对上一段代码进行简单的分析。

图 6.3　HTML 网页效果

首先我们可以看出这是一段简单的满足基本结构的 HTML 文件。<html>是文件起始标记，<head>是头起始标记，<title>是标题起始标记，<body>为体元素起始标记。每一个起始标记都对应一个以"/"开始的结束标记。需要注意的是，每一个标记名与其<>之间不能有空格。

出现在<head>、</head>标记中的<title>、</title>标记的作用是在 IE 浏览器的标题栏显示文档的标题，标题的内容写在起始标记<title>与结束标记</title>之间。

因为大部分标记具有相同的结构，所以对<body>标记的各个部分进行较详细的分析，以便大家对标记的写法有一个大致的了解。在<body></body>标记中主要完成了 3 项功能。

(1) background 属性名。一个元素可以有多个属性，各个属性用空格分开，属性及其属性值不分大小写。本属性指明用什么方法来填充背景。等号"="用来给属性名赋值，

"P3052032.JPG"是属性值，表示用 P3052032.JPG 文件来填充背景。这样，属性名、=、属性值合起来构成一个完整的属性，代码段 background="P3052032.JPG"的意义就是将 P3052032.JPG 图像文件设置为网页的背景。

(2) 在<h2 align="left">   静夜思</h2>这段代码中，h2 用于设置标题字号大小为 2 号。属性 align 用于设置文本内容的对齐方式，属性值 left 表示左对齐。" "表示插入一个空格，多个空格可多次使用" "。"静夜思"是要显示的文本内容。所以这一段代码的作用是对正文中的标题"静夜思"设置为左对齐、前导 3 个空格、2 号标题。

(3) "床前明月光，疑是地上霜。<p> 举头望明月，低头思故乡。<p>"，这一段代码是以默认的字体方式分两行显示正文内容。其中<p>用于创建一个新的段落。

上面是一个简单的 HTML 的例子。我们可以看出，一个元素的元素体中可以有另外的元素。如前文所言，实际上一个 HTML 文件仅由一个 html 元素组成，即文件以<html>开始，以</html>结尾，文件其余部分都是 html 的元素体。html 元素的元素体由两大部分，即头元素<head>...</head>和体元素 <body>...</body>和一些注释组成。头元素和体元素的元素体又由其他的元素和文本及注释组成。

3．HTML 中的常见标记及其作用

在 HTML 标准中定义了数十种各种用途的标记，学习和掌握这些标记有助于我们深入了解 HTML，并进行复杂和细节化的网页设计。当然，目前流行的网页编辑器(如 Microsoft FrontPage)中，通常用户可以通过"所见即所得"的方式开发网页，用户所要做的工作就是考虑在网页上需要显示什么样的内容以及这些内容如何布局。在用户利用"所见即所得"方式进行设计的同时，编辑器将自动编写相应的 HTML 文件。这种方式的使用大大减轻了用户进行网页开发的难度和劳动强度，用户不用花时间去学习和掌握枯燥的属性名及其设置方法。

"所见即所得"方式可以满足一般的网页设计要求，但对于一些要求较为复杂的网页设计来说，利用 HTML 提供的标记进行网点和网页开发还是有一定优势的。所以，对于网页开发者来说，早期可以通过"所见即所得"方式进行框架式的设计，细节上可借助标记语言进行再设计。一些常见的标记及其功能见表 6.1。

表 6.1　HTML 中的常用标记

标记类型	标 记 名	标记的功能描述
基本标记	<html></html>	创建一个 HTML 文档
	<head></head>	设置文档标题以及其他不在 Web 网页上显示的信息
	<body></body>	设置文档的可见部分
标题标记	<title></title>	设置文档标题栏中显示的标题
背景标记	<body bgcolor=?>	设置背景颜色，使用名字或十六进制值
文 档 整 体 属性标记	<body text=?>	设置文本文字颜色，使用名字或十六进制值
	<body link=?>	设置链接颜色，使用名字或十六进制值
	<body vlink=?>	设置已使用的链接的颜色，使用名字或十六进制值

标记类型	标 记 名	标记的功能描述
文档整体属性标记	<body alink=?>	设置正被击中的链接颜色，使用名字或十六进制值
	<pre></pre>	创建预格式化文本
	<h1></h1> ... <h6></h6>	创建最大到最小的标题
文本标记	<b></b>	创建黑体字
	<i></i>	创建斜体字
	<tt></tt>	创建打字机风格的字体
	<cite></cite>	创建一个引用，通常是斜体
	<strong></strong>	加重一个单词(通常是斜体加黑体)
	<font size=?></font>	设置字体大小，从 1 到 7
	<font color=?></font>	设置字体的颜色，使用名字或十六进制值
链接标记	<a href="URL"></a>	创建一个超级链接
	<a href="mailto:Email"></a>	创建一个自动发送电子邮件的链接
	<a name="NAME"></a>	创建一个位于文档内部的靶位
	<a href="#NAME"></a>	创建一个指向位于文档内部靶位的链接
排版	<p>	创建一个新的段落
	<p align=?>	将段落按左、中、右对齐
	 	插入一个回车换行符
	<blockquote></blockquote>	从两边缩进文本
	<dl></dl>	创建一个定义列表
格式标记	<ol></ol>	创建一个标有数字的列表
	<li>	每个数字列表项之前加上一个数字
	<ul></ul>	创建一个标有圆点的列表
	<li>	每个圆点列表项之前加上一个圆点
	<div align=?>	用于对大块 HTML 段落排版，也用于格式化表
	<img src="name">	添加一个图像
	<img src="name" align=?>	排列对齐一个图像：左中右或上中下
图形元素标记	<img src="name" border=?>	设置围绕一个图像的边框的大小
	<hr>	加入一条水平线
	<hr size=?>	设置水平线的大小(高度)
	<hr width=?>	设置水平线的宽度(百分比或绝对像素点)
	<hr noshade>	创建一个没有阴影的水平线
表格标记	<table></table>	创建一个表格
	<th></th>	设置表格头：一个通常使用黑体居中文字的单元格
	<table border=#>	设置围绕表格的边框的宽度
	<table cellspacing=#>	设置表格单元格之间空间的大小
	<table cellpadding=#>	设置表格单元格边框与其内部内容之间空间的大小

续表

标记类型	标记名	标记的功能描述
表格属性 标记	\<table width=# or %>	设置表格的宽度：像素值或文档总宽度的百分比
	\<tr align=?>or\<td align=?>	设置表格单元格的水平对齐方式(左、中、右)
	\<tr valign=?>or\<td valign=?>	设置表格单元格的垂直对齐方式(上、中、下)
	\<td colspan=#>	设置一个表格单元格应跨占的列数(默认为 1)
	\<td rowspan=#>	设置一个表格单元格应跨占的行数(默认为 1)
	\<td nowrap>	禁止表格单元格内的内容自动换行
框架标记	\<frameset>\</frameset>	创建一个框架，它可以嵌在其他框架文档中
	\<frameset 　rows="value,value"> \<frameset 　cols="value,value">	定义框架的行数，可以使用绝对像素值或高度的百分比定义框架的列数，可以使用绝对像素值或宽度的百分比

注：对于功能性的表单，一般需要运行一个 CGI 小程序，HTML 仅仅是产生表单的表面样子。

需要说明的是，HTML 是一门发展很快的语言，早期的 HTML 文件并没有如此严格的结构，因而现在流行的浏览器为保持对早期 HTML 文件的兼容性，也支持不按上述结构编写的 HTML 文件。还需要说明的是，各种浏览器对 HTML 元素及其属性的解释也不完全一样，本书中所讲的元素、元素的属性及其输出以 IE 浏览器为准。

6.4.3　HTML 的应用

一个多媒体网页中可能包括背景、文本内容、表格、背景音乐、音乐链接、视频链接、嵌入的图像或图像链接等，表现力十分丰富。HTML 用于对多媒体信息进行组织并以网页形式展示给用户。目前在互联网上的大多数网页是用 HTML 编写的。利用 HTML 建立网页，可以使用任意一个文本编辑器或专用软件，这里以 FrontPage 2010 为工具，讲述 HTML 在网页制作中的使用方法，如文本展示，插入表格、音频、视频等多媒体信息。

下面各例中的标记功能大家可查阅表 6.1 中所列的内容。在 FrontPage 2010 中，每一个网页都具有如下的基本形式：

```
<html>
<head>
<meta http-equiv="Content-Type" content="text/html; charset=gb2312">
<meta name="GENERATOR" content="Microsoft FrontPage 4.0">
<meta name="ProgId" content="FrontPage.Editor.Document">
<title>New Page 1</title>
</head>
<body>
</body>
</html>
```

对于在网页中插入的新的多媒体信息，全部放入\<body>...\</body>这一对标记中。在以下的各个例子中，只说明应该在\<body>...\</body>标记中插入的代码，插入新代码并保存后，可在 Internet Explorer 中查看运行结果，具体内容可在上机时验证。

1．在网页中展示不同效果的文本信息

(1) 在网页中置入文本内容。可在<body>...</body>标记之间插入以下代码：

```
<table>
   <tbody>
     <tr>
       <td><br>
        <font style="FONT-SIZE: 20pt; FILTER: shadow(color=black);
WIDTH:100%; COLOR: #e4dc9b; LINE-HEIGHT: 150%; FONT-FAMILY: 宋体"><br>
          一个完整的HTML帖子应该是：<br>
          <br>
          美贴＝背景+文章+插图+收尾</font><br>
          <br>
       </td>
     </tr>
   </tbody>
</table>
```

保存并在 Internet Explorer 中运行，得到如图 6.4 所示的显示结果。

一个完整的HTML帖子应该是：
美贴＝背景＋文章＋插图＋收尾

图 6.4　网页中的文字效果

(2) 在网页中插入动态文字。可在<body>...</body>标记之间插入以下代码：

```
<p><font face="宋体" color="red" size="5">
<marquee direction="up" behavior="alternate" width="60" height="120">
 朋 </marquee>
<font color="orange">
<marquee direction="up" behavior="alternate" width="60" height="80">
 友 </marquee>
 <font color="#ff8ca9">
<marquee direction="up" behavior="alternate" width="60" height="120">
 欢 </marquee>
<font color="green">
<marquee direction="up" behavior="alternate" width="60" height="80">
 迎 </marquee>
<font color="blue">
<marquee direction="up" behavior="alternate" width="60" height="120">
 光 </marquee>
<marquee direction="up" behavior="alternate" width="60" height="80">
 临 </marquee>
</font></font></font></font></font></p>
```

保存并在 Internet Explorer 中运行，得到如图 6.5 所示的显示结果。

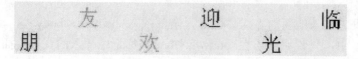

图 6.5　动态文字

在本例中，如果改变 direction="up"标记的值，可改变文字移动的方向。其中 up 为向上移动，down 表示向下，left 表示向左，right 表示向右。

2．在网页中插入带边框的图像

在<body>...</body>标记之间插入以下代码：

```
<div align="center">
<table borderColor="#009933" cellSpacing="2" cellPadding="1"
align="center" border="6">
<tbody><tr><td>
<p align="center">
<img border="0" src="101-1.JPG" width="321" height="236">
</p></td></tr>
</tbody>
</table>
</div>
```

其中 src="101-1.JPG"中的 101-1.JPG 是由用户自己指定的一幅图像，具体位置(可以是网络地址或本机地址)、文件名和内容由用户自行设定。

保存代码并运行后，结果如图 6.6 所示。

图 6.6　在网页中插入图像

3．在网页中插入音乐

在<body>...</body>标记之间插入以下代码：

```
<EMBED src=file:///D:/MyHeartWillGoOn.mp3 width=350 height=40
  type= audio/x-pn-realaudio-plugin
  controls="ControlPanel,StatusBar"AutoStart="true" Loop="true">
```

其中"file:///D:/MyHeartWillGoOn.mp3"是由用户指定的，具体位置(可以是网络地址或本机地址)、文件名与内容由用户自行设定。保存代码并运行，便可听到播放的音乐，播放控制各按钮均可由用户调节，如图 6.7 所示。

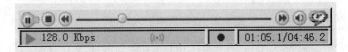

图 6.7　在网页中插入音乐

4. 在网页中插入视频

在<body>...</body>标记之间插入以下代码：

```
<embed src=file:///E:/DSCF0109.AVI type=audio/x-pn-realaudio-
plugincontrols=imagewindow,ControlPanel,StatusBar AutoStart=true
Loop=truewidth=400 height=400>
```

其中 file:///E:/DSCF0109.AVI 是由用户指定的，具体位置(可以是网络地址或本机地址)、文件名与内容由用户自行设定。保存代码并运行，便可看到视频的内容，播放控制各按钮均可由用户调节，如图 6.8 所示。

图 6.8   在网页中插入视频

5. 在网页中插入表格

在<body>...</body>标记之间插入以下代码：

```
<table border="1">
<tbody>
<tr bgcolor=aqua>
<th>姓名</th><th>性别</th><th>出生年月</th><th>所在班级</th>
<th>特长</th><th>住址</th><th>联系电话</th>
</tr>
<tr bgcolor=ffaa00>
<td>丁一</td><td>男</td><td>1985/06/01</td><td>计算机学院 03 级应用 1 班</td>
<td>音乐</td><td>6 号楼 401 室</td><td>1234567</td>
</tr>
</tbody>
</table>
```

保存代码并运行，可见到表格，如图 6.9 所示。

姓名	性别	出生年月	所在班级	特长	住址	联系电话
丁一	男	1985/06/01	计算机学院03级应用1班	音乐	6号楼401室	1234567

图 6.9   在网页中插入表格

除了以上内容外，HTML 的许多实用功能和高级功能还没有介绍，有兴趣的读者可进一步学习 HTML 技术的有关书籍。

6.5　多媒体数据库

建立数据库的目的是为了便于对数据进行管理。传统的数据库管理系统在处理结构化数据如文字和数值信息等方面是很成功的，但是处理非结构化的多媒体数据(如图形、图像和声音等)时，传统的数据库系统遇到了很多困难。研究和建立能处理非结构化数据的新型数据库——多媒体数据库是当务之急。

6.5.1　多媒体数据库简介

多媒体数据库(Multimedia Database，MDB)是指能够存储/处理和检索文本、图形、图像、音频、视频等多种媒体信息的数据库。多媒体数据库是计算机多媒体技术、Internet技术、网络技术与传统数据库技术相结合的产物。由于其对文本、图形、图像、音频和影视的处理与数据库的独立性、安全性等优点相结合，使得多媒体数据库的应用前景十分广泛，如 Internet 上静态图像的检索系统，具有声音、图像的多媒体户籍管理系统等。数据库管理系统的主要任务是提供信息的存储和管理。

1．多媒体数据库管理系统(MDBMS)的特点

多媒体数据库通过多媒体数据库管理系统来实现对数据的管理和操作。多媒体数据库要求数据库能管理分布在不同辅助存储媒体上的海量数据。

除了需要大的存储容量外， MDBMS 处理连续的数据时还要满足实时性的要求。一个 MDBMS 的设计必须满足上述要求。

具体地讲，多媒体数据库管理系统具有以下特点。

(1) 信息的海量存储与处理：多媒体信息的数据量比较大，尤其是音频和视频信息的数据量更大，这要求 MDBMS 能够提供大量的存储空间，并提供对这些多媒体数据的相应操作。

(2) 非原始性特征：多媒体数据在进入数据库前，一般要经过诸如压缩编码等处理过程，这直接导致了它与原始数据存在一定程度的差异，而这种差异是传统数据库所没有的。工程应用中，用户可根据该数据库的具体应用，将压缩数据作为常用数据，而原始数据作为后备资料。

(3) 信息重组织：MDBMS 应支持将复合的多媒体信息在各通道分离后存入数据库。例如，将视频信息进一步分解为影像和伴音等信息，再把这些信息分别存储到数据库中，在需要时再将分离的信息重新"组装"后输出。

(4) 长事务：相对于传统数据库，在 MDBMS 中，对数据量特别大的音视频数据的处理(如存储、播放等)需要较长的时间，这就是长事务。长事务要求系统在可靠的方式下耗费大量的时间以便传输大量的数据。如音视频信息的播放与检索等都是长事务的典型。

(5) 数据实时传输：音视频信息在访问(如播放)中，对实时性要求很高，这要求MDBMS 对连续数据的读和写操作必须实时完成，连续数据的传输应优先于其他数据库的管理行为。

(6) 干预系统资源的调度：传统的数据库管理系统不干预操作系统的工作，但在多媒体数据库管理系统中，因为需要处理大数据量的信息和长事务等方面的特性，因此多媒体数据库管理系统应能参与操作系统相关资源的调度。

(7) BLOB(Binary Large Object)类型的结构化问题：BLOB 是数据库系统的多媒体信息存储类型，用来存储如文本文件、各种格式的图片、音频、视频文件等大数据量信息的字段(最大数据量可以达到 4GB)。按照数据的存储方式不同，可以将其分为内部 LOB 和外部 LOB 两种。BLOB 属性具有大多数 DBMS 中的 LONG 和 LONG RAW 字段类型 2 倍的数据容量，且提供了顺序和随机两种数据访问方式。但 BLOB 本身不支持结构化，因此应对 BLOB 进行结构化处理。

(8) 描述性的搜索方法：多媒体数据的查询方法不同于文本查询，它是基于一个描述性的、面向对象的查询格式。这种搜索方法与所有媒体都相关，包括视频和音频。

2. 多媒体数据库的操作

与传统数据库的操作相似，在多媒体数据库系统中，对每个媒体可能有不同类型的操作，如输入、输出、查询、修改、删除，比较和求值等。

(1) 输入操作：将多媒体数据写入数据库中。根据媒体信息的不同，可能在多媒体数据的后面还需要附加描述性数据以便于查询操作。在音频和视频信息输入操作过程中，往往还需要为 MDBMS 选择合适的服务器和磁盘。

(2) 输出操作：将多媒体数据从数据库读取出来。

(3) 修改操作：根据查询的结果，对多媒体数据库中的多媒体信息进行编辑。

(4) 删除操作：将查询到的信息从多媒体数据库中删除。在数据删除操作期间，注意必须保持数据的一致性，当一条记录的原始数据被删除后，所有依赖于这个原始数据的其他数据也将被删除。

(5) 查询操作：对多媒体数据库的查询需要针对不同媒体信息的特点进行，是基于信息内容的、不精确匹配查询。常见的查询方式有——利用特定媒体中的单个模板和存储的数据进行对比的查询方法、特定系统中的模式识别查询方法、基于内容描述的数据比较查询方法等。

(6) 求值操作：对原始数据和记录数据进行求值的目标是产生相关的描述性数据。例如，当要求对纸质文字文档进行存储时，可以使用字符识别软件(OCR)进行处理。

6.5.2 多媒体数据库的体系结构

多媒体数据库的体系结构可分为层次结构和组织结构。多媒体数据库的层次结构可分为媒体支持层、存取与存储数据模型层、概念数据模型层和多媒体用户接口层等 4 层。多媒体数据库的组织结构可分为协作型、集中统一型、客户/服务器型和超媒体型等 4 种。

1. 多媒体数据库的层次结构

多媒体数据库的层次结构是对多媒体数据库体系结构的抽象描述，它从宏观上描述多媒体数据库的组成及各部分所应承担完成的功能。多媒体数据库的层次结构如图 6.10 所示。图 6.10 中不同层的主要功能如下。

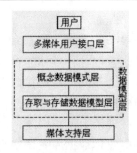

图 6.10　多媒体数据库的层次结构

(1) 媒体支持层：针对各种媒体的特殊性质，实现对媒体相应的分割、识别、变换等操作，并确定物理存储的位置和方法，以实现对各种媒体的最基本数据的管理和操纵。

(2) 存取与存储数据模型层：完成对多媒体数据的逻辑存储与存取。在该层中，各种媒体数据的逻辑位置安排、相互的内容关联、特征与数据的关系以及超级链接的建立等都需要通过合适的存取和存储数据模型进行描述。

(3) 概念数据模型层：实现对客观世界用多媒体数据信息进行描述。在该层中，通过概念数据模型为上层的用户接口、下层的多媒体数据存储和存取建立起一个在逻辑上统一的通道。存取与存储数据模型层和概念数据模型层也可以通称为数据模型层。

(4) 多媒体用户接口层：完成用户对多媒体信息的查询描述并得到查询结果。用户需要利用能够使系统接受的方式描述查询的内容，对查询得到的结果，系统需要按用户的需求进行多媒体化的展现。

2. 多媒体数据库的组织结构

在实际应用中，常常需要构建不同的多媒体数据库应用系统来满足不同的应用需求。构建应用系统时所采用的系统结构，就是多媒体数据库的组织结构的具体化。根据应用系统的构建方式不同，可以将多媒体数据库的组织结构分为以下 4 种。

(1) 协作型(也称联邦型)

协作型对不同种类的媒体数据分别建立单独的数据库，每一种媒体的数据库都有自己独立的数据库管理系统。虽然它们是相互独立的，但可以通过相互通信来进行协调和执行相应的操作。

特点：对多媒体数据库的管理是分开进行的，可以利用现有的研究成果直接进行"组装"，每一种媒体数据库的设计也不用考虑与其他媒体的区别和协调。缺点是，对不同类型媒体的联合操作要由用户自己设法完成，使得多种媒体信息的联合操作、合成处理、概念查询等操作完成难度较大。协作型多媒体数据库的组织结构如图 6.11 所示。

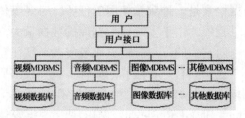

图 6.11　协作型多媒体数据库的系统结构

(2) 集中统一型

集中统一型结构中只存在一个单一的多媒体数据库和单一的多媒体数据库管理系统，并由系统对各种媒体信息统一建模，它把各种媒体的管理与操纵集中到一个数据库管理系统之中，把各种用户的需求统一到一个多媒体用户接口上，并将多媒体信息的查询检索统一表现出来。集中统一型可以实现建模统一、管理与操作方式统一、用户接口统一、查询结果的表示方式统一等诸多功能，在理论上，集中统一型能够充分做到对多媒体数据进行有效的管理和使用。但实际上这种多媒体数据库系统实现的难度极大。集中统一型多媒体数据库的系统结构如图 6.12 所示。

(3) 客户/服务器型(主从型)

与协作型相似，客户/服务器型的组织结构中的各种不同媒体数据分别有自己的数据库，但每种媒体的数据库将各用一个管理系统服务器来实现管理与操纵，同时，对所有媒体服务器的综合和操纵又用一个多媒体服务器来完成。它与用户的接口采用客户进程实现，客户与服务器之间通过特定的中间件系统连接。这种结构实现了协作型可以实现的功能，同时也提高了系统对不同类型媒体信息的综合处理能力。客户服务器型多媒体数据库的系统结构如图 6.13 所示。

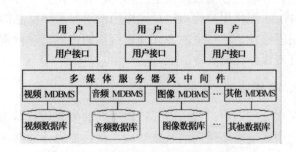

图 6.12　集中统一型多媒体数据库系统　　　图 6.13　客户/服务器型多媒体数据库系统

(4) 超媒体型

超媒体型结构强调对数据时空索引的组织，其目的是将所有计算机中的信息和其他系统中的信息都连接在一起，而且信息也要能够通过超级链接随意扩展和访问。其优点在于不必建立一个统一的多媒体数据库系统，而是把数据库分散到网络上，并把整个网络作为一个信息空间，只要设计并使用理想的访问工具，就能够访问和使用这些信息。

6.5.3　多媒体数据库基于内容的检索

在数据库系统中，数据检索是一种频繁使用的任务，对多媒体数据库来说，其检索任务通常是基于媒体内容而进行的。由于多媒体数据库的数据量大，包含大量的如图像、声音、视频等非格式化数据，对它们的查询和检索比较复杂，往往需要根据媒体中表达的情节内容进行检索。例如，"找出具有声音注释的图像"或"找出所有动画"等。基于内容的检索(CBR)就是对多媒体信息检索使用的一种重要技术。

基于内容的检索(Content Based Retrieval，CBR)是指根据媒体和媒体对象的内容、语义及上下文联系进行检索。它从媒体数据中提取出特定的信息线索，并根据这些线索在多媒体数据库的大量媒体信息中进行查找，检索出具有相似特征的媒体数据。

1．多媒体数据库基于内容的检索特点

(1)　检索一般是针对具有"海量"数据的数据库的快速检索。

(2)　非关键字检索方式。它直接对图像、视频、音频进行分析，抽取特征，并使用这些特征进行检索。

(3)　检索所使用的特征十分复杂，对不同的媒体信息，需要采取不同的提取特征的方法，如对图像特征的提取就可以有形状特征、颜色特征、纹理特征、轮廓特征等。

(4)　检索过程人机交互进行。基于特征的检索可能出现多个检索结果，往往需要采用人机交互的方式来确认最终的结果。

(5)　基于内容的检索是一种非精确匹配检索方法。它需要借助于模式识别进行语义分析和特征匹配，只能是近似性查询。一般来说，在检索的过程中，采用逐步求精的办法，每一层的中间结果是一个集合，不断减少集合的范围，最终实现检索目标的定位，这与数据库检索的精确匹配算法有明显的不同。

(6)　基于内容的检索需要利用图像处理、模式识别、计算机视觉、图像理解等学科中的一些方法作为部分基础技术。

2．基于内容的检索中常用的媒体特征

(1)　音频：主要音频特征有基音、共振峰等音频底层特征，以及声纹、关键词等高层次的特征。

(2)　静态图像：主要包括颜色直方图、纹理、轮廓等图像的底层特征和人脸部特征、表情特征、物体(或零件)和景物特征等高层次特征。

(3)　视频：包含的信息最丰富、最复杂，其底层特征包括镜头切换类型、特技效果、摄像机运动、物体运动轨迹、代表帧、全景图等，高层特征包括描述镜头内容的事件等。

(4)　文本：关键字为文本对象的内容属性。

(5)　图形：由一定空间关系的几何体构成。几何体的各种形状特征、周长、面积、位置、几何体空间关系的类型等，被称为图形内容属性。

3．提取媒体对象内容属性的方式

对于不同的媒体信息，提取其特征的方式有所不同，大致可以分为手工方式、自动方式和混合方式等 3 种类型。

(1)　手工方式。主要用于对人类敏感的媒体特征进行提取。如文本检索中的关键词特征、图像的纹理特征、边缘特征、视频镜头所含的摄像动作等特征的提取。手工方式简单但是工作量大，提取的尺度因人而异，增加了不确定性。

(2)　自动提取方式。实现由计算机控制的对媒体信息内容属性自动提取是人们研究和应用的最终目标，如果能够实现的话，将是一种最理想的特征提取方式。自动提取过程需要十分复杂的媒体分析和识别技术，如图像理解、视频序列分析、语音识别技术等。因相关的基础算法研究还没有达到实用水平，所以目前自动提取方式远没有达到实用阶段。

(3)　混合方式。它是手工方式和自动提取方式的结合。对于能够通过自动提取方式得到的特征由计算机来完成，否则就使用手工方式。目前的应用系统中，常采用这种方式。

4．基于内容检索应用系统的体系结构

总体上讲，基于内容的检索系统可分为数据生成子系统和数据库查询子系统两大部分，两大部分之间通过辅助的知识规则进行信息的交互。基于内容的检索系统一般具有如图 6.14 所示的体系结构。

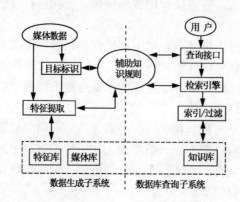

图 6.14　基于内容的检索系统

基于内容的检索系统各模块功能如下。

(1)　目标标识(也称为插入子系统)：目标标识为用户提供了"锁定"目标的工具。它以全自动或半自动(需要用户干预)的方式标识出需要的对象或内容关键点，如对媒体进行分割或节段化、标识图像、视频镜头等媒体重点感兴趣的区域、捕获视频序列中的动态目标等，以便针对目标进行特征提取并检索。

(2)　特征提取子系统：对用户或系统标明的媒体对象进行特征提取处理。特征提取子系统提供两种工作方式——全局性的总体特征提取方式(图像的直方图特征等)和面向对象的特定目标特征提取方式(如图像中的人物、视频中的运动对象等)，在提取特征时，往往需要知识处理模块的辅助，由知识库提供有关的领域知识。

(3)　数据库：生成的数据库由媒体库、特征库和知识库组成。媒体数据用于存储输入的原始媒体数据，它包括各种媒体数据，如图像、视频、音频、文本等；用户输入的特征和视频处理自动提取的内容特征数据被存入特征数据库；知识库中存放知识表达及规则，知识表达可以更换，以适用于不同的应用领域。

(4)　查询子系统：查询子系统以示例查询的方式向用户提供检索接口。按查询时的人机交互方式不同，可将查询方式分为操纵交互输入方式、模板选择输入方式、用户提交特征样本的输入方式等 3 种，一个良好的查询子系统应同时支持多种方式的组合。

(5)　检索引擎：检索是利用特征之间的距离函数来进行相似性检索。距离函数模仿了人类的认知过程，对不同类型的媒体数据有互不相同的距离函数。检索引擎中包括一个较为有效可靠的相似性测量函数集。

(6)　索引/过滤器：检索引擎通过索引/过滤模块达到快速搜索的目的。

5．检索过程

基于内容的多媒体数据库的检索过程是非精确匹配过程，所以它具有渐进性，多数情况下，一次检索的结果一般不可能准确命中，只能逐步地逼近目标。这就要求用户参与检

索的过程，不断地修正检索的结果，直到满意为止。

基于多媒体数据库的检索过程如图 6.15 所示。

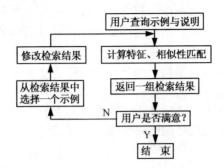

图 6.15　基于内容的多媒体数据库检索过程

相关模块说明如下。

(1) 用户查询示例与说明：用户开始检索时，系统提供一个检索的示例，用户可根据示例的引导，以系统可识别的一个检索的格式，开始检索过程。检索的最初条件可以用特定的查询语言来形成。

(2) 相似性匹配：将特征与特征库中的特征按照相应的匹配算法进行匹配运算。

(3) 修改检索结果：也就是要进行特征调整。用户对系统返回的一组满足初始特征的检索结果进行浏览，挑选出满意的结果，检索过程完成；或者从候选结果中选择一个最接近的示例，进行特征调整，然后形成新一轮的查询。

(4) 重新检索：逐步缩小查询范围，重新开始检索过程。该过程直到用户放弃或得到满意的查询结果时为止。

6. 基于内容的检索举例——图像检索

(1) 基于颜色直方图的检索

颜色直方图是一幅图像中各种颜色(或灰度)像素点数量的比例图。它是一种基于统计的特征提取方式。通过统计一幅图像中的不同的颜色(灰度)种类和每种颜色的像素数，并以直方图形式表示出来，就构成了图像的颜色直方图。图 6.16 是一幅静态图像及其颜色直方图。直方图下方给出了一系列的技术指标，其中色阶的值表示某种色彩或灰度值，数量表示具有该色阶值的像素个数。

图 6.16　静态图像与其颜色直方图

利用基于颜色直方图检索，其示例可以由如下方法给出。

① 使用颜色的构成：如检索"约 45%红色，25%绿色的图像"，这些条件限定了红色和绿色在直方图的比例，检索系统会将查询条件转换为对颜色直方图的匹配模式。检索结果中所有图像的颜色分布都符合指定的检索条件，尽管查到的大多数不是所要的图像，但缩小了查询空间。

② 使用一幅图像：将一幅图像的颜色直方图作为检索条件时，系统用该图像的颜色直方图与数据库中的图像颜色直方图进行匹配，得到检索结果的图像集合。

③ 使用图像的一块子图：使用从图像中分割出来的一块子区域的颜色直方图，从数据库中确定具有相似图像颜色特征的结果图像集合。

(2) 基于轮廓的检索

基于轮廓的检索是用户通过勾勒图像的大致轮廓，从数据库中检索出轮廓相似的图像。图像的轮廓线提取是目前业界研究比较多的问题，对于不同部分内容对比明显的图像，已基本可以实现由计算机自动提取其轮廓线，但对于对比不强烈的图像，自动提取十分困难。较好的方法是采用图像自动分割的方法与识别目标的前景背景模型相结合，从而得到比较精确的轮廓。对轮廓进行检索的方法是：首先提取待检索图像的轮廓，并计算轮廓特征，保存在特征库中；通过计算检索条件中的轮廓特征与特征库的轮廓特征的相似度来决定匹配程度，并给出检索结果。基于轮廓特征的检索方式也可以与基于颜色特征的检索结合起来使用。

(3) 基于纹理的检索

纹理是通过色彩或明暗度的变化体现出来的图像表面细节。其特征包括粗糙性、方向性和对比度等。对纹理的分析方法主要有统计法和结构法两种。

① 统计法用于分析如木纹、沙地、草坪等细密而规则的对象，并根据像素间灰度的统计特性对纹理规定出特征以及特征与参数之间的关系。

② 结构法适于如布纹图案、砖墙表面等排列规则对象的纹理，结构法根据纹理基元及其排列规则，描述纹理的结构和特征以及特征与参数的关系。

基于纹理的检索往往采用示例法。检索时，首先将已有的图像纹理以缩略图形式全部呈现给用户，当用户选中其中一个与查询要求最接近的纹理形式时，系统以查询表的形式让用户进一步调整纹理特征，并逐步返回越来越精确的结果。

7. 基于内容的多媒体信息存取技术的研究方向

基于内容的多媒体信息存取技术目前还面临着许多困难。这方面未来的研究方向主要集中在以下几个方面。

(1) 多特征综合检索技术：多特征综合检索技术的目标是将多媒体信息中包含的视觉、听觉、时间和空间关系特征进行有机的组织，使用户可以使用多种媒体特征进行查询，并按照用户的查询要求合并各种特征的检索结果。使用多特征综合检索更容易提高检索的命中率。

(2) 高层特征和低层特征关联技术：人和计算机对多媒体信息中所包含内容的理解是完全不同的。如图像中的人物、山峦、小鸟等概念是人们使用的高层特征，计算机中的这些信息采用了如直方图、纹理等低层特征来描述。如果能够建立这些底层的特征与高层特征的关联，就能够使计算机自动抽取媒体的语义，并实现基于内容的快速检索。

(3) 高维度索引技术：大型媒体库的检索离不开索引的支持。尤其是多媒体数据的内容特征描述方法很多，如果根据内容特征建立高维度的索引，就可以实现对多媒体数据进行基于内容的多特征检索。但在大型集成的检索中，多媒体特征矢量高达 10^2 量级，大大多于常规数据库的索引能力，因此，需要研究新的索引结构和算法，以支持快速检索。

(4) 流媒体内容的结构化：视频和音频信息是典型的流媒体，它们包含了大量难以用低层特征描述的高层语义信息，这些媒体数据是典型的非结构化数据，基于内容的检索十分不便。如果对时序媒体信息进行结构化，那么用户就能直接操纵连续媒体流数据的内容，并实现基于内容的时序媒体检索。

(5) 用户查询接口：主要研究用户对信息内容的表达方式、交互方式设计、如何形成并提交查询等。

(6) 数据模型及描述：统一的多媒体数据模型标准是实现多媒体数据库和多媒体信息基于内容存取的理论基础。多媒体信息内容描述标准 MPEG-7 目前还在制定中。

(7) 性能评价体系：对检索定义标准的性能评价体系，以全面检验检索算法的性能。

6.6 本 章 小 结

多媒体数据管理技术是多媒体技术中的重要组成部分。本章以多媒体数据管理技术为主线，介绍了多媒体数据的特点和管理现状。其中，对面向对象的数据技术、超文本/超媒体技术、超文本标记语言 HTML 和多媒体数据库技术进行了较为详细的讲述。在重点介绍现有成熟技术的同时，对目前仍然存在的技术问题进行了分析。学习和掌握本章内容有利于对多媒体技术的全面了解。

6.7 习 题

1. 填空题

(1) 多媒体数据区别于传统文本数据的特点主要有＿＿＿＿、＿＿＿＿、＿＿＿＿、
＿＿＿＿。

(2) 多媒体数据管理的基本方式有＿＿＿＿、＿＿＿＿、＿＿＿＿、＿＿＿＿。

(3) 面向对象数据库系统研究的主要内容有＿＿＿＿、＿＿＿＿、＿＿＿＿、
＿＿＿＿。

(4) 面向对象数据库的逻辑设计阶段的主要任务是＿＿＿＿、＿＿＿＿、＿＿＿＿、
＿＿＿＿、＿＿＿＿。

(5) 面向对象数据库的物理设计阶段的主要任务是＿＿＿＿、＿＿＿＿。

(6) 超文本是指＿＿＿＿＿＿＿＿＿＿＿＿＿＿＿＿＿＿＿＿＿＿＿＿＿＿＿。

(7) 超媒体是指＿＿＿＿＿＿＿＿＿＿＿＿＿＿＿＿＿＿＿＿＿＿＿＿＿＿＿。

(8) HTML 的意思是＿＿＿＿＿＿＿＿＿＿＿＿＿＿＿＿＿＿＿＿＿＿＿＿＿。

(9) 多媒体数据库是指＿＿＿＿＿＿＿＿＿＿＿＿＿＿＿＿＿＿＿＿＿＿＿＿＿。

(10) 超文本与超媒体系统目前存在的主要问题有_____、_____、_____。

(11) 多媒体数据库的层次结构可划分为_____、_____、_____、_____。

(12) 多媒体数据库的组织结构可分为_____、_____、_____、_____。

(13) 基于内容的检索是指_____。

2．操作题

任选一个 HTML 工具软件，设计一个简单的 HTML 网页，使用多种媒体信息介绍本人的基本情况。

第7章

多媒体创作系统

教学提示：

　　创作系统是一个新概念，尚无严格的统一定义。创作系统是利用现有的多媒体著作工具及编程语言将各种类型的素材文件按照一定的顺序编排起来，改变经过素材制作系统处理的素材文件的零散性及不连贯性，使彼此之间能够按照有机的方式进行搜索、查询和跳转，以制作出最终的多媒体应用系统。

　　多媒体创作系统是多媒体技术与传统出版系统的有机结合，它综合集成文字、图形、图像、音频、视频等多种媒体来承载信息，不仅具有传统媒体手段所缺乏的交互性，而且体现了创作人员的艺术创新。

教学目标：

　　本章引入多媒体创作系统的基本概念、功能和分类，介绍多媒体创作系统的组成内容、系统模型、创作过程、人员组成，描述常见多媒体创作系统工具的特点和功能，最后要求学生对多媒体创作系统的编程有基本的认识。

7.1 多媒体创作系统的功能与分类

信息保存和传递伴随着人类文明的进步在不断发展。传统意义上的出版业是工业时代的产物，数百年来，它随着工业经济的发展而壮大，成为大众传播业的支柱。随着信息社会的到来，出版手段与出版方式发生了很大的变化。对数字数据的再利用，促使出现了电子出版物，20世纪90年代初，多媒体技术的发展和应用引发了多媒体创作浪潮。

多媒体创作系统是计算机技术、多媒体技术、大容量光盘存储技术以及网络技术等诸多技术领域综合发展的产物。

创作系统是一个新概念，尚无严格的统一定义。创作系统是利用现有的多媒体著作工具及程序语言，将各种类型的素材文件按照一定的顺序编排起来，改变经过素材制作系统处理的素材文件的零散性及不连贯性，使彼此之间能够按照有机的方式进行搜索、查询和跳转，以制作出最终的多媒体应用系统。

多媒体创作系统的另外一种描述方式是以图、文、声、像等多种形式表现，并且由计算机及其网络对这些信息以内在的统一方式进行存储、传送、处理及再利用的创作系统。

7.1.1 多媒体创作系统的功能与特点

多媒体创作系统是一种数据型的软件产品，它的使用对象可能是计算机专业用户、也可能是对计算机了解甚少的普通人士，它以提供各种知识、信息、资料服务为主要目的，将这些庞杂的或许是呆板枯燥的内容形象生动地表现出来，提供方便有效的操作手段，使普通用户也能轻松、愉快地接受相关的信息。

多媒体创作系统的主要特点如下。

(1) 高度的集成性。集成多种媒体形式，并形成一个完整的系统。

(2) 方便灵活的交互性。为操作人员提供良好的使用界面和操作导航。

(3) 设计中的创意和艺术性。一般软件设计侧重于功能。而创作系统则侧重于人的感受，围绕主题进行艺术创新。因而其制作组的成员包括非计算机专业的美工设计、音乐制作人员。

7.1.2 多媒体创作系统的分类

多媒体创作系统根据不同的分类方法，可以分为不同的类型。

1. 根据发行方式

创作系统分为两大类，基于网络的多媒体系统和基于单机客户的多媒体系统。

前者以数据库和通信网络为基础，以计算机的硬盘或光盘为存储介质，可以提供联机数据库检索、传真出版、多媒体报纸、杂志、邮件等多种服务。

而面向单机的多媒体创作系统则以磁盘、集成电路卡和光盘等为载体，向个人提供各种多媒体信息服务。

2. 根据创作系统所反映的内容

大致可分为以下 4 大类。

(1) 教育培训类

主要是 CAI 软件，注重教学目标、教学策略，还有适时的评测、及时的反馈。强调过程的呈现，而不是直接告知结果；让学员动手参与，而不是被动接受。传统的教学过程是教师和学生在同一时间、同一地点实施。这种方法不仅成本高(包括教师的薪金、教室设备及教材等)，而且缺乏效率。多媒体技术提供了一种替代方案，它将学生训练及工作成效密切地结合在一起。因为多媒体生动的教材及保持交互的特性，使学生更乐于学习，效率也会提高。

(2) 家庭生活娱乐类

主要是面向家庭的日常生活和游戏娱乐。

① 地图类。利用多媒体，可以使地图的查找更为方便，只要输入地名或街道名，系统会自动显示该地区或街道的位置，有时还可通过其他画面，来获取该地区的入口、市容、面积、气候等信息。

② 旅游类。以多媒体来介绍旅游名胜的风光、文物与习俗是非常好的构想，因为多媒体可以加入文字或图形以外的影片、照片及音乐等资料，使人体验到身临其境的效果，成为个人消遣或增长见闻的学习材料。

③ 家居知识类。如医药、服装、美容、饮食、装饰等，通过这类多媒体载体，人们可以了解到与家居生活相关的各种知识和技巧，比如家用护理箱与多媒体护理医疗的光盘可成为家庭咨询与护理的必备工具。

④ 游戏娱乐类。一家人在一起除了共同生活起居外，更应有娱乐教育的活动，因此通过使用多媒体光盘来做游戏、讲故事及观赏电影等，可以充实家庭生活的情趣，也是多媒体应用的重要市场之一，这方面以各种 3D 游戏最为典型。

⑤ 音乐类。这类产品主要是用来介绍音乐史或音乐界的名人及其作品。以往的音乐介绍是以书面文本或照片来完成，却不能欣赏真实的音乐，实在是一项很遗憾的事。所以现在如果能够以多媒体来完成这类作品，用户可以直接收听到音乐，必然很吸引人，同时也会受到音乐教育界的欢迎。

⑥ 语言类。多媒体结合声音、文字、图形及图像等来让学习本国或外国语言的人可以收到与书籍、录音带甚至录像带等相同的多重效果，具有可以向前、向后、加快、减慢随意控制的功能，充分配合用户的个人能力。

⑦ 文学类。将文学名著转化为光盘片，增加图画、声音、影片等效果，可使小说更增趣味。例如在侦探故事当中加上一些现场的图画、照片及声音会使剧情更加具有悬念，这是多媒体带给文学的一项新的尝试。另外，因为在多媒体光盘面上查寻快速，可以提供导读与查寻的功能，使读者前后连贯地深入了解故事内容。

⑧ 历史类。历史事件层出不穷、多且繁杂，以文字或插图来描述不能尽其详情。以时间轴的方式将历史事件一件一件地挂在时间轴上，并且增加照片、声音等数据，在各种历史事件当中更能身临其境，获得更完整丰富的信息。

(3) 商业应用类

多媒体应用也可以成为商业场上的利器。因为企业经营讲求效率，商业上要充分把握时机，及时以最强而有力的方式来推销产品，吸引顾客或给予顾客咨询及沟通的机会。多媒体可以充分发挥它的特长，协助商业界来训练员工，以最经济有效的方法来给员工实施在职教育。也可以利用多媒体来展示商品或举办说明会，以多变化、新颖化吸引顾客。另外，还可以提供顾客查询并可自动应答的信息渠道。

① 商品介绍。以往商品以专人在商店里为顾客介绍为主，也可以放映录像带供顾客观赏。前者可能需要相当大的人力投资，后者却只是单向的沟通，两者均非最佳的商品介绍方法。现在已有越来越多的商品可以利用多媒体来介绍，顾客可以通过计算机观赏商品的介绍，也可以利用多媒体的按钮来选择所需的信息与问题，这样便形成了双向的沟通。除增强了说服力外，亦可满足顾客交互操作的需要。

② 查询服务与浏览。近年来，百货公司逐步向功能完整、货品齐全的方向发展。在一座百货公司中，因为出售的物品繁多，必须区分成不同的部门及楼层。虽然各楼层或部门均有标识图可查，但往往不很详尽，如果某一个顾客希望快速查出某一种必需品的部门及位置，就要到服务台去查问，很不方便。若能提供一套可以自由使用的多媒体查寻系统或商场导购系统，顾客便可以很轻松地查阅该货品的部门与位置等信息，同时也节省了许多人力。

③ 商业广告。由于计算机的应用日益普及，很多商家把他们的产品做成广告光盘送给客户进行宣传。这些光盘中往往配有声音、图像、动画，甚至具有产品功能的模拟和仿真程序，用以吸引顾客。在 IT 行业中，运用广告光盘进行产品宣传已相当普及。读者在网上若发现某产品，并对它很感兴趣，发一个 E-mail 给厂家，很快就能收到厂家寄来的光盘广告。

(4) 工具类(含数据库)

包括各种百科全书、字典、手册、地图集、电话号码本、年鉴、产品说明书、技术资料、零件图纸、培训维护手册等，强调运用超文本/超媒体来展现重要的内容，特别讲究多层次的检索机制及其实现。要提供尽可能多样的查找信息方式，不论读者在浏览哪一部分内容，都要能方便地回溯、退出或跳转到其他部分内容。还要随时提示他所在的位置，以免在信息海洋中迷航。

① 字典类。字典所提供的功能除了查出字的拼法、音标及字义外，还可以查找相关字，在多媒体的字典中，除了可以协助查找字的本意外，还可以提供该字的读法及含有该字在内的整个句子的读法。除此之外，多媒体也提供动画与真实照片，且通过超媒体技术，可从相关字上直接跳转到相应的画面上去，可使读者通过查找相关字而对该字的相关信息了解得更为深入透彻。

② 百科全书类。百科全书与字典相当类似，只不过它在提供某一个"字"或"词"所含本意之外，还加了许多与它相关的数据，便于与该字或该词所有相关的知识结合在一起，成为一个单元的完整知识。百科全书提供对事件或物品详尽的描述，也提供图表说明、附加照片等数据。

③ 参考书籍类。查阅参考书籍以便更进一步去寻找商品，或找到杂志期刊的目录，也是多媒体光盘数据库的特长，当然若能加入图片、照片及动画数据，必定会比只有文字

的资料更受人欢迎，这方面作品以《吉尼斯世界纪录》为代表。此外，很多国际会议的论文集也都采用光盘出版。

7.2　基　础　知　识

本节主要介绍多媒体创作系统的一些基础知识，通过对本节的学习，为今后具体的多媒体创作在基本概念和思想体系上打下基础。

7.2.1　多媒体创作系统的组成

多媒体创作系统本身是一个复杂的系统工程，包括素材编辑和著作合成。在系统创作前期，需要对多种素材进行采集、加工、组合等各项工作。在素材编辑系统中包括的子系统有文字录入子系统、图形/图像处理子系统、动画制作子系统、视频处理子系统、音频制作子系统、支撑平台及环境子系统，最后由著作子系统进行合成。

1. 文字录入子系统

多媒体创作系统中的文字信息是非常重要的媒体信息，有着其他媒体所不能替代的功能。在创作过程中，文字的录入、校对、编辑、加工等工作十分必要。该子系统可由普通的计算机和文字编辑软件组成。

(1) 文本数据的获取

获取多媒体文件的文本数据，可采取键盘输入、文件插入和借助字符识别技术进行输入等方法。当文本数据内容不是很多时，可通过键盘直接输入。图形处理软件和集成化的创作工具一般都能提供文本输入的功能，以便利用户对图像/图形进行文字注释。

对于由大段文字组成的文本(如说明文字)，可先用字处理软件录入并编辑为相应的文件，然后用集成创作工具把整个文件载入多媒体文件中。与键盘输入相比，文件插入可减少操作差错，并提供更好的版面效果。

如果要利用印刷品上的文本资料，可先用扫描仪扫得"位图"，再用光学字符识别(OCR)软件自动将其转换为 ASC 字符，获取所需的文本。如果条件具备，还可利用手写识别或语音识别等技术，将手写文稿或录音讲稿转换为文本数据。

(2) 文本数据的加工

单纯由 ASC 码组成的文本数据文件(如 TXT 文件)是非格式化的。为了美化版本，可利用专业的字处理软件对文本进行加工，以便在文件中加入字符大小、字体、颜色、位置以及分行、分段等信息，使文字更加漂亮。集成创作工具一般也具有对文本数据进行格式化的能力，但比专业字处理软件的功能要弱得多。如想进一步美化版本，字处理软件和图形处理软件通常还提供制作艺术字的功能。需要注意，艺术字通常以扩展名为.bmp 的图形格式存储。

2. 图形图像处理子系统

图像是多媒体中最为重要的媒体信息，从心理学的观点来看，人们观察一个场景时，最先感受到的就是对象的色彩信息，因而制作突出中心的图形图像画面是多媒体创作系统的一个非常重要的工作之一。图形图像处理子系统用于对图形图像的创作、修饰、变形、转化等编辑处理工作。

(1) 图形图像数据的采集

初始的图像常使用扫描仪或数码照相机来采集。用扫描仪对图片、幻灯片或印刷品进行扫描，可迅速获取全彩色的数字化图像。数码照相机体积小、携带方便，可脱机拍摄用户需要的任何照片，然后将结果输入计算机。摄像机/录像机通常也用于完成采集图像数据的工作。现有的摄、录像设备都是基于模拟信息的，但只要在计算机上配置了视频卡(亦称视频捕捉卡)，就能将摄像机或录像带输出的视频影像显示在屏幕上，供用户从中捕捉任意一幅需要采集的图像画面。

为了方便采集图像，某些公司还将数字图像库存储在 CD-ROM 光盘或者互联网络上，供用户选购。具有一定绘画水平的用户也可以利用专业绘图软件绘制。

与图像不同，图形一般是通过图形软件绘制的。图形是由许多矢量 (或图元)构成的。如果绘制一条直线，在计算机中存储的将是直线的起点、终点与颜色，而不是像图像那样存储位图的矩阵信息。由此也可说明，图形具有数据信息量小、容易修改的特点。

(2) 图形图像数据的处理

初始采集的图像一般都比较粗糙，需要用图像处理软件进行加工处理。以加工照片为例，当翻新旧照片时，不仅能通过图像处理消除旧照片上的划痕和污渍，调整色彩与反差，还可随意在照片上添加文字或更换照片的背景，使一些本来互不相干的照片变成新颖奇妙的艺术品。对于图形类对象，只要用鼠标选出已经绘制的图元，就能方便地对它删除、修改或变形(如旋转、扭曲等)。还须指出，大多数图形软件都具有将图形从矢量图转换为位图的功能。但一旦转换，矢量图的特点就完全消失，再也无法选取图形中的某个图元而进行单独修改了。

当然，也有一些软件支持将图像转化为图形，只不过这种转换存在一定的精度损失。

3．动画制作子系统

所谓"动画"，就是一组连续图形的结合。它利用动画这种生动逼真的表现形式来展现事物的运动过程。目前，动画制作系统主要是以软件为主。

动画又可分为二维动画和三维动画，在整个创作系统中，动画子系统可以说是运算量最大、技术难度最高的一项工作。随着网络的发展，一些适合网络传输的新格式动画正在迅速发展。由于采用了基于矢量的图形系统，占用的存储空间还不到位图的几千分之一，特别适合于网络应用。

4．视频处理子系统

与动画相比，基于真实场景拍摄的视频影像往往具有更强的表现力。随着多媒体演示的日益流行，多媒体作品中包含的一些影视片段使演示更加生动、活泼。在多媒体系统中，用一个影视小窗口播放视频影像，需要时可随时将其放大，已成为大众喜闻乐见的一种表现方式。该子系统包括视频的采集、压缩、剪接、回放等。

(1) 视频数据的采集

把连续变化的图像以每秒 25 帧以上的速度播放，就会在屏幕上呈现视频影像。与声音数据一样，视频数据也可区分为模拟信息和数字信息两大类。传统的视频设备多使用模拟信息，而多媒体节目中的视频影像则全部采用数字信息，并存储在扩展名为 avi、mpg、mov 等的视频文件中。

采集视频数字信息的一般步骤为：由摄像机、录像机、电视接收机或 LD 激光视盘等传统影像设备获得的模拟信息，首先被送往多媒体计算机的视频卡，然后由视频卡将模拟的视频信息转变为计算机能直接处理的数字信息。视频卡又称视频捕捉卡，通常在视频处理软件的支持下工作。由于视频信息中不仅包含影像信息，同时含有多种同步信号，在处理过程中首先要把它们分开，待转换为数字信号后，再重新将它们合成。所以视频卡及视频处理软件比声卡和声音处理软件更复杂，成本也更高。

在采集视频数据前，一般要确定影视窗口的幅面(分辨率)、帧速率(每秒采样的帧数)和影视信号的显示制式等，这些参数均可通过视频制作工具进行设置。

(2) 视频数据的编辑

Microsoft 的 Video for Windows、Adobe 公司的 Premiere、Apple 公司的 QuickTime、Creative 公司的 Video Blaster 等，都是常见的视频制作工具。一般来说，这些工具都包括视频捕获(Video Capturing)与视频编辑(Video Edit)两个方面的功能。以下主要介绍视频编辑的基本功能。

① 调整视频影像位置。视频编辑工具一般都提供剪切(Cut)、复制(Copy)及粘贴(Paste)等功能。不仅可通过它们删除或复制某段视频影像，还可将任何一段影像调整到原文件中的任意位置，从而达到改变播放顺序的目的。

② 实现影像与图像的转换。支持在活动的视频影像与静态的图像之间转换。既可以把任何单帧或连续帧的视频影像转化为对应的图像或其序列，也可将某幅已有的图像通过视频编辑转化为 AVI 文件中新的视频影像帧。

③ 调整压缩方式。就是把以一种方式或文件格式压缩的文件转换为另一种压缩方式或文件格式的文件，质量要求越高的文件，其压缩比也越小。

5．音频制作子系统

在多媒体创作中，声音(包括语音或音乐)可以用来渲染和烘托气氛。使人机之间的交互更容易、更自然。同时，音频还是视频系统相关联的不可缺少的一个部分。音频制作包括音频采集、后期加工、音效合成、MIDI 制作等多种工序。

(1) 声音数据的采集

声音数据的采集可以有以下几种方法。

① 直接录音。利用声卡和相关的录音软件，可以直接录制 WAV 音频文件。这类文件实际上是通过对声波进行高速采集而得。为了保证录音文件的质量，除应选择高品质的声卡和音箱外，还应选用足够高的采样频率和量化精度。在 Windows 环境中运行的"声卡+MS 录音机(Sound Recorder)程序"就是最常用的录音平台之一。

② 使用专用录音棚。在专业录音棚内录音，可明显减小环境的噪声，能获得接近 CD 唱片的高保真音质，但成本较高，所以一般很少使用。

③ 用音序器软件录制 MIDI 音乐文件。如果在声卡上配有支持 MIDI 的接口，可使用带有 MIDI 输出接口的电子琴或电子合成器等乐器，通过音序器软件来录制 MIDI 音乐

文件。这种文件通常用在需要长时间音乐配音的场合。

④ 从录音盘、带进行转录。对已经录制在 CD 光盘或录音带上的音频数据，可通过适当的软件(例如录音机)转录为数字声音文件，然后再加工处理。

⑤ 从数字音频库中选用。像数字图形、图像库一样，数字音频库也可存储在 CD-ROM 光盘或互联网络上，供用户购买选用。

(2) 声音的处理

声音处理软件对声音文件具有录制、编辑和播放等功能。由于声音文件随存储格式的不同可区分为 WAV 文件和 MIDI 文件两大类，声音处理软件也随之划分为相应的两类：前者称为波形声音处理软件，如微软公司的 Sound Recorder，创新(Creative)公司的 Waves Studio 等；后者如 Voyetra Technologies 公司的 MIDI Orchestrator，Music Time for Windows 等。

以 Sound Recorder 为例，除支持录制 WAV 文件外，其编辑功能包括波形的剪切、粘贴或混合，声音频率调节(升、降调)，强度增、减以及淡出(逐渐增强)、淡入(逐渐减弱)等，并能产生回声等乐效处理。享有"大众化音序器软件"之称的 MIDI Orchestrator 甚至可录制多达 16 个声部的音乐，把一首乐曲的不同声部录制到多个音轨上。允许 MIDI 音乐与 WAV 文件同时播放，从而实现为解说词配乐。如果使用上面提到的 Music Time for Windows，还可以通过音序器进行作曲，不使用 MIDI 键盘就生成 MIDI 音乐。

6．支撑平台及环境子系统

在计算机领域中，目前最有影响的两个平台是：Apple 公司的 Macintosh 机及其 Mac OS 操作系统；PC 机上的 Windows 操作系统。选择何种平台对多媒体创作系统的设计、开发、销售都有重要的影响。

(1) Apple 公司的 Macintosh 机及其 Mac OS 操作系统

Mac 操作系统界面及机器外形如图 7.1 和图 7.2 所示。Apple 公司的 Macintosh 机是最早进入多媒体领域的个人计算机，Bitmap(位图)、GUI(图形用户界面)的技术都是同由 Apple 首先引入的。最早的 Mac 机主板上就装有声音芯片，此外，它的高分辨率显示系统也有极好的声誉。很多成熟的软件资源，如 Photoshop、Director、Authorware 等都是从 Mac 机上发展并移植的。由于价格和接口等原因，目前 Mac 机在国内并不多见。

图 7.1　Mac 操作系统   图 7.2　Mac 机外形

Mac 机主要用于美术制作、彩色出版、广告动画等领域。且较普通 PC 机有更好的性能表现。但由于最终用户可能是基于 Windows 操作系统的 PC 机，所以在开发时要考虑到今后系统的兼容性和可移植性。

(2) Microsoft 公司的 Windows 系统

尽管在图形、图像的处理上，基于 Windows 的 PC 表现也许稍稍逊色，但是由于它拥有更多的用户和产品支撑，Windows 提供了用于控制各种媒体设备的控制接口(MCI)，支持多媒体应用程序接口(MAPI)，以及多种媒体驱动程序接口和多媒体软件功能，从而可以完成各种媒体文件的 I/O 操作。

多媒体创作系统的环境可分为单机制作环境和网络制作环境两大类。对于专业制作团体，应选择具有共享资源，而且还能协同工作的网络制作环境。根据其网络组成形式，又可分成对等网络制作系统及客户机/服务器网络制作系统两大类。而普通用户或小公司可选择单机制作环境。

7.2.2 多媒体创作系统的系统模型

软件开发模型定义了软件生存期中各项活动的流程。随着软件工程的发展，学者们提出了各种不同的开发策略，形成了多种不同的软件开发模型，例如瀑布模型、快速原型模型、螺旋模型以及面向对象的构件集成模型等。它们各有特色，分别适用于不同特征的软件项目，但一般地都包含"定义(或计划)"、"开发"和"维护"这 3 类活动。这些活动或顺序展开，或反复循环，所用的方法和工具也往往随所用的模型而异。

这里仅介绍两种传统的开发模型：瀑布模型和快速原型模型，以及在多媒体开发中使用最多的螺旋模型。

1. 瀑布模型

瀑布模型是 W.Royes 于 1970 年首先提出的。在这一早期的传统模型中，各个阶段的工作顺序展开，恰如奔流不息、拾级而下的瀑布。

当采用瀑布模型开发组织时，应制定软件开发规范或开发标准。其中要明确规定各个开发阶段应交付的产品，这就为严格控制软件开发项目的进度，最终按时交付产品以及保证软件产品质量创造了有利的条件。

为了保障软件开发的正确性，完成每一阶段的任务后，都必须对它的阶段性产品进行评审，确认之后再转入下一阶段的工作。如评审过程发现错误和疏漏，应该反馈到前面的有关阶段修正错误、弥补疏漏，然后再重复前面的工作，直至某一阶段通过评审后再进入下一阶段。

瀑布模型之所以广泛流行，是因为它在支持结构化软件开发、控制软件开发的复杂性、促进软件开发工程化等方面起着显著的作用。它提供了软件开发的基本框架，这比依靠"个人技艺"开发软件好得多。它有利于大型软件开发过程中人员的组织、管理，有利于软件开发方法和工具的研究和使用，从而提高了大型软件项目开发的质量和效率。

与此同时，瀑布模型在大量软件开发实践中也逐渐暴露出它的缺点。其中最为突出的缺点是该模型缺乏灵活性，无法通过开发活动澄清本来不够确切的软件需求，而这些问题可能导致开发出的软件并不是用户真正需要的软件，反而要进行返工或不得不在维护中纠正需求的偏差，为此必须付出高额的代价，为软件开发带来不必要的损失。

并且，随着软件开发项目规模的日益庞大，该模型的不足所引发的问题显得更加严重。因此，瀑布模型的应用有一定的局限性。

瀑布模型强调阶段间的顺序性和依赖性。即仅当前一阶段的工作完成以后，后一阶段的工作才能开始；前一阶段的输出文档，就是后一阶段的输入文档。

2．快速原型模型

原型(Prototype)模型是软件开发人员针对软件开发初期在确定软件系统需求方面存在的困难，借鉴建筑师在设计和建造原型方面的经验，根据客户提出的软件要求，快速地开发一个原型，它向客户展示了待开发软件系统的全部或部分功能和性能，在征求客户对原型意见的过程中，进一步修改、完善、确认软件系统的需求并达到一致的理解。

快速开发原型的过程如下。

(1)　快速分析

在分析者和用户的紧密配合下，快速确定软件系统的基本要求。根据原型所要体现的特性(或界面形式、或处理功能、或总体结构、或模拟性能等)，描述基本规格说明，以满足开发原型的需要。

快速分析的关键是要注意选取分析和描述的内容，围绕使用原型的目标，集中力量，确定局部的需求说明，从而尽快开始构造原型。

(2)　构造原型

在快速分析的基础上，根据基本规格说明，尽快实现一个可运行的系统。如软件的可见部分，如数据的输入方式、人机界面、数据原型开发模型的输出格式等。

由于原型是客户和软件开发人员共同设计和评审的，因此利用原型能统一客户和软件开发人员对软件项目需求的理解，有助于对需求模型的定义和确认。初始原型的质量对于原型生存期的后续步骤的成败至关重要。如果它有明显的缺陷，会带给用户一种不好的感觉；如果为追求完整而做得太大，就不容易修改，会增加修改的工作量。因此，应当有一个好的初始原型。

(3)　运行和评价原型

这是频繁通信、发现问题、消除误解的重要阶段。其目的是验证原型的正确程度，进而开发新的并修改原有的需求。它必须通过所有相关人员的检查、评价和测试。利用原型定义和确认软件需求之后，就可以对软件系统进行设计、编码、测试和维护。

3．螺旋模型

螺旋模型在多媒体软件开发中使用较为广泛，最早是由 Boehm 提出的，它将原型实现的迭代特征与线性顺序模型中控制的和系统化的方面结合起来。体现了两个模型的优点，而且还增加了新的成分——风险分析。使得软件的增量版本的快速开发成为可能。螺旋模型的结构由 4 个部分组成：需求定义、风险分析、工程实现及评审。

在实际开发中常见的一种做法是，当脚本完成基本的创意后，先采用少量典型的素材建立一个初始的原型，使用户能及早介入并反馈意见。经开发人员补充修改后即进入下一次迭代。如此循环，经过多次迭代后产生的多媒体系统存在的问题都能在开发过程中发现和解决，收到良好的效果。具体过程如图 7.3 所示。

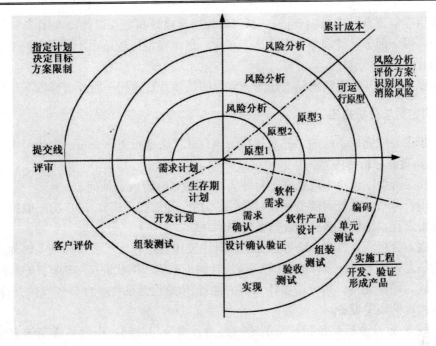

图 7.3 螺旋模型

7.2.3 多媒体系统的创作过程

从总体上看，大多数软件开发模型都包括分析、设计、制作、评价 4 大阶段。

以下我们首先介绍多媒体专家布勒姆(Brian Blum)提出的一个多媒体项目生产的通用模型，如图 7.4 所示。

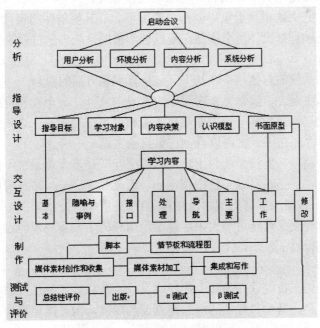

图 7.4 多媒体项目生产的通用模型

该模型貌似复杂，也是由分析、设计(分为指导设计和交互设计)、制作、评价四大部分组成的，每一部分又被细分为多个工艺过程。这个模型比较适用于大规模的商品化多媒体软件的开发。

根据以上软件开发模型的基本思想，软件的具体开发过程一般说来有以下几个阶段。

1．制定需求分析报告

这一步主要应完成系统的"需求规格说明"或"选题报告"分析、内容分析、软硬件支持、成本/效益分析等内容。

(1) 作品类型。说明本选题属于何种类型(科技、教育或其他问题)。

(2) 用户分析。系统有哪些用户(包括基本用户和潜在用户)，用户的一般特点和计算机应用水平怎样。他们在哪些场合需要使用本系统。

(3) 内容分析。系统要传递哪些信息，其主要内容是什么，涉及哪些多媒体元素，系统包含的信息可能采取什么样的组织结构(线性树形结构或网状链接结构)与信息流程。

(4) 软、硬件支持。系统需要什么样的运行环境(包括硬件平台和多媒体支持软件)，是否需要特殊的辅助设备。

(5) 成本/效益分析。包括开发所需的人力、资金与时间、资金和资源的来源、系统运行后可能产生的经济效益与社会效益等。还可以包括实现系统的难点是什么，有没有市场潜力，存在哪些风险。

以上分析总的目的是确定选题的目标和使用对象；推荐系统的总体设计方案；并论证系统的效益与风险，以供主管人员决策。

2．脚本设计

脚本设计的任务是把文字、图表、音频、视频等各种媒体信息合理地组织起来，为目标系统编写脚本。它大致相当于电影创作中的编剧。与其他软件的设计一样，脚本设计也可区分为初步设计和详细设计两个步骤。现以教学辅助系统为例进行说明。

(1) 初步设计

主要用于确定系统的总体结构。其中又包括以下几方面的内容。

① 编排目录主题。多媒体系统多用于内容导向软件，一个设计良好的目录可以向用户展示相关主题的层次结构和一般浏览顺序，为整个系统提供一个查询中心。在很多应用软件的联机"帮助"系统中，都可以看到这类目录主题。

② 确定跳转路径。支持系统与用户进行"交互"是多媒体系统不同于其他影视节目的最大特点。为此，除了在目录主题中规定的一般浏览顺序外，系统应能够按照用户的输入(例如通过菜单、按钮或屏幕上的超链接点等)改变系统的控制流程，转向不同的主题，实现交叉跳转。这种交叉跳转可最大限度地满足用户的个人需要，但过多的跳转也会使系统的查找和检验变得过于复杂，需要在设计中注意平衡。

(2) 详细设计

这一步大概相当于传统软件设计中的模块设计，其具体任务是为系统的每个主题设计出一幅幅连续的屏幕。其中又包括选择系统需要的媒体，确定用户界面及其风格等工作。这一阶段也是一个创意的过程，所以有时也被称为"创意设计"。

①　选择媒体。在多媒体作品中，各种媒体都有自己的特点。例如文本擅长表达概念和刻画细节；图形直观明了，适于表现空间信息；动画宜表现人和物的动作；声音可调动情感和激发想象等。在不同的时间或场合，对媒体的需求也往往不同。例如提出问题时可使用声音或图像，分析问题时常采用图形或图像，对比或小结时多使用表格等。还须指出，表现主题时所用媒体的数量与种类也并非多多益善。例如，过多的色彩会使人眼花缭乱，冗余的动画会分散用户的注意力，甚至喧宾夺主。正确的原则应该是使媒体之间在表现效果上达到相互补充，而不是相互干扰。

②　确定人机界面。设计好人机界面是详细设计的主要内容。从屏幕布局、图文比例、色彩声音到交互方式，都直接影响多媒体系统的可用性和艺术性。一个内容很好的系统因界面低劣而不受用户欢迎的情况并不鲜见。多媒体系统一般都拥有多个独立的主题，每个主题可能有多个屏幕，为使整个系统具有和谐一致的风格、不仅在脚本设计前要对字体、字型、图像、乃至音量大小等制定统一的标准，在脚本编写过程中也须在屏幕的构思和创意上下工夫。只有通过精彩的创意，才能为整个多媒体系统注入活力和斑斓的色彩。

与其他应用软件相比，为多媒体系统编写脚本其实更像为影视节目编写"分镜头"。在影视节目中，导演要运用声、光、画、像等多重组合来达到最佳效果；同样地，多媒体系统的设计人员也须动用各种多媒体手段获得最好的临场感。

3．素材准备

这一阶段相当于影视节目制作中的"分镜头拍摄"。在多媒体作品中，素材准备的工作量一般要占到整个作品的 2/3 以上。尽管可以通过很多工具完成素材的采集和制作，但它仍然是一项费力、费时的工作。举例说，对一幅画进行数字化处理、裁剪、着色和各种特效加工，或者为某一画面制作一段含有语音和音乐的配音，有时会花费数十分钟甚至数小时的时间。

为了保证素材制作的质量，其采集和制作通常由许多人分工合作。例如由摄像师拍摄视频影像，美工人员设计动画，录入人员制作文本，录音师负责配音，程序员完成必要的编码等。在可能的条件下，可充分利用本单位先前开发过的素材来实现资源共享，以节省系统投资。但对于其他人正式出版的光盘或录音/录像带上的数据文件，未获允许之前千万不能搬用，以免构成侵权。

4．编码集成与测试

编码集成阶段的任务是按照所设计的脚本将已经制成的各种素材连接成完整的多媒体系统。与影视节目制作相比，它相当于影片的"后期制作"。对前期所形成的素材进行合成，确定每一片段的表演持续时间，并完成配音配乐工作。

系统集成一般有两种实现方法：一是采用多媒体编程语言，二是选用多媒体创作工具。前者功能灵活，可准确地达到脚本规定的设计要求，但编码复杂，需要训练有素的程序员。所以一般情况下多采用创作工具进行开发，仅当创作工具不能实现需要的功能时，才考虑用程序语言编程。

以脚本为依据，对制成的作品进行试播，通过测试来发现软件的隐藏缺陷，是验证它是否达到预期目标的重要手段。当使用编程语言进行系统集成时，测试与编码应同时进行

——即采取边编码、边测试、边修改的方法。每次集成一个主题就重新测试一次，直到全部主题都集成为一个完整的系统，软件能顺利运行为止。

5. 制作安装程序，刻写母盘

在硬盘中完成了多媒体项目的全部工作后，应将项目文件打包，生成 EXE 可执行文件。若项目中有一些数据量很大的媒体文件(如 AVI、MPG 等)，应考虑用户光驱读取速度是否会影响项目的正常运行。若有影响，可为项目文件添加一个安装程序，将大块的数据文件临时拷入用户计算机硬盘中，因为计算机访问硬盘的速度要比访问 CD-ROM 快得多。最后，使用刻录程序，将项目文件刻入光盘中。至此，全部制作宣告结束。

7.2.4　多媒体创作系统的人员组成

多媒体的应用涉及到许多领域的各个方面，不可能仅依靠计算机专业人员来包揽一切，而应是各类专业人员的密切配合的结果。多媒体电子出版队伍一般由编导、文字编辑、美术编辑、视频编辑、音频编辑和软件工程师组成。通常采用工作组制，每个工作组由 3~5 人组成，开发小组中各成员应职责明确，同时要互相配合，共同协作。当然这种分工并不是绝对的，可以根据项目的特点和工作组成员的实际情况进行适当调整。

(1)　项目经理

项目经理应对应用的领域具有充分的了解，能对系统所表达的主题内容的精确性负责，负责整个项目的开发和实施，包括经费预算及进度安排、主持脚本的创作等。在日常工作中，应起到把全组团结在一起的核心作用。

(2)　脚本设计及程序设计人员

脚本设计人员的职责是在原稿的基础上，写出能够用多媒体信息表现的创作脚本。脚本的设计应有一定的格式，对每帧画面上出现的内容及格式做出明确的说明。程序设计人员的职责是根据创作目的对项目中各个子项利用编程环境进行编程。

(3)　媒体素材制作员

媒体素材制作员的任务是制作应用中需要的各种媒体数据。他应能利用各种设备，如扫描仪、摄像机、录音设备和电视制作设备，准备出脚本中所要求的声音、图像、文本、电视片断、动画等。也可以利用市场上出售的数字化媒体(如图片库、音乐库等)，从中寻找出所需要的素材，经过必要的加工、编辑后使用。

如果详细分类的话，媒体素材制作员又可分为下列人员。

①　视频编辑：熟悉计算机视频软硬件的使用，负责视频材料的收集、制作及编辑。

②　音频编辑：熟悉计算机音频软硬件的使用，负责语音、音乐材料的收集、制作及编辑。

③　文本编辑：熟悉字处理软件的应用，负责文字编辑。

④　图形动画编辑：熟悉图形、动画软件的应用，负责图形、动画的制作。

(4)　界面设计人员

界面是人与计算机交流的中介，它应当是人性化的。界面设计者应充分了解当前可用的技术，并使它们融合在界面中，这需要与程序员沟通。对脚本层次结构的理解将决定界面交互跳转的合理性，这需要与脚本的编者沟通。界面设计的重要性由此可见。

对于电子美术和电子音乐。虽然普通的美术音乐设计人员也可胜任这个工作，但如果能更多地学习计算机及多媒体的有关知识，成为专业的界面设计人员，就有可能做出切实可行的、有创意的作品。

(5)　著作合成人员

交互媒体创作人员应十分熟悉多媒体的表现手法，熟悉创作工具的性能。能将主题专家编写的脚本转化成为能够在计算机环境下使用的交互式多媒体，确定信息表现形式和控制方法。这些工作包括需求分析、任务确定、内容组织、创作概念形成和流程绘制等。最后，在计算机上利用创作工具将其实现出来。如果是专门编写程序，还应协助软件人员完成对程序的编制。

7.3　多媒体创作工具

7.3.1　多媒体创作工具的分类和功能

创作工具的用户很多是不太熟悉程序设计的非专业人员，所以一个良好的创作工具总是把界面的友好性放在第一位，只有易学易用，才能使用户能够把主要精力集中到脚本的创意和设计上。为此，创作工具的人机界面都十分重视支持交互，方便操作，尽可能为用户提供一个标准的、所见即所得的可视化开发环境。

1. 创作工具的基本特点

创作工具的特点可以归纳为以下几条。

(1)　具有集成的开发环境，多媒体著作工具不仅能组合多种媒体，而且能链接外部的应用程序。

(2)　较短的开发时间。与利用高级程序语言开发相比，创作人员利用这些工具不需去设计呈现这些信息的函数、过程，开发完成后也不需要繁琐的程序调试。

(3)　具有交互性的、面向对象的操作环境。创作人员可以根据需要，对信息进行编辑处理，如移动、延时、声音起止时间的设定、图形呈现与消隐特技。通过向作品提供逻辑判断、超级链接等功能，加强所开发的作品与用户的交互能力。

(4)　突出标准化。包括工具本身用户界面的标准化和所开发的作品界面的标准化，保证界面友好、易学易用。

(5)　支持超级链接。超级链接是帮助多媒体系统实现网状结构的关键技术。它支持数据流从一个静态对象(例如按钮、鼠标或屏幕上的一个区域)跳转到另一个相关的数据对象，从而实现有效的超媒体导航。

(6)　功能的可扩展性，就是支持应用程序的动态链接，可以提供与数据库、高级程序语言、多媒体著作语言的接口。

2. 创作工具的分类和功能

多媒体创作工具可以分为素材处理工具和著作编辑工具。其中素材处理工具在其他的相关课程和前面的章节中已经接触过。这里只对其做简单的归纳。

常用素材编辑软件有以下几类。

- 文字编辑和处理工具：Word、WPS 及中文之星等。
- 图形图像工具：Coreldraw、Photoshop、Photostyler 及 Freehand 等。
- 音频工具：Wave Edit 和 Cool Edit 等。
- 动画工具：Director、3D Studio Max 及 Maya 等。
- 视频工具：Premiere、Video for Windows 及 Quick Time 等。

目前市场上流行的每种多媒体著作工具都不是十全十美，而是各有所长。以下介绍几种常见的类型及其主要优、缺点，以便用户选择。

(1) 以流程图为基础的著作工具

在这类工具中，集成的作品是按照流程图的方式进行编排的。它将流程图作为作品的主线，把各种数据或事件元素(例如图像、声音或控制按钮)以图标的形式逐个接入流程线中，并集成为完整的系统。打开每个图标，将显示一个对话框让用户输入相应的内容。在这里，图标所代表的数据元素可以预先用素材编辑工具来制作，也可以先从系统提供的图标库中选择，然后用鼠标拖至工作区中适当的位置。

这类工具的优点是集成的作品具有清晰的框架，流程一目了然。整个工具采用"可视化创作"的方式，易学易用，无需编程，常用于制作计算机辅助教学软件。

美国 Macromedia 公司研制的 Authorware 是这类工具的典型代表，它以能创作交互功能极强的作品而闻名。

(2) 以时间线为基础的著作工具

在创作电影、动画片等节目时，需要用时间序列来确定数据元素出现的时段。例如，当动画按照规定的速度播放时，声音元素也须在给定的时间同步播放。在以时间线为基础的著作工具中，时间序列通常都包含多道时间线(Timeline)，供用户在不同的时间线上安排不同的数据元素，使多种数据可以在同一个时段中同步地呈现。

这类工具的优点是把抽象的时间转化为看得见的时间线，使用户能在这些时间线上知道各种数据媒体的出现时间，其分辨率可以达到 30~35ms。Macromedia 公司推出的 Flash 就属于这类工具。但它们对作品交互功能的支持不如前一类著作工具，故一般多用于制作对交互性要求不高的影视片与商业广告。

(3) 以页(卡)为基础的著作工具

早期的多媒体作品，其脚本通常按页或卡来组织，Asymetrix 的 ToolBook 和 Machintosh 公司的 Hypercard 就是创作这类作品常用的典型工具。

在这类工具中，页(卡)被处理为数据结构中的一个节点(Node)，相当于教科书中的一页或数据袋里的一张卡片，且允许在页中包含多种不同媒体。利用著作工具提供的脚本编辑器，设计者可通过规定的指令(或符号)为作品编撰脚本，然后用工具提供的预览系统观看效果，如此边看边改，直到满意为止。这类工具通常具有很强的超级链接功能，使设计的系统有比较大的弹性，适于制作各种电子出版物。

(4) 胞室(Cell)编辑类

Micromedia 公司的另一多媒体著作工具 Director 的编辑控制方式是基于胞室(Cell)形式的。Director 的编辑形式虽然也体现了时间控制，但它的最大特色在于对胞室的编辑。

多媒体素材在 Director 编辑环境中首先存放于演员库(Cast)中。进行创作时，可以方便地将 Cast 中的多媒体素材放置于胞室, 同时在舞台(Stage)上的一定位置显示出来 (声音形式的角色成员在舞台上不能显示, 只在声音通道中标示)。在 Score 窗口中, 同一列胞室组成一帧(Frame)内容, 不同的帧可组成供连续播放的多媒体应用软件。

前面提到过, Director 支持 Lingo Script 语言, Lingo 语言的功能非常强大, 可以实现对任一胞室的控制。基于胞室操作的优点是非常直观、形象, 创作人员在对每一 Cast Member 的调度中可以真正体会到作为导演的感觉。缺点是, 当 Cast 与 Frame 非常多时, 操作不方便。

(5)　基于对象的可视化编程环境

以上 3 类著作工具的共同特点就是由工具代替用户自动进行编程。但由于著作工具使用的命令通常是比较高级的"宏"命令, 其灵活性不一定能满足系统的全部功能, 有时还需要用户自己编写一部分代码, 借以弥补工具的不足。从原则上讲, 越是低级的语言或软件, 表达能力就越强, 但编码工作量也越大。为了尽量避免直接用 C、C++等传统语言编程, 有些软件公司推出了介于传统语言与合成(著作)工具之间的多媒体快速开发工具——可视化编程环境。微软公司的 VB、VC, Borland 公司的 C++都是其中著名的代表。

以 VB 为例, 它既可借助工具箱让用户轻松调用系统预置的编码(这对于用户是完全透明的), 又允许设计人员使用与传统 BASIC 十分相似的语言补充编写作品所需要的其余代码。现在国内已有越来越多的程序员用 VB 来开发多媒体应用系统。

7.3.2　多媒体素材处理工具

一个完整的多媒体开发环境应包括一系列编辑素材的创作软件, 尽管很多多媒体著作软件也具有素材加工的功能, 但是对于一些要求较高和特殊的素材处理, 我们仍然需要一些成熟的第三方软件。

在多媒体系统中的媒体信息包括文本、图形、图像、音频、动画及视频等。在多媒体系统制作过程中, 关于这些媒体信息的素材编辑制作是十分重要的, 有时素材编辑的工作大大超过系统程序设计的工作量, 素材编辑制作的质量好坏也将直接影响到整个多媒体系统的质量。

1. 素材编辑工具的共同特点

能够进行多媒体素材加工的软件虽然有很多种, 处理的对象不同, 性能也互有差异, 但一般都有一些富有特色的类似功能。正是这些特点, 使它们成为同类产品中的佼佼者。以下对这些特色功能及有关的概念做简要说明。

(1)　图层

图层简称为"层(Layer)", 是包括 Photoshop 在内很多软件所具有的特色功能之一。在二维图中, 图像的各部分同处在一个平面上, 本来无层次可言, 在计算机中我们却可以把图像中的不同部分彼此分离, 形成可以独立进行编辑与修改的层次, 从而为图像的设计带来很大的弹性。

当多个图层合成为整张图像时, 就好比把多张绘有不同内容的透明胶片叠加在一起。此时上层的景物将遮住下层, 但下层的图像仍可通过上层的透明部分显示在合成图上。Photoshop 甚至还可对图层的合成方式(也称为"混合模式")及各层的"不透明度"按用户的需要进行设置，使综合后的图像变化无穷、妙趣横生。

例如，当上层的不透明度从 100%下降为 50%时，其图像将从完全不透明变为半透明，因而可部分地看到下层中的景物。

由此可见，巧妙地运用图层，不仅可创作出富有创意的画面，同时可把复杂的整张图像分解为相对简单的图层，使图像的设计和编辑变得更加容易。

除 Photoshop 外，支持网页图像制作的许多工具(如 Dreamweaver、Fireworks 等)也能提供图层的功能。以著名的网页动画制作软件 Flash 为例，一个由多个图层组成的 Flash 作品，每个图层上都可有独立的图形或动画，如果把它们按一定的顺序重叠到一起，就可以形成由各层共同产生的综合效果，从而使图层成为制作复杂动画作品的有效手段。

(2)　滤镜处理

随着多媒体视频应用的日益流行，滤镜这一特色功能现已从图像制作工具扩展到视频制作工具。

例如在后期制作中常用的 Premiere 工具就支持滤镜功能，并将它称为"视频效果"。

将滤镜用于图像的特殊处理，可以产生奇妙的效果。类似的方法也适用于声音，这就是音效(Sound Effect)处理。事实上，不仅声音制作工具能提供音效处理，许多动画和视频制作工具也支持这一特色功能，它能使制作的伴音(配音)更加优美动听，引人入胜。

在声音文件中添加回声，淡出、淡入或者在左、右音箱中往返放音或交叉放音，都是常见的音效处理方法。以 Flash 软件的伴音播放为例，如果所用的 MPC 仅配有一对普通音箱、且并未选择"效果(Effect)"处理，则声音数据将同时送往两个音箱。否则，可以在"左声道"(即仅使用左音箱)、"右声道"、"从左到右"(从左音箱切换到右音箱)、"从右到左"、"淡出"(Fade Out，即播放时声音逐渐减小)、"淡入"(Fade In，即播放时声音逐渐增大)等选项中选择所需的音效。如果选择了自定义选项，用户还可在声音波形窗口中自行调整播放的效果。

双声道声卡与双声道扬声器是立体声音乐的最低配置。近几年来，流行的"三维(3D)"音效，采用了多声道与多音箱等配置，可以模拟现实世界的环绕声，回放出接近于真正立体声的声音与音乐效果。它与由多通道和多音轨支持的 MIDI 音乐一样，现已成为多媒体影视作品的首选音乐。有些公司推出的三维声卡在配上相关的软件后，甚至可为仅配备一对普通音箱的 MPC 系统带来 3D 音效，以满足视频游戏的配音需求。

(3)　通道(Channel)以及蒙板与遮罩(Mask)

通道在各种图形、图像工具中也有较多的应用，通道中，灰阶层次的变化控制最终复合图像的变化程度，即用鲜明的灰度值存储各种信息。在 Photoshop 中，它通过 α 通道来存储除彩色信息之外的其他信息，并可通过它来建立相应的蒙板，而在 Flash 中，我们把这种图层称为遮罩。通过这类图层，可以实现以下功能的全部或部分：

- 用通道表示鲜明的数据。
- 用通道表示油墨的浓度。
- 用通道表示选区。
- 用通道表示各种可能的透明度。
- 用通道表示执行各种命令的能力程度。

当然，试图在很少的篇幅内来说清楚通道、蒙板、遮罩的作用无异于天方夜谭。我们在这里也只是告诉大家在不同的软件中都存在类似的概念。

(4)　路径(Path)和贝塞尔曲线编辑

在各种图形、图像、三维动画类软件中，都不约而同地用到了路径的概念，这些路径都采用了各种形式的数学模型作为线条或形状的理论支撑，贝塞尔曲线或曲面就是其中的一种，利用它可以极为精细地描述曲线或曲面，通过调节样条曲线的某些节点得到用户所需的各种任意曲线。在 Photoshop、CorelDraw、Flash、Director 等二维软件、甚至在三维动画 3ds Max 中，都可能看到它的使用。

(5)　布尔运算

布尔运算本来是数学上的名词，但在计算机领域，它的运用也屡见不鲜，通过它可以实现不同对象的交叉运算，最终得到新的选区或形状。

2．常见素材处理工具简介

(1)　CorelDRAW 图形编辑软件

CorelDRAW 是 Corel 公司开发的一个基于 PC 机平台的功能强大的图形绘制和出版软件包，它是一个基于矢量绘图的复杂程序工具。

CorelDRAW x5 的主工作界面如图 7.5 所示。

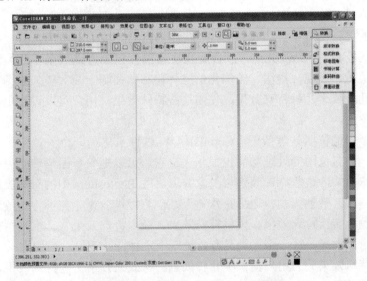

图 7.5　CorelDRAW x5 的主工作界面

CorelDRAW 的主要功能和特点如下。

①　快捷灵活的图形绘制功能。使用和选取软件工具箱提供的基本工具，用鼠标可以全交互式地绘制任意的直线、曲线、矩形、椭圆等基本图形，然后对基本图形进行平移、旋转、复制、放大、缩小、拉长、压扁、投影、倾斜等各种变化，同时还可以使用节点编辑功能，任意地控制、移动、增加或删除节点，对图形中的任意节点或任意一段进行修改变形，方便快速地画出各种复杂的图形，如图 7.6 所示。还可以对图形填充任意的颜色(包括渐变的颜色)，设定任意粗细、任意变化、任意颜色的边框和轮廓。对于已绘制好的曲线或者形状，还可以定义轮廓线的宽度、式样、角和线条端头的形状以及箭头和笔尖的形状等。CorelDRAW 软件所支持的颜色系统为 24 位真彩色格式，颜色数最多可达 1677

万种，并可提供多种配色系统，是进行多媒体设计的有力工具。

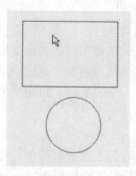

图 7.6　用 CorelDRAW x5 进行图形绘制

②　文字编辑功能。CorelDRAW 软件的一个重要功能是文字处理，CorelDRAW 软件提供 150 多种 TrueType 精密字体，输入的文字可高达 32000 个字符，对所输入的美术字文字，可以自动地进行拼写检查，也可以进行拉伸及倾斜、镜像处理，直观地任意改变字距、行距、粗细、大小、长宽等形状，还可以像图形一样填充任意颜色、边框和其他各种变化，同时还具有分栏、分区、左右对齐、居中对齐等排版功能，可以将文字转换为曲线对象，按任意路径进行摆放和调整。

③　特殊的矢量图效果。CorelDRAW 软件创建的各种矢量图形具有变换种类多而又不会产生失真的特点，CorelDRAW 软件提供丰富的矢量图特殊效果，分为渐变、封套、裁剪、投影、透镜、透视、透明、轮廓化、立体化和扭曲等十几大类矢量图特殊效果，每一个大类又有几种或十几种特殊效果，使用这些特殊效果，用户可以设计出各种创意精彩和复杂的矢量图形。

④　丰富多彩的位图处理效果。CorelDRAW 软件虽然是一个矢量图形处理软件，但可以嵌入位图，并且位图的处理功能也很强大。它还可以把矢量图形转换为位图，并使用各种位图的特殊效果，这些特殊效果与图像编辑软件 Photoshop 中的有些类似，主要有裁剪位图、着色位图、转换位图、边缘特殊效果、创意特殊效果、变形特殊效果、位图鲜明化特殊效果、颜色转换特殊效果、模糊特殊效果、杂点特殊效果、艺术笔画特殊效果、位图三维效果等十几大类，每一个大类又有几种或十几种特殊效果。

例如创意特殊效果类为用户提供十几种创意特殊效果：手工艺特殊效果、水晶化特殊效果、织物特殊效果、框化特殊效果、玻璃块特殊效果、马赛克特殊效果、多粒子特殊效果、分散像素特殊效果、碎玻璃特殊效果、熏玻璃特殊效果、画像特殊效果、旋风特殊效果和气候特殊效果等。利用这些效果可以轻松地制作出具有专业质量的丰富多彩的图像。

⑤　三维模型编辑处理技术。由于三维模型具有多层面的特殊结构，三维模型处理技术是 CorelDRAW 软件中一项比较特殊的对象处理技术。一般来说，CorelDRAW 软件并不是专业的三维模型处理软件，较之市面上流行的专业的三维模型处理软件(如 3ds Max)有许多不足之处，但可以使用相机、光源等一些简单的手段来处理三维模型。

CorelDRAW 的相机提供了在三维视区中操作和进行渲染的视点，使用户对相机所进行的各种操作可直接反映到三维视区中的三维模型上，例如有定位、旋转、改变缩放比例、改变对准方向和改变相机视图等操作，CorelDRAW 提供给用户的 4 种光源分别是环境光源、聚光灯光源、远距光源和点光源，可以使同一个三维模型经过不同的灯光渲染后产生截然不同的效果。

CorelDRAW 作为一个基于矢量的绘图程序，无论是专业设计人员还是业余爱好者，都会被它广泛的适用性和强大的功能所吸引，都可以用它充分发挥自己创作的热情，轻而易举地创作专业级美术作品。

(2)　图像处理软件 Photoshop

由 Adobe 公司推出的 Photoshop(图 7.7)是集绘图、读图和图像编辑于一身的优秀图像处理软件，具有对图像进行绘制、编辑合成和格式转换等强大功能。它为许多艺术家和电脑爱好者提供了无限的创造的空间。它不仅提供了一系列简单易用的工具，还引入了图层(包括文字层)、通道和路径的概念，使计算机作图手段得到空前发展。

图 7.7　Photoshop 的主工作界面

Photoshop 用于创建位图格式的图像(Adobe 公司的另一软件 Illustrator 用于创建矢量格式的图像)。位图格式使用许多小方点组成的网格来表示图像。小方格被称为"像素"，每个像素都有独立的坐标和颜色值。人眼观察物体就是通过位图方式进行的。位图格式可以保存鲜艳的图像色彩，也易于计算机处理。

在设计中创建完美的颜色是至关重要的。色彩模式是人们将颜色翻译成数字数据的方法。Photoshop 支持的色彩模式有贴黑白、灰度、RGB、CMYK、HSB 及 Lab 等。为了满足不同软件、硬件平台或与第三方软件交换图像文件的需要，Photoshop 提供了对多种图像文件格式的支持——PSD、GIF、JPEG、BMP、TIFF、TGA、Photo CD 及 PCX 等。众多的色彩模式和文件格式使得 Photoshop 能对不同来源的图像进行不同的色彩处理。

①　强大的图像、图形绘制功能。可以使用软件提供的各种画笔(水笔、毛笔、喷枪、图章等)，以及自定义的其他形状的画笔。

Photoshop 可以进行各种规则的几何图形或具有一定创意的图案的绘制，特别是，它可以通过路径曲线实现某些要求精细的标志、商标的绘制。

② 形式多样的区域选择方法。根据不同的处理对象，Photoshop 具有各种不同的选择选区的方法，如工具选择、颜色选择、路径选择、蒙板选择、通道选择等，熟悉图像处理的人都知道，图像处理其实就是对图像中不同的区域进行各种颜色处理。比如对于大片同色相背景下的建筑物就可能通过颜色选取来快速确定建筑物的轮廓。

③ 真实而有创意的色彩调节。我们知道图像的视觉最主要的就是通过颜色的明度、纯度和饱和度来表现的，Photoshop 对于图像的颜色处理提供了很多方便的功能，如对于图像的色阶可能通过直方图、色阶命令、曲线命令、色彩平衡、色彩/对比度命令等来进行调节；对于图像色彩的调整，可能通过色相/饱和度命令、去色命令、替换颜色命令、可选颜色命令、通道混合器命令、渐变映射命令、变化命令等来进行调节。通过这些色彩调整，一方面可以使得处理对象最大程度地接近原始对象的真实色彩；另一方面，也可以创造自然界难以出现的计算机合成色彩，使设计者的创意得到最大程度的发挥。

④ 无所不能的图像合成功能。计算机图像处理最大的优点就是能进行人工不能完成的图像合成，根据设计目的，Photoshop 利用图层和通道技术可能快速方便地对几幅不同的图像或者是一幅图像的不同部分进行合成和变换。可以说是"只有想不到的，没有做不到的"。这就是 Photoshop 最具特色的地方。

⑤ 丰富的滤镜效果。滤镜是 Photoshop 最早推出的一种图像处理方式，通过预先所设计的一些程序，可以对图像进行各种特殊而复杂的图像处理运算，大大加强图像的视觉效果，Photoshop 自带的滤镜有风格化滤镜、画笔描边滤镜、模糊滤镜、扭曲滤镜、锐化滤镜、视频滤镜、素描滤镜、纹理滤镜、像素化滤镜、渲染滤镜、艺术效果滤镜、杂色滤镜等。此外，Photoshop 还提供了外挂第三方滤镜的接口，通过这些接口，可以使第三方制作的大量精美而富于创意的滤镜效果得以方便地实现，这极大地提高了 Photoshop 的处理能力。

⑥ 不断更新的网络支持。Photoshop 根据网络的不断发展，对网络功能的支持也在不断提高，如其自带的应用程序 ImageReady 就具有卓越的网络图像处理功能的，同时它还支持 GIF 动画。并与其他网络元素相互支持。

7.3.3　多媒体创作系统的著作工具

著作软件(Authoring Software)有时也被称为写作软件或编辑软件，是一种高级的软件程序或命令集合。这些命令可以支持各式各样的硬件装置和文件格式，将图形、文字、动画、影片等视听对象组合在一起，更进一步提供各种对象显示的顺序及一个导向的结构。这种导向结构通常是用某一种特殊的计算机语言来构成，以简化程序设计的过程。

著作软件的目的是提供给设计者一个自动产生计算机代码的综合环境，使设计者可以将不同的内容与各种功能结合在一起，形成一个结构完整的节目。故多媒体著作软件通常应包括建立(Create)、编辑(Edit)、输出输入(Export/Import)各种形式的数据，以及将各种数据组合成为一个连续性系列的基本工作环境。

1. 著作软件应具备的功能

一套多媒体的著作软件，所涉及的对象种类繁多，且其格式与显示的方法多不相同。要将这些对象综合在一个软件系统中并非易事，所以多媒体编辑环境通常都很复杂。一套较为完整的多媒体开发环境应具备下面一些特点。

(1) 采用可视化著作手段

在编辑或者创作时应采用可视化的工具，即可以让设计者用鼠标来拾取某一个图画或声音等的图标，移到制作流程的屏幕上的某一个位置，形成制作节目的一部分。例如 Authorware、IconAuthor、MM Director、ToolBook 及 Visual Basic 等都具有这种功能。

(2) 提供完善的脚本写作语言

大部分多媒体著作工具支持多媒体著作语言，如 ToolBook 的 OpenScript 语言、Director 的 Lingo Script 语言等。利用多媒体著作语言，可以实现对任一多媒体信息的控制，这就使得多媒体著作工具的功能大大增强，对多媒体信息的控制也更加灵活。

脚本写作语言可让设计者写出控制各种对象显示的流程、分支及导向路径等，并与自然语言接近。这种语言是只针对该种著作软件而设置的，可有其特殊性。

(3) 提供与传统程序语言的接口和功能的可扩充性

著作系统可以让设计者用传统语言(如 BASIC、Assembly 或 C)来写程序的某些部分，以弥补该多媒体著作软件程序上的不足。如 HyperCard 的 External ComanDs(XCMDS)可将 C 或 Assembly 的程序码应用上来；Windows 下的 ToolBook、IconAuthor 及 Visual Basic 可同时使用动态数据交换(Dynamic Data Exchange，DDE)、媒体控制接口(Media Control Interface，MCI)及对象连接与嵌入(Object Linking and Embedding，OLE)等命令；这些都是融入其他语言程序及媒体的共同界面程序。

(4) 提供交互式的教学程序

多媒体的节目大多是交互的，制作多媒体的著作软件也是交互的，其相关的工具和各类弹出式菜单很多，窗口可以多重显示，所以引导用户明白这些命令菜单与多重窗口之间使用的顺序与操作方法十分重要。许多多媒体著作软件皆提供一套给用户自学的指导(tour)程序。这套指导程序应为一步步交互式的教学程序，如 QuickTour、Guide Tour 及 Tutorials 等选项。

根据这些功能，我们在选择多媒体著作工具时，应考虑创作人员的个人能力与经验；多媒体著作工具运行的软件环境；媒体著作工具运行的硬件环境；多媒体应用软件的类型；多媒体应用软件是否需要脱离著作环境运行；是否需要多媒体著作工具具有绘图与动画功能；是否需要超文本功能；是否需要数据库管理功能。综合考虑了这些因素之后，我们就能够选择合适的工具。

2. Director 简介

当一个名叫 VideoWorks 的简单的动画制作小软件 1985 年首次出现在 Macintosh 的桌面系统中时，没有人会想到日后它会发展成多媒体编著行业的领导软件，它就是 Macromedia Director 的前身。在过去的 20 多年中，Director(见图 7.8)一直致力于为人们提供一个更加强大易用的多媒体编著环境。

目前，Director 的最新版本 Director 11.5 已经发展成为全功能的编著软件，它允许将图像、文字、声音、音乐、视频甚至三维物体联合到具有交互性的"电影"中。同时，它还提供了多种发布作品的方式，可以以 CD-ROM 的形式来传播自己的作品，也可以以流媒体的形式在网络上发布。

图 7.8 Director 11

Director 是一种比较大众化的软件，几乎每个人都能在 Director 里找到自己所需要的功能。它直观的操作界面能够让新手很快地制作出简单的动画效果，专业用户则可以使用它的强大功能创建所能想到的一切。没有编程经验的用户可以通过 Director 的脚本语言(Lingo)给电影添加灵活的交互功能，而有编程经验的用户则可以通过 Lingo 实现一些专业效果，其功能一点也不比目前主流的程序设计语言差。

Director 是基于时间序列的多媒体著作软件，以时间顺序来组织数据或事件，以帧为单位，如同电影剪辑，可以精确控制镜头播放的内容，将一组图形、文字、动画序列等组合成为一个多媒体软件，尤其适合于制作动画产品。由于 Director 软件已提供了完善的组接和交互功能，创作人员可以把全部精力应用于媒体合成后视听效果的进一步优化、交互功能的实现和修改、画面的衔接处理等方面，发挥创意制作出优秀的多媒体作品，其工作界面如图 7.9 所示。

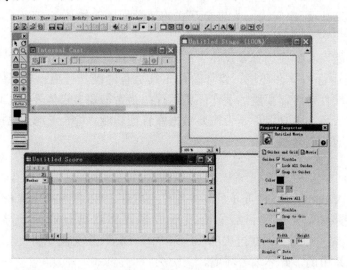

图 7.9 Director 的主工作界面

Director 软件的主要功能和特点如下。

(1) 二维动画制作的工业级标准

Director 为创作人员提供了一个方便、灵活而功能很强的二维动画创作的专业制作环境，仅动画制作方法就有近 10 种，通过综合使用 Director 软件的"演员表"窗口、"剧本"窗口、"绘制"窗口、"角色"窗口、和"舞台"窗口等功能，加上一套脚本描述语言(Lingo)的辅助，创作人员可以完成二维动画的每一帧和每通道的各种复杂创作。

(2)　面向对象的原稿描述语言——Lingo

Director 软件为创作人员提供了一种功能很强的、面向对象的脚本描述语言 Lingo，通过 Lingo 语言，创作人员可以对动画、文本、颜色、声音及图形等多种复杂的角色素材进行有条不紊的协调和控制，可以在应用程序中创建按钮、菜单、选择框等功能，还可以控制"剧本"窗口中特殊帧之间的跳转，控制声音和图形等的传递方式，控制演示的顺序，制作出令人满意的作品。

(3)　支持多种媒体类型

Director 支持广泛的媒体类型，包括多种图形格式以及 QuickTime、AVI、MP3、WAV、AIFF、高级图像合成、动画、同步和声音播放效果等 40 多种媒体类型。

(4)　独有的三维空间

利用 Director 独有的 Shockwave 3D 引擎，可以轻松地创建互动的三维空间，制作交互的三维游戏，提供引人入胜的用户体验，让我们的网站或作品更具吸引力。

(5)　灵活的人机交互会话控制

通过 Director 软件提供的菜、按钮、鼠标、对象、区域、动画文字以及等待用户反应时间等功能的设置，为创作人员提供了十分方便和灵活的人机会话与控制方法。

(6)　高度集成的多媒体角色信息库

Director 软件中专门提供了一个叫作"角色"的窗口，负责管理和存储一个高度集成的多媒体"角色"信息库。该库中的角色成员可以是各种不同类型的媒体素材数据库，如声音、文本、颜色、按钮、动画或电影、数字视频等多媒体信息；同时，Director 软件提供了对角色窗口中角色成员的简单管理功能，包括查询、插入及删除等。

(7)　功能可扩展

Director 软件还为创作人员提供了广泛、灵活、标准化和开放式的多媒体信息接口，从而使创作人员除了 Director 软件本身所能创造的各种媒体信息外，还可以利用其他媒体创作工具产生的媒体信息，通过 Director 软件提供的接口功能，载入到 Director 软件创作设计中，使之成为角色库中的角色成员。该角色库中所有的角色素材均可方便、灵活和反复地在电影创作设计中使用，以合成丰富而生动的多媒体软件作品。Director 还可通过 MOA(Macromedia Open Architect)编写 Xtra 来实现功能扩展，只有掌握了 Xtra 的开发才能真正地将 Director 的功能发挥极致。Director 软件主要的开放式接口的功能有：多种图形格式文件装入；三维动画装入；程序设计语言接口；专业外设通信接口。

(8)　跨平台体系结构

Director 最早是在苹果电脑上运行的软件，在 1995 年的时候由 Macromedia 公司移植到 PC 平台上。Director 软件是一个跨平台的多媒体开发系统，具有良好的共享性，既能在苹果机上的 Macintosh 平台上运行，又能在 MPC 机上的 Windows 平台上运行。

(9)　对 Internet 的支持

使用 Director 可以制作如今 Internet 多媒体的事实标准 Shockwave，此技术是 Macromedia 开发的，因此 Director 占了优势。IE 和 Windows 及 Netscape Navigator 都内置

Shockwave 插件，因此使用 Director 开发的 Shockwave 将具有较为广泛的播放平台。

(10) 最终产品打包脱离开发环境

Director 在 5.0 的版本时发展成为 32 位软件，现在已经发展到 11.5 版本。它制作的项目文件可以打包成 32 位和 16 位程序。只要选中"文件"→"Create Project"命令，就可以生成一个独立的执行文件(.EXE)，这样就可以脱离 Director 软件开发环境，在装有 Windows 系统的微机上运行。

7.4　多媒体创作编程

7.4.1　多媒体创作编程概述

多媒体著作工具强大的多媒体信息处理功能为创作人员提供了完善的开发环境。但是对于某些特殊的要求，如数据库管理功能，如果现有的功能不能实现，就需要利用多媒体著作工具的扩充功能。一般的多媒体著作工具都提供了同其他高级程序设计语言(如 C 语言、SQL 语言等)的接口，创作人员可以利用高级程序设计语言实现自己的特殊需要，然后同多媒体著作工具链接。另外，大部分多媒体著作工具支持多媒体著作语言，如 ToolBook 的 OpenScript 语言、Micromedia Director 的 Lingo Script 语言等。利用多媒体著作语言，可以实现对任一多媒体信息的控制，这比仅仅依赖多媒体著作工具中各种可视化工具(实际上是一种宏)的功能要强大一些，对多媒体信息的控制也更加灵活。

当然，用程序语言设计多媒体系统，要求设计人员有较好的编程基础，但考虑到其灵活性，在这方面花一些工夫也是值得的。

概括地说，目前多媒体编程主要有两类：传统上应用比较广泛的各种高级编程语言，如 VB、VC 等；多媒体著作工具的内嵌脚本语言。

现阶段较为流行的是用 Visual Basic 开发前端程序，即面向用户的界面程序，而用 C++开发一些底层的函数，两者可通过动态链接库(DLL)和 Visual Basic 的控制接口(VBX)结合起来，这种方式尤其适合于开发大型的、较复杂的多媒体系统。

1.　Visual Basic

Visual Basic 是 Microsoft 公司所推出的在 Windows 环境下开发软件的编程语言，也是多媒体编辑软件。Visual Basic 采用面向对象的思想，提供各种图形界面元素让设计者按下并拖拉至基本窗口中。这个基本的窗口又称作"窗体"(Form)，它是制作节目的主要画面。在 Form 中可以安排各种图形的媒介物，如命令按钮、正文字段、图形、声音及图像、甚至安排菜单条、文件打开窗口及对话柜等对象。这些对象可以通过各种图标工具产生，这些图标工具又称作控制接口(Controls Interface)或 VB 控件。

这种语言是基于事件的，程序的行为附着于对象内，等到对象被调用或被用户触发时才被执行。Visual Basic 提供给鼠标与键盘双重的输入通道。同时它也可以访问窗口下的剪贴板(Clipboard)、动态数据交换(Dynamic Data Exchange，DDE)及对象连接与嵌入(Object Linking and Embedding，OLE)等设备，并且通过媒体控制界面(Media Control Interface，MCI)使音响、影片、动画等均可融入其中。它还可以将数据库的文件引进来使用，而不破坏原来数据库的文件数据，使数据库的数据利用多种媒体来展示。在完成某一个多媒体产品后，可以将其制作(Make)成为一个可以直接执行的.EXE 文件，从而成为单独的一个窗口应用程序。

2．Visual C++

Visual C++是 Microsoft 公司推出的在 Windows 下执行的可视化编程软件，它与 Visual Basic 很相似，只是它的语言结构是由 C++扩展而来的。故对熟知 C++编程语言的人，只要再稍微学一下 Visual C++中加入的可视化工具及其功能，便可以成为 Visual C++的用户了。

Visual C++的工具包括可视工作台(Visual Workbench)、应用工作室(App Studio)、应用向导(App Wizard)、类向导(Class Wizard)等模块。其中可视工作台提供了主要的编辑程序、调试及产生一个应用节目的工作环境；应用工作室则是产生及编辑所有资源，如对话框、菜单条、图标、位图等的工具；应用程序向导则是将形成一个应用节目所需的文件及数据组织在一起；类向导是产生类设置的功能，以及定义消息及变量的工具。

在 Visual C++中利用类生成器来建立类非常容易，只要在已设置好的基本类中选用其中的一种，则窗口上会随着该种类提供消息(Message)及成员函数(Member Function)的小窗口。设计者可以通过这些小窗口赋予该类新的功能、消息或变量值等。

设计 Visual C++应用程序的方法是，先利用应用生成器生成应用程序框架，利用应用工作室产生或编辑新的资源，接着利用应用工作室来产生类。最后将这些资源在 Visual 工作台中组织起来，通过 Build 来完成构造一套新的应用节目或者多媒体的节目。

7.4.2　多媒体创作合成工具中的脚本编程

对于一般的多媒体作品，使用 Authorware 和国产的一些的多媒体软件，通过菜单和工具选择就可完成，但对于复杂的，大型的多媒体作品，它们就显得有些苍白无力了，采用专业的编程工具当然可以完成这些工作，但需要创作人员对计算机有较深的了解，面向普通计算机用户对编程要求不高的各种脚本语言此时就可发挥作用了。

Macromedia 公司的 Director 和 Asymetrix 公司的 ToolBook 在常用著作软件中无疑是最杰出的代表，Lingo 和 OpenScript 作为两者内嵌的脚本语言，能把图像、图形、文字、声音、视频、3D 等结合成一个完整的多媒体软件，并同时管理从客户机和网上其他资源站点来的数据和媒体。

脚本语言是这两个软件最重要的特点。如果没有脚本语言，它们将很容易被淹没在众多的多媒体著作软件中。Director 也就不过是个二维动画软件加上简单的交互功能，而 ToolBook 也就更没有什么功能可以值得夸耀了。

Director 的脚本语言 Lingo 功能很强大，使用它可以将 Director 的交互功能发挥到极致。严格地说，Lingo 才是真正意义上的脚本语言，用它编程和许多高级编程语言(例如 C、Pascal 及 BASIC)有很大的不同。太多这些语言的使用经验反而会影响对 Lingo 的运用和理解。使用 Lingo 更需要想象力，不需要对底层的编程了解。任何人只要具备基本的编程知识，就可以发挥 Lingo 的功能，唯一的局限在于想象力。在国外，许多 Lingo 高手都是从事电脑艺术的人士，他们都是后来才学习使用 Lingo 的。他们就像一个导演一样使用

Lingo，运用想象力完成创作。

使用 ToolBook 的经验则有很大的不同，它需要对底层的编程有所了解，而且越多越好。对于 C 语言的了解会对使用 ToolBook 的脚本语言 OpenScript 有很大的帮助，其他高级语言的使用经验也有助于使用 OpenScript。

OpenScript 更像 VB 之类的通用开发语言。它需要调用许多 Windows 动态链接库实现其功能。这既是它的优点，也是它的缺点。它的优点是，足够的底层编程经验可以帮用户实现任何功能，但它不适合非程序员使用。ToolBook 的使用高手大多精通 Windows 下使用 C 语言编程，它使得人们更多地关注底层的功能。这也就成了它的缺点，使用它的人因此也就不如使用 Director 的人多。

至此，我们把 Lingo 称为"多媒体魔法师使用的语言"。其优势主要表现在以下几个方面。

- 语法结构简单，且口语化，不管是专业人士还是业余人士都能轻松控制和掌握。
- 控制对象全面，控制层次丰富而有序。
- 多媒体对象和 Lingo 脚本可封装在一起，形成高度模块化的代码，使软件整体显得高效、简洁，减少对硬件的依赖。

以下以 Lingo 语言为例，对脚本语言进行简单介绍。

1．脚本语言 Lingo 的基本结构和语法

(1) Lingo 的基本结构

Lingo 的语言和结构近似于英语的口语，使用简单方便，而且可以附加到 Director 电影的任意类型的对象上，如精灵、角色、帧、电影、行为脚本、父脚本和祖先脚本。并按此顺序处理。

Lingo 脚本总是由一个或多个 Handler(程序处理块)组成，Handler 是一些离散的代码块，这些代码块在被调用时将投入运行。Lingo 处理程序块分为两类：基本处理程序(Primary Event Handler 解释用户和系统的动作)和自定义处理程序(Define Handler 通过名字被基本事件处理程序调用)。Lingo 的变量有两种类型，全局变量和局部变量，变量由开发者自己定义和命名，用来放置某种特定值的对象。定义并赋值后，变量可以用在等位判断语句和赋值语句中。

(2) Lingo 语法

Lingo 的语法规则表现在结构上必须以 on 开始，以 end 结束，常见的语法元素如下。

- 命令：电影播放时执行某种操作。
- 函数：返回一个值。
- 关键字：用来引用电影的组成单元。
- 属性：主要指对象的属性。
- 运算符：指改变变量属性的算术或文本运算符。
- 常量，是静态不变的属性值等。

其变量赋值有 Set...to 和 Put...into 两种句式；其循环语句有 Repeat 和 Repeat with 两种句法；其条件判断语句为 If...Then；使用 Member 来引用角色。Lingo 可以控制对象的几何坐标。

使用 Lingo 可以很容易地跟踪屏幕、角色和 Sprite 的位置。开发人员可以用 4 种坐标系的任意一种来移动对象的位置。Lingo 提供了处理多种文本的工具。使用这些工具可以高效地处理大量的文本，可以动态编辑文本；也可以使用各种文本解析技巧解析文本，并在判定过程中对文本求值。

控制多个 Sprite 的 Lingo 代码可以放到一个单独的父脚本中，在大多数情况下，使用父脚本/子脚本的构造方法，可以显著减少各种相似对象所需的代码量。

2．程序控制示例

为了进一步说明脚本语言 Lingo 的程序控制，我们以某服装设计 CAI 中所出现的程序控制部分来进行说明。

(1)　声音控制

通过电影脚本，实现对左右声道音量的控制，音量的大小范围为 0~255，通过定义全局变量初始化舞台，使课件在非人为操作时音乐的声音较小，而解说的声音较大：

```
On start movie Set the volume of sound 2 to 50 Set the volume of sound 1
to 255 End
```

当然，对于一个优秀的课件来说，还必须能自由控制声道的关闭和开启，因而我们还必须通过 Sprite 和角色脚本来控制声道的局部响应。

(2)　电影播放导航控制

在 Director 中，转场是无间断的，播放头的位置受到 Lingo 脚本的控制，因此通过设置标志和编辑帧脚本、精灵脚本可以灵活地在各场景中转换，这对于制作复杂的导航关系非常方便。如在脚本 1 中，当播放头到达结束帧时，转向标志 17；在脚本 2 中，当按下鼠标按键时，播放头转向下一个最近的标志，且停在那个标志位，等待 continue 唤醒，重新播放。

脚本 1：

```
On exitframe Go to the frame "17" End
```

脚本 2：

```
On mousedown me Go to next Pause
End
```

(3)　交互按钮的控制

在多媒体课件和网络发布界面中，按钮的交互性是非常必要和重要的。它便于使用者在复杂的图文界面中快速寻找所需的按钮，而且使界面更加生动活泼，富于变化。在以下脚本中，是对一暂停按钮的控制，当按下鼠标按键时，播放暂停，当鼠标指针离开热区时，暂停按钮重置为鼠标进入之前的精灵，且光标本身的形状也从手掌形状恢复成为默认的箭头状：

```
On mouse up
Pause End
On mouseleave
Set the member of sprite the currentspritenum to "61"
Cursor 0 End
```

7.4.3 VB 多媒体编程

1. Visual Basic 程序设计概述

Visual Basic 是美国微软公司 1991 年推出的，它提供了开发 Windows 应用程序的最迅速、最简捷的方法。它不但是专业人员得心应手的开发工具，而且易于被非专业人员掌握和使用。Visual Basic 是以结构化 BASIC 语言为基础，以事件驱动作为运行机制的新一代可视化程序设计语言。其中，Visual 是指开发图形用户界面的方法，它不需要编写大量代码描述程序界面的外观与位置，只要把预先建立的对象添加到屏幕的相应位置即可；BASIC 语言是计算机发展史上应用最广泛的语言之一。Visual Basic 在原有 BASIC 语言的基础上有了很大的发展，既有 Windows 系统的优良性能和图形工作环境，编程又具有简易性。无论是初学者还是应用程序专业开发人员，Visual Basic 都为他们准备了一套完整的工具，使应用程序的开发变得相对容易。

为满足不同的开发需要，Visual Basic 6.0 提供了 3 种版本：学习版、专业版和企业版。这些版本是在相同的基础上建立起来的，多数应用程序可在 3 种版本中通用。3 种版本适用于不同层次的用户。

- 学习版：是 Visual Basic 的基础版本，可用于开发最简单的 Windows 9x 应用程序，包含最基本的控件和功能。
- 专业版：为专业开发人员提供了完整的开发工具集，不仅包含学习版中的所有功能，而且包含附加的 ActiveX 控件、Internet 控件开发工具、动态 HTML 页面设计等高级特性。
- 企业版：可用来开发功能强大的分布式应用程序和部件，除包含专业版的所有功能外，同时具有部件管理器、数据库管理工具、自动化管理器等。

Visual Basic 是在 Windows 环境下进行可视化程序设计的开发工具之一，Visual Basic 6.0 是一个集成化的开发环境，能编辑、调试和运行程序，也能生成可执行文件。其主要的特点如下。

(1) 面向对象的可视化程序设计。可以自动生成屏幕上画出的应用程序界面的代码，用户只需编写少量的代码，就可快速开发出标准的 Windows 应用程序。

(2) 结构化程序设计语言。具有丰富的数据类型、众多的内部函数和高级语言的常用语句结构，简单易学。

(3) 事件驱动的编程机制。通过事件来执行对象的操作，一个对象可以对多种事件做出响应，每个事件都通过一段程序来处理，程序易于编写又易于维护。

(4) 支持多种数据库系统的访问。利用数据库控件可以访问 Access、FoxPro 和 SQL Server 等。

(5) 支持动态数据交换(DDE)和对象的链接与嵌入(OLE)。能与其他 Windows 应用程序进行数据交换和通信，能把其他 Windows 应用程序视为对象嵌入到自身应用程序中，便于更好地处理信息。

(6) 支持动态链接库，支持用户自己的 ActiveX 控件。能调用其他语言编写的函数，用户可以创建新控件，增加控件属性。

2. 多媒体控件

Visual Basic 具有强大的多媒体功能，可播放各类音频、视频及动画的多媒体数字文件，或驱动 CD 播放器、图像采集、扫描仪等多种多媒体设备。VB 通过调用 Windows 系统中固有的媒体控制接口 MCI 和设备驱动程序，实现多媒体功能。

(1) 媒体控制接口

媒体控制接口(Media Control Interface，MCI)是 Windows 系统中标准的多媒体处理系统。MCI 驱动各种不同的多媒体设备，形成统一的高层次软件接口。编制多媒体应用程序时仅需对 MCI 编程，无须涉及各种低层的设备驱动和多媒体操作基础程序，使用 MCI 是用 Visual Basic 实现多媒体功能的通用做法。

(2) 多媒体播放控件

多媒体播放控件 MMcontrol 是 VB 提供的附加控件。MMControl 控件可播放多种类型的媒体，包括数字化的音频、视频、动画媒体文件或驱动 CD 播放器、图像采集、扫描仪等媒体播放设备。

MMControl 控件集成了播放、暂停、停止、移动、按步播放等多项在多媒体播放时要求实现的操作功能。在 MMControl 控件的程序设计中，可指定 MMControl 控件播放的媒体类型和播放文件，启动 MMControl 控件后，可直接单击 MMControl 控件上的功能键，实现媒体播放，无须为具体的每个功能键编程。

MMControl 控件在工程附加控件列表中的名称为 Microsoft Multimedia Control 6.0。
MMControl 控件的 9 个功能键分别实现了各自的功能，具体见表 7.1。

表 7.1 MMControl 控件的功能键

命 令	描 述
Play	播放
Prev	移至所播放媒体文件的开头
Next	移至所播放媒体文件的结尾
Back	向后播放一步
Next	向前播放一步
Pause	暂停播放
Stop	停止播放
Eject	在播放 CD 或 VCD 时，打开光盘驱动器
Step	向前步进可用的曲目

在 Visual Basic 中，采用 MMControl 多媒体播放控件编制多媒体应用程序。由 MMControl 控件调用 Windows 系统中已安装的 MCI 多媒体控制接口和声卡设备驱动程序，实现多媒体的播放，在 Visual Basic 程序中仅需对 MMControl 控件编程。

MMControl 控件的特殊属性如下。

① DeviceTyPe 属性。功能：指定 MMControl 控件所播放的媒体类型。说明：DeviceType 属性为字符串型。可播放的媒体类型见表 7.2。

表 7.2　可播放的媒体类型及其作用

媒体类型	作　用	媒体类型	作　用
WaveAudio	播放声音波形文件	MMMovie	播放 MMMovie 格式动画文件
Sequence	播放声音 MIDI 文件	DigitalVideo	播放数字图像文件
CDAudio	CD 播放	Overlay	图像采集设备
AVIVideo	播放 AVI 格式音频，视频动画文件	Scanner	扫描仪
VCD	VCD 播放		

② FileName 属性。功能：在播放多媒体文件时，指定打开的文件。说明：在播放多媒体设备时，FileName 属性无效。

③ Length 属性。功能：返回打开文件的长度，默认以 ms 为单位。说明：可用 TimeFormat 属性设置 Length 的单位。

④ UpdateInterval 属性。功能：MMControl 控件在播放时，以 UpdateInterval 属性值所设定的毫秒数为间隔，发一次中断 StatusUpdate 事件。说明：在触发的 StatusUpdate 事件中，可响应其他的操作。

⑤ Command 属性。功能：设置 MMControl 控件动作指令。说明：MMControl 控件的 Command 属性指令为字符串型。指令主要有：Open，在指定播放类型和打开播放文件后，启动 MMControl 控件；Close，关闭 MMControl 控件。

⑥ 其他属性。PlayEnabled、PlayVisible PrevEnabled、PrevVisible NextEnabled、NextVisible BackEnabled、BackVisible StepEnabled、StepVisible PauseEnabled、Pause-Visible StopEnabled、StopVisible EjectEnabled、EjectVisible 功能：Enabled 属性决定 MMControl 控件中可用的按键。Visible 属性决定 MMControl 控件中的可见按键。说明：在指定播放类型并启动 MMControl 控件后，把所用到按键的 Enabled 属性自动设置为 True。设置为不可见的按键不显示在 MMControl 控件中。

MMControl 控件的重要事件如下。

① 单击相关的按键时触发以下事件：PlayCilck、PrevCilck、NextCilck、BackCilck、NextCilck、PauseCilck、StopCilck、EjectClick。

② StatusUpdate。功能：MMControl 控件以 UpdateInterval 属性值设定的毫秒数为时间间隔，定时产生中断，触发 StatusUpdate 事件。UpdateInterval 属性为 0 时停止触发 StatusUpdate 事件。在 StatusUpdate 中断事件中可设置播放进程标尺，显示波形，响应其他操作等。

7.5　媒体播放控件程序示例

为了说明多媒体控件的制作过程和语言特点，这里我们介绍一个 Wav 音乐播放器程序。

本例的程序运行界面如图 7.10 所示。这是一个用于播放波形文件(WAV)的程序，程序运行后，可显示当前播放文件的名称和进度。基本创建思路是：在程序中放置一个 MMControl 控件和一个 CommonDialog 控件。当用户通过"文件"→"打开"命令激活

"打开"对话框，播放某一文件后，用 MMControl 控件的 Open 方法将相应的 MCI 设备打开，进行播放。至于滑块，是用一个 Slider 控件实现的，当前播放文件用一个 Label 控件进行显示。

图 7.10　程序运行界面

1．添加所需的 ActiveX 控件

(1)　启动 Visual Basic 6.0，在创建工程对话框中选择"标准 EXE 工程"选项，创建一个可以生成可执行文件的用户工程。Visual Basic 将自动帮助用户创建一个用户工程窗口，并且命名为"Form1"，用户下一步的程序设计都在该窗口中进行。该窗口也是将来程序运行的主窗口，可适当调整其大小。

(2)　右击工具箱中的空白处，在弹出的快捷菜单中选择"部件"命令，启动"部件"对话框。选择"控件"标签，选中"Microsoft Multimedia Control 6.0"选项和"Microsoft Common Control 6.0"选项。

(3)　选择完毕，单击"确定"按钮，则所选的控件被成功地添加到 Visual Basic 的工具箱中。

2．创建程序的基本框架

(1)　双击工具箱中的 MMControl 控件，将其添加到 Form1 窗口中。这是一组类似收音机按钮的控件，共有 9 个按钮，分别向计算机中的 MCI 设备发送不同的 MCI 命令。

(2)　双击工具箱中的 CommonDialog 控件，将其添加到 Form1 窗口中。

(3)　在 MMControl1 控件的上方添加一个 Slider 控件。这也是一个 ActiveX 控件，显示当前的播放进程。

(4)　在程序窗口中添加两个 Label 控件，分别显示程序标题和当前正在播放的文件。将它们的 Caption 属性分别改为"wav 播放器"和"文件名称"。

(5)　双击工具箱中的 Timer 控件，将其添加到 Form1 窗口中。该控件是 Slider 控件得以不断滑动的前提，将在其 Timer 事件中编写代码来实现 Slider 控件的滑动效果。

(6)　选择"工具"→"菜单编辑器"命令，启动菜单编辑窗口，按照程序界面的提示，逐步为程序的界面添加一个名为"文件"的主菜单和 3 个子菜单，3 个子菜单分别为"打开"、"关闭"和"保存"，如图 7.11 所示。

3．设置各个控件的基本属性

(1)　单击 Timer 控件，在 Visual Basic 开发界面的属性窗口中将其 Enabled 属性选项设置为"False"；然后找到 Interval 属性选项，将 Timer 事件的间隔设置为 50。

(2)　MMControl1 控件和 CommonDialog1 控件的各项方法和属性都在程序代码中进行

设置，在程序界面设计阶段不宜静态地设置其各项属性。

(3)　其余的控件主要是进行外观上的设置，可参照图 7.12 所示的界面进行设置。

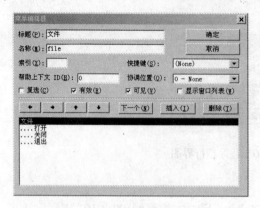

图 7.11　菜单编辑器窗口　　　　　　　　图 7.12　程序界面基本框架

4．编写程序的事件驱动代码

(1)　首先为 Form1 窗口的装载事件编写代码，对 MMControl 控件做一些初始化的设置工作，并选择正确的 MCI 设备：

```
Private Sub Form_Load()
    MMControl1.Notify = False
    MMControl1.Wait = True
    MMControl1.Shareable = False
    MMControl1.DeviceType = "waveaudio"  '选择播放 WAV 文件的 MCI 设备
End Sub
```

(2)　编写"打开"菜单的代码，打开欲播放的文件，同时，将文件的名称和路径显示出来：

```
Private Sub open Click(Index As Integer)
CommonDialog1.Filter = "波形文件(*.wav)|*.wav" '只能选择 WAV 文件
CommonDialog1. ShowOpenMMControl1.FileName = "filename"
CommonDialog1.FileNameMMControl1.Command = "open" '发送 MCI 命令
Slider1.Max = MMControl1.TrackLength '设定 Slider 控件中标尺的长度
Timer1.Enabled = True
Label2.Caption = CommonDialog1.FileName '显示播放文件的路径与名称
If Len(Label2.Caption) > 30 Then '如果路径太长，则截掉一部分
Label2.Caption = Left(Label2.Caption,12)+"..."+Right(Label2.Caption, 12)
End If
End Sub
```

(3)　为 Timer 控件编写代码，实现滑块的滑动：

```
Private Sub Timer1_Timer()
    Slider1.Value = MMControl1.Position
End Sub
```

(4)　编译并运行程序。按 F5 键或单击"运行"按钮，由系统编译并自动运行程序，同时生成一个名为"工程一"的可执行文件。

7.6　本 章 小 结

本章首先介绍了多媒体创建系统的功能和分类，对多媒体创建系统进行了定义，对多媒体创建系统的组成进行了描述，强调其系统性和交互性；对多媒体创建系统的 3 种常见系统模型进行了介绍；接下来对多媒体系统的创作过程和多媒体创建工具的分类和功能做了说明，对各种加工工具的共性进行了分析和归纳；为了加强创作的系统性和灵活性，我们对多媒体创作编程也做了基本介绍，当然这些编程语言还需要读者在其他相关课程中深入学习；最后我们给出了多媒体编程综合应用示例，希望借此能够使读者掌握进行多媒体设计的思路。

7.7　习　　　题

1. 填空题

(1) 创作系统按发行方式分为两大类，基于＿＿＿＿＿＿的多媒体系统和基于＿＿＿＿＿＿的多媒体系统。

(2) 整个创作系统中包括的创作子系统有＿＿＿＿＿、＿＿＿＿＿、＿＿＿＿＿、＿＿＿＿＿及＿＿＿＿＿。

(3) 在计算机领域中，目前较有影响的两个操作系统是：苹果机上的＿＿＿＿＿＿操作系统和 PC 机上的 Windows 操作系统。

(4) 系统集成一般有两种实现方法：一是采用＿＿＿＿＿＿，二是选用＿＿＿＿＿＿。

2. 单选题

(1) 以下几项中不是多媒体创作系统的特点是＿＿＿＿＿。

    A. 艺术性　　　　　B. 交互性　　　　　C. 集成性　　　　　D. 随意性

(2) 以下＿＿＿＿＿＿是著作工具。

    A. Photoshop　　　B. CorelDRAW　　　C. Director　　　D. Freehand

(3) 以下属于多媒体著作工具的脚本语言的是＿＿＿＿＿。

    A. VB　　　　　　B. VC　　　　　　C. SQL　　　　　D. Lingo

第8章

多媒体硬件

教学提示：

多媒体计算机系统中不可缺少硬件的支持。没有相应的高性能硬件设备，存储容量和实时性是无法达到要求的，在音质和视频信息处理方面也就无法取得令人满意的效果。因此，多媒体硬件是实现多媒体技术的基本保证。

教学目标：

本章将介绍在多媒体系统中常见的几种硬件设备。着重介绍光盘存储技术及其应用、CD-ROM 数据记录的物理格式和逻辑格式等。通过本章的学习，要求了解几种常见的输入/输出硬件设备，重点了解光存储设备，掌握光盘的读/写/擦原理、光盘驱动器工作原理，并了解多媒体计算机硬件处理的基本知识。

8.1　多媒体硬件(输入/输出设备)概述

在计算机系统中，为了对多媒体信息进行存储处理，需要先把音频信号、视频信号数字化，以数字形式存入计算机存储器中。然后计算机软件才能对它们进行有效处理。但是，数字化后的音频、视频数据量非常大，需要把它们进行压缩并存入大容量存储器；音频信号、视频信号的输入和输出都是实时的，需要很快的速度。

要实现以上最基本的要求，就必须有专用的多媒体硬件支持，如多媒体系统的输入输出设备。输入设备用于向计算机输入命令、数据、文本、声音、图像和视频等信息。输出设备用于输出文本、数据、声音、图像、视频和计算结果等信息，如图8.1所示。

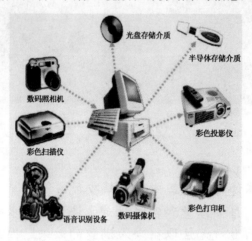

图 8.1　输入输出设备

多媒体技术包含广泛的输入和输出设备。主要有输入静态图像的扫描仪或摄像机，有输入动态视频媒体的视频摄像机，还有数码相机等其他的人机界面交互设备。输出设备包括投影仪、显示器、打印机等。

8.1.1　投影设备

1. 投影仪的概念

投影仪又称投影机。目前投影技术日新月异。随着科技的发展，投影行业也发展到了一个微投新技术至高的领域。

TRT-3M 便携式投影机主要通过 3M LCOS RGB 三色投影光机和 720P 片解码技术，把传统庞大的投影机精巧化、便携化、微小化、娱乐化、实用化，使投影技术更加贴近生活和娱乐。通常对该微型投影机的两个方面有一定的标准。

● 尺寸：通常尺寸为手机大小。
● 电池续航：要求在不接电情况下至少有 1~2 个小时或以上的续航时间。

此外，其一般重量不会超过 0.2kg，有些甚至还不需要风扇散热，或采用超小静音风扇散热。可以随身携带(可放入口袋)，屏幕可以投影至 40~50 寸或以上，因此，有时我们也会称其为微型投影机或口袋投影机，如图 8.2 所示。

图 8.2　投影仪

2．投影设备的种类

(1)　CRT

CRT 是英文 Cathode Ray Tube 的缩写，译作阴极射线管。作为成像器件，它是实现最早、应用最为广泛的一种显示技术。这种设备可把输入信号源分解成 R(红)、G(绿)、B(蓝)三个电子束，以扫描方式照射在 CRT 管的荧光屏上，荧光粉在高压作用下发光，并经放大、汇聚，从而在大屏幕上显示出彩色图像。这种方式称为主动式投影方式。CRT 技术成熟，显示的图像色彩丰富，还原性好，具有丰富的几何失真调整能力；但其重要技术指标图像分辨率与亮度相互制约，直接影响 CRT 投影机的亮度值，到目前为止，其亮度值始终徘徊在 300lm 以下。另外 CRT 投影机操作复杂，特别是会聚调整繁琐，机身体积大，只适合安装于环境光较弱、相对固定的场所，不宜搬动。

(2)　液晶光阀投影机

液晶光阀投影机采用 CRT 管和液晶光阀作为成像器件，是 CRT 投影机与液晶光阀相结合的产物。为了解决图像分辨率与亮度间的矛盾，它采用外光源，也叫被动式投影方式。一般的光阀主要由三部分组成：光电转换器、镜子、光调制器，它是一种可控开关。通过 CRT 输出的光信号照射到光电转换器上，将光信号转换为持续变化的电信号；外光源产生一束强光，投射到光阀上，由内部的镜子反射，通过光调制器，改变其光学特性，紧随光阀的偏振滤光片将滤去其他方向的光，而只允许与其光学缝隙方向一致的光通过，这个光与 CRT 信号相复合，投射到屏幕上。它是目前为止亮度、分辨率最高的投影机，亮度可达 6000ANSI 流明，分辨率为 2500×2000，适用于环境光较强，观众较多的场合，如超大规模的指挥中心、会议中心及大型娱乐场所，但其价格高、体积大、光阀不易维修。主要品牌有休斯-JVC、Ampro、松下等。

(3)　液晶板投影机

液晶板投影机的成像器件是液晶板，也是一种被动式的投影方式。利用外光源金属卤素灯或 UHP(冷光源)，若是三块 LCD 板设计的，则把强光通过分光镜形成 RGB 三束光，分别透射过 RGB 三色液晶板；信号源经过模数转换，调制加到液晶板上，控制液晶单元的开启、闭合，从而控制光路的通断，再经镜子合光，由光学镜头放大，显示在大屏幕上。目前市场上常见的液晶投影机比较流行单片设计(LCD 单板，光线不用分离)，这种投影机体积小、重量轻，操作和携带极其方便，价格也比较低廉。但光源寿命短，色彩不很均匀，分辨率较低，最高分辨率为 1024×768，多用于临时演示或小型会议。这种投影机虽然也实现了数字化调制信号，但液晶本身的物理特性决定了它的响应速度慢，随着时间的推移，性能有所下降。

(4)　数码投影机

数码投影机 DLP 是英文 Digital Light Processor 的缩写，译作数字光处理器。这一新的投影技术的诞生，使我们在拥有捕捉、接收、存储数字信息的能力后，终于实现了数字信息显示。DLP 技术是显示领域划时代的革命，正如 CD 在音频领域产生的巨大影响一样，DLP 将为视频投影显示翻开新的一页。它以 DMD(Digital Micromirror Device)数字微反射器作为光阀成像器件。

DLP 投影机的技术关键点如下：首先是数字优势。数字技术的采用，使图像灰度等级达 256~1024 级，色彩达 256^3~1024^3 种，图像噪声消失，画面质量稳定，精确的数字图像可不断再现，而且历久弥新。其次是反射优势。反射式 DMD 器件的应用，使成像器件的总光效率达 60%以上，对比度和亮度的均匀性都非常出色。在 DMD 块上，每一个像素的面积为 16μm×16μm，间隔为 1μm。根据所用 DMD 的片数，DLP 投影机可分为单片机、两片机、三片机。DLP 投影机清晰度高、画面均匀，色彩锐利，三片机亮度可达 2000 流明以上，它抛弃了传统意义上的会聚，可随意变焦，调整十分便利；分辨率高，不经压缩分辨率可达 1024×768(有些机型的最新产品的分辨率已经达到 1280×1024)。

8.1.2　扫描仪

扫描仪是将图片、照片、书稿等原稿输入计算机的一种设备。把要扫描的原稿放在扫描仪台面上或送入扫描仪的供纸器中，扫描仪就会像照相机一样摄下原稿的照片，并生成原稿的像素表示(图像)。

1．扫描仪的类型

按扫描仪的结构来分，扫描仪可分为手持式、平板式、胶片专用式和滚筒式等几种。扫描仪的类型多种多样，各自具有不同的尺寸、功能、速度和分辨率。我们将按照尺寸和功能以及扫描机理和文档移动通过扫描头的方式对扫描仪进行分类。

扫描仪被设计成偶尔用作较大格式系数的单 A 尺寸(8.5 英寸×11 英寸)，多数扫描仪都落在 A 到 B 尺寸(11 英寸×17 英寸)之间，这一范围包括了大部分办公文档。扫描仪的类型主要包括以下几种。

(1)　大型格式系数扫描仪。大型格式系数扫描仪用来获取大型的图纸，如工程图、建筑图、简图等。扫描仪由单行的电荷耦合器件(Charge Coupled Device，CCD)阵列组成，纸张高速而恒定地通过 CCD 阵列。

(2)　A 和 B 尺寸扫描仪。A 和 B 尺寸的扫描仪也可以扫描肖像或风景模式的文档。多数扫描仪软件都允许用户改变图像的方向以确保存储全部的图像，这样它们就可以正确地显示图像而与图像扫描时的方向无关。需要注意的是，与小型格式系数的情况相比，大型格式系数产生的数据量要大得多，并且匀速管理这些数据的时间也要长很多。

(3)　手持扫描仪。手持扫描仪可以临时地用来获取一页书、一页手册或报纸的一部分，这种情况下的扫描区域宽度大约是 3~6 英寸。软件程序允许用两次扫描的方式来扫描一页，并在软件中重组，以提供与全页扫描仪相同的功能。对于文档不能放在平板扫描仪的地方，手持扫描仪十分有用，它也往往用在携带小型、轻型扫描仪较为方便的地方。

(4) 平板扫描仪。平板扫描仪主要用来获取字母和法定尺寸的文档。一些扫描仪具有 B 尺寸(11 英寸×17 英寸)大小的平板。平板扫描仪通常有激光打印机那么大,但还带有一个固定的扫描台。扫描仪中的扫描台是一块玻璃平面,用来放置被扫描的文档。光源是一个荧光灯管,安装在扫描阶段中从文档一端移动到另一端的牵引机构上。随着光源移动穿过文档,用镜子把每条照亮的扫描线反射到固定的 CCD 阵列上。CCD 阵列可确定所选扫描线上像素的强度(黑或白、灰度阶或彩色),这一信息由相应的接口送到工作站,即扫描仪工作站中。

平板扫描仪是文档图像扫描的主要工具。对于大任务量的操作,可以给平板扫描仪配上能存放多达 200 页纸的供纸器机构。页扫描是自动进行的,并由扫描仪工作站中的软件管理。通常的扫描速度是 8~30 页/分钟。图 8.3 显示了平板扫描仪的组成。

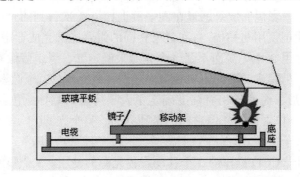

图 8.3　平板扫描仪

(5) 旋转鼓扫描仪。就像名字提示的那样,旋转鼓扫描仪在纸传送系统中含有一个鼓,另外,它还含有供纸器和层叠槽,以及电子接口。双面扫描仪中带有 CCD 阵列的数码相机安装在靠近鼓的固定位置上。除了供纸器和层叠槽以外,扫描仪还有两组皮带和三组滚筒定位器来给纸定位。纸从供纸槽中送入,由传送机构挂住并环绕在鼓的四周。随着纸绕着鼓旋转,纸的正面在位置 1 进行扫描,随后传送机构将纸从鼓上拉下并将它送到层叠槽中,就在位置 2 对纸的背面进行扫描。

旋转鼓与平板扫描仪之间的主要区别是:在旋转鼓扫描仪中,传送系统包括鼓,让纸运动而把 CCD 阵列安在固定位置;而在平板扫描仪中,让纸运动(在自动供纸扫描仪中)并放置在平台上用于扫描过程,带有 CCD 阵列的牵引臂运动穿过纸张。

旋转系统在用于高速双面扫描更为出色,因为它通常把纸挂在鼓上而使纸的歪斜最小化,并能同时扫描两面。平板扫描仪的送纸机构在把纸送到平台上时会使纸歪斜。但是,把书打开,并放在平台上就可以很容易地用平板扫描仪扫描书上的页面;而旋转扫描仪没有平台,因此不能扫描书。

2. 扫描仪的电荷耦合器件

所有扫描仪都把电荷耦合器件(CCD)作为它们的光传感器。CCD 由在小正方形或长方形的固体表面上排列成固定阵列的光电管组成。随着光源移动穿过文档,由镜子反射的光强度使光电管充电。每个光电管中聚集电荷的数量取决于反射光的强度,这又取决于文档中像素的影响。

在扫描开始之前，扫描控制器先打开荧光灯或白炽灯，以便照亮纸文档。随着光源和镜子移动穿越文档，这一光线从文档中反射出来，并被长方形 CCD 阵列吸收。光电管中的电荷生成了电压，电压输入到模/数(A/D)转换器转换为数字。用相似的方式顺序地将 CCD 阵列中所有光电管的电荷值读出。电荷的二进制值范围可以是 1~16 位/像素。

(1) 为什么使用 CCD？有 3 个基本原因。首先，CCD 的信噪比较好，即产生的电压很纯净，没有任何有关的噪声频率，即使当文档不太清楚时，CCD 也能给出较好的结果。其实，CCD 是极其线性的装置，就是说 CCD 器件的输出电压与电荷的聚集量直接成比例(它又与入射光成比例)。其次，CCD 器件对光强的微小变化很敏感，对数字化到 16 位的像素值能精确测量。第三，CCD 可在广泛的频谱下操作。就是说，它可以在各种光源和不同的扫描速度下精确地工作，即使这些条件有变化，得到的结果也是一致的。

在手持扫描仪中，彩色获取是通过在同一页上扫描 3 次得到的。在平板扫描仪中，这可以通过只扫描一次但使用与扫描 3 次效果相同的组合光源完成。用于这种方法的 CCD 结构稍有变化，要使用 3 个光源而不是一个光源来确定红、绿、蓝像素的强度。注意在彩色文档中，是通过采用像素的三元组来获得彩色的。就是说，3 个像素(每个分别用于红、绿、蓝)排列成三角形。像素的相对强度确定了人眼可见的整体颜色。对于扫描仪来说，尽管 3 个像素在同一像素位置，但它们仍是独立的。3 个光源(红、绿、蓝)的光从三元组反射出来，并经过镜子落在 CCD 阵列上。

图 8.4 显示了用于 CCD 操作的 3 个移动彩色光源的使用，3 个彩色光源固定在从文档一端移动到另一端的可移动平台上，反射的光源穿过一组作用类似于滤光片的镜子，透镜使光在 CCD 上聚集。

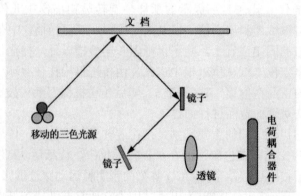

图 8.4　三色光源 CCD 的操作

(2) CCD 是如何获取彩色的？获取彩色信息的方式有 3 种。如图 8.3 所示，在 3 次扫描中分别使用每个基色光源，因此可产生 3 幅独立的图像。需注意的是，光源和镜子移动时，扫描仪必须保持十分平稳。

① 在第一种方法中，始终保持光源打开，但要过滤出需要的光源。第一次扫描中，过滤出红光来获取图像的红色成分。第二次扫描中，过滤出绿光来获取图像中的绿色成分。第三次扫描中，过滤出蓝光来获取图像中的蓝色成分。

设置每彩色像素 4 位或每彩色像素 8 位。如果设定每彩色像素是 8 位，就会生成每彩色像素是 24 位的真彩色复合图像。

② 第二种方法是按顺序打开 3 个光源。首先打开红光源来获取红色成分，接着打开绿光源来获取绿色成分，然后打开蓝光源来获取蓝色成分。可将像素分别设定成每彩色像素 8 位来获取真彩色。获取完一个数据块后，将光源移到下一个要获取的数据块，并重复以上过程。这种方法与第一种方法相比，优势在于通过开关电源，在一次扫描中就可以完成获取。

③ 第三种方法使用两个光源而不是 3 个，并使用滤光镜系统和 3 个线阵 CCD 以在一次扫描中获取彩色信息。反射光通过两组滤光片分成红、绿、蓝成分。然后线阵 CCD 中的 3 个 CCD 获取这些成分，每个用于一种颜色，以此记录下单个成分。

3. 图像增强技术及图像操作

(1) 图像增强技术

扫描图像的质量并不总适合使用，可能因为文档本身质量很差，也可能因为扫描仪的质量不高。这可以使用图像增强技术来提高图像质量。许多控制器提供了硬件技术及软件支持技术来增强图像质量。这些增强可以是减少噪声，或是把对象的模糊边界进一步聚焦来增强对比度，以及各种其他的图像质量调整。扫描仪提供的一些通用增强控制包括如下几方面。

① 亮度。亮度控制允许改变图像的整体亮度水平，可用颤抖方法来改变亮度水平。

② 对比度。多数扫描仪都提供用来控制对比度的硬件和软件调节。一些扫描仪允许选择图像中应该白一些的部分和图像中应该变黑的部分，也可以调节图像的余下部分以获得需要的对比度。用这种方法调节对比度可以使图像的某些太暗以致看不清的部分或细节不够充分的部分变得更清晰。

③ 去歪斜。自动校正页对齐的范围是 2~5 度。

④ 锐化。锐化使得黑白变化加强。像线条、边界这样的细节和画中的其他细节都可通过锐化来加强。遗憾的是，锐化也会夸大原始图像中的任何缺陷。

⑤ 强调。这是等同于立体系统中音量控制的一种成像控制。强调使中间色调放大 (或最小化)。如果图像的某些部分太暗或太亮，就把中间色调降低。通过增强中间色调，细节可以变得更清晰。

除了这些技术之外，专门的图像增强软件还可提供各种其他技术。在此不一一介绍了，读者可参考有关的资料。

(2) 图像操作

图像操作包括缩放、剪辑和旋转。这些操作中，只有缩放会引起图像所含的原始信息的改变。缩放可以向上向下进行，因此图像的像素值会随之变化。剪辑是去掉部分图像，得到的图像是用尺寸来衡量的原图像的子集。图像分辨率并不改变，只是尺寸变化而已，同时图像有一个新的起始点。对于旋转，多数图像都有一个特定的顶点规定为起始点以调节方向，旋转图像时，必须改变起始点，同时将图像显示在屏幕上以调节需要的旋转。

4. 扫描仪的特性与性能

多数扫描仪都通过扫描仪控制或是通过扫描软件提供若干特性。

(1) 扫描仪的分辨率。它反映了扫描仪扫描图像的清晰程度，用每寸生成的像素数目

(dpi)来表示，如 600×1200dpi、1200×1200dpi 等。

(2) 扫描对比度。扫描仪的对比度可以在扫描仪上或程序中调节。扫描仪的半色调性能和颤抖效果可以用来调节图像黑和白区域之间的范围。

(3) 扫描区域。软件控制可以用纸的尺寸来具体规定扫描区域。例如，在 B 尺寸的扫描仪中，扫描仪允许在某一具体方向上设定用于 A 尺寸扫描仪的扫描区域。它控制了光源和镜子/透镜的运动。运动被限制在某一感兴趣的区域而不是整个平台。

(4) 图像压缩。图像压缩本质上是软件设置，或者，如果扫描仪具有一体化的硬件压缩处理器，就是扫描仪控制器设置。如果打开压缩设置，那么显示给扫描仪工作站的就是压缩图像而不是原始数据。

(5) 扫描阈值。是用户定义的设置，它设定检测像素亮度的检测线路。

(6) 自动供纸。装有供纸机构的扫描仪可以设置成自动供纸方式。在这种方式中，扫描仪连续地操作。当一页扫描完成时，控制软件发出信号将这一页推出，并自动装入新的一页来扫描。

扫描性能是扫描仪和其他设备(如工作站)相连的功能。如果工作站能以比扫描仪更快的速度压缩和存储图像，扫描仪将会在连续的基础上工作。但是，如果工作站不能保持这一速度，一旦工作站没有准备就绪，扫描仪就必须停止，并等待工作站就绪后继续工作。

8.1.3　数码相机

使用数码相机时，我们可以把数码相机对准感兴趣的物体并按快门来获取物体的图像。用数码相机拍照的过程与用传统相机拍照的过程相同，但是两者间最大的差别是数码相机并不含有胶卷，而是以数字形式存储获取的图像。图像存储在相机中的磁盘或光盘上或者存储在存储器盒中，在许多情况下，可以直接把图像下载到计算机中。去除胶卷有两个目的：第一，不需要处理胶片；第二，可以直接将图像下载到计算机中，这样就不必再扫描图像了。在当前阶段，摄影胶片的确有一些胜过数码相机图像存储的优点。胶片的分辨率可高达 2000 像素/英寸，而且它非常精确地捕捉到了全影调灰度、广泛的彩色，以及特殊效果如光反射和阴影。数码相机受电荷耦合器件 CCD 和存储密度的限制，存储密度是用获取的彩色数目和分辨率来度量的。

数码相机现在还达不到胶片的分辨率，但是经过一段时间后，随着可采用更高的压缩密度和更好的 CCD，数码相机的分辨率也会提高。尽管有这些图像质量的限制，仍存在各种各样极其适合使用数码相机的多媒体应用。

1．数码相机的工作原理

数码相机使用 CCD 作为感光元件。CCD 由在小的正方形或长方形固态表面上排列成固定阵列的光电管组成。CCD 阵列就放在镜头之后。光强度使光电管带电，单个 CCD 光电管上积累的电荷取决于入射光的强度，光电管中的电荷产生了电压，随后被输入到A/D 转换器，A/D 转换器再把它转换成数字。电荷的二进制值可以从黑白相机的 1 位/像素直到灰度或彩色相机的 8 位/像素。以像素表示的灰度数目或彩色数目为单位，位数越高，分辨率越好。

数码相机的典型操作类似于与计算机相连的相机的操作。快门被短时间地释放以允许从摄影物体上反射出的光通过相机的光学器件落在胶片上，在数码相机中，这一操作是相同的，但光并不是落在胶片上，而是落在 CCD 阵列上，并把 CCD 生成的电压转换为数字且存储在相机存储器上。可以在程序控制下把这些数据从相机存储器移到计算机存储器中。相机的输入/输出接口可以是串行接口或小型计算机系统接口(Small Computer System Interface，SCSI)。目前市场上已有能存储图像或把图像拷贝到计算机系统中的商品化的数码相机出售。

数码相机的部件主要由摄像镜头、CCD 阵列、A/D 转换器、存储器和 I/O 接口组成，如图 8.5 所示。

图 8.5　数码相机的组成

需要指出的是，多媒体系统的整体技术很相似，都基于同一通用概念，模拟输入的测量以及将它转换成可以作为标准磁盘文件形式存储的数字形式。

2．选用数码相机的原因

在一些不需要很高图像分辨率的应用场合中，数码相机因其本身的优点，正在越来越多地用于多媒体系统中。下面列出了一些直接可用于多媒体应用的数码相机生成的数码图像的特点。

(1) 可以立刻看到数码图像。

(2) 可以把数码图像与字处理器文档相集成。

(3) 可以立刻打印出数码图像并可复制多次。

(4) 可以把数码图像存档。这样就增强了它经过一段时间后的可用性，并使图像损坏或丢失的危险降为最小。

(5) 可以把数码图像发传真或嵌入邮件消息中。

(6) 可以改变或增强数码图像以便有效地显示。例如，促销手册可用增强了的数码图像来强调产品，从而提高宣传效果，增强购买力。

(7) 数码相机能拍下三维物体的图像，并把它作为三维图像存储。

(8) 数码相机便于携带，并可用于由于热或辐射不能使用胶卷相机的环境。

数码相机的最大优点是具有比视频摄像机高许多倍的分辨率。数码相机与视频摄像机结合起来使用，就可提供一种监视过程的出色手段。

8.1.4　其他人机交互设备——键盘、鼠标、触摸屏

现存微机常用的交互设备有键盘、鼠标、游戏杆、触摸屏等。它们通过接口与计算机相连接。综合运用这些设备，将它们集成在系统中，可大大提高系统的交互能力。

1．键盘控制原理

根据键盘控制原理，利用键盘中断(IN9)，每按一次键，就产生一次IN9中断，调用一次IN9中断，便实现了界面交互。

2．鼠标控制原理

除了键盘外，用得最多的输入设备便是鼠标。它是一种指示设备，能方便地控制屏幕上的鼠标箭头准确地定位在指定的位置处，并通过按钮完成各种操作。

鼠标的技术指标之一是分辨率，用 dpi 表示，它指鼠标每移动一英寸距离可分辨的点的数目。分辨率越高，定位精度就越好。目前鼠标的分辨率可达到 600~800dpi。

通常，鼠标有左、右两个按键，它们的按下和放开，均会以电信号形式传给主机，至于按键后计算机做什么，则由正在运行的软件决定。除了左、右键外，鼠标中间还有一个滚轮，这是用于控制屏幕内容上下移动的，与窗口右边的滚动条的功能一样。

鼠标与主机的接口有 3 种：分别是 EIA-232 串行接口(9 针)、PS/2 接口(6 针)和 USB接口。目前无线鼠标也已推广使用。

3．触摸屏技术

触摸屏是一种能对物体触摸产生反应的屏幕。当人的手指或其他物体触到屏幕的不同位置时，计算机能接受到触摸信号，并按照软件的要求进行相应的处理。

虽然多媒体技术中已有语音交互手段，但达到稳定、准确、可靠的要求还需要更深入的研究。用手指直接在屏幕上指点，触及屏幕上的菜单、光标、图符等按钮，具有直观、方便的特点，就是从没有接触过计算机的人也能立即使用。因此，触摸屏交互技术的应用非常方便。

触摸屏系统由 3 个主要部分组成：传感器、控制部件、驱动程序。传感器探测用户的触摸动作，由控制部件把触摸动作转换为数字信号传到计算机，应用程序通过驱动程序与触摸屏打交道。目前使用的触摸屏按其传感触摸动作的方式分为电容、电阻、电压、声表面波等触摸屏。按采用技术的不同，有红外线式、电容式和电阻式三种类型的触摸屏。

(1) 红外式触摸屏。这种触摸屏利用光学技术，用户的手指或其他物体隔断了红外(Infrared)交叉光束，从而检测出触摸位置。屏幕的一边有红外器件发射红外线，而在另一边设置接收装置检测光线的遮挡情况。这样就可以构成水平和垂直两个方向的交叉网络。高级的红外式触摸屏是利用设在屏幕两角发射的扇形光束来测量投射在屏幕其余两边的阴影覆盖范围以确定手指的位置。这种方式获得的数据多，分辨率较高。

红外式触摸屏通过遮挡的"接触"或"离开"动作而激活触摸屏。红外线发光二极管(LED)必须距离 CRT 玻璃表面一定的距离，以免 CRT 的弯曲表面遮断光束。手指可能遮蔽住一个或多个红外光敏传感器，控制器依次使每个 LED 发出光脉冲，并搜寻被遮挡的光束，从而确定触摸的位置。红外触摸屏多以 RS-232 端口或键盘端口方式与计算机连接，其传感器和控制器均安装在触摸屏框架内，如图 8.6 所示为两种常见的连接方式。

(2) 电容式触摸屏。这种触摸屏由一个模拟感应器和一个智能双向控制器组成，其结构如图 8.7 所示。感应器是一块透明的玻璃，表面有导电涂层，其上覆盖一层保护性玻璃以形成坚实耐用的外层。触摸屏工作时，在感应器边缘的电极产生分布的电压场，用手指或其他导电体触摸导电涂层时，电容改变，电压场变化，控制器检测这些变化，从而确定触摸的位置。控制器把数字化的位置数据传到主机，以实现人机的交互。注意电容式触摸屏只能用手触摸。

图 8.6　红外触摸屏的连接

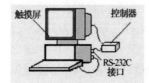

图 8.7　电容式触摸屏的一种结构

这种触摸屏对涂层的均匀性和测量精确度要求很高，通常花费较大。但由于它的感应器安装在监视器内部，没有移动的部分和暴露的部分，因此外观与普通监视器一样，可靠性较高。一种典型的 Micro Touch 触摸屏的分辨率可达 1024×1024 像素，它利用串行方式与主机通信。触摸屏占用一个 RS-232 接口。

(3) 电阻式触摸屏。电阻式触摸屏历史较长，以前由于 CRT 的透光性较差，只有 40%~50%，主要用于过程控制和销售点。随着技术的发展，其透光率已接近电容式触摸屏，达 80%~85%，现已广泛应用于多媒体领域。

电阻式触摸屏的感应器是一块覆盖电阻性栅格的玻璃，再在上面蒙一层涂有导电涂层并有特殊模压凸缘的聚酯薄膜。凸缘避免其表面的涂层与玻璃的涂层接触。为防止磨损，膜的外面覆盖保护层。控制器向玻璃的四个角加有稳定的 5V 电压，并读取导电层的电压值。当屏幕被触摸时，压力使聚酯薄膜凹陷而碰到玻璃，导电层接触。控制器向玻璃的两个邻角加 5V 电压，并把对面的两个角接地，于是电阻栅格使玻璃片上形成从矩形的一边到另一边线性变化的电压阶梯，控制器从两个方向测出触摸点的电压值，从而计算出触摸的精确位置。例如，0V 表示触摸的是接地的那一边，1V 表示触点位于接地边距离 1/5 处，依次类推，可测得 x 轴(或 y 轴)方向的位置。从电阻式触摸屏的原理看，触摸物体可以是手或其他可以产生压力的硬物体。

触摸屏的输入模式可分为两大类：

- 字符输入模式。每次触摸屏激发一次，得到字符的扫描码，屏幕不同位置对应不同的字符，从而模拟键盘的输入。
- 坐标位置输入模式。计算机得到的是触摸的位置信息，坐标单位可以根据应用程序界面的分辨率进行调整，以反映触摸的实际位置。这种输入模式又分为一次和重复输入两种方式。重复方式是手指不离开屏幕，则坐标值连续送到计算机中，这种方式可以拖动光标。一次输入方式指一次触摸到手指离开屏幕只获得一个坐标数据。

对于触摸设备，主要有 3 种类型的开发应用的软件支持。

(1) 仿真程序。一般提供鼠标仿真程序和 Windows 驱动程序。它们的共同目的是使那些使用鼠标作为交互输入设备的应用程序(包括 Windows 下运行的程序)可以不做任何修改，而使用触摸屏作为交互输入设备，并且可以与鼠标一起使用。另外，Windows 驱动还允许在 Windows 下开发使用触摸屏的新应用。由于为鼠标开发的应用程序只考虑到鼠标的使用特点，可能与触摸屏的操作方式不匹配，因此需要改变鼠标仿真程序的仿真参数。这些仿真参数包括：触摸方式(拖动、触动、离开)、光标显示(开/关光标)、光标偏移(光标出现在手指上方以看见光标)、触摸灵敏度、光标移动单位、仿真鼠标移动或读光标位置、跟踪 BIOS 光标、初始光标位置、屏幕尺寸等。

(2) 操作系统的设备驱动程序。是一种内存驻留的设备驱动程序，简化触摸屏编程。

(3) 软件辅助开发工具。这是第三方厂家为开发人员提供的一种应用程序，用它开发基于触摸屏的应用。可以在屏幕上交互定义触摸区域，显示屏上的这些区域就是可以触摸的按钮或菜单选项。这种工具驻留在内存，用热键触发，它可以在许多程序运行时"弹出"，并为当前应用程序定义触摸区域，又称面板。定义的触摸区域组织成逻辑组，把它存放在磁盘上，作为一个面板库文件。用户的应用程序可以装载此库文件，向触摸屏驱动程序发命令打开或关闭面板逻辑组。当一个逻辑组处于打开状态，并且相应区域被触摸时，触摸屏驱动程序向用户程序返回该区域对应的名字，用户程序就可以做相应处理。

总之，对于上述每一种软件环境，相应地有一种触摸屏应用程序的开发方法。

(1) 以鼠标作为交互设备编制应用，并同时考虑触摸屏的特点，如触摸方式、触摸区域、屏幕分辨率、光标移动等是重点考虑之列，做到鼠标与触摸屏操作一致。用这种方式开发的程序适应面广，可利用鼠标或触摸屏或两者同时作为交互设备。

(2) 应用程序利用驱动程序直接对触摸屏编程，这需要了解驱动程序的接口命令，工作量大，但可以编制完全适用触摸屏的应用程序。

(3) 利用交互定义触摸区域的辅助工具，要求应用程序与辅助工具不冲突，并与触摸屏驱动程序共同操作。这种方式开发效率较高，但要求对驱动程序了解以及开发的应用程序功能有限。

8.2　CD 光盘存储技术及其工作原理

多媒体信息的存储技术是多媒体计算机得以实用化的关键技术之一。如何记录"0"和"1"，如何提高单位面积上的记录密度，是计算机工业中的一个非常重要的技术研究和开发课题。

在半个世纪中，科学家和工程技术人员开发了许多记录技术，从电子管到半导体存储器，从磁记录到光记录都取得了辉煌的成就。光存储技术是 20 世纪 80 年代存储技术领域最重大的发明之一，该项技术在 20 世纪 90 年代得到了广泛的应用。对多媒体信息存储技术的发展产生了深远的影响。本章将介绍光存储媒体的发展与应用以及涉及的多媒体信息的存储技术。

8.2.1　光盘存储与 CD 盘片结构

光盘存储技术(CD-ROM、VCD、DVD)如今已得到广泛的应用。这些技术的发展始于 20 世纪 70 年代。最初，荷兰飞利浦(Philips)公司的研究人员开始研究利用激光来记录和重放信息，并于 1972 年 9 月向全世界展示了光盘系统。从此，利用激光来记录信息的革命便拉开了序幕。它的诞生对人类文明进步产生了深刻的影响，做出了巨大的贡献。

从 1978 年开始，研究人员把声音信号变成用"1"和"0"表示的二进制数字，然后记录到以塑料为基片的金属圆盘上。Philips 公司和 Sony 公司于 1982 年把这种记录着数字声音的盘推向了市场。采用 CD(Compact Disc)来命名，并为这种盘制定了标准，这就是世界闻名的"红皮书(Red Book)"。这种盘又称为激光唱盘(Compact Disc-Digital Audio，CD-DA)。由于 CD-DA 能够记录数字信息，所以便想把它用作计算机的存储设备。但从 CD-DA 过渡到 CD-ROM 有两个重要问题需要解决。

(1) 计算机如何寻找盘上的数据，即如何划分盘上的地址问题。因为记录歌曲时是按一首歌作为单位的，一片盘也就记录 20 首左右的歌曲，平均每首歌占用 30MB 的空间。而用来存储计算机数据时，许多文件不一定都需要那么大的存储空间，因此需要在 CD 盘上写入很多的地址编号。

(2) 把 CD 盘作为计算机的存储器使用时，要求它的错误率(10^{-12})远远小于声音数据的错误率(10^{-9})，而用当时现成的 CD-DA 技术不能满足这一要求，因此还要采用错误校正技术。

于是就产生了"黄皮书(Yellow Book)"。可是，这个重要标准只解决了硬件生产厂家的制造标准问题(即存放计算机数据的物理格式问题)，而没有涉及逻辑格式问题(即计算机文件如何存放在 CD-ROM 上，文件如何在不同的系统之间进行交换等问题)。为此，又制定了一个文件交换标准，后来国际标准化组织(International Standards Organization，ISO)把它命名为 ISO 9660 标准。经过科技人员以及各行各业人员的共同努力，大约于 1985 年将 CD-ROM 推向了市场，从此 CD-ROM 走向实用化阶段。

自从激光唱盘上市以来，研发了一系列的 CD 产品。主要有 CD-DA(存放数字化的音乐节目)、CD-ROM(存放数字化等节目)，而且还在不断地开发新的产品。

值得指出的是：CD 原来是指激光唱盘，用于存放数字化的音乐节目，而今通常把所有的 CD 系列产品通称为 CD。

为存放不同类型的数据，制定了许多标准(见表 8.1)。

表 8.1　主要的 CD 产品标准

标　准	盘的名称	应用目的	播放时间	显示的图像
Red Book (红皮书)	CD-DA	存储音乐节目	74min	
Yellow Book (黄皮书)	CD-ROM	存储文、图、声、像等多媒体节目	存储 650MB 的数据	动画、静态图像、动态图像
Green Book (绿皮书)	CD-I	存储文、图、声、像等多媒体节目	可存达 760MB 的数据	动画、静态图像

续表

标 准	盘的名称	应用目的	播放时间	显示的图像
Orange Book (橙皮书ⅠⅡ)	CD-R/MO	存储文、图、声等多媒体节目	存储 650MB 的数据	动画、静态图像
Orange Book (橙皮书Ⅲ)	CD-RW	反复刻录	存储 650MB 的数据	动画、静态图像
White Book (白皮书)	Video CD	存储影视节目	70min(MPEG-1)	数字影视 (MPEG-1)质量
Red Book+ (红皮书+)	CD-Video	存储模拟电视数字声音	5min~6min(电视) 20min(声音)	模拟电视图像数字声音
CD-Bridge	Photo CD	存储照片		静态图像
Blue Book(蓝皮书)	LD(LaserDisc)	存储影视节目	200min	模拟电视图像

CD 盘片结构如图 8.8 所示。它主要由保护层、铝反射层、刻槽和聚碳脂衬垫组成。通常人们将激光唱盘、CD-ROM、数字激光视盘等统称为 CD 盘。CD 盘上有一层铝反射层，看起来是银白色的，故人们称它为"银盘"。另有一种盘为 CD-R(CD-Recordable)盘，它的反射层是金色的，所以又把这种盘称为"金盘"。

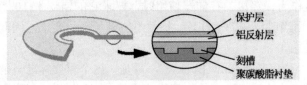

图 8.8 CD 盘片的结构

CD 盘分 3 个区：导入区、导出区和声音数据记录区，如图 8.9 所示。

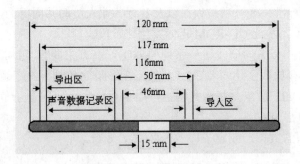

图 8.9 CD 盘的结构

CD 盘记录信息的区域称为光道。CD 盘光道的结构与磁盘磁道的结构不同，磁盘存数据的磁道是同心环，光盘的光道不是同心环光道，而是螺旋形光道。采用这样结构的原因主要是提高信息的存储率。因为若采用类似于磁盘的同心环结构，虽然磁盘片转动的角速度是恒定的，但在一条磁道和另一条磁道上，磁头相对于磁道的速度(称为线速度)却是不同的。采用同心环磁道的好处之一是控制简单，便于随机存取，但由于内外磁道的记录密度(比特/每英寸)不相同，外磁道的记录密度低，内磁道的记录密度高，外磁道的存储空间就没有得到充分利用，因而存储器没有达到应有的存储容量。CD 盘转动的角速度在光盘的内外区是不同的，而它的线速度是恒定的，就是光盘的光学读出头相对于盘片运动的线速度是恒定的，由于采用了恒定线速度，所以内外光道的记录密度(比特数/英寸)可以做到一样，这样盘片就得到充分利用，可以达到它应有的数据存储容量，但随机存储特性变得较差，控制也比较复杂。

8.2.2　光盘读、写、擦原理

目前，按读写能力可将商品化的光盘分为以下几类。

(1) 只读光盘(Read Only Memory，ROM)。例如 CD-ROM，光盘内容在工厂里制作，用户只能读。用于电子出版物、素材库、大型软件的载体等。

(2) 一次写光盘(Write Once Read Many，WORM)。只能写入一次数据，然后任意多次读取数据，主要用于档案存储。

(3) 可擦写光盘(E-R/W，Erasable 或 Rewritable)。CD-RW 光盘就属于这类光盘。它像硬盘一样，可多次写入和读出，主要应用于开发系统及大型信息系统中。下面将介绍这几类光盘的工作原理。

1. 只读光盘的读原理

只读光盘有 CD-ROM 光盘、激光唱片(CD-DA)、激光视盘(LD)等。光盘上的信息常见是沿着盘面螺旋形状的信息轨道以一系列凹坑点线的形式存储的。激光束能在 $1\mu s$ 内从 $1\mu m^2$ 探测面积上获得满意的信噪比(S/N)。利用激光聚焦成亚微米级激光束对轨道上模压形成的凹坑进行扫描，如图 8.10 所示。光束扫描凹坑边缘时，反射率发生变化，表示二进制数字 1，在坑内或岸上均为二进制 0 数字。通过光学探测器产生光电检测信号，从而读出数据 0、1。

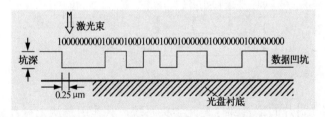

图 8.10　只读光盘压模的读出信息表示

光轨道的间距为 $1.6\mu m$，它是由光束直径、盘片转轴系统偏心、盘片倾斜和厚度等因素决定的。坑宽不足光道间距的 1/3，为 $0.4\sim0.5\mu m$。为了提高读出数据的可靠性，减少误读率，存储数据采用 8-14 调制(Eight to Fourteen Modulation，EFM)编码，即 1 字节的 8 比特数据位经编码为 14 比特的光轨道位。这些光轨道位采用 RLL(2, 10)规则的插入编码，即 1 码间至少有两个 0 码，但最多有 10 个 0 码。

2. 可擦写光盘的擦写原理

光盘写过程与光盘擦过程是一个逆过程，写即改变光介质的性质，擦即恢复光介质原来的性质。读光束的能量可以较小，功率只需 $1\sim2mW$，但是擦写光束的功率一般需要

8~20mW。对于 1μm 直径的激光束，功率如果具有 15mW(写)，那么其平均能量密度达到 2×10^{10}W/m^2。如此高密度的能量可以很快改变或破坏盘面介质的性质，激光束在光盘介质上形成烧孔、起泡、相变、色变或偏振态变化的信息点，这个过程为写过程。其中烧孔、起泡是一次写光盘的工作原理。相变、色变和偏振态变化用于可擦写光盘驱动器。下面主要介绍常用的利用相变进行擦写操作的原理。

可擦写相变光盘利用记录介质的两个稳态之间的互逆相结构的变化来实现信息记录和擦除。两种稳态是反射率高的晶态和反射率低的非晶态(玻璃态)。写过程是把记录介质的信息点从晶态转变到非晶态。擦过程是写的逆过程，把激光束照射的信息点从非晶态恢复到晶态。写过程要克服较高的能量势垒，写功率大于擦除功率。

相变光盘是一种"全光"型光盘，与磁存储没有联系。目前商品化的相变光盘是一种直接重写型光盘(Direct Overwrite)，在原记录介质上，利用擦写操作重写数据 0、1。色变光盘的擦写原理与相变光盘类似，在此不再赘述。

8.2.3　光盘驱动器工作原理

这里以可擦写型光盘驱动器为例来说明光盘驱动器的工作原理。如图 8.11 所示为读写型光盘驱动器的结构框图。光盘驱动器主要由光学头、读写擦通道、聚焦伺服、跟踪伺服、主轴电机伺服和微处理器等部分组成。

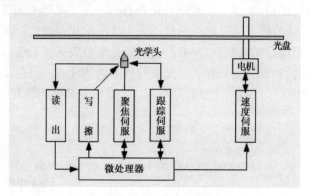

图 8.11　可擦写光盘驱动器的结构

光盘驱动器与光盘片的耦合部件是光学头系统，其作用是从光盘片读出数据和向光盘片写入新的数据。除了可发射微细激光束的半导体激光器外，光学头中包含光学系统，使激光束准确地照射到光盘的信息轨迹上，另外光学头中还包含光电接收系统，把反射光信号变成电信号输出。从光源半导体激光器发出的发散激光束经相位光栅，产生三光束(用于光学头自动跟踪)，再经过准直整形镜后形成圆光束，穿过偏振分束镜和 1/4 波片使激光束的偏振方向旋转 45°，光束通过物镜聚焦到光盘的信息轨道上。具有不同反射特性的反射光经过 90° 偏振旋转后通过原偏振分束镜的 45° 分束面，输出与原光束偏振垂直的光束，再通过用于光学头自动聚焦的柱面镜，入射到光探测器上，即可读出数据。

擦写数据和读出数据时要调节激光器发射的激光束功率。

聚焦与跟踪伺服系统根据光电检测的读写光点与数据信息轨道的跟踪误差信号，由放置光学头的二维边矩器，在与光盘垂直方向上移动聚焦透镜，实现聚焦伺服，而在光盘的半径方向上移动透镜，实现跟踪伺服，使物镜聚焦光束正确地落在光盘面上(聚焦)的信息轨道中央(跟踪)。

主轴电机伺服系统利用旋转编码器产生的伺服信号，控制光盘以恒线速或恒角速旋转，以按照标准的格式读写数据。微处理器执行上述功能的时序和控制操作，并通过接口与计算机传递数据。

8.2.4 CD-ROM 光盘

1. CD-ROM 只读光盘

CD-ROM(Compact Disc-Read Only Memory)是只读式紧凑光盘，它可存放多媒体应用程序及其所用的图像、文字、音频、视频、动画等信息，用户只能从 CD-ROM 盘上读取信息，不能往其中写入信息。CD-ROM 中的内容在光盘生产时就已经确定，盘片一旦生成，其内容就不可改变。标准 CD-ROM 盘片与普通的激光音频唱盘外观一样，所使用的技术也是一样的，即用压模的方法在塑料盘上形成凹坑组成的螺线形光道，只是二者的格式不同。

之所以称为紧凑(又称致密)CD，一方面是因为激光束的微细，记录密度很高。另一方面是其数据块存储的格式是按最大密度紧凑存放的。在磁盘中(如硬盘和软盘)数据按磁道和扇区存放，每个磁道上扇区数是一样的，因此靠近盘中心的磁道上的数据密度大，而外围磁道上数据密度小，数据块与数据块之间留下了空隙。在 CD 盘中，各数据块不论靠内还是靠外，所占据的信息光道(扇区长度)都是相同的，即以紧凑方式存放。这样空间的利用率大大提高，存储量也很大。但这种格式也使驱动器的控制更复杂(盘的旋转速度要变化)，查找数据(定位)的时间也长。

CD-ROM 驱动器作为多媒体计算机的重要设备，是因为它与其他存储介质相比有着显著的优势。CD-ROM 盘片作为大量资料、出版物发行的介质，这些资料和出版物是多媒体化的。融合了图文声等的多媒体信息，数据量非常大，软盘是无法存储这么大的数据的。而硬盘适合于多媒体项目的开发，但向广大用户交付各种多媒体应用软件产品时，硬盘是不现实的，从价格、携带方便性、安装使用性方面，用户是不可接受的。可擦写光盘和 WORM 光盘的价格，尤其是驱动器的价格较高，而且这种类型的光盘格式大多数不兼容，不适合商品化多媒体项目产品的大批量生产和发行。

2. CD-ROM 多媒体项目制作过程

CD-ROM 的读数据原理在本节的前面部分已做了叙述。下面将介绍如何在 CD-ROM 盘上记录多媒体软件及图文声数据，即多媒体项目的制作过程。图 8.12 简要描述了这种制作过程。

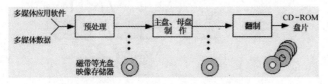

图 8.12 CD-ROM 多媒体节目制作过程

(1) 数据准备及预处理。选定 CD 项目之后，利用多媒体创作软件生成某种主题的多媒体应用系统，包括多媒体信息的表现、浏览、检索软件和多媒体数据(文字、音频、照片、图像等)。在硬盘上制作的这套多媒体项目经测试完成后，下一步就是预处理阶段。把数据和程序按照 CD 盘上出现的顺序和光盘格式存到磁带、DAT 或 WORM 上，磁带上的逻辑结构与 CD-ROM 光盘上的组织形式相同。逻辑结构是按文件系统/操作系统的要求建立的，是光盘的映像。在此过程中，要插入同步、地址、数据类型(如文本、音频、图像、程序等)信息位，还要计算和插入检错码和校正码，用编码器进行 8 位到 14 位的编码调制(EFM)。记录串行数据流的磁带或其他存储介质送处理工厂制成最终产品。在预处理阶段，应确定文字准确无误，图像、声音完美，应用程序运行正确。

(2) 制作主盘和母盘。主盘是在玻璃盘上涂上光刻胶，主盘制作设备利用磁带上经过编码的信息流对激光束进行调制。激光束照在主盘上，使盘上的感光胶感光，光束的位置及主盘的转速可以控制，数据按要求写在主盘上。然后，利用化学方法使曝光的部分脱落(显影)，从而得到一张光致抗蚀盘。再经过腐蚀，使曝光部分达到所需的深度，除去未曝光部分的感光胶，得到一张阳主盘。在阳主盘上镀一层厚的金属层，然后使它与阳主盘分离，得到一张阴主盘，即母盘，母盘就可以生成多个压膜。

(3) 翻制采用金属压膜，可批量生产的 CD-ROM 盘片。

(4) 多媒体应用程序的测试是非常重要的，也是一个连续的过程。尤其是装入了图像和声音的部分的同步问题。测试应用程序的性能有两种方法：一种是在模拟 CD-ROM 环境中运行；另一种是先制成一张光盘后执行。前种方法费用少，修改和调整方便。后种方法完全在产品级测试，反映真实运行情况，但不便于修改。

8.3 CD-ROM 数据记录的物理格式

8.3.1 概述

CD 格式包含逻辑格式和物理格式。逻辑格式实际上是文件格式的同义词，它规定如何把文件组织到光盘上以及指定文件在光盘上的物理位置，包括文件的目录结构、文件大小以及所需盘片的数目等事项。物理格式则规定数据如何放在光盘上，这些数据包括物理扇区的地址、数据的类型、数据块的大小、错误检测和校正码等。

图 8.13 给出了 CD 格式的标准系列。

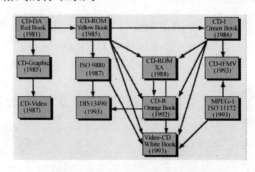

图 8.13 CD 格式的标准系列

这些标准文件包括红皮书、黄皮书、ISO 9880、绿皮书、橙皮书和白皮书等，而且还在不断地推出。理解 CD 格式对于设计和使用 CD 产品都有很大的帮助。本节将介绍各种标准的物理格式。

8.3.2　激光唱盘标准——红皮书(Red Book)

Red Book 是 Philips 和 Sony 公司为 CD-DA(Compact Disc-Digital Audio)定义的标准，也就是我们常说的激光唱盘标准。这个标准是整个 CD 工业的最基本的标准，所有其他的 CD 标准都是在这个标准的基础上制定的。

1.　激光唱盘上数据的组织方式

激光唱盘上通常有许多首歌曲，一首歌曲安排在一条光道上。一条光道由许多节(Section)组成，一节由 98 帧(Frame)组成。帧是激光唱盘上存放声音数据的基本单元，它的结构如图 8.14 所示。

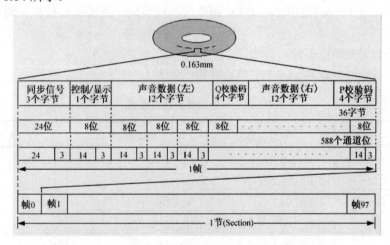

图 8.14　激光唱盘声音数据的基本结构

(1)　同步(SYNC)

每帧的开头都有 24 位同步位。这 24 位同步位不经 EFM 调制，本身就是通道码。具体的码字是 100000000001000000000010，任何数据经 EFM 调制后都不会出现与同步码字相同的码。

(2)　子码(Subcode)

每帧都有这样的一个字节。在 CD-DA 中称为子码/控制和显示(Subcode/Control and Display)；在 CD-ROM 中称为控制字节(Control Byte)。该字节主要是提供盘地址信息。

(3)　声音数据(Audio Data)

在 CD-DA 中，立体声有两个通道，每次采样有两个 18 位的样本，左右通道的每个 18 位数据分别组成两个 8 位字节，8 次采样共 24 字节组成一帧。

CD 盘上的 98 帧组成一个扇区(Sector)。光道上 1 个扇区有 3234 字节，即 2352 个声音数据+2×392 个 EDC/ECC 字节+98 个控制字节=3234 字节，其结构见表 8.2。

表 8.2　3234 字节的结构

用户数据	第二层 EDC/ECC	第一层 EDC/ECC	控制字节
2352=98×(2×12)字节	392 字节	392 字节	98 字节

前面已经介绍过，激光唱盘上声音数据的采样频率为 44.1kHz，每次对左右声音通道各取一个 18 位的样本，因此 1 秒的声音数据率就为 44.1×1000×2×(18/2)=178400 字节/秒，由于 1 帧存放 24 字节的声音数据，所以 1 秒所需的帧数为 178400/24=7350 帧/秒，98 帧构成 1 节，也可说成 1 个扇区，所以 1 秒所需的扇区数为 7350/98=75 扇区/秒，记住这些最基本的参数，对理解整个 CD 系列和 DVD 系列的数据结构是非常有帮助的。

(4) P 及 Q 错误校验码

由于 CD-DA 盘的原始误码率较高(约 10^{-4})，需要采用纠错能力很强的交叉里德/索洛蒙码(Cross-Interleaved Read-Solomon Code，CIRC)进行纠错。因此，每帧有 2×4 字节的错误校正码，分别放在中间和末端，称为 Q 校验码和 P 校验码，P 校验码是由(32,28)RS 码生成的校验码；Q 校验码是由(28,24)RS 码生成的校验码。关于错误校正可阅读相关的参考书籍。

(5) 一帧数据的通道位数

一帧数据的通道位数共 588 个字节，其构成见表 8.3。

表 8.3　一帧数据的通道位数

	字段名称	通道位数	合　计
(1)	同步位(SYNC)	24+3	27
(2)	子码(Subcode)	1×(14+3)	17
(3)	数据(Data)	12×(14+3)	204
(4)	Q 校验码	4×(14+3)	68
(5)	数据(Data)	12×(14+3)	204
(8)	P 校验码	4×(14+3)	68
合计			588

(6) 激光唱盘的光道

在 CD-DA 中的物理光道是螺旋形的，因此可以说一片 CD-DA 盘只有一条物理光道。而这里所指的 CD-DA 光道应该理解成逻辑光道比较合适。

一条 CD-DA 光道由多个扇区组成，扇区的数目可多可少，而光道的长度可长可短，通常一首歌就组成一条光道。

2. CD-DA 的通道：P-W

CD-DA 中定义了一个控制字节(Control Bytes)，或者叫子码(Subcode)。如前所述，一帧有一个 8 位的控制字节，98 帧组成 8 个子通道，分别命名为 P、Q、R、S、T、U、V 和 W 子通道。一条光道上所有扇区的子通道组成 CD-DA 的 P、Q、…、W 通道。98 个控制字节(98×8 位)组成 8 个子通道的结构见表 8.4。

表 8.4 98 个字节组成的 8 个子通道的结构

P 子通道 (b8)	Q 子通道 (b7)	R 子通道 (b6)	S 子通道 (b5)	T 子通道 (b4)	U 子通道 (b3)	V 子通道 (b2)	W 子通道 (b1)

98 字节的 b8 组成 P 子通道，98 字节的 b7 组成 Q 子通道，依次类推。通道 P 含有一个标志，它用来告诉 CD 播放机光道上的声音数据从什么地方开始；通道 Q 包含了运行时间信息，CD 播放机使用这个通道中的时间信息来显示播放音乐节目的时间。

3. CD-G(CD+Graphics)

红皮书(Red Book)不仅定义了如何把声音数据放到 CD 盘上，还定义了一种把静态图像数据放到 CD 盘上的方法。如果把图像数据放到通道 R~W，这种盘通常简称为 CD-G 盘。目前的国内市场上能播放这种盘的 CD 播放机并不多。CD-G 节目在普通的 CD 播放机上播放时，音乐节目可以照常欣赏，只不过没有图像而已。如果使用能播放 CD-G 节目的 VCD 播放机，在播放 CD-G 盘时要与电视机连接才能同时有音乐和图像。

8.3.3 CD-ROM 标准——黄皮书(Yellow Book)

黄皮书是 Philips 公司和 Sony 公司为 CD-ROM 定义的标准，CD 业从此进入了第二个阶段。CD-ROM 的数据记录格式(黄皮书)是在激光唱盘(红皮书格式)的基础上发展而来的，因此在低层规范上与红皮书一致。

CD-ROM 光盘可以存放数字数据和音频数据两类数据。后者为红皮书规范，而前者必须按照黄皮书规范存储数据。存储计算机数据时，必须解决两个问题：数据的寻址问题和数据的误码率问题。

黄皮书在红皮书的基础上增加了两种类型的光道，加上红皮书的 CD-DA 光道之后，CD-ROM 共有 3 种类型的光道。

- CD-DA：用于存储声音数据。
- CD-ROM Mode 1：用于存储计算机数据。
- CD-ROM Mode 2：用于存储声音数据、静态图像或电视图像数据。

黄皮书与红皮书相比，它们的主要差别是红皮书中 2352 字节的用户数据做了重新定义，解决了把 CD 用作计算机存储器的两个问题，一个是计算机的寻址问题，另一个是误码率的问题，CD-ROM 标准使用了一部分用户数据当作错误校正码，也就是增加了一层错误检测和错误校正，使 CD 盘的误码率下降到 10^{-12} 以下。

1. CD-ROM 的帧与扇区

光盘上的信息记录是一条由里向外的螺旋状路径，类似于密纹唱片的方式。激光读取头在这条路径上行进的线速度是固定的，因而保证了光盘信息输出速度的稳定性，同时，也使得光盘上数据记录区域的利用效率最高。

从光盘上读取的信息由一个个 EFM 帧组成。每一个 EFM 帧共由 588 位信息组成，其中有 24 位同步信息，33 个数据字节(每个字节由 14 位编码组成，称为 8 个 14 位调制码 EFM)，每个字节相应地有 3 位结合信息，EFM 帧尾还有 3 位结合位。

一个 EFM 帧中的 33 个字节包括 24 个数据字节以及两级 P、Q 校验码(各为 4 字节)，还有一个控制字节。控制字节记录着光盘上的子码(Subcode)数据。

24 个数据字节对于音频数据而言实际上是一个 Audio 帧，光盘上 Audio 帧的输出频率为 7350Hz。每个 Audio 帧中包括 8 个左声道取样以及 8 个右声道取样，每个取样为 18 位。由此可以推算出 CD-Audio 的取样频率为 44.1kHz(即 8×7350Hz)。

每 98 个 EFM 帧组成一个扇区，这样每个扇区由 2352 个数据字节和 98 个子码字节组成，单倍速的光盘驱动器每秒可读出 75 个扇区，即扇区的输出频率为 75Hz。

2．数据扇区的分类结构

光盘上的扇区可区分为音频扇区与数据扇区两种，长度都为 2352 字节。音频扇区全部用来存储声音数据，左、右声道共 98×12 个取样数据(每个取样各 18 位)。数据扇区的结构与 Audio 扇区不同，它由以下 4 个部分组成。

- 同步域：12 字节。
- 标题描述域：4 字节。
- 用户数据区：2048 字节。
- 辅助数据区：288 字节。

标题描述域由扇区地址和模式字节组成，扇区地址共 3 字节，分别记录分(0~59)、秒(0~59)和扇区号(0~74)。模式字节定义了用户数据区及辅助数据区的存储内容，分为 3 种存储模式。

3．光盘结构：光道和分区

整个 CD-ROM 光盘共分成 3 个部分：导入区、节目区以及导出区。每个部分又由一个或多个光道组成，每个光道则由连续的一组扇区组成，扇区数目视需要而定。

光道的概念来源于 CD-DA，一首歌曲对应一个光道，CD-ROM 中沿用了这种结构。光盘上导入区和导出区各占一个光道，节目区(Program)中可以有多个光道。各个光道都有自己的编号，如 Program 区中，光道从 1 开始计数，每次加 1，最多可以有 99 个光道。

CD-ROM 中光道按其存放的数据内容可以分为两种：数据光道(以 Mode1 或 Mode2 模式存放各类计算机数据)和 Audio 光道。若是数据光道，则其上扇区组织必须符合黄皮书的规范。

一个数据光道可以由 3 个部分组成，依次为 Pre-gap(前间隙)、用户数据和 Post-gap(后间隙)。用户数据记录在光道的用户数据区。

光道的起始地址就是用户数据所在扇区的开始地址，它将被记录在光盘导入区的目录表(TOC)中。一个数据光道中所有扇区的模式全部相同，不允许 Mode1 扇区和 Mode2 扇区在一个光道上同时存在。

导入区在节目区的前面，它只有一个光道，其中存放着节目区中所有光道的起始地址一览表，即光盘的目录表(TOC)。导出区也只有一个光道，它在节目区之后，表示其后已不再存放有用信息。

随着光盘技术的发展，CD-ROM 的结构也在变化，出现了多段(Multi-Session)结构，即 CD-ROM 上有多个 Lead-in、Program 和 Lead-out 的组合。

4．混合方式(Mixed Mode)

当 CD 既含有 CD-ROM 光道又含有 CD-DA 光道时，这种方式称为混合方式，使用这种方式的盘叫作混合方式盘(Mixed Mode Disc)。通常，这种盘的第一条光道是 CD-ROM Mode 1 光道，其余的光道是 CD-DA 光道。这种盘上的 CD-DA 光道可以在普通的 CD 播放机上播放。

8.3.4　CD-ROM XA

只读光盘存储器扩展结构 CD-ROM XA(CD-ROM eXtended Architecture)标准是由 Philips 公司、Microsoft 公司和 Sony 公司发布的 CD 的第三个标准。它是黄皮书标准的扩充。这个标准定义了一种新型光道：CD-ROM/XA 光道。连同前面红皮书标准和黄皮书标准定义的光道，共有 4 种光道。

- CD-DA：用于存储声音数据。
- CD-ROM Mode 1：用于存储计算机数据。
- CD-ROM Mode 2：用于存储压缩的声音数据、静态图像或电视图像数据。
- CD-ROM Mode 2：XA 格式，用于存放计算机数据、压缩的声音数据、静态图像或电视图像数据。

CD-ROM XA 在红皮书和黄皮书标准的基础上，对 CD-ROM Mode 2 做了扩充，定义了两种新的扇区方式。

(1) CD-ROM Mode 2，XA Format，Form 1：用于存储计算机数据。

(2) CD-ROM Mode 2，XA Format，Form 2：用于存储压缩的声音、静态图像或电视图像数据。

定义了这两种扇区方式后，CD-ROM XA 就允许把计算机数据、声音、静态图像或电视图像数据放在同一条光道上，计算机数据按 Form 1 的格式存放，而声音、静态图像或电视图像数据按 Form 2 的格式存放。这样就可以根据多媒体的信息把计算机数据、声音数据、图像数据或电视图像数据交错存放在同一条光道上。

CD-ROM XA 中的声音质量不是 CD-DA 的质量，放在 CD-ROM XA Mode 2 Form 2 中的声音数据必须进行压缩，这样才能腾出空间来存放同步、扇区地址和数据类型信息。

CD-ROM XA 的声音采用自适应差分脉码调制(Adaptive Differential Pulse Code Modulation，ADPCM)算法进行压缩，它定义的声音有 Level B 和 Level C 两个等级。与 CD-DA 的声音相比，若用一片存放 74min 的 CD 盘来存放 CD-ROM XA 的声音，那么这两种声音最长的播放时间见表 8.5。

表 8.5　CD-ROM/XA 中的声音播放时间

	播放时间/h	样本大小/bit	采样速率/kHz
CD-DA	1.25	18	44.1
Level B	5(立体声)	4	37.8
	10(单道声)	4	37.8
Level C	10(立体声)	4	18.9
	20(单道声)	4	18.9

8.3.5　CD-I 标准——绿皮书(Green Book)

绿皮书是 Philips 和 Sony 公司为 CD-I(Compact Disc Interactive)定义的标准，它的扇区格式与 CD-ROM/XA 的扇区格式相同，见表 8.6。

表 8.6　两种扇区格式相同

CD-I Mode 2 Form 2: 2352 字节	同步字节 12 字节	扇区地址 4 字节	Form 1 8 字节	用户数据 2048 字节	EDC 4 字节	ECC 276 字节
CD-ROM/XA Mode 2 Form 1：2352 字节	同步字节 12 字节	扇区地址 4 字节	Form 2 8 字节	用户数据 2048 字节	EDC 4 字节	ECC 276 字节

绿皮书标准允许计算机数据、压缩的声音数据和图像数据交错地放在同一条 CD-I 光道上。

CD-I 光道没有在 TOC 中显示，目的是不用激光唱盘播放机去播放 CD-I 盘。绿皮书标准规定使用专用的操作系统，称为光盘实时操作系统 CD-RTOS(Compact Disc - Real Time Operating System)。

它是一个多任务实时响应的操作系统，支持各种算术和 I/O 协处理器，是设备独立且由中断驱动的系统，具有支持多级树形结构的文件目录等功能。

1．CD-I Ready 格式

使用 CD-I Ready 格式的 CD 盘称为 CD-I Ready 盘，它是一种有附加特性的标准激光唱盘。这种盘既可以在标准的激光唱盘播放机上播放，又可以在 CD-I 播放机上播放。当 CD-I Ready 盘在 CD-I 播放机上播放时，这种附加特性就可以显示出来。

红皮书标准允许把索引点放在光道上，这就允许用户跳转到光道上的指定点。激光唱盘通常只使用两个索引点：#0 和#1。前者用来标识一条光道的起点，后者用来标识声音在这条光道上的起点。这两个索引点在盘上第一条光道(第一首歌)的前面，它们之间通常有 2~3s 的间隔。CD-I Ready 盘把这两个索引点之间的间隔增加到 182s，这样就可以存放诸如歌曲名、解说词、作者、演员等图文信息。

普通的激光唱机播放 CD-I Ready 盘时不管这个地方的信息，而只播放音乐节目。用 CD-I 播放机播放 CD-I Ready 盘时，首先把该间隔中的 CD-I 信息读到 CD-I 播放机的 RAM 中，并显示在电视机屏幕上，然后播放音乐。

2．CD-Bridge 盘

CD-Bridge 规格定义了一种把附加信息加到 CD-ROM XA 光道上的方法，目的是让这种光盘能够在 CD-I 播放机上播放。这样一来，CD-Bridge 光盘就既可以在 CD-I 播放机上播放，又可以在计算机上播放，而且还可以在 Kodak 公司的 Photo CD 播放机上播放。

CD-Bridge 盘上的光道都采用 Mode2 的扇区结构，不使用 Mode1 的扇区结构。声音光道则要跟在数据光道的后面。CD-Bridge 盘的扇区结构与 CD-ROM/XA 和 CD-I 的扇区结构一致。

8.3.6 可录 CD 盘标准——橙皮书(Orange Book)

橙皮书是另一种 CD 光盘标准,这种 CD 盘叫作可录 CD-R(Compact Disk Recordable)盘,允许用户把自己创作的影视节目或多媒体文件写到盘上。

可录 CD 盘分为以下两类。

(1) CD-MO(Compact Disk - Magneto Optical)盘。这是一种采用磁记录原理利用激光读写数据的盘,称为磁光盘。用户可以把数据写到 MO 盘上,盘上的数据可以抹掉,抹掉后还可以重写。

(2) CD-WO(Compact Disk - Write Once)盘。这种盘又可写成 CD-R 盘,用户可以把数据写到盘上,但是数据一旦写入,就不能抹掉。因此,橙皮书标准分成两个部分:Orange Book Part 1 和 Orange Book Part 2。Part 1 描述 CD-MO,Part 2 描述 CD-WO。

1. 橙皮书第 1 部分(CD-MO 盘)

橙皮书第 1 部分(Orange Book Part 1)标准描述 CD-MO 盘上的两个区。

(1) Optional Pre-Mastered Area(可选预刻录区)。这个区域的信息是按照 Red Book、Yellow Book 或 Green Book 标准预先刻制在盘上的,是一个只读区域。

(2) Recordable User Area(用户可重写的记录区)。普通的 CD 播放机或者 VCD 播放机不能读这个区域的数据,这是因为 CD 唱片和 VCD 盘与磁光盘采用的记录原理不同。

2. 橙皮书第 2 部分(CD-WO 盘)

橙皮书第 2 部分(Orange Book Part 2)标准定义可写一次的 CD-WO 盘。这种盘在出厂时就在盘上刻录了槽,称为预刻槽,也就是说,物理光道的位置已经确定,是一片空白盘。用户把多媒体文件写到盘上之后,就把内容表(Table Of Contents,TOC)写到盘上。

在写入 TOC 之前,这种盘只能在专用的播放机上读;TOC 写入之后,这种盘就可以在普通的播放机上播放了。

橙皮书第 2 部分(Orange Book Part 2)标准还定义了另一种 CD-WO 盘,叫作 Hybrid Disc(混合盘)。这种盘含有两种类型的记录区域。

(1) Pre-recorded Area(预记录区)。这个区的信息是按照红皮书(Red Book)、黄皮书(Yellow Book)或绿皮书(Green Book)标准预先记录在盘上的,是一个只读区域。

(2) Recordable Area(可记录区)。这个区可以把物理光道分成好几个记录段(Multi-session)。每段由 3 个区域组成:导入区(Lead In)、信息区(Information)和导出区(Lead Out),每一段要在导入区写入 TOC。

Hybrid Disc(混合盘)的结构见表 8.7。

表 8.7 混合盘的结构

第 1 段			...	第 n 段		
导入区 (Lead In)	信息区 (Information)	导出区 (Lead Out)	...	导入区 (Lead In)	信息区 (Information)	导出区 (Lead Out)

8.3.7 CD-ROM 数据记录的逻辑格式——ISO 9880 标准

CD-ROM 物理格式的标准化意味着所有 CD-ROM 生产厂家都应遵循这种标准化格式，即 CD-ROM 上的信息可以在不同的信息处理系统之间交换，但只能在这个物理层上实现交换。由于 CD-ROM 面对用户的是文件(如文本、图像、声音和执行文件等)，这就需要一个文件系统来管理，这样就可使用户把 CD-ROM 当成一个文件集来看待，而不是让用户从物理层上去看待 CD-ROM 盘。因此，仅有物理格式标准化还不够，还需要有一个如何把文件和文件目录放到 CD-ROM 盘上的逻辑格式标准，也就是文件格式。

由于 CD-ROM 标准(Yellow Book)没有制定文件标准，所以计算机厂家不得不开发自己的 CD-ROM 逻辑格式。这些不统一的 CD-ROM 逻辑格式严重影响了 CD-ROM 的推广应用。为了解决这个问题，计算机业界的研究人员起草了一个 CD-ROM 文件结构的提案：High Sierra 文件结构，并把这个提案提交给了国际标准化组织(ISO)，而后做了少量修改，并命名为 ISO 9880。它被用于信息交换的 CD-ROM 的卷和文件结构。在 MS-DOS 和 MS-Windows 环境下，IBM PC 及 IBM 兼容计算机必须安装 MSCDEX.EXE 和 CD-ROM 驱动器带的设备驱动程序软件，才能读 CD-ROM 盘上的文件。在 Windows 3.x 环境下，设备驱动程序要安装在 CONFIG.SYS 文件中，而 MSCDEX.EXE 文件要安装在 AUTOEXEC.BAT 文件中。同样，其他的操作系统也需要开发类似于 MSCDEX.EXE 的软件，并且同样要与 CD-ROM 驱动器带的设备驱动程序联合工作，这样才能读 ISO 9880 盘上的文件。

1. CD-ROM 文件系统

CD-ROM 文件系统是操作系统的一部分。它实际上是组织数据的一种方法，使应用程序访问 CD-ROM 时不需要关心物理地址或数据结构。一个完整的 CD-ROM 文件系统主要由 3 部分组成。

- 逻辑格式(Logical Format)：它是文件格式的同义词。逻辑格式是确定盘上的数据应该如何组织，以及存放在什么地方。说得具体一点，就是基本的识别信息放在何处，文件目录应该如何构造，到何处去找盘上的目录，一个应用软件存放在几张光盘上等。由此也可以看出，逻辑格式与物理格式是不同的。
- 源软件(Origination Software)：它是把数据写到逻辑格式的软件，按逻辑格式把要存到盘上的文件进行装配，所以，源软件又称"写"软件。
- 目的软件(Destination Software)：它把数据从逻辑格式读出来并转换成文件，因此目的软件又称为"读"软件。它在终端用户的机器上能够理解逻辑格式，并且使用逻辑格式来访问盘上的文件。

逻辑格式是文件系统的核心。逻辑格式标准统一后，盘上的信息就有可能在不同的信息处理系统之间进行交换。定义 CD-ROM 的逻辑格式与定义磁盘的逻辑格式有差别，这是由于这两种存储器的特性不同。CD-ROM 的逻辑格式可归纳为两个部分。

(1) 定义一套结构用来提供整片 CD-ROM 盘所含的信息，称卷结构。单片 CD-ROM 称一卷。一个应用软件可有大、中、小之分，一个应用软件也可能由多个文件组成。对于小的应用软件，一卷可以容纳几个文件，并且一卷中的文件数目也可能相当惊人；对于中等大小的应用软件，一卷可能只容纳一个；对于一个大的应用软件，如百科全书，可能有好几卷才能容纳得下；把存放单个应用软件的多片 CD-ROM 称为一个卷集，这与出版的书很相似。在卷集中，一个文件可能要跨越好几卷，或者相反，一卷中有好多文件。因此，必须要有一套规则和数据结构来表达这些错综复杂的关系，以便使用户有足够多的信息来了解盘上的内容。这些关系是属于卷一级的逻辑格式。

(2) 定义一套结构用来描述和配置放到盘上的文件，称为文件结构。文件结构的核心是目录结构。这个结构是文件一级的逻辑格式，采用什么样的逻辑格式对文件系统的性能有很大的影响。一般来说，目录结构采用分层目录结构，并且有显式说明和隐式说明之分。为 CD-ROM 提议的目录结构大体有 5 类。

① 多文件显式分层结构(Multiple-File Explicit Hierarchies)。它的特点是把子目录当作文件来处理，打开一个有长路径的文件需要较多的寻找次数。

② 单文件显式分层结构(Single-File Explicit Hierarchies)。它的特点是把整个目录结构放在单个文件中，根目录和子目录都作为文件中的记录，而不是作为文件来处理。

③ 散列路径名目录(Hashed Path Name Directories)。它的特点是把整个路径名和文件名拼凑成一个地址，放在目录中，这是隐式目录结构。

④ 索引路径名目录(Indexed Path Name Directories)。它的基本思想是把子目录的全路径名转换成一个整数，这也是隐式目录结构。

⑤ 混合结构。组合前面 4 种结构中的两种或两种以上的结构。

由于 CD-ROM 有它自己的固有特性，因此围绕 CD-ROM 定义的卷和文件结构也有它自己的特性，这些特性充分体现在 ISO 9880 标准文件中。

2. 逻辑扇区和逻辑块

CD-ROM 的一个物理扇区除了扇区头信息之外，还有 2338 字节。在 2338 字节中有 288 字节可用作错误检测和校正，剩下的 2048 字节作为用户数据域。2048 字节(2KB)的数据域定义为一个逻辑扇区。每个逻辑扇区都有一个唯一的逻辑扇区号(Logical Sector Number，LSN)。CD-ROM 的第一个逻辑扇区是从物理地址 00:02:00 开始的，逻辑扇区号为 LSN0。

逻辑扇区的大小也允许自定义，但要等于 2^n，n 是一个正整数。每个逻辑扇区可以分成一个或多个逻辑块。在一个由 2048 字节组成的逻辑扇区中，一个逻辑块的大小可以是 512 字节、1024 字节或 2048 字节。但一个逻辑块的大小不超过逻辑扇区的大小。每个逻辑块有一个逻辑块号(Logical Block Number，LBN)。第一个逻辑块号(LBN 0)是第一个逻辑扇区(LSN 0)中的第一块，依次为 LBN 1、2、3 等。在 CD-ROM 上，所有文件和其他重要的数据都按 LBN 寻址。图 8.15 给出了物理扇区、逻辑扇区、逻辑块之间的关系。

图 8.15 物理扇区与逻辑扇区、逻辑块的概念

此外，还有一个记录的概念。一个记录由一系列连续字节组成，它作为信息单元。一个记录的字节可多可少，少则几个，多则几十个、几百个，可以按照要表达的信息而定。记录有固定字节长度和可变字节长度之分，分别称为固定长度记录和可变长度记录。

3．文件

放到 CD-ROM 上的文件类型没有限制，可以是 ASCII 文本文件、索引结构文件、可执行文件(如.COM 文件及.EXE 文件)，压缩的或未压缩的图像文件、声音文件等。

每个文件可分为一个或多个文件节(File Section)。一个文件节放在由许多个逻辑块组成的文件空间里。这些逻辑块是顺序编号的，由它们组成的文件空间又称为文件范围(Extent)或文件域。一个大的文件可以分成多个文件节，存放在多片 CD-ROM 盘上的文件域中；一个中等大小的文件也可以分成若干个文件节，存放在同一片 CD-ROM 盘上的多个文件域中，这些文件域并不要求是连续的文件域；小的文件可以不分域，存放在单个文件域中。

文件的标识符可由文件名、文件扩展名和文件版本号 3 部分组成。文件标识符必须要有一个文件名，或者一个文件扩展名，其他可作为选择。文件标识符中的字符通常采用 ASCII 字符，并且限定用其中的一部分：数字 0~9、大写英文字母 A~Z、下划线(_)。

文件名和文件扩展名之间用句点(.)隔开，文件名或文件扩展名与文件版本号之间用分号(;)隔开，例如 FILE.DAT 和 DATA_FILE_FOR_INTERCHANG.DAT 等，它们都是合法文件标识符。

4．目录

大多数支持磁盘的文件系统都采用分层目录结构，CD-ROM 也采用这种目录结构，并且限定目录层次的深度为 8 级。用这种目录结构可以组织大数量的文件。大多数磁盘文件系统把子目录作为一种特殊的文件进行显式处理。但 CD-ROM 没有采用这种显式分层目录结构，而是采用隐式分层目录结构，把目录当作文件看待，并且把整个目录包含在一个或少数几个文件中。包含目录的文件称为目录文件。

目录文件与普通的用户文件类似，但对 CD-ROM 采用的目录文件结构做了具体的规定。目录文件由一系列可变长度的目录记录组成。每个目录记录的格式如表 8.8 所示。

表 8.8　目录记录的格式

字节位置	记录域的名称
1	目录记录长度(LEN_DR)
2	扩展属性记录(XAR)长度
3~10	文件域地址
11~18	数据长度
19~25	日期和时间
26	文件标志
27	文件单元大小
28	交叉间隔大小

续表

字节位置	记录域的名称
29~32	卷顺序号
33	文件标识符长度(LEN_FI)
34~(33+LEN_FI)	文件标识符
34+LEN_FI	填充域
(34+LEN_FI+1)~LEN_DR	系统使用(保留)

由表 8.8 可知，一个目录记录包含有许多记录域。这些域中记录着文件标识符、以字节计算的文件长度、文件域中的第一个逻辑块号(LBN)，以及打开和使用这个文件所需要的其他信息。当一个文件放在多个文件域中时，需要设置多个目录记录，每个目录记录中给出相应文件域的地址，并由文件标志记录域来指明该文件域是不是最后一个。目录文件、目录记录、记录域等之间的关系如图 8.16 所示。

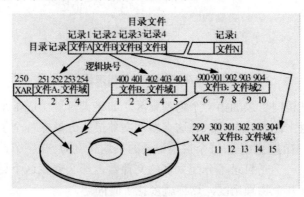

图 8.16　目录文件结构

文件的附加信息可以记录在一个命名为扩展属性记录(eXtended Attribute Record，XAR)的记录上，它放在文件的前面而不是放在目录记录上，这样做可以使目录记录变得较小。附加信息包括文件作者、文件修改日期、访问文件的许可权等信息。凡是不常使用的信息都放到扩展属性记录上。这也是 CD-ROM 目录结构的一个特点。

如果一个文件有多个文件域(如图 8-16 中的文件 B)，每个文件域都有 XAR 记录，在这些 XAR 记录上的信息可能会不相同，文件系统应认为最后一个 XAR 记录上的信息是有效的。这个特性在卷集制作过程中很有用。

由于每个目录记录的长度不确定，因此在一个逻辑扇区中的目录记录的个数也不确定，但必须要保证目录记录数的数目为整数。当一个目录在这个逻辑扇区中放不下的时候，应移到后面的一个逻辑扇区。这样可以保证读到计算机内存中的目录不会出现支离破碎的现象。

5. 路径表

路径表的设置主要是由于 CD-ROM 寻找时间很长，若采用磁盘的方式来处理目录，要打开一个目录嵌套层次很深的文件，势必要花费很长的寻找时间。为此又开发了一种名叫路径索引(Path Index)的一种隐式分层目标结构，后来改名为路径表(Path Table)。这种结构的特点是利用索引值来访问所有的目录，它是基于图 8.17 的思想来开发的。

路径表由许多路径表记录组成，它对应于根目录和每个子目录，如图 8.17 的 ROOT (根)、A、B 等路径表记录中包含每一个子目录所在的开始地址，即逻辑块号 LBN，这样就可以通过路径表直接访问任何一个子目录。因此，如果一张完整的路径表能保存在计算机的 RAM 中，那么一次寻找就可以访问盘上的任何一个子目录。

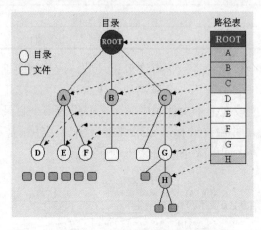

图 8.17　路径表的思想来源

路径表只能保证访问目录的第一个物理扇区。如果大目录由成千个文件组成，那么整个目录就可能跨越盘上的好几个扇区。这么多的文件最好分散在各个子目录下，每个子目录下分配约 40 个左右的文件。按每个目录记录的平均长度为 50 字节计算，差不多占据单个物理扇区。如果在一个子目录下分配太多的文件数，那么要找这个目录下的文件时，就需要顺序读和检查好几个物理扇区，这样就多花了时间。

6．卷

CD-ROM 盘上可以存放信息的区域称为卷空间(Volume Space)。卷空间分成两个区：LSN 0~LSN 18 称为系统区，它的具体内容没有规定。从 LSN 18 开始到最后一个逻辑扇区称为数据区，它用来记录卷描述符、文件目录、路径表、文件数据等内容。

每卷数据区的开头(LSN 18)是卷描述符。卷描述符实际上是一种数据结构，或者说是一种描述表。其中的内容用来说明整个 CD-ROM 盘的结构，提供许多非常重要的信息，如盘上的逻辑组织、根目录地址、路径表的地址和大小、逻辑块的大小等。它是一个由 2048 字节组成的固定长度记录。

这里简要介绍了 CD-ROM 的文件结构和卷的基本概念，对一般读者来说就已经足够了。想要深入理解 CD-ROM 逻辑格式的读者，可看相关文件：ISO 9880 标准。

8.4　视频家电 Video CD

8.4.1　概述

Video CD(VCD)于 1993 年问世，是由 JVC、Philips 和 Sony 联合定义的数字电视视盘

技术规格，盘上的声音和电视图像都是以数字的形式表示的。1994 年 7 月发布了 Video CD Specification Version 2.0，并命名为 White Book(白皮书)。该标准描述的是一个使用 CD 格式和 MPEG-1 标准的数字电视存储格式。Video CD 标准在 CD-Bridge 规格和 ISO 9880 文件结构基础上定义了完整的文件系统，这样就使 VCD 节目能够在 CD-ROM、CD-I 和 VCD 播放机上播放。

Video CD 可以在一张普通的 CD 光盘上记录 70min 的全屏幕、活动音/视频数据及相关的处理程序。与激光视盘(LD)相比，它体积小，价格便宜，且有很好的音、视频质量和很好的兼容性。VCD 的产生从技术上讲有两个先决条件：MPEG-1 技术的成熟及 CD-Bridge 概念的产生，光盘规范呈多元化趋势发展。CD-Bridge 的产生就是为了保证 CD 产品能同时在 CD-I 和 CD-ROM XA 上播放。

VCD 光盘还有一些固定的系统信息区，这些区域描述了光盘上所有节目的相关信息，专门提供给一些专用的播放硬件(如 VCD 播放器等)查询使用。

8.4.2 VCD 光盘的数据组织

1. VCD 的物理结构

根据 CD-Bridge 的规范，VCD 的数据是按 CD-ROM XA 方式组织的，即 VCD 的数据扇区或者是模式 2 形式 1 格式，或者是模式 2 形式 2 格式。

VCD 的主要数据存放在光盘的节目区上。VCD 的节目区由两个或两个以上的光道组成，光道内容分为两种类型：VCD 特殊的描述信息区和 MPEG 数据流。

VCD 规定描述信息区光道必须是节目区中的第一光道，其 TNO=1。其余的光道都用于记录 MPEG 数据流。系统可以有一个或多个 MPEG 数据流，其光道号 TNO 从 2 开始依次增加。

VCD 光盘的第一光道上主要包括以下几方面内容：

- 符合 ISO 9880 标准的光盘描述信息(如卷描述、路径表、目录描述等)。
- CD-I 系统上播放 MPEG 数据所需要的应用程序。
- Karaoke 基本信息区，它是可选的，即若光盘上不是 Karaoke 节目，则没有该信息区。
- VCD 信息区。

2. VCD 的逻辑数据结构

VCD 上有两套数据查询方法。

(1) 基于 ISO 9880 文件结构的数据查询。这也是 CD-Bridge 规范的要求。这种方法使得 VCD 能够与支持 CD-ROM、CD-ROM XA、CD-I 以及其他 ISO 9880 的系统兼容。

(2) 基于VCD盘上特殊信息区的数据查询，这种方法主要面向专用的播放设备。

这两种方法在 VCD 系统中既相互独立又相互统一，这是因为 Karaoke 信息区和 VCD 信息区所描述的信息都以文件的形式存放在 ISO 9880 的文件结构中。与其他文件不同的仅是它们的文件名和位置都比较固定。

VCD 系统主要是围绕 MPEG 数据流而组织的，因此，它并不像其他光盘产品那样，信息描述有较大的随意性。通常，VCD 上的目录/文件组织比较固定。

3. VCD 上的 MPEG 数据组织

VCD 光盘上的音频、视频数据是根据 MPEG-1(国际标准 ISO 11172)规范进行编码的。而它们在光盘上的物理存储又遵守 CD-I 规范中有关动态视频存储的规定。

(1) 视频 VCD 中，视频数据按 MPEG-1 标准编码，其性能参数如下。

- 图像大小/帧频：352×240/29.97Hz、352×240/23.978Hz 或 352×288/25Hz
- 位输出率：最大为 1151929.1b/s
- 像素纵横比：1.0950，352×240 大小；0.9157，352×288 大小

在制作 MPEG-1 视频数据流时要注意，为了保证快进/快退播放，建议 MPEG-1 数据流中两幅 I 帧图像之间最大距离不超过 2s，并要有相应的序列首部标记。

(2) 音频 VCD 中的音频数据也是按 MPEG-1 标准中音频数据的规范组织的，其性能参数如下。

- Layer：II
- Sampling-frequency：44.1kHz
- Emphasis：off 或 50/15μs
- Bit-rate：224KB/s
- Mode：stereo 或 Dual-channel 或 Intensity-stereo

VCD 中的 MPEG 音频信息有两个声音通道。在立体声节目中，左声道对应 CH-0，而右声道对应 CH-1。而在 Karaoke 节目和双语系统的情况下，两个声道各有不同的功用。

在 Karaoke 节目中，CH-0 记录不带伴唱的单声道伴音节目，CH-1 记录带伴唱的单声道伴音节目。

4. VCD 的应用

随着多媒体技术的推广应用，VCD 系统显示出很强的商业应用价值，特别是系统设计之初充分考虑了其播放平台的兼容性问题，使得 VCD 光盘能在 CD-ROM XA、CD-I 和 VCD 播放机上运行，而且这些播放设备价格不断下跌，已成为普通家庭的购买对象。事实上，VCD 技术已成为电脑进入家庭的一个重要因素。

VCD 采用 CD-Bridge 规范，利用 MPEG 编码音视频数据是其成功的关键。但从系统设计的角度看，VCD 与其他规范显著的区别在于它是着眼于产品的设计，而不是面向载体的，因此灵活性较差，交互能力也比较弱，视频压缩质量也有待于进一步提高。CD 技术的发展很快，DVD 的性能比 VCD 有了大幅度提高，它将逐步替代 VCD 产品。

8.5 DVD 与 DVD 系统

DVD(Digital Video Disc)是数字电视光盘系统，这是为了与 Video CD 相区别。实际上，DVD 不仅是用来存放电视节目的，它也可以存储其他类型的数据，因此，又把 Digital Video Disc 更改为 Digital Versatile Disc，缩写仍然是 DVD。现在讲的 DVD 通常是指 Digital Video Disc。VCD 和 DVD 都是光存储媒体，但 DVD 的存储容量和带宽都明显

高于 CD。影视、声音、计算机和光学记录技术融合在一起,将开发出下一代 CD 产品。

8.5.1　DVD 的规格标准

　　DVD 在存储容量、音频、视频的质量和压缩标准等许多方面都比 VCD 有较大的提高。其规格标准的制定起源于 20 世纪 90 年代中期。

　　MPEG-1 的电视质量是家用录像机的质量,MPEG-1 技术的成熟促成了 VCD 的诞生、产业的形成和市场的成熟;MPEG-2 的电视质量是广播级的质量,由于广播级数字电视的数据量要比 MPEG-1 的数据量大得多,而 CD-ROM 的容量尽管有近 700 多 MB,但也满足不了存放 MPEG-2 Video 节目的要求。MPEG-2 的技术已经相当成熟,为了解决 MPEG-2 Video 节目的存储问题,DVD 就产生了。

　　在 1995 年,由 Sony 和 Philips Electronics DV 公司和 Toshiba/Time Warner 公司的国际财团分别提出了两个不兼容的高密度 CD(HDCD,High Density Compact Disc)规格。经过努力工作与协商,DVD 盘片的设计按 Toshiba/Time Warner 公司的方案,而存储在盘上的数据编码则按 Sony/Philips 公司的方案。最终的单面单层 DVD 盘片能够存储 4.7GB 的数据,单面双层盘片的容量为 8.5GB。单面单层盘存储 133min 的 MPEG-2 Video,其分辨率与现在的电视相同,并配备 Dolby AC-3 / MPEG-2 Audio 质量的声音和不同语言的字幕。AC-3 是 Audio Code Number 3 的缩写。

　　DVD 的特点是存储容量比 CD 盘大得多,最高可达到 17GB。这样一张 DVD 盘的容量可相当于 25 张 CD-ROM,而 DVD 盘的尺寸与 CD 相同。DVD 所包含的软硬件要遵照正在由计算机、消费电子和娱乐公司联合制定的规格,目的是为了能够根据这个新一代的 CD 规格开发出存储容量大和性能高的兼容产品,用于存储数字电视和多媒体软件。

　　其实 DVD 和 CD 一样,除了 DVD-Video 之外,还有 4 个成员,它们的标准文件用 Book A,Book B,…,Book E 来标识,如表 8.9 所示。

表 8.9　DVD 和 CD 系列

DVD 标准	CD(Compact Disc)标准
Book A: DVD-ROM	CD-ROM
Book B: DVD-Video	Video CD
Book C: DVD-Audio	CD-Audio
Book D: DVD-Recordable	CD-R
Book E: DVD-RAM	CD-MO

　　Toshiba / Time Warner 公司定义的 DVD 规格是 SD(Super Density Digital Video Disc),而 Sony/Philips 公司定义的 DVD 规格是 MMCD(Multimedia CD),这两种高密度盘规格的统一是扩充光盘存储容量的一个里程碑。

　　在理论上,DVD 的存储容量见表 8.10。

　　DVD-Video 的规格如表 8.11 所示。DVD 盘上的电视都采用 MPEG-2 的电视标准。NTSC 的声音采用 Dolby AC-3 标准,MPEG-2 Audio 作为选用。PAL 和 SECAM 的声音采用 MPEG-2 Audio 标准,Dolby AC-3 作为选用。

表 8.10　DVD 的存储容量

光盘规格名	存储容量
DVD-ROM	4.7~17GB
DVD-Video	4.7GB
DVD-R/RW	3.9GB/4.7GB
DVD-RAM	2.6~9.4GB
DVD-Audio	4.7GB
DVD+RW	3.0~9.4GB
DVD+R	4.7~9.4GB

表 8.11　电视图像规格

指　　标	技术规格
数据传输率	可变速率，平均速率为 4.69Mb/s(最大速率为 10.7Mb/s)
图像压缩标准	MPEG-2 标准
声音标准	NTSC: Dolby AC-3 或 LPCM，可选用 MPEG-2 Audio PAL: MPEG MUSICAM* 5.1 或 LPCM，可选用 Dolby AC-3
通道数	多达 8 个声音通道和 32 个字幕通道

8.5.2　DVD 的存储技术

为了提高存储器的存储容量和传输速率，许多科学家和工程技术人员进行了卓有成效的研究，采用了许多新的技术。表 8.12 给出了 DVD 与 CD 所采用技术的比较。

表 8.12　DVD 与 CD 技术比较

技术指标	DVD	CD	容量增益
盘片直径	120mm	120mm	
盘片厚度	0.6mm/面	1.2mm/面	
减小激光波长	635/650nm	780nm	4.486 =(1.6*0.83)/(0.74*0.40)
加大 NA(数值孔径)	0.6μm	0.45μm	(1.6*0.83)
减小光道间距	0.74μm	1.6μm	(0.74*0.40)
减小小凹凸坑长度	0.4μm	0.83μm	
减小纠错码的长度	RSPC	CIRC	
修改信号调制方式	8-16	8-14 加 3	1.0625 = 17/16
加大盘片表面的利用率	86.6cm^2	86cm^2	1.019 = 86.6/86
减小每个扇区字节数	2048/2060 字节/扇区	2048/2352 字节/扇区	1.142 = 2352/2060

从外观和尺寸来看，DVD 盘与现在广泛使用的 CD 盘没有什么差别，直径和厚度相

同，而且新的 DVD 播放机能够播放已有的 CD 激光唱盘上的音乐和 VCD 节目。但不同的是，DVD 盘光道之间的间距由原来的 1.6μm 缩小到 0.74μm，记录信息的最小凹凸坑长度由原来的 0.83μm 缩小到 0.4μm，这是 DVD 盘的存储容量可提高到 4.7GB 的主要原因，它的容量是 CD 的 7 倍，它们之间的差别如图 8.18 所示。

由图 8.18 可知，DVD 与 CD 相比，光道距离和信息记录凹凸坑的长度和宽度做得更小。为了实现这样的要求，DVD 刻录机和播放机就需要采用波长更短的激光源，这是因为光学读出头的分辨率和激光波长成正比。

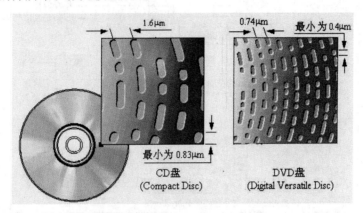

图 8.18　DVD 盘和 CD 盘之间的差别

常规的 CD 播放机和 CD-ROM 驱动器的光学读出头的数值孔径为 0.45。为了提高接收盘片反射光的能力，也就是提高光学读出头的分辨率，在 DVD 中，要把 NA 由现在的 0.45 加大到 0.6。DVD 总的容量可以提高到 4.486 倍。此外，加大盘的数据记录区域也是提高记录容量的有效途径。还有一个提高记录容量的重要措施，就是使用盘片的两个面来记录数据，以及在一个面上制作好几个记录层，这无疑会大大增加 DVD 盘的容量。提高 DVD 存储容量的另一个途径是制作多层的盘片。

DVD 信号的调制方式和错误校正方法也做了相应的修正以适应高密度的需要，CD 存储器采用 8-14(EFM)加 3 位合并位的调制方式，而 DVD 则采用效率比较高的 8-16+(EFM PLUS)的方式，这是为了能够与现在的 CD 盘兼容，也为了与将来的可重写的光盘兼容而采用的方式。CD 存储器采用的错误校正系统是里德-索洛蒙码(Cross-Interleaved Read-Solomon Code，CIRC)，而 DVD 采用里德-索洛蒙乘积码(Reed Solomon Product-like Code，RSPC)系统，它比 CIRC 更可靠。并且采用修改的数据编码和调制算法都可以减少 DVD 盘上的冗余位，从而为用户提供更多的存储空间。新的算法将使用 16 比特来表示一个 8 比特的数据，这样也增加了 DVD 的容量。

8.5.3　VCD 与 DVD 播放系统

VCD 播放机是基于 MPEG-1 标准的交互视频播放系统，它有两种形式：一种是使用 PC 机构成的播放系统，它是在 PC 机上加 MPEG 解压卡或解压软件升级而成；另一种是 VCD 播放机加上电视机构成。本节主要介绍 VCD 播放机。

1. VCD 播放系统

VCD 播放机主要由 CD 驱动器(称 CD 加载器)、MPEG 解码器、微控制器 3 个核心部件组成。如图 8.19 所示即为一种典型的 VCD 播放机结构，它围绕 C-Cube 公司的 CL482/484MPEG 解码器构成 VCD 播放机。

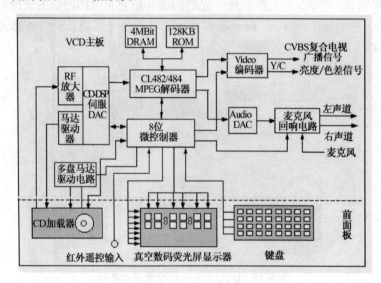

图 8.19　典型的 VCD 播放机结构

从 VCD 盘中读出的数据流包含声音数据和视频数据，VCD 解码器首先要从中将它们分离出来，然后分两路处理：一路从压缩的视频数据中重构视频图像，再用"图形菜单显示(OSD)"选择的图形去覆盖它，最后把解压缩的数据和同步信息送给模拟电视信号编码器，产生 NTSC 制式或 PAL 制式的电视信号显示；另一路从压缩的声音数据流中重构出声音数据，然后送给数模转换器 DAC，它的输出送给麦克风回响电路，在那里与两个麦克风的输入信号进行混合后传送给立体声设备。

微控制器是一个 8 位微处理器，其主要功能是：接收并解释来自控制面板上的按钮输入命令，接收并解释来自红外遥控器的输入命令，在真空荧光数码显示器(VFD)上显示播放信息，控制 CD 加载器和数字信号处理器的运行，控制 CL482/484 的解码，处理 VCD 2.0 的交互播放。

在白皮书中，对 VCD 2.0 的基本特性有详细的说明。使用 CD-CL482/484 构成的 VCD 2.0 播放机至少有如下功能。

(1) 支持 VCD 2.0 标准的播放控制功能。

(2) 可把 NTSC 制电视转换成 PAL 制电视。

(3) 支持单盘和多盘加载器。

(4) 播放不太清洁或者缺陷不大的 VCD 盘时不会产生明显间断的图像，C-Cube 称之为 Clear View 技术。

(5) 支持的 CD 盘格式有 VCD 2.0、VCD 1.1、CD-DA、卡拉 OK-CD 1.0、CD-I。具有卡拉 OK 功能。

(6) 支持的播放特性有 1/2、1/4、1/8 和 1/16 播放速度，快速向前，按时间搜索。

　　由于 VCD 系统迎合了家庭的娱乐需求，市场繁荣，所以促进了 VCD 系统的改进与提高。较新型的系统是采用 C-Cube 公司 1997 年开发的 CL680 VCD 解码器构造的 VCD 2.0 播放机。CL680 是 Audio/Video/CD-ROM 解码器和 NTSC/PAL 编码器合二为一的大规模集成电路芯片，集成度更高；加强了 Clear View 技术，提高了可靠性。使用算法提供环绕立体声并加强 OSD 功能，从而提高了播放质量。

2. DVD 播放系统

　　DVD 播放系统与 VCD 播放系统相差不大，其结构如图 8.20 所示。

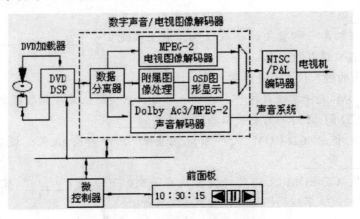

图 8.20　DVD 播放系统的结构

　　它主要由以下 4 个部分组成。

　　(1) DVD 盘读出机构。主要由马达、激光读出头和相关的驱动电路组成。马达用于驱动 DVD 盘做恒定线速度旋转。DVD 激光读出头用于读光盘上的数据，使用的是红色激光，而不是 CD 播放机用的红外激光。

　　(2) DVD-DSP。这块集成电路用来把从光盘上读出的脉冲信号转换成解码器能够使用的数据。

　　(3) 数字声音/视频解码器。这是一块能实现该逻辑功能的大规模集成电路，其主要功能有：分离声音和视频数据，建立两者之间的同步关系；解码视频数据，重构广播级的视频图像，并按电视显示格式重组图像，送给电视系统；解压缩声音数据，重构出 CD 质量的环绕立体声，并按声音播放规格重组声音数据，送给立体声系统；处理附属图形菜单显示。

　　(4) 微处理器。用来控制播放机的运行；管理遥控器或者控制面板上的用户输入，把它们转换成解码器和 DVD 加载器能够识别的命令；DVD 节目存取权限的管理等。

8.6　本 章 小 结

　　在多媒体系统中，无论是对多媒体信息的采集、处理，还是存储、传送，无论是要输入还是要输出，都必须有高性能的硬件支持。尤其是光盘存储，更是多媒体系统中最常用的存储手段；音频和视频处理部件以及新型的体系结构都是多媒体硬件的关键。

人机界面交互设备是人与计算机进行通信的重要环境。在本章中，首先对常用的多媒体输入/输出设备做了介绍，然后着重对 CD-ROM 做了详细的讨论，包括原理、物理格式、逻辑格式、技术参数等。最后还对多媒体系统中的 VCD 和 DVD 播放系统做了一般性介绍。从而使读者对多媒体硬件技术有个较为全面的了解。

8.7 习　　题

1. 填空题

(1) 数码相机是一种重要的输入设备。它主要是由_____、_____、_____、_____和 I/O 接口组成的。

(2) 触摸屏的输入模式可分为两大类：_____、_____。

(3) CD-ROM 文件系统是操作系统的一部分。它实际上是组织数据的一种方法，使应用程序访问 CD-ROM 时不需要关心物理地址或_____。

(4) 一个完整的 CD-ROM 文件系统主要由 3 个部分组成：逻辑格式(Logical Format)、_____和_____。

(5) 存放到 CD-ROM 上的文件类型没有限制，可以是_____、索引结构文件、_____，压缩的或未压缩的图像文件和声音文件等。

2. 选择题

(1) 在计算机系统中，能够存储大量信息的硬件设备是_____。
A. ARM　　　　　　　　　　　B. ROM
C. CD-ROM　　　　　　　　　D. Cache

(2) 下列说法正确的是_____。
A. 多媒体硬件可视为是看得见、摸得着的设备
B. 媒体一定是硬件
C. CD-ROM 光盘和软磁盘的信息格式是相同的
D. CD 格式不仅仅只包含逻辑格式和物理格式

(3) 数字视频信息的数据量相当大，对存储、处理和传输都是极大的负担，为此必须对数字视频信息进行压缩。目前 DVD 光盘上存储的数字视频采用的压缩编码标准是_____。
A. MPEG-1　　　　　　　　　B. MPEG-2
C. MPEG-4　　　　　　　　　D. MPEG-7

(4) 一台数码相机其 Flash 存储容量为 20MB，它一次可以连续拍摄 65536 色的 1024×1024 的彩色相片 40 张，由此可以推算出图像数据的压缩倍数是_____。
A. 1 倍　　　　　　　　　　　B. 2 倍
C. 4 倍　　　　　　　　　　　D. 8 倍

3. 判断题

(1) 光盘驱动器主要由光学头、读写擦通道、聚焦伺服、跟踪伺服、主轴电机伺服和

微处理器等部分组成。　　　　　　　　　　　　　　　　　　　　　　　　（　　）

  (2) 显示器是 PC 机不可缺少的一种输出设备，它通过控制芯片与 PC 机相连。

                         （　　）

  (3) VCD 播放机主要由 CD 驱动器、MPEG 解码器、微控制器 3 个核心部件组成。

                         （　　）

  (4) 扫描仪是将照片、图片或文字输入到计算机的一种输入设备，其工作过程主要是基于光电转换原理，用于光电转换的电子器件是电荷耦合器件 CCD。　　　　（　　）

  (5) 打印机、扫描仪和鼠标等设备都有一个重要的性能指标，即分辨率，其含义是每英寸的像素数目，简写成 3 个英文字母是 dpi(dot per inch)。　　　　　　　（　　）

4. 简答题

  (1) 数码相机是如何工作的？

  (2) 简述 CD-ROM 和可擦写光盘的工作原理。

  (3) 试叙述 CD-ROM 多媒体节目的制作过程。

  (4) 作为一种视频、音频的存储/播放设备，DVD 和 VCD 相比在技术上有什么区别？

  (5) DVD 播放系统主要由哪几个部分组成？

第 9 章

人 机 界 面

教学提示:

　　人机界面是指计算机与其用户之间的对话接口,也叫"人机接口"(HCI),是计算机系统的重要组成部分。人机界面的发展直接影响着计算机的推广应用,甚至影响着人们的工作和生活。

教学目标:

　　本章介绍人机界面的起源与发展、人机界面的概念、新一代用户界面、人机界面设计以及多通道用户界面技术。

9.1 人机界面的概述

在以计算机为核心的电子产品时代，人机界面技术已经成为全世界研究的重点之一。随着计算机在人们日常生活和工作中的作用越来越突出，人机界面技术也将变得越来越重要。谈到人机界面，首先让我们想到的是窗口、图标、菜单和指针所组成的界面模式，即WIMP 模式(Windows-Icons-Menus-Pointers)，这是广大计算机用户目前所采用的图形用户界面(GUI)模式。随着手写功能、语音识别技术以及虚拟现实技术的加入，计算机的操作界面越来越"傻瓜"化，越来越易学易用，所以比尔·盖茨的"让全世界每个人都能够拥有和学会使用电脑"的预言将随着人机界面技术的发展而逐渐变为现实。

9.1.1 人机界面的概念

从第一台计算机诞生以来，用户与计算机之间如何传递信息，如何进行交互，用户是如何更有效地命令计算机为其工作，以及计算机又是如何向用户传达结果等问题，一直被人们所关注，并通过不断研究，开发出许多交互模式。

人机界面学便是研究人机交互模式的新兴学科，它是计算机科学技术与认知心理学相结合的产物，同时还涉及人工智能、人机工程学、自然语言处理、多媒体系统等交叉学科，是计算机科学中较年轻的学科之一，已成为多媒体技术中最具活力的研究方向。人机交互模式从命令模式、图形用户界面、网络用户界面到多通道/多媒体的智能模式，人与计算机之间的交流更加简单，人机界面更加友好。

所谓人机界面(Human Computer Interface)是完成人(用户)和计算机之间通信和交互作用的媒介，所以人机界面又称人机接口或用户界面。人机之间的通信交互是人机之间可观察到的符号和动作的双向交换，人机界面是实现这种交换的硬件或软件部件。一个完善的友好的人机界面将为用户提供良好的操作使用环境和条件，完成人机之间信息沟通与传递，并能保证软件之间相互匹配、协调一致地工作。

人机界面包括软件界面和硬件界面，而硬件界面又决定和限制了软件界面。硬件界面包括用户向计算机输入数据或命令的输入装置及由计算机输出供用户观察或处理的输出装置，目前常用的输入设备有键盘、鼠标器、触摸屏和手写板等，输出设备有显示器、打印机、音箱和绘图仪等。软件界面包括用户与计算机相互通信的协议、约定、操作命令及其处理软件，是进行人机交互的软件支持。采用命令行操作界面的 DOS 操作系统以及现在流行的采用图形用户界面 GUI 的 Windows 操作系统，都是实现人与计算机交互的常用软件界面。

9.1.2 人机界面的发展

人机界面的发展经历了以下几个阶段。

1. 手工操作阶段

自从 1946 年第一台计算机诞生起，人与计算机之间的交流方式就在不断地改进，从未停止。最初阶段，为了实现数据的输入和输出，穿孔卡片和穿孔纸带是人机交流的主要形式。那时人机之间的交流非常繁琐而且效率极低，相互理解的程度也不理想，使用计算机的用户基本都是专业人员或设计者本人。此阶段人机交流并不是真正意义上的人机交互，人机界面并不存在。

2．命令行操作阶段

1963 年，美国麻省理工学院成功开发了第一个分时操作系统 CTSS，在计算机操作界面上首次采用了命令行操作方式，这种形式被称为早期的人机界面，在此后漫长的二十多年时间里一直被 DOS、Unix 等操作系统所沿用。相对于穿孔卡片和穿孔纸带形式，命令行操作方式相对简单，不需要打孔，可以用多种手段调试程序，并且可以了解计算机的执行情况。

命令行操作方式要求用户具有惊人的记忆力和大量的训练，向计算机输入命令时需要键入正确的命令格式，不仅要准确地拼写出命令以及众多的符号参数形式，而且需要记住操作对象及每个文件或文件夹的精确路径。即使是专业人员也很容易出错，容易使初学者望而生畏。命令行操作方式要求用户必须掌握大量的操作命令才可以更有效、更快捷地使用计算机。显然这种方式对计算机用户的要求较高，用户一般为程序员。

为了使操作更简单，用户更广泛，将复杂的操作命令事先通过分层菜单列出，供用户选择使用，这种菜单界面形式将用户从大量命令的记忆中解放出来。早期的电子表格软件 LOTUS 1-2-3 即采用了在屏幕上方以分层菜单列出供用户选择的形式，相对于命令行操作方式，菜单界面形式以其友好的易于操作的界面形式，受到广大计算机用户的青睐，扩大了计算机的用户群。

3．图形用户界面阶段

20 世纪 80 年代初，由美国施乐公司在 ALTO 计算机上利用一种叫 Smalltalk-80 的面向对象的程序设计语言，实现了图形化操作界面，并首次实现了文字或图像处理过程中的"所见即所得"技术，这就是最早的图形用户界面。图形用户界面这一概念就是由施乐公司的帕洛阿尔托研究中心提出的。随后美国 Xerox PARC 公司的 Star 计算机以及后来苹果公司的 Lisa 和 Macintosh 等计算机，将用户界面推向图形用户界面的新阶段。Macintosh 计算机的主要设计思想就是将计算机的用户由程序员转向对计算机知识知之甚少的普通用户，实现计算机的普及。其操作系统 Mac OS 及其应用软件全部采用了图形化的界面，不需要用键盘输入命令，也不需要记住准确的路径和文件或文件夹名，只需用鼠标在操作对象上执行单击、双击或拖动等操作即可。在应用软件上广泛采用了"所见即所得"技术和统一的操作界面形式，使用户在学会一种软件后可以很快学会使用另外一种软件。图形用户界面(GUI)是计算机技术的重大成就之一，它极大地方便了非专业用户的使用，人们不再需要死记硬背大量的命令，而可以通过窗口、菜单方便地进行操作。微软从 1985 年开始开发图形界面的操作系统 Windows。从 Windows 3x、Windows 9x 到 Windows 2000、Windows XP、Windows 7，图形用户界面技术日益成熟。

(1) 图形用户界面(GUI)的主要特征如下。

① 技术基础。WIMP(Windows-Icons-Menus-Pointers)即窗口、图符、菜单、指针。

②　用户模型。图形用户界面采用了桌面办公的特点，使用户在一个非常直观的界面环境中操作计算机。人们可以通过对办公桌的熟悉情况，方便地理解计算机桌面上图符的含义，例如我的文档、收件箱、画笔、时钟及回收站等。

③　直接操作(Direct-Manipulation)。用户可以直接对屏幕上的对象进行操作，例如选择、拖动、删除及放大等。用户执行操作后，屏幕上能立即给出反馈信息或相应的结果，因而称其为"所见即所得"。直接操作增强了用户的参与性，交互过程从语义上更为接近应用对象。这种技术具有明显的面向对象的特征。直接操作一般具有 3 个特征：

- 对象可视化。用户感兴趣的对象在屏幕上的连续表示。
- 语法极小化。采用物理动作或按钮代替复杂的命令、参数和语法。
- 语义反馈。在对象上快速、增量式和可逆的操作，立即带来可视的效果。

④　无模式交互。使同样的操作在任何情况下都会得到相同的结果。

图形用户界面虽然极大地减轻了用户记忆各种命令的负担，但面对重叠打开的多个窗口以及分散在屏幕各个角落的各种对话框和对话框中的文本框、列表框、复选框、单选框、按钮及标签等各种形式，图形用户界面缺乏对用户必要的提示，因而不熟练的用户往往会感到不知所措，无从下手。

(2)　目前，图形用户界面正在通过增加 Wizard(向导)技术、网络浏览功能、多媒体技术和三维功能、支持应用数据可视化、开发更好的界面构造工具和语言等方面，不断改善图形用户界面，实现进一步的发展。

①　Wizard 技术(向导技术)为操作不熟练的用户带来方便，进一步简化了用户的操作。这种技术有两个特点。

第一，将操作步骤分屏，在每个对话框中，用户只需要通过一至两个选项给出自己的要求和选择，通过不断单击"下一步"按钮，进入下一个操作界面，再进行选择。当然，用户在任何一步，都可以通过单击"上一步"按钮，回到前面的步骤重新调整要求和设置，最终到达"完成"按钮，问题被解决，操作结束。

第二，由于每个屏幕中只有较少的对话框选项，因此可以有足够的空间对当前操作进行解释，如操作方法、目的、预览结果等，使用户对每一步的操作都做到心中有数。

例如在 Office 的一系列软件中，都可以通过"文件"菜单中的"新建"命令体验创建文档向导技术的应用。在 Windows 的软、硬件设备安装程序中也大量采用了向导界面技术，将复杂的对话框改造成向导形式，使得 Windows 操作系统在拓展设备和应用功能上更为方便、直观和快捷。

②　与超文本技术结合，支持 Internet 浏览。采用超文本(Hypertext)技术，便于用户以"联想"方式搜索所需内容。Navigator、IE 等许多浏览器的出现，极大地方便了Internet 的使用。GUI 与超文本技术相结合，将进一步丰富用户界面的功能。

③　支持三维交互技术。基于 WIMP 技术的图形用户界面本质上是一种二维交互技术，它并不具有三维直接操作的能力。人们的生活空间是三维的，要解决三维的问题，主要应从三维交互设备和三维交互技术着手。三维人机交互技术在科学计算可视化和三维CAD 系统中占有重要的地位。

④　应用对象的可视化。目前，GUI 支持的是与应用无关的通用界面元素，如菜单、对话框等。对于应用来说，使处理的数据易于操作并直观显示是十分重要的问题。当前科

学计算可视化、信息可视化和商业数据可视化已引起广泛重视，各种"应用数据"可以用直观的形式显示，并可进行一、二、三维的操作，这将大大方便用户。

　　⑤　支持多媒体。多媒体计算机改变了人与计算机通信的方式，使人机交互发生了很大的变化。目前图形用户界面 GUI 支持语音、音乐、图像和动画等多媒体的输出。但是，继续采用 WIMP 界面有其内在的缺陷，那就是在人机交互界面中，计算机可以使用多种媒体，而用户一次只能用一个通道进行交互，这是一种不平衡的人机交互。

　　⑥　界面构造工具及语言。开发图形用户界面 GUI 工作量大、难度高，没有方便的工具已很难开发。现在已有不少 GUI 开发工具，如 Visual Basic、Visual C++、PowerBuilder 及 Visual FoxPro 等。但掌握这些开发工具不太容易，要适应不同的应用，仍要不断改进。

4．直接操纵用户界面

　　直接操纵(Direct Manipulation)用户界面是 Shneiderman 首先提出的概念。直接操纵用户界面更多地借助物理的、空间的或形象的表示，而不是单纯的文字或数字的表示。前者已为心理学证明有利于"问题解决"和"学习"。视觉的、形象的(艺术的、右脑的、整体的、直觉的)用户界面对于逻辑的、直接性的、面向文本的、左脑的、强迫性的、推理的用户界面是一个挑战。直接操纵用户界面的操纵模式与命令界面相反，基于"宾语+动词"这样的结构，Windows 95 设计者称之为"以文档为中心"。用户最终关心的是他欲控制和操作的对象，他只关心任务语义，而不用过多为计算机语义和句法分心。对于大量物理的、几何空间的以及形象的任务，直接操纵已表现出巨大的优越性，然而在抽象的、复杂的应用中，直接操纵用户界面可能会表现出其局限性。从用户界面设计者角度看：

- 设计图形比较困难，需大量的测试和实验。
- 复杂语义、抽象语义表示比较困难。
- 不容易使用户界面与应用程序分开独立设计。

总之，直接操纵用户界面不具备命令语言界面的某些优点。

5．多媒体用户界面

　　多媒体技术被认为是在智能用户界面和自然交互技术取得突破之前的一种过渡技术。在多媒体用户界面出现之前，用户界面已经经过了从文本向图形的过渡，此时用户界面中只有两种媒体：文本和图形(图像)，都是静态的媒体。多媒体技术引入了动画、音频、视频等动态媒体，特别是引入了音频媒体，从而大大丰富了计算机表现信息的形式，拓宽了计算机输出的带宽，提高了用户接受信息的效率。

　　多媒体信息在人机交互中的巨大潜力主要来自它能提高人对信息表现形式的选择和控制能力。同时也能提高信息表现形式与人的逻辑和创造能力的结合程度，在顺序、符号信息以及并行、联想信息方面扩展人的信息处理能力。多媒体信息比单一媒体信息对人具有更大的吸引力，它有利于人对信息的主动探索而不是被动接受。另一重要原因是多媒体所带来的信息冗余性，重复使用别的媒体或并行使用多种媒体可消除人机通信过程中的多义性及噪声。

　　多媒体用户界面丰富了信息的表现形式，但基本上限于信息的存储和传输方面，并没有理解媒体信息的含义，这是其不足之处，从而也限制了它的应用场合。多媒体与人工智能技术结合起来而进行的媒体理解和推理的研究将改变这种现状。另一方面，多通道用户界面研究的兴起，将进一步提高计算机的信息识别、理解能力，提高人机交互的效率和用户友好性，将人机交互技术和用户界面设计引向更高的境界。

6. 多通道用户界面

多媒体用户界面大大丰富了计算机信息的表现形式，使用户可以交替或同时利用多个感觉通道。然而多媒体用户界面的人机交互形式仍迫使用户使用常规的输入设备(键盘，鼠标器和触摸屏)进行输入，即输入仍是单通道的，输入输出表现出极大的不平衡。

多媒体用户界面丰富了信息表现形式，发挥了用户感知信息的效率，拓宽了计算机到用户的通信带宽。而用户到计算机的通信带宽却仍停留在图形用户界面(WIMP/GUI)阶段的键盘和鼠标器，从而成为当今人机交互技术的瓶颈。20世纪80年代后期以来，多通道用户界面(Multimodal User Interface)成为人机交互技术研究的崭新领域，在国际上受到高度重视。多通道用户界面的研究正是为了消除当前 WIMP/GUI、多媒体用户界面通信带宽不平衡的瓶颈，综合采用视线、语音、手势等新的交互通道、设备和交互技术，使用户利用多个通道以自然、并行、协作的方式进行人机对话，通过整合来自多个通道的精确的和不精确的输入来捕捉用户的交互意图，提高人机交互的自然性和高效性。国外研究(包括上述项目)涉及键盘、鼠标器之外的输入通道主要是语音和自然语言、手势、书写和眼动方面，并以具体系统研究为主。

多通道用户界面与多媒体用户界面一道，共同提高人机交互的自然性和效率。多通道用户界面主要关注人机界面中用户向计算机输入信息以及计算机对用户意图理解的问题，它所要达到的目标可归纳为如下方面：

- 交互自然性，使用户尽可能多地利用已有的日常技能与计算机交互，降低认识的负荷。
- 交互高效性，使人机通讯信息交换吞吐量更大、形式更丰富，发挥人机彼此不同的认知潜力。
- 吸取已有人机交互技术成果，与传统的用户界面，特别是广泛流行的 WIMP/GUI兼容，使老用户、专家用户的知识和技能得以利用，不被淘汰。

研究者心目中的多通道用户界面具有以下几个基本特点。

(1) 使用多个感觉和效应通道。尽管感觉通道侧重于多媒体信息的接受，而效应通道侧重于交互过程中控制与信息的输入，但两者是密不可分、相互配合的；当仅使用一种通道(如语音)不能充分表达用户的意图时，需辅以其他通道(如手势指点)的信息；有时使用辅助通道以增强表达力。

需要特别强调的是，交替而独立地使用不同的通道不是真正意义上的多通道技术，反之，必须允许充分并行、协作的通道配合关系。

(2) 三维的和直接操纵。人类大多数活动领域具有三维和直接操纵特点(也许数学的和逻辑的活动例外)，人生活在三维空间，习惯于看、听和操纵三维的客观对象，并希望及时看到这种控制的结果。多通道人机交互的自然性反映了这种本质特点。

(3) 允许非精确的交互。人类在日常生活中习惯于并大量使用非精确的信息交流，人类语言本身就具有高度模糊性。允许使用模糊的表达手段可以避免不必要的认识负荷，有利于提高交互活动的自然性和高效性；多通道人机交互技术主张以充分性代替精确性。

(4) 交互双向性。人的感觉和效应通道通常具有双向性的特点，如视觉可看可注视，手可控制、可触及等，多通道用户界面使用户避免生硬的、不自然的、频繁的、耗时的通道切换，从而提高自然性和效率。例如视线跟踪系统可促成视觉交互双向性，听觉通道可利用三维听觉定位器(3D Auditory Localizer)实现交互双向性，这在单通道用户界面中是难以想象的。

(5) 交互的隐含性。有人认为，好的用户界面应当使用户把所有注意力均集中于完成任务，而无需为界面分心，即好的用户界面对用户而言应当是不存在界面。追求交互自然性的多通道用户界面并不需要用户显式地说明每个交互成分，而是在自然的交互过程中隐含地说明。例如，用户的视线自然地落在所感兴趣的对象之上；又如，用户的手自然地握住被操纵的目标。

随着世界计算机技术、通信技术和 Internet 技术的发展，当前图形用户界面仍然面临着一些新的考验，而虚拟现实技术、语音识别与合成技术、手写体与手势识别技术、动画和多媒体技术、人工智能等技术的加入，网络用户界面(NUI)、智能网络界面(INUI)、多通道用户界面以及无线通信能力的可移动电脑的研发，将使新一代用户界面超越范式，进入一个崭新的阶段。

人机界面学是研究人机交互模式的学科，人们对人机界面学的地位和重要性的认识经历了一个漫长的过程。人机界面学的发展以及人机界面技术的发展与以下 3 个因素有关。

- 计算机硬件设备的快速发展、软件技术的进步以及人工智能的研究，为构造自然的人机界面提供了物质基础。
- 认知心理学、人机工程学等社会学科的发展，为分析用户特征，制定人机交互原则、协调人机工作提供了策略和依据。
- 计算机的应用范围从科学计算到数据处理、企业管理等领域，计算机使用者明显增多，用户群不断扩大，以及不同类别的用户对简单、友好、直观、易学易用的人机界面的迫切要求是人机界面学研究的动力。

人机交互和计算机用户界面刚刚走过基于字符方式的命令语言式界面，目前正处于图形用户界面时代。但是，计算机科学家并不满足于这种现状，他们正积极探索新型风格的人机交互技术。当前语音识别技术和计算机联机手写识别技术的商业成功让人们看到了自然人机交互的曙光。

虚拟现实和多通道用户界面的迅速发展显示出未来人机交互技术的发展趋势是追求所谓"人机和谐"的多维信息空间和"基于自然交互方式的"的人机交互风格。

9.1.3　人机界面的研究内容及发展趋势

人机界面主要研究用户与计算机之间友好交流的相关技术，即信息的输入技术与输出技术。图形用户界面已经实现了人机之间的友好交互，但如何使交互更加人性化、自然化以及和谐化，将是人机界面的重要研究内容。从广义上对人机界面的研究内容进行分类，主要包括信息输入技术和信息输出技术。

1．信息输入技术

自动识别技术是人机界面信息输入的主要研究内容，它能使计算机智能地接受用户传递给它的信息。所谓自动识别技术就是应用一定的识别装置，通过被识别物品和识别装置之间的接近活动，自动地获取被识别物品的相关信息，并提供给后台的计算机处理系统来完成相关后续处理的一种技术。它是以计算机技术和通信技术的发展为基础的综合性科学技术，是信息数据自动识读、自动输入计算机的重要方法和手段，是一种高度自动化的数据采集技术。

例如我们在商场购物结算时，售货员通过扫描仪扫描商品的条码，获取商品的名称、价格，然后计算机系统将统计出该批商品的价格，从而完成顾客的结算。这种商场条形码扫描系统就是一种典型的自动识别技术。

更高层次的识别包括计算机对用户声音的识别，这种声音识别过程是自动识别技术在计算机领域中一种主要的应用形式。自动识别技术的种类包括条码技术、卡识别技术、射频识别技术，声音识别技术、视觉识别技术、光学字符识别技术等。而人机界面所关心的是语音识别、视觉识别、姿势识别和表情识别等技术。

2．信息输出

计算机对用户的反馈形式经历了两个阶段，第一阶段是以文本为基础的交互，如菜单、命令及对话等形式，该形式既不灵活也不直观。第二阶段是直接操作界面，采用多媒体集成方式，将文本、声音、图形图像以及动画等多媒体集成，使信息的输出更加灵活并且直观。

但用于实现自然交互的声音通常是由机器合成的，所以听起来比较死板，毫无感情。如何使计算机的声音更加人性化，声音的模拟重现是很重要的技术。

微软开发的 Whistler(吹口哨者)技术能够让计算机以人类的声音特征来发声，如此我们可通过计算机听到邓丽君、猫王等人的声音，仿佛是面对面地交流。

Whistler(吹口哨者)技术甚至还可以模拟用户自己的声音以及家人的声音。通过合成的人类声音对用户的指令做出反馈的同时，再利用图形和图像来表现计算机的心情变化等，语言和表情这种人类所具有的特征将随着研究的不断深入，逐渐为计算机所拥有，人机之间的和谐环境也将随之建立起来。

对人机界面的研究就是为了使用户与计算机之间实现自然的交互，不论是信息输入技术的研究，还是信息输出技术的研究，人机界面在广大用户的现实需求和计算机技术的进步这两个根本动力的推动下将迅速发展。其未来发展趋势主要有以下几个方面。

(1) 自然、高效将是未来人机界面的主要特征。人机界面在先进的计算机软硬件技术的支持下，将使得更多不同技术背景的用户非常方便、灵活地使用计算机。

(2) 表现形式的多样化将是未来人机界面的应用特征。由于因特网、无线设备以及移动技术的发展，人类已经进入网络时代，用户范围更加广泛，使用要求也更加多样化，人机界面的发展必须体现这种要求。

(3) 个性化定制将是未来人机界面的功能特征之一。未来人机界面将逐步达到"计算机适应人"的要求，了解用户操作特点，突出用户自身的兴趣和爱好。

(4) 语音识别和指点方式的结合将是未来人机界面的主要形式。当前语音识别技术和具有触觉反馈的笔输入技术日趋成熟，视觉是人们接受信息的主要通道，语音和笔交互手势是人们进行交互的主要手段。

(5) 多通道将是未来人机界面的技术特征。计算机使用的个性化使用户可以选择喜欢的交互通道进行人机对话，传统的交互通道如人的眼和手的负担将减轻，其他交互通道将兴起。

人机界面未来的发展也许会放弃窗口、文件夹、对话框、鼠标指点和文件拖放管理等操作界面技术的框架，而采用一个虚拟的机器人的形象来代替操作界面，实现快速、友好、低耗的人机交互。

9.1.4　新一代的人机界面

在日常生活和工作中，人与人之间的交流是通过眼、耳、鼻、舌、身等多种器官和相应存在的视、听、嗅、味、触等多种感觉实现交互的，不同的感觉形成了不同的交流通道。新一代的人机界面实现了人与计算机的交互，过程中体现人与人之间自然的交流，使人与计算机的交互界面顺从人类的习惯，真正实现"以人为中心"的人机交互。为了达到此目的，将虚拟现实技术、多媒体技术以及多通道技术进行集成，形成新一代的人机交互形式，这种新型的交互形式比以往任何形式都有希望彻底实现和谐的、自然的人机界面。

虚拟现实(Virtual Reality)又称虚拟环境(Virtual Environment)，是 1989 年由美国 VPL Research 公司的 J.Lanier 提出的，通常是指用头盔显示器和传感手套等一系列新型交互设备构造的一种计算机软硬件环境。虚拟现实的 3 个重要特点是临境感(Immersion)、交互性(Interaction)和构想性(Imagination)。在虚拟现实中，用户作为主动参与者，与其他参与者在以计算机网络系统为基础的虚拟环境中协同工作。虚拟现实系统的应用十分广泛，几乎可用于支持任何人类活动和任何应用领域。虚拟现实系统实质上是一种高级的人机交互系统，它与多通道技术和多媒体技术相结合，共同打造了新一代的人机界面。

作为一种新型的人机交互形式，虚拟现实技术比以前任何人机交互形式都有希望彻底实现和谐的、"以人为中心"的人机界面。多通道和多媒体技术的许多应用成果可直接被应用于虚拟现实技术，而虚拟现实技术正是一种以集成为主的技术，其人机界面可以分解为多媒体多通道界面。虚拟现实技术是一种以集成为主的技术，其人机界面可以分解为多媒体、多通道界面。从输入输出的角度分析，多通道技术侧重解决计算机信息输入及识别的自然性和多样性问题，多媒体技术侧重解决计算机信息表现及输出的自然性和多样性问题。而交互双向性的特点同时存在于这两种技术中，例如三维虚拟声显技术不仅作为静态的显示，而且其交互性可使用声响效果，随用户头和身体的运动而改变。视觉通道的交互双向性表现在眼睛既用于接受视觉信息，又可通过注视输入信息，形成所谓的视觉交互。虽然多媒体技术与多通道技术在实现交互的过程中有所侧重，但绝不能孤立地进行研究。

新一代人机界面的主要特征如下。

1. 以用户为中心

人机交互存在于人与计算机之间、计算机与人之间、人与人之间(以计算机为媒介)和计算机与计算机之间(计算机反映人的意志)。在交互中，人是主体，人机界面要以人为中心，使人机界面的外在形式和内部机制能符合不同用户的需要，这就是以用户为中心的设计思想。非特定人的连续语音识别技术将使计算机能理解人们的要求，是一种重要的输入界面和手段。

在虚拟现实系统中，用户是主动的参与者，机器将对用户的各种动作做出反应。

2. 多通道性(Multimodality)

人的感觉通道有视觉、听觉、触觉、嗅觉和平衡等，人的运动通道有手、嘴、眼、头、足及身体等。人机交互时，由人或计算机选择最佳的反应通道，实现高效、自然的人机通信。

3. 非精确性

交互技术的精确性是指能用一种交互技术来完全说明人机交互目的，系统能精确确定用户的输入，如用键盘、鼠标、触摸屏、跟踪球、触垫和笔输入等。而非精确性指不十分精确的动作或思想，需要计算机理解，甚至具有纠错功能。例如声音(Voice)，主要以语音识别的研究为基础，不需要很高的识别率，借助一定的人工智能技术进行交互；姿势(Gesture)，主要利用数据手套和数据衣服等装置对手和身体的运动进行追踪而完成人机交互；头部追踪(Head-tracking)，主要利用电磁、超声波等方法对头部的运动进行定位而实现交互；视觉(Eye-gaze)，以眼睛作为一种指点装置的交互方法。

以上几种方式本身就具有高度的模糊性，允许使用模糊的表达手段，可以避免不必要的认知负荷，有利于提高交互活动的自然性和高效性。

4. 交互的隐含性

良好的人机界面应当使用户把所有注意力集中在任务上而无需为界面分心，不需要向用户说明每个交互细节，因此良好的用户界面就是对用户而言界面具有隐含性。例如，用户的视线自然地落在感兴趣的对象上，用户的手自然地握住被操纵的目标。

除以上特性外，新一代人机界面还要具有高速度、无地点限制和低消耗等特点。

9.2　人机界面设计

人机界面设计是应用程序与用户之间的接口设计，也可称为用户界面设计。人机界面设计综合了计算机科学、心理学、工程学和语言学等各领域的研究成果，它包括软件界面设计和硬件界面设计。

硬件界面设计主要由工业设计师与技术工程师来完成，软件界面设计主要由艺术设计人员、界面设计师与软件工程师来完成。

在软件研制中，人机界面的设计和开发在整个系统研制中所占的比重约为 40%~60%。在设计与开发过程中，人机界面的设计也是最困难的一部分，人机界面作为软件系统中人与计算机进行通信的部分，已是系统好坏的重要标志之一。不良的界面设计会破坏整个软件系统的使用，而好的界面却能补救软件系统在设计及硬件配置上的某些缺陷，使软件系统容易被人接受。目前人机界面技术已成为世界各国软件工作者着重研究的关键技术之一。本节将重点讲述软件界面设计中的一些内容。

9.2.1　软件界面设计

在计算机应用系统中，软件界面设计的方式有菜单界面方式、图符界面方式、回答式对话方式、命令语言界面方式、填表语言方式和直接操作方式等。

1．菜单界面方式

菜单是一种适合于没有经验的用户的简单对话形式。基于菜单的应用程序的优点就是将各选项显示在屏幕上，供用户直接选择操作。在许多基于菜单的系统中，用户可以通过鼠标点击或输入字母(数字)进行选择。有些菜单选项提供了弹出式的对话框，告诉用户当前正在执行任务的进展情况或是某一击键对应的操作。一个复杂的应用程序往往要在一屏上显示许多选项，这种情况就必须建立一个多层次的菜单系列，以引导用户从"通用"部分进入"专用"的选项部分。

2．图符界面方式

图符就是用户在显示器上看到的代表不同功能的图像，如 Windows 窗口界面上的图符。用户若要选择某一功能，只要利用鼠标等指示设备把光标指向图符单击(或双击)即可。逼真的图符是一种超越语言障碍的国际交互语言，使用简捷，对有经验的或无经验的用户来说，都会减少操作时间。

3．回答式对话方式

回答式对话方式是一种简单的人机交互方式。它由计算机提示一系列的问题，由人做出回答。一般的形式就是在是与否之间做出选择，也可通过输入数字或字母实现选择。在选择之前，用户会得到完整的提示，所以回答式对话方式便于使用和学习。

4．命令语言界面方式

命令语言包括单词命令和具有一定语法的复杂命令。用户在提示符指示位置输入命令，系统很快就会响应。这种方式在屏幕空间的充分利用以及在数据传输上非常经济，但用户要学习命令及相关语法，增加了初学者的学习负担。

5．填表语言方式

填表是实现数据输入的常用形式。在屏幕上显示一张与一般使用的表相类似的表，光标指示输入数据的位置。在输入数据的过程中，通常伴有帮助提示和联机核对等功能。

6．直接操作方式

用户可直接对屏幕上的对象进行操作，如拖动、删除、插入以及放大和旋转等。用户执行操作后，屏幕能立即给出反馈信息或执行结果。

采用哪一种界面设计方式，要依据软件需求分析的结果，在系统任务和软硬件环境的约束下，使界面设计形式符合用户的特点。软件界面设计与一般的软件设计类似，都要经历 4 个阶段，即需求分析阶段、分析设计阶段、软件实现阶段以及运行与维护阶段。

软件需求分析是软件生存周期中重要的一步，也是最关键的一步。只有通过软件需求分析，才能把软件功能和性能的总体概念描述为具体的软件需求规格说明，进而建立软件开发的基础。这个阶段主要完成的任务是确定软件项目的目标、规模和任务。从技术、经济、操作及法律方面论证软件项目的可行性。

分析设计阶段包括总体设计和详细设计两个阶段。分析设计阶段就是综合采用各种技术手段，将系统需求转换为模块结构图的表示形式，并实现系统的性能、安全性和可靠性等要求。即采用什么样的数据结构形式实现数据需求，采用什么样的软件模型结构及算法实现功能需求，采用什么样的技术手段保证系统的性能需求等。

软件实现阶段的任务是选择具体的程序实现工具及系统的运行环境，将软件设计阶段中设计的模块结构和算法过程"转换"为计算机可以执行的程序。

软件的运行与维护阶段就是在软件开发完成并通过了用户验收测试以后，开始的软件系统的运行，同时软件系统的维护工作也随之开始。软件运行与维护阶段的任务是为了保证软件系统持续正确地运行而不断地改进、扩充、完善系统的功能和性能，稳定地提高软件系统的质量并不断推出新的升级版本以满足用户新的需求，适应新环境的变化。

常见的软件界面设计内容包括填表、菜单、对话框、命令语言和直接操作等图形用户界面的设计，系统信息和帮助信息在屏幕上的显示设计，界面颜色的设计以及人机界面的测试与评估设计等。

软件界面设计首先要研究用户与界面的关系，包括对用户的研究，交互方式的设计以及界面设计。

软件界面设计首先要考虑 Who、Where、How，即使用者、使用环境和使用方式。

在设计之前，开发人员应该明确服务的对象，包括用户的年龄、性别、爱好、收入和教育程度等；使用的地点是在办公室、家庭、厂房车间还是公共场所；如何使用是指采用鼠标键盘、触摸屏或是语音系统等。任何一个因素的改变都会对设计方向有所影响。

(1) 界面总体布局设计，即如何使界面的布局变得更加合理。例如，我们应该把功能相近的按钮放在一起，并在样式上与其他功能的按钮相区别，这样用户使用起来才会更加方便。

(2) 操作流程设计，就是如何让用户用较小的工作量就可以完成任务，使工作效率大大提高。例如，使用一种软件，鼠标要点击 10 下，在屏幕上移动 4000 个像素的距离才能完成，而另一个软件只要点击鼠标 5 下，在屏幕上移动 1000 个像素就能完成。显然后面一个软件的操作流程简单，用户自然会选用。

(3) 工作界面舒适性设计，就是使用户工作时身心更加舒适。例如：我们用什么样的界面主色调，才能够让用户工作时心情愉快，不会感觉到疲倦？是鲜明的红色还是平静的蓝色？界面主色调应选择对眼睛刺激较少，长时间工作不易引起疲劳的暗色，微软公司以浅灰色为主色调的操作系统，使人感觉安静、大气，不易引起疲劳，这也是微软成功的重要因素之一。目前这种浅灰色的主色调已经成为一种软件产品的设计规范。

因此，人机界面设计既要实现软件界面功能的完备性，又要美观大方，适合更广泛用户的需要。

进行人机界面设计不仅要借助于计算机技术，而且还要研究用户心理学、认知科学、语言学、通信技术及音乐、美术等多方面的理论和方法。

9.2.2 人机界面设计的原则

良好的人机界面不仅能够有效地实现用户的需要，而且能够通过人机对话使用户在良好的心理状态下进行积极主动的探索，从而不断进步。因此，我们在进行人机界面设计时必须遵循以下几项基本原则。

(1) 用户原则。人机界面设计首先要确立用户类型。划分类型可以从不同的角度，视实际情况而定。确定类型后要针对其特点预测他们对不同界面的反应，从多方面进行设计分析。

(2) 信息最小量原则。人机界面设计要尽量减少用户的记忆负担，采用有助于记忆的设计方案。

(3) 帮助和提示原则。系统要对用户的操作命令做出反应，并且给予相应的提示，帮助用户处理问题。人机界面应该提供上下文敏感的帮助系统，但要尽量用简短的动词和动词短语提示命令。

(4) 媒体最佳组合原则。多媒体界面不仅要向用户提供丰富的媒体，而且还要了解每一种媒体的特点，处理好各种媒体间的关系，恰当地选用。

(5) 纠错原则。在软件设计时，注意各种容错机制及各种诊断措施的设计，系统要具有恢复出错现场的能力，并在系统内部处理工作时给予适当的提示，能够尽量体现用户的主动性。

(6) 艺术性原则。界面设计时要做到布局合理、整洁美观、生动形象，颜色搭配合理自然并符合用户需求。

综上所述，界面设计中，设计人员要从界面的易用性、易学性、高效性和可控性方面入手，依据这些标准进行界面设计。软件界面设计的方式有菜单界面方式、图符界面方式和回答式对话方式等。针对这些具体的方式，在设计与开发时同样要遵守一定的设计原则，如菜单设计原则、文字设计原则及颜色设计原则等。

1. 菜单设计原则

菜单类型界面分为弹出式和下拉式两种。菜单操作包含软件使用的所有功能，操作简单，是初学者常用的一种交互方式。对菜单的设计应注意以下几点。

(1) 按任务语义来组织菜单。设计菜单结构时可以选用以下几种形式：单一菜单、线状序列、树状结构、非循环和循环的网络结构等。

(2) 根据操作特点及实现功能将菜单选项进行分组、排序，用分类选项名称作为菜单项的标题，菜单选项名称力求简短，最好引用关键词。

(3) 语法、用词前后一致，布局合理。

(4) 允许超前键入、超前跳转或其他快捷方式，允许跳转到前层的菜单和主菜单。

(5) 考虑联机求助、新颖选择机制、响应时间、显示速率和屏幕尺寸等。

2. 文字设计原则

文字可以作为正文显示媒体，还可以在标题中和提示信息、控制命令及会话等功能中显示。文字设计的格式和内容应注意如下几点。

(1) 文字简洁性。避免使用计算机专业术语。尽量用肯定句而不要用否定句。用主动语态而不用被动语态。用礼貌而不过分的强调语句进行文字会话。对不同的用户，依照心理学原则使用用语，英文词语尽量避免缩写。在按钮、功能键标示中应尽量使用描述操作的动词。在有关键字的数据输入对话和命令语言对话中，采用缩码作为略语形式。在文字较长时，可用压缩法减少字符数或采用一些编码方法。

(2) 格式。在屏幕显示设计中，一幅画面不要文字太多，若必须有较多文字时，尽量分组分页，同行文字尽量字型统一。英文除标语外，尽量采用小写和易认的字体。

(3) 信息内容。信息内容显示不仅采用简洁、清楚的表达，还应采用用户熟悉的简单句子。尽量不要设计左右滚屏。内容较多时，应以空白分段或以小窗口分块，以便记忆和理解。重要信息可用粗体或闪烁字符吸引注意力来强化效果，强化效果有多种样式，但要针对实际情况进行选择。

3. 颜色设计原则

颜色的运用是软件界面设计中非常重要的部分，颜色不仅具有强化功能，而且具有美学价值。颜色的运用首先可以使软件更具吸引力；其次，颜色丰富的界面可以通过色彩传达信息，是增强可理解性和易识别性的有效手段；第三，颜色本身具有象征作用，通过带有主题倾向的色彩语言，可以更加有效地与用户进行情感沟通；第四，颜色的合理运用使界面赏心悦目，用户也愿意花更长的时间给予关注。界面设计过程中颜色的运用应注意如下几点。

(1) 限制同时显示的颜色数。一般同一画面不宜使用超过 4 或 5 种颜色，可用不同层次及形状来配合颜色，增加变化。

(2) 画面中主体对象的颜色应鲜明，而非主体对象应暗淡。对象颜色应尽量不同，前景色与背景色要尽量选择反差较大的颜色。

(3) 尽量避免不兼容的颜色放在一起，如黄与蓝，红与绿等，除非用来进行对比。

(4) 若用颜色来表示某种信息或者对象属性，要提前向用户说明，并且尽量用常规准则来表示。

设计软件界面时，经常会遇到灵活性与一致性冲突的问题。原则上，对某一软件来说，用户的思维方式应当与计算机操作和控制的方式保持一致。只有这样，才能减轻用户使用软件的困难，使用户不知不觉地进入统一的模型框架，从而顺利地、自然地应用这个软件。

但软件的使用范围较广，用户是多种多样的，他们有各自的习惯与爱好，人机界面应该提供用户自由选择操作方式的灵活性。

例如，出于方便，有人喜欢使用系统提供的下拉菜单中列出的某项功能，而有些人则习惯于使用快捷菜单或组合键，因为它们方便快捷。因此在设计软件时，这些操作形式都应该提供。又如，对于人机界面的色彩，有些人因为个人喜好，设置鲜艳悦目的彩色界面；而有些人为了保护视力，喜欢将亮度调暗，甚至选择黑白灰度的人机界面。

因此，在软件开发时，程序员可提供用户选择颜色的功能。总之，人机界面设计最主要、最基本的原则就是"以人为本"。

9.2.3 人机界面设计的评价及研究方法

1．评价标准

怎样评价一个人机界面设计质量的优劣，目前还没有一个统一的标准。对界面设计的质量，通常可用以下几项基本要求进行衡量。

(1) 界面设计是否有利于用户任务的完成？用户的满意程度如何？

(2) 界面的学习与使用是否容易？使用效率如何？

(3) 系统设备及功能的使用率如何？是否会出现有些必要的功能没有提供，而有些提供的功能却从未使用过？

(4) 人机界面的适应性和协调性如何？能否适应广泛的用户群？

(5) 人机界面的应用范围是否广泛？能否适用于各种各样的领域？

(6) 人机界面的性能价格比是否合理？能否使用户、设计人员及厂家都能接受？

2．研究方法

研究人机界面的方法有实验法、用户调查法和原型设计法等传统的方法，下面介绍研究人机界面的各种理论和方法。

(1) 分析与评价技术。用于分析、评价用户界面有效性的理论和经验方法，如任务分析、话语分析、内容分析及可用性评价等。

(2) 设计方法论。用来产生好的用户界面设计的方法与技术，如软件心理学、环境因素设计法、多方参与设计法以及支持设计过程的工具和表示方法。

(3) 开发工具和方法。支持用户界面开发的工具箱、用户界面管理系统(UIMS)、快速原型法和程序设计辅助工具等。

(4) 交互方式与设备。新的输入、输出设备和设备运用策略，包括视觉、声音、触觉、姿态等通道及多通道的集成。

(5) 关键用户界面成分。如用户界面隐喻(Metaphor)、用户界面风格、智能界面技术、超文本及超媒体技术，以及联机帮助。

(6) 用户模型。包括用户行为模型、关于系统的用户内心模型、用户个体差异等。

(7) 特定应用的用户界面设计。满足某类应用问题对人机交互作用的特定条件和要求的用户界面设计。如虚拟现实、智能辅导系统、信息检索、Internet/WWW、CAD/CAM、专家系统过程控制及决策支持等。

(8) 计算机辅助协同工作(CSCW)。关于如何使用计算机系统帮助人的群体有效协同工作的研究，包括现场观察研究、理论模型和群体用户界面开发设计等。

(9) 法律与标准。关于用户界面的专利和版权问题、用户界面的标准化。

9.3 多通道用户界面技术

多通道用户界面(Multi Modal User Interface，MMI)中的"通道"是心理学中的术语，其词源为 Mode(模式或方式)。在讨论视觉、听觉、嗅觉、触觉等感觉的"方式"时，或者在涉及多种感觉之间的关系及讨论一种感觉不同于其他感觉的特点时，心理学中使用"感觉通道"一词。这里把"通道"视为"方式"的同义词，不仅表示用户的"感觉方式"，也指用户的"动作方式"。

通道是指借助某一知觉(Perception)或效应器(Effecter)的通信信道，它是用于传达和获取信息的特定类型的通信信道。通道包括感觉通道和运动通道，人的感觉通道有视觉、听觉、触觉、嗅觉和平衡等；人的运动通道有手、嘴、眼、头、足及身体等。

多通道用户界面技术将人与人之间自然的交流移植到人与计算机之间的交互，实现了人与计算机之间的自然对话，营造了和谐的人机环境。多通道用户界面基于智能接口技术，充分利用人的多种感觉通道和运动通道，以并行、非精确方式与计算机系统进行交互，充分利用一个以上的感觉和运动通道的互补特性来捕捉用户的意向，旨在提高人机交互的自然性和高效性。

9.3.1　概述

人与计算机利用自然语言进行交流是人工智能的理想。1950 年，Turing 提出把机器是否能够用自然语言与人进行交流作为衡量它是否具有与人相当的智能的准则，也就是所谓的 Turing Test。

多通道界面的构想早在大约 30 年前就已经出现，当时 Nicholas Negroponte(麻省理工学院媒体实验室的主任)提出了"交谈式计算机(Conversational Computer)"的概念。人可以用语音、手势、表情、注视和肢体语言，也就是用日常生活中相互交流的方式，与计算机进行交互。这正是今天多通道人机交互研究的理想。

最早进行"多通道(Multimodal)"研究的是麻省理工学院的建筑专业(媒体实验室的前身)在 20 世纪 70 年代末开始设计的 Media Room 项目。Richard Bolt 作为多通道人机交互研究的先驱，至今仍在媒体实验室领导着"多通道自然对话"等项目。20 世纪 80 年代后期，多通道用户界面(Multimodal User Interface)成为人机交互技术研究的崭新领域，在国际上受到高度重视，各国纷纷投入精力进行这个领域的研究。以下是国外多通道用户界面的研究简况。

(1) 麻省理工学院(MIT)的媒体实验室(Media Lab)的多通道自然对话项目中的 Galaxy 系统，为在线信息查询提供语音界面。

(2) 英国的剑桥管理机构(CMU)的 JANUS 项目，集中研究非特定人的连续语音到语音的翻译，涉及口语的可靠理解，语音识别方法的改进以及更为灵活的交互方式，满足自然的多语种交流的需要。INTERACT 项目的目的是通过已知在人类交流情景中有用的多个通信通道的处理和结合来增强人机通信，从事手势和手写输入与语音整合的解释方面的工作，探索了若干种人机交互任务。

(3) 美国的海军研究实验所(NRL)的 Intelligent M4 Systems 研究组的主要兴趣集中在增强和发展人机对话的计算机界面方面，特别关注将自然语言界面与其他人机交互方式相结合，包括用于人机对话的话语、空间关系的语言学、人机交互中的语音输入。

(4) 在法国 IMAG 的 Coutaz 和 Nigay 设计的多通道航空旅行信息系统(Multimodal Airline Travel Information System，MATIS)中，用户可以利用键盘、鼠标、话筒或者它们

的组合方式查询航班信息，体现了多通道用户界面人机交互的自然性和高效性。

(5) 欧洲信息技术研究战略规划(ESPRIT II)的 Amodeus 项目中，有大量关于多通道人机交互的理论和系统研究。在 ESPRIT III 中，正在进行 MIAMI(Multimodal Integration for Advanced Multimedia Interfaces)项目的研究，其领域包括语音合成、声音的空间化、语音识别、笔式输入、遥控操作、虚拟物体和实际物体的操纵、音乐和手写体识别和虚拟说话面孔等。其目的是开发整合媒体数据的方法，研究通过视觉、听觉以及触觉、手势系统来访问、表示和产生多媒体信息的多通道交互，是未来多媒体系统的基础。

国外研究的涉及键盘、鼠标器之外的输入通道主要是语音和自然语言、手势、手写和眼动方面，并以具体系统研究为主。欧洲和美国的研究重点不同，美国的研究集中于交互手段及其整合，而欧洲则非常重视寻求多个通道间信息的共同表示。

国内的研究主要是探索多通道人机交互的理论和技术，包括输入技术、整合方法、用户模型和描述方法，评价体系和开发环境，并开发虚拟座舱和 CAD 等方面的应用实例。

目前，语音、自然语言、手势、视线跟踪及头部跟踪等各种形式的输入技术正在研究中，沉浸式的头盔显示器已经开始使用，新的立体显示设备也正在研制。多通道用户界面的研究正在消除当前图形用户界面及多媒体用户界面通信带宽不平衡的瓶颈，综合采用视线、语音、手势等新的交互通道、设备和交互技术，使用户利用多个通道以自然、并行、协作的方式进行人机对话，通过整合来自多个通道的精确的和不精确的输入来捕捉用户的交互意图，提高人机交互的自然性和高效性。

我国"十五"计划就已经把人机交互列为主要研究内容。随后微软中国研究院和我国自然科学基金委在 2001 年共同资助"自然、高效、主流的多通道人机界面"的项目。

2002 年，国家重点基础研究发展计划 973 计划把虚拟现实和虚拟环境的基础研究以及和谐的人机交互理论和智能信息处理作为信息领域的重要支持方向。

2003 年 10 月中科院自动化研究所与三星综合技术院签订正式的合作协议，成立人机交互联合实验室。联合实验室依托中科院自动化研究所强大的技术研发力量，结合韩国三星集团良好的市场应变与硬件开发能力，以市场为导向，结合具体应用开展生物特征识别技术、视频监控与语音识别技术等方面的合作，这些领域的研究和开发工作具有重要的现实意义和广阔的发展前景。

我国语音识别研究工作一直紧跟国际水平，国家也很重视，并把大词汇量语音识别的研究列入"863"计划，由中科院声学所、自动化所及北京大学等单位研究开发。

2005 年，SAP 中国研究院与清华大学清华信息科技可用性研究室的"跨文化的用户界面设计"合作研究项目正式启动。双方首先针对不同国家、不同文化的终端用户，对"用户界面的不同反应进行深入比对分析，就如何从用户界面方面更有效地提高中国用户的使用效率进行合作研究，并总结出更适合于跨文化的 SAP 用户界面设计模式"。

微软亚洲研究院的多通道用户界面组正在研究和探索先进的用户界面技术，研究项目有智能数字墨水和多通道人机交互设备。

在我国，许多高校的实验室、科研机构甚至企事业单位联合起来，互相支持，将前沿科技转化为生产动力，为人机界面的快速发展和实际运用提供了有利的条件。

多通道用户界面具有以下几个基本特点。

(1) 使用多个感觉和动作通道。

尽管感觉通道侧重于多媒体信息的接受，而动作通道侧重于交互过程中控制与信息的输入，但两者是密不可分、相互配合的。当使用一种通道不能充分表达用户的意图时，需辅以其他通道的信息，以增强表达力。需要特别强调的是，交替而独立地使用不同的通道不是真正意义上的多通道技术，多通道技术能够实现并行和协作的通道配合关系。

(2) 三维的和直接操纵的特点。

人类大多数活动领域具有三维和直接操纵的特点，在三维空间中，人习惯于看、听和操纵三维的客观对象，并希望及时看到这种控制的结果。多通道人机交互的自然性反映了这种本质特点。

(3) 允许非精确的交互。

人类在日常生活中习惯于大量使用非精确的信息交流，例如人类的语言、手势及面部表情本身就具有高度模糊性。允许使用模糊的表达手段可以避免不必要的认知负荷，有利于提高交互活动的自然性和高效性，多通道人机交互技术主张以充分性代替精确性。

(4) 交互双向性。

人的感觉和动作通道通常具有双向性的特点，例如眼睛既用于接受视觉信息，又可通过注视而输入信息，即视觉可看可注视，这在单通道用户界面是难以想象的。多通道用户界面能使用户避免生硬的、不自然的通道切换，从而可提高自然性和高效性。

(5) 交互的隐含性。

良好的用户界面应当使用户把所有注意力均集中于完成任务而无需为界面分心，追求交互自然性的多通道用户界面并不需要用户显式地说明每个交互成分，而是在自然的交互过程中隐含地说明。例如，用户的视线自然地落在所感兴趣的对象之上，用户的手自然地握住被操纵的目标等。

多通道用户界面的概念模型如图 9.1 所示。

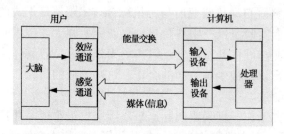

图 9.1　多通道用户界面的概念模型

9.3.2　多通道用户界面研究的内容

在多通道用户界面中，如何使各种不同的设备以一种统一的方式服务于应用程序，如何使各种不同的设备一起工作，如何从这些通道的输入信息流中获取用户要传达的交互意图，以及计算机如何根据理解的形式进行操作等诸多问题等，都是多通道用户界面的研究内容。

从信息获取的角度分析，多通道用户界面主要研究以下 5 个部分，即语音识别技术、手势识别技术、人脸、唇读及人体动作。

1. 语音的研究

语言是人与人交流中最基本的手段，用户通过语言与计算机交互是实现交互自然性的最好方式。但影响语音识别的因素很多，例如音素的发声、声音的多变、说话者本身的生理或者情绪状态、说话速度、话音质量，甚至于社会语言背景、方言以及声带形状等因素，都会带来语音识别的困难。目前，在此领域中主要有语音识别技术、自然语言理解技术、自然语句的生成技术及自然语言对话技术等。特别是在语音识别技术方面，成果显著。例如，IBM 公司于 1997 年推出 ViaVoice 4.0 中文连续语音识别系统，其平均输入速度可达每分钟 150 字，识别率达到 95%，系统定义词汇达 32000 个，用户还可根据需要添加 28000 个专业术语。中文语音识别方面的研究也有较大的进展。

用语音识别技术建立用户界面可采用两种途径：一是用基于语音识别和理解技术的新操作系统代替以图形用户界面技术为基础的操作系统；另一种就是利用语音技术来操作图形用户界面。但无论采用何种方法，都不可避免地增加了语音通道的负担，而其他各通道的作用却不能很好地调动。虽然困难重重，但语音识别技术的发展仍在继续，目前已从单个词的识别发展到连续词及自然语言的语音识别；从词量较小到词量较大及超大的语音识别；从与说话者有关到与说话者无关的语音识别。

2. 手势的研究

手势在人与人的交流中一般是伴着语言进行的。在人与计算机的交互过程中，手势既可以作为主要手段，也可以与语音配合作为非主要手段。手势可分为交互性手势和操作性手势，交互性手势表示特定的信息(如乐队指挥)，通常靠视觉来感知；而操作性手势不表达任何信息，只是执行某种操作(如弹琴)。目前人们采用不同的手段来识别手势。

(1) 基于鼠标器和笔。优点是仅利用软件算法来实现，适合于一般的桌面系统，缺点是只能识别手的整体运动，而不能识别手指的动作。

(2) 基于数据手套(Data Glove)。优点是可以测定手指的姿势和手势，缺点是价格昂贵，很难普及。

(3) 基于计算机视觉。即利用摄像机输入手势。其优点是不干扰用户，缺点是技术实现起来非常困难。

基于手势的交互技术不同于那些使用手操作设备的交互技术。像鼠标器、键盘这样的交互设备虽然也是由手控制的，但操作简单，向计算机输入的信息基本上与手势无关。目前，能识别手势的典型交互设备是数据手套，它能对较为复杂的手的动作进行检测，包括手的位置和方向、手指弯曲度，并根据这些信息对手势进行分类，而且比基于计算机视觉的手势在技术实现上要容易得多。

3. 表情的研究

表情识别的主要技术包括面部表情的跟踪、面部表情的编码和面部表情的识别技术。为了识别表情，首先要从外界获取表情信息。跟踪面部表情的方法包括：利用光流(Optical Flow)来跟踪面部动作单元的方法；根据线性的面部特征的变化，估算三维线框面部模型的相应参数的方法；通过面部图像编码系统，用计算机图形与计算机视觉处理之间的控制反馈循环的方法等。

要使计算机能识别表情，就要将表情信息以计算机所能理解的形式表示出来，即对面部表情进行编码。基于根据面部运动确定表情的思想，Ekman 和 Friesen 于 1978 年提出了一个描述所有视觉上可区分的面部运动的系统，叫作面部动作编码系统(FACS)，它是基于对所有引起面部动作的脸的"动作单元"的枚举编制而成的。在 FACS 中，一共有 46 个描述面部表情变化的动作单元(AU)，和 12 个描述头的朝向和视线变化的 AU。

例如，快乐的表情被视为"牵拉嘴角(AU12+13)和张嘴(AU25+27)并升高上唇(AU10)以及皱纹的略微加深(AU11)"的结合。FACS 的计分单位是描述性的，不涉及情绪因素。利用一套规则，FACS 分数能够被转换成情绪分数，从而生成一个 FACS 的情绪字典。

面部表情的识别可以通过对 FACS 中预定义的面部运动的分类来进行，而不是独立地确定每一个点。这就是 Mase，以及 Yacoob 与 Davis 的识别系统所采取的方法。在他们的 105 个表情的数据库上，他们的总识别正确率为 80%。

目前，越来越多的研究者更重视表情的动力学作用，而不是细微的空间形变，应该在运动序列中分析整个脸的面部活动。SimGraphics 于 1994 年开发的虚拟演员系统(VActor)就是一个例子。此系统要求用户戴上安有传感器的头盔，传感器触及脸的不同部位，使它们能够控制计算机生成的形象。目前，VActor 系统还能够与一个由 Adaptive Optics Associates 生产的红外运动分析系统结合使用，以跟踪记录用户的面部表情变化。此外，还有一些系统通过摄像机拍摄用户的面部表情，然后利用图像分析和识别技术进行表情识别，这样可以减少各种复杂仪器对用户的影响，使人机交互更加真实自然。

4．视觉的研究

在人机交互中，眼睛是接收计算机信息的主要器官，视觉在获取信息方面起到重要的作用。但在人与人之间的交流中，眼睛同样传达着重要的信息，如何让计算机接收视觉信息，这就是视线跟踪技术的研究内容。眼的运动有 3 种主要形式：跳动(Saccades)、注视(Fixations)和平滑尾随跟踪(Smooth Pursuit)。在人机交互中，主要表现为跳动和注视两种形式。视线追踪技术的研究最直接的目的就是代替鼠标器作为一种指点装置。视线追踪技术的基本工作原理是利用图像处理技术，使用能够锁定眼睛的特殊摄像机，通过拍摄从人的眼角膜和瞳孔反射的红外线，记录视线变化，并通过变化实现视线追踪过程的目的。

在人机交互中，对视线追踪的基本要求是：
- 要保证一定的精度，满足使用要求。
- 对用户基本无干扰。
- 定位校正简单。
- 可作为计算机的标准外设。

但是由于视线存在固有的抖动以及眼睛眨动所造成的数据中断，即使在定位这段数据段内，仍然存在许多干扰信号，这导致提取有价值视线数据存在困难，解决该问题的办法之一是利用眼动的某种先验模型加以弥补。将视线应用于人机交互的另一个困难是所谓的"米达斯接触(Midas Touch)"问题。如果鼠标器光标总是随着用户的视线移动，可能会引起用户的厌烦，因为用户可能希望能够随便看看，但并不"意味着"什么。在理想情况下，应当在用户希望发出控制时，界面及时地处理其视线输入，而一般情况下则忽略其视线的移动。目前，美国 Texas A&M 大学使用装有红外发光二极管和光电管的眼镜，根据进入光电管的光的强弱来决定眼睛的位置。视线追踪技术取得了一定的进展,并且已经开发出较成熟的视线追踪系统。

5. 唇读的研究

英国的剑桥管理机构(CMU)的交互系统实验室(ISL)正在研究利用神经元网络技术将依靠唇读识别光学信息和依靠语音识别声学信息有机地结合起来,以提高语音的识别率。唇读主要是研究口型和语音的关系,在非理想场景中,可以提高语音的识别率。唇读实验用特定人的、连续的德语字母表的拼读识别作为近期目标,最终目标是得到一个可靠的在线Lipreader,能在所有在线条件(如照明、平移、大小等)下无任何额外限制(如在唇上粘贴标签等)地识别唇读。

6. 人体动作的研究

目前,在麻省理工学院媒体实验室,一项重要的研究内容就是人机交互技术中的人体动作的感知研究。这项研究采用多个摄像机同时摄取人的动作序列,如行走、跑、跳等,然后利用运动视觉技术及模式识别技术感知人的整体行为。这一研究对三维人体的重建及虚拟现实的研究有着重要的意义。

9.3.3　多通道的整合

所谓多通道整合(Modality Integration)是指用户在与计算机系统交互时,多个交互通道之间相互作用形成交互意图的过程。没有整合就不是真正意义上的多通道界面,就不能有效地提高人机交互的效率。整合可以从两个层次进行。第一,在比较低的层次上进行,主要关注如何把各种各样的交互设备和交互方式都容纳到系统中。第二,在比较高的层次上进行,主要关注多个通道之间在意义的传达和提取上的协作。如果没有这个层次的整合,而只是满足前一个层次上的要求,那么系统中的多个设备就只是并存而没有相互协作。两种整合相辅相成,构成对用户界面的多通道特性的完整支持,充分发挥多通道的优势。

目前,认知心理学已经对单个通道信息的传递和加工有了较为深入的理解,手写识别、语音识别、手势识别以及动作跟踪技术等方面的研究也取得了较大的成果。但是如何从多种通道的输入信息流中获取用户要传达的信息,并将其转换成系统的“理解”,最后交付计算机执行,以及如何将来自多个通道的信息整合成一个一致的语义信息,就成为多通道用户界面应该解决的关键问题,即多通道的整合问题。

整合的目标以及整合成功与否的判断依据是以交互任务结构的完整性为基础的,最终目的就是生成可提交系统执行的任务结构,其中包括任务的动作、任务作用的对象以及相应参数。接下来介绍几种整合实例。

1. 语音与唇读的整合

在嘈杂的环境中,唇读的信息对语音识别很有帮助,最简单的利用是通过唇读检测语音的开始和结束,而两者的整合可以大大提高信息的有效性和识别率。唇读与语音的整合方法有两种:一种是用比较器合并两个独立识别出来的声学事件和光学事件。比较器可由一套规则组成,也可以是一个模糊逻辑融合器。另一种方法是采用识别网络将光学信号和声学信号结合，在音素识别之前提高信噪比。

2．手势与语音的整合

手势与语音的整合有一个原则，就是用手表达形状，用语音发布命令。两者的结合可以形成一个强有力的输入通道，不仅在执行任务时效率较高，而且给用户的感觉也很习惯，因为在日常生活和工作中我们就是利用语言和手势进行自然交流的。随着手势识别技术的提高，两者的结合也会更加有效。

还有其他通道的整合，例如面部表情识别与自然语言理解的整合，鼠标与语音识别、视觉识别的整合等。目前成熟的整合方式是语音技术和指点(鼠标和笔输入等)技术的整合，但随着对其他通道的深入研究，一定会实现更好的交互通道。

9.4　本章小结

人机界面技术的研究为人与计算机之间的信息交流架起了一座桥梁，使用户能更自然、更舒适地使用计算机。

随着对多媒体技术、多通道技术及虚拟现实技术的深入研究，人机界面将构建起和谐的人机环境，使计算机能更广泛地普及。本章介绍了人机界面的发展、人机界面的研究内容，以及新一代的人机界面。然后介绍了软件人机界面设计中的一些问题，最后通过对多通道界面技术的介绍，使读者了解人机界面的发展趋势和最新研究成果。

9.5　习　　题

1．填空题

(1) 人机界面的发展经历了＿＿＿＿＿、＿＿＿＿＿、＿＿＿＿＿阶段。

(2) 新一代人机界面的特点是＿＿＿＿＿、＿＿＿＿＿、＿＿＿＿＿、＿＿＿＿＿。

(3) 多通道用户界面的研究内容是＿＿＿＿＿、＿＿＿＿＿、＿＿＿＿＿、＿＿＿＿＿、＿＿＿＿＿、＿＿＿＿＿。

2．选择题

(1) 图形用户界面(GUI)的主要特征有哪些？

A. WIMP
B. 用户模型
C. 直接操作
D. 无模式交互

(2) 人的感觉通道有哪些？

A. 视觉
B. 听觉
C. 触觉
D. 平衡

(3) 目前成熟的整合方式是什么？

A. 唇读与语音的整合

B. 语音技术和指点(鼠标和笔输入等)技术的整合

    C. 视觉与语音的整合

    D. 动作与视觉的整合

3. 判断题

(1) 人机界面就是人机交互，它们指的是同一个概念。   (   )

(2) 非精确性指不十分精确的动作或思想，需要计算机理解并且能够进行纠错。

                                                  (   )

(3) 界面设计中，鲜艳悦目的彩色界面最受用户青睐。   (   )

(4) 说话者的情绪状态、方言以及说话速度不会影响语音识别的准确性。   (   )

(5) 目前，能识别手势的典型交互设备是数据手套，它能对较为复杂的手的动作进行检测，包括手的位置、方向和手指弯曲度等，并根据这些信息对手势进行分类。   (   )

4. 简答题

(1) 什么是人机界面？

(2) 人机界面的研究内容是什么？

(3) 在人机界面设计时应遵循什么原则？

(4) 在软件界面设计时，屏幕中的菜单设计原则是什么？

(5) 人机界面设计的评价标准是什么？

(6) 什么是通道？什么是多通道用户界面？

(7) 什么是整合？试列举出几种整合的实例。

第 10 章

虚拟现实技术

教学提示：

　　虚拟现实技术是多媒体技术发展的更高境界，汇集了计算机图形学、多媒体技术、人工智能、人机接口技术、传感器技术、高度并行的实时计算技术和人的行为学研究等多项关键技术。它以其巨大的技术潜力，诱人的应用前景，一经问世就立即受到人们的高度重视。然而，由于各种条件限制，虚拟现实技术尚处在婴儿时期，还存在着很多尚未解决的理论问题和尚未克服的技术障碍。

教学目标：

　　本章主要介绍虚拟现实技术的潜在内涵、主要特点以及目前所涉及的关键技术。通过本章的学习，要求掌握虚拟现实的定义、虚拟现实的主要特点、虚拟现实系统的分类及组成、虚拟现实技术的研究内容以及应用领域、虚拟现实建模语言 VRML 的初步使用。

10.1 虚拟现实技术概述

从远古时代跨越时空的故事到科学幻想小说，奠定了虚拟现实的思想基础，而近代电子学、计算机等科学为实现这种幻想建立了硬件和软件环境。虚拟现实的研究对多媒体技术提出了更高的要求，美国著名计算机图形学专家 J.Foley 曾指出：虚拟现实"或许是人机交互接口作为计算机设计的最后一个堡垒中最有意义的领域"。

10.1.1 虚拟现实的定义

信息技术的发展促使人们为了适应未来信息社会的需要，必须提高与信息社会的接口能力，提高对信息的理解能力。

人们不仅希望能通过打印输出或显示屏幕的窗口，在外部观察信息处理的结果，而且还希望能通过视觉、听觉、触觉、味觉以及形体动作等参与到信息处理的环境中去，获得身临其境的体验。这种信息处理方法已不仅仅要求建立一个单维的数字化信息空间，更需要建立一个多维化的信息空间，一个感性认识和理性认识相结合的综合集成环境，而虚拟现实技术将是支撑这个多维信息空间的关键技术，如图 10.1 所示。

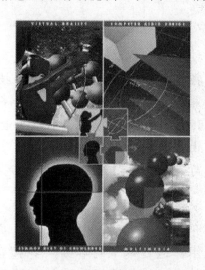

图 10.1 虚拟现实技术

虚拟现实一词来源于英文单词 Virtual Reality，也可以翻译为"灵境"、"临境"、"幻真"等，最早由 VPL Research 公司的奠基人 Jaron Lanier 于 1989 年在有关的杂志报刊上使用，意指"计算机产生的三维交互环境，在使用中用户'投入'到这个环境中"。

根据这种理解，虚拟现实的一种定义是：让用户在人工合成的环境里获得"进入角色"的体验。而 Francis Hamit 在他的《虚拟现实与网际探险》一书中给这个词下了另外一种定义："一种依赖于空间成像以及在计算机生成环境中形成错觉的人机界面。"

Ken Pimental 和 Kavin Terxeria 在《透过新窥镜看虚拟现实》一书中给出的定义则是"至少需要一副虚拟现实眼镜和一台计算机来创建一个三维的人工环境，在其中用户有一种身临其境的感觉，他能到处观看、移动，确实感到身临其境。"

国内的专家学者对虚拟现实也有自己的理解："所谓虚拟现实，是指用计算机技术生成的一个逼真的视觉、听觉、触觉及嗅觉等的感觉世界，用户可以用人的自然技能对这个生成的虚拟实体进行交互考察"。

虚拟现实的定义可以说是众说纷纭，但无论其定义如何，"虚拟现实"这个概念包括了 3 层含义。

(1) 虚拟实体是用计算机来生成的一个逼真的实体，"逼真"就是要达到三维视觉，甚至包括三维的听觉及嗅觉等。

(2) 用户可以通过人的自然技能与这个环境交互，这里的自然技能可以是人的头部转动、眼动、手势或其他的身体动作。

(3) 虚拟现实往往要借助一些三维传感设备来完成交互动作，常用的如数据手套(见图 10.2)、立体头盔显示器 HMD(见图 10.3)、数据衣、三维鼠标、立体声耳机等。

图 10.2　数据手套

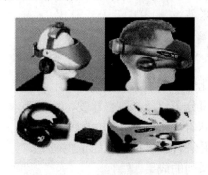

图 10.3　立体头盔显示器 HMD

10.1.2　虚拟现实的发展

1965 年，计算机图形学创始人 Ivan Sutherland 在 IFIP 会议上做了题为"The Ultimate Display"的报告。该报告中首次提出了包括具有力反馈设备、交互图形显示以及声音提示的虚拟现实系统的基本思想。人们自此开始了对虚拟现实系统的研究与探索。

1966 年，美国麻省理工学院的林肯实验室正式开始了头盔式显示器的研制工作。在第一个 HMD(头盔式立体显示器)的样机完成不久，研制者又把能模拟力量和触觉的力反馈装置加入到这个系统中。

1970 年，Ivan Sutherland 经过了一系列的努力，在犹他州大学终于研制成功了第一个功能较齐全的头盔式立体显示器(HMD)系统。

1975 年，Myron Krueger 提出"人工现实"(Artificial Reality)的思想并展示了名为 Video Place 的"并非存在的一种概念化环境"。

到了 20 世纪 80 年代，随着信息技术的飞速发展，特别是图形显示技术取得的一系列的成就，虚拟现实技术又取得了惊人的进展。出现了 VIVED HMD、Data Glove 等一系列成果。而美国宇航局(NASA)及美国国防部组织的一系列有关虚拟现实技术的研究，更引起了人们对虚拟现实技术的广泛关注。而在此时，Virtual Reality(虚拟现实)一词也应运而生了。

进入 20 世纪 90 年代，计算机硬件技术与软件系统的迅速发展，使得人机交互系统的设计不断创新，新颖、实用的输入输出设备不断地进入市场。基于大型数据集合的声音和图像的实时动画制作成为可能。而这些都为虚拟现实系统的发展打下了良好的基础。

1990 年，在美国达拉斯召开的 Siggraph 会议上明确提出虚拟现实技术的主要内容是：实时三维图形生成技术、多传感器交互技术以及高分辨率显示技术，更为虚拟现实技术的发展确定了研究方向。

此后，各个国家对虚拟现实的研究更加重视，并将其广泛运用到各个领域。例如 1993 年的 11 月，宇航员利用虚拟现实系统成功地完成了从航天飞机的运输舱内取出新的望远镜面板的工作。而用虚拟现实技术设计波音 777 获得成功，是近年来引起科技界瞩目的又一件工作。正是因为虚拟现实系统的广泛应用，如娱乐、军事、航天、设计、生产制造、信息管理、商贸、建筑、医疗保险、危险及恶劣环境下的遥控操作、教育与培训、信息可视化以及远程通信等，使人们对迅速发展中的虚拟现实系统的广阔应用前景充满了憧憬与兴趣。

10.1.3　虚拟现实的研究现状

北卡罗来纳大学(UNC)的计算机系是进行虚拟现实研究最早、最著名的大学。他们主要从事分子建模、航空驾驶、外科手术仿真、建筑仿真等。

麻省理工学院(MIT)的研究一直走在最新技术前沿。1985 年，MIT 成立了媒体实验室，并进行了虚拟环境的正规研究，并取得了 BOLIO 测试环境、对象运动跟踪动态系统等一系列的成果。

美国的洛玛琳达(Loma Linda)大学医学中心是一所经常从事高难度或者有争议课题的医学研究单位。该研究中心的 David Warner 博士和他的研究小组成功地将虚拟现实技术用于探讨与神经疾病有关的问题。

华盛顿大学华盛顿技术中心的人机界面技术实验室(HIT Lab)领导了新概念的研究。它将虚拟现实研究引入到了工程设计、教育娱乐和制造等多个领域，在感觉、知觉、认知和运动控制能力方面做了大量的研究工作。

美国宇航局(NASA)的 Ames 实验室将研究重点放在了对空间站操纵的实时仿真上，他们大量运用了面向座舱的飞行模拟技术。NASA 完成的一项著名的工作是对哈勃望远镜的仿真。现在 NASA 已经建立了航空、卫星维护虚拟现实系统、空间操作虚拟现实训练系统、虚拟现实教育系统等。

伊利诺斯州立大学研制出在车辆设计中支持远程协作的分布式 VR 系统，不同国家、不同地区的工程师们可以通过计算机网络实时协作进行设计。

WIndustries 位于 Leicester，是国际 VR 界的著名开发机构，正在开发一系列 VR 产品，主要是娱乐业方面的。

此外，美国的乔治梅森大学、英国的 Bristol 有限公司和 ARRL 有限公司、荷兰应用科学研究组织(INO)的物理与电子实验室(FEL)、日本的东京技术学院精密和智能实验室、京都先进电子通信研究所(ATR)、东京大学高级科学研究中心等也分别对虚拟现实做了深入的研究，取得了一系列的成果。

与此同时，国内的一些院校和科研单位陆续开展了 VR 技术的研究，而且可喜的是，已经实现或正在研制的虚拟现实系统也有不少。

北京航空航天大学计算机系是国内最早研究虚拟现实，最具权威的单位之一，主要从事于虚拟环境中物理特性的表示与处理。他们不仅开发出了视觉接口方面的部分硬件，在软件设计上也取得了丰硕的成果。北航计算机系虚拟现实与可视化新技术研究室开发的分布式虚拟环境基础信息平台(DVENET)可以实现不同用户以不同的交互方式在虚拟环境下进行异地协同，其技术水平已接近美国的 STOW。

除此之外，浙江大学也对虚拟现实技术进行了深入的研究。该大学的 CAD&CG 国家重点实验室开发出了一套桌面型虚拟建筑环境实时漫游系统，在实时性和画面的真实感方面都达到了较高的水平。

清华大学计算机科学和技术系对虚拟现实和临场感方面进行了研究，提出了很多新颖的算法，如球面屏幕显示和图像随动、克服立体图闪烁的措施和深度感实验等，其开发的机器人化生产系统开发工具软件已近完成。

西安交通大学信息工程研究所对虚拟现实中的关键技术——立体显示技术进行了深入的研究，并取得了如具有高压缩比、信噪比及解压速度的基于 JPEG 标准的压缩编码新方案等成就。

北方工业大学 CAD 研究中心是我国最早开展计算机动画研究的单位之一。该中心在多年的研究基础上制作出了一系列体视动画产品。

中国科技开发院威海分院主要研究虚拟现实中的视觉接口技术，并成功开发出了 LCD 红外立体眼镜等产品。

此外，哈尔滨工业大学计算机系、西北工业大学 CAD/CAM 研究中心，上海交通大学图像处理及模式识别研究所、国防科技大学计算机研究所以及安徽大学电子工程与信息科学系等单位也对虚拟现实进行了积极的研究，并取得了一定的成就。

10.1.4　虚拟现实的特点

虚拟现实是一种高度集成的技术，是计算机硬/软件、传感器、机器人、人工智能(AI)与模式识别、视觉模拟、人体工程学及心理学飞速发展的结晶，主要依赖于三维立体实时图形显示、三维定位跟踪、触觉及嗅觉传感技术、AI 技术、高速和并行计算技术以及人的行为学研究等多项关键技术的进展。实际上，虚拟现实是一种新的人机接口形式，为用户提供了一种身临其境和多感觉通道的体验，试图寻求一种最佳的人机通信方式，如图 10.4 所示。

图 10.4　虚拟现实用户

Grigore Burdea 在 1993 年的国际电子学术会议(Electro '93 International Conference)上发表的"虚拟显示系统及应用"一文中将虚拟现实技术的特点总结为 3 个"I",即 Immersion(沉浸感)、Interaction(交互性)及 Imagination(构想性)。这 3 方面都与人有关,因此可以说,虚拟现实技术是人与技术系统的完美结合,人在系统中占有重要的地位。

虚拟现实最主要的技术是沉浸感,虚拟现实技术追求的目标也就是力求使用户在计算机所创建的三维虚拟环境中处于一种"全身心投入"的感觉状态,有身临其境的感觉,即沉浸感。交互性主要是指参与者通过使用专用设备,用人类的自然技能实现对模拟环境的考察与操作的程度。因为虚拟现实技术并不仅仅是用户界面,它的应用能解决在工程、医学、军事等方面的一些问题,这些应用是虚拟现实设计者为发挥他们的创造性而设计的,所以需要丰富的想象力。上述的技术要素是相互关联的,它们对用户的"存在"意识有影响,进而导致"沉浸感"。这一过程实际上是基于人的"认知"机理,正像有人说的:"心理学是虚拟现实的物理学"(Psychology is the Physics of Virtual Reality)。

10.1.5　沉浸感

导致沉浸感的原因是用户对计算机环境的虚拟物体产生了类似于现实物体的存在意识或幻觉(见图 10.5)。

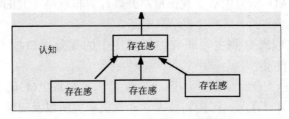

图 10.5　导致沉浸感的原因

沉浸感必须具备如下 3 个要素。

(1)　图像(Imagery)。虚拟物体要由三维结构显示。图像显示要有视场。显示画面符合观察者的视点,跟随视线变化。物体图像能得到不同层次的细节审视。

(2)　交互(Interaction)。虚拟物体与用户的交互是三维的。用户是交互作用的主体,用户能觉得自己在虚拟环境中参与物体的控制。交互是多感知的,用户可使用与现实生活不同的方式来与虚拟物体交互。

(3)　行为(Behavior)。虚拟物体在独立活动或相互作用时,或在与用户的相互作用中,其动态都要有一定的表现,这些表现或服从于自然规律,或遵循设计者想象的规律,这也被称为虚拟系统的自主性。

10.2　虚拟现实系统分类

10.2.1　依照虚拟现实与外界交互分类

从虚拟现实与外界的交互考虑,可以把虚拟现实系统分成 3 类。

1．封闭式虚拟现实

即与外部现实世界不产生直接交互，特点是：

- 虚拟环境可以是任意虚构的、实际上不存在的世界。
- 目的是为了娱乐、训练、模拟、预演、检验、体验或验证某一猜想假设等。
- 任何操作不对外界产生直接作用。

2．开放式虚拟现实

即通过各种传感装置与外界构成反馈闭环，特点如下。

(1) 虚拟环境是某一现实世界的真实模型。

(2) 为的是通过利用虚拟环境对现实世界进行直接操作或遥控操作，以达到克服现实环境的限制，使操作方便、可靠的目的。例如，提供碰撞报警，减轻操作人员的心理负担，减少操作失误等。

(3) 按用户的需要，操作可以直接作用于现实世界或得到反馈。

3．以上两类的结合

即兼具封闭式或开放式的特点，是一种较实用的虚拟现实系统。

10.2.2　依照虚拟现实的构成特点分类

根据虚拟现实的构成特点，又可进行如下划分。

1．桌面虚拟现实系统

利用微机或低档工作站进行模拟，在一些专用硬件和软件的支持下，参与者可在仿真过程中设计各种环境。这种系统基于 WIMP(Window、Icon、Mouse and Pointer)，即窗口、图标、鼠标、指示器用户界面，成本低，便于普及，也称为窗口中的虚拟现实。

桌面虚拟现实系统要求参与者使用位置跟踪器和手持输入设备，如 3 或 6 自由度鼠标器、游戏操纵杆或力矩球，参与者虽然坐在监视器前面，但可以通过屏幕观察范围内的虚拟环境，但参与者并没有完全沉浸，因为他仍然会感觉到周围现实环境的干扰。

在桌面虚拟现实系统中，立体视觉效果可以增加沉浸的感觉。一些廉价的三维眼镜和安装在计算机屏幕上方的立体观察器、液晶显示眼镜等都会产生一种三维空间的幻觉。同时，由于它采用标准的显示器和立体图像显示技术，其分辨率较高，价格较便宜，因此易普及应用，使得桌面虚拟现实系统在各种专业应用中具有生命力，特别在工程、建筑和科学领域内。

例如苹果公司推出的快速虚拟系统(QuickTime VR)。它采用 360 度全景拍摄来生成逼真的虚拟情景，用户可以在普通的电脑上，利用鼠标和键盘，就能真实地感受到所虚拟的情景。这种系统的特点是简单、价格低廉，易于普及推广，是一套经济实用的系统。

2．临境虚拟现实系统

也称投入式虚拟现实系统。利用使参与者完全投入的各种设备，如 HMD(见前面介绍过的图 10.3)、位置跟踪器或舱型模拟器等把用户的视觉、听觉和其他感觉封闭起来，产生一种与世隔绝而被虚拟环境笼罩的错觉，达到完全投入的目的。如芝加哥伊利诺伊大学电子可视化实验室开发的 CAVE(Cave 自动化虚拟环境)，可让一人或多人感到被高分辨率的三维图像、声音彻底包围。

还有一类所谓增强现实型系统可用于维修指导，完成非可视现象的可视化处理。光学器件将反映现实环境的图像送至穿透性屏幕，这样操作员可以同时看到计算机生成的具有描述物理任务的文字及图形和真实环境的图像。当然两者之间的精确重叠有赖于位置跟踪技术。

临境虚拟现实系统与桌面虚拟现实系统的不同之处有如下几点。

(1) 具有高度的实时性能。如当用户移动头部以改变观察点时，虚拟环境必须以足够小的延迟连续平滑地修改景区图像。

(2) 同时使用多种输入/输出设备。

(3) 为了能够提供"真实"的体验，它总是尽可能利用最先进的软件技术及软件工具，因此虚拟现实系统中往往集成了许多大型、复杂的软件，如何使各种软件协调工作是当前虚拟现实研究的一个热点。

(4) 它总是尽可能利用最先进的硬件设备、软件技术及软件工具，这就要求虚拟现实系统能方便地改进硬件设备及软件技术，因此必须用比以往更加灵活的方式构造虚拟现实系统的软、硬件体系结构。

(5) 提供尽可能丰富的交互手段。在设计虚拟现实系统的软件体系结构时，不应随便限制各种交互式技术的使用与扩展。

3. 分布式虚拟现实系统

在临境虚拟现实系统的基础上将不同的用户联接在一起，共享同一个虚拟空间，使用户达到一个更高的境界，分布式虚拟现实的基础是分布式交互仿真。如不同地点的工作人员通过网络一起协同进行工业产品的装配。

10.3   虚拟现实系统的组成

虚拟系统的模型可用图 10.6 表示。

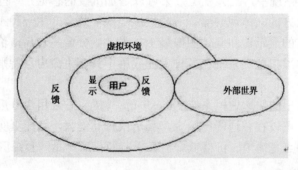

图 10.6   虚拟现实系统模型

在系统组成上一般包括检测、反馈、传感器、控制、三维模型及建模模块，具体情况如图 10.7 所示。其中，检测模块主要用于检测用户的操作命令，并通过传感器模块作用于虚拟环境。反馈模块主要用来接受来自传感器模块的信息，为用户提供实时反馈。传感器模块不仅接受来自用户的操作命令，并将其作用于虚拟环境，而且将操作后产生的结果以各种反馈的形式提供给用户。控制模块主要是对传感器进行控制，使其对用户、虚拟环境和现实世界产生作用。建模模块主要用来获取现实世界组成部分的三维表示，并由此构成对应的虚拟环境。

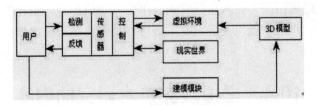

图 10.7　虚拟系统的组成

桌面虚拟现实系统与临境虚拟现实系统之间的主要差别在于参与者身临其境的程度，这也是他们的系统结构、应用领域和成本都大不相同的原因。前者以常规的 CRT 彩色显示器和立体眼镜来增加身临其境的感觉，主要交互装置为 6 自由度鼠标或三维操纵杆，参看如图 10.8 所示的桌面虚拟现实系统的结构图。后者采用 HMD 现实，主要交互装置为数据手套和头部跟踪器，如图 10.9 所示就是临境虚拟现实系统的结构图。

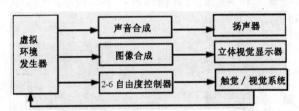

图 10.8　桌面虚拟现实系统的基本组成

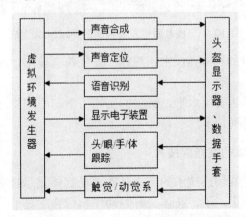

图 10.9　临境虚拟现实系统的基本组成

无论是桌面虚拟现实系统还是临境虚拟现实系统，它们都由可交互的虚拟环境、虚拟现实软件、虚拟现实硬件(包括计算机、虚拟现实输入/输出设备)这 3 部分组成。

可交互的虚拟环境是由计算机生成的，通过视觉、听觉、触觉、味觉等多种感官作用于用户，使之产生身临其境感觉的交互式视景仿真。虚拟环境可以基于某种现实环境，也可以完全脱离现实世界。

虚拟现实软件是提供实时观察和参与虚拟环境能力的软件系统，包括虚拟环境建模、动画制作、物理仿真、碰撞检测和交互模式等方面。

而虚拟现实硬件则是构造虚拟现实系统的物理设备，主要包括计算机、虚拟现实输入设备(如数据手套)、虚拟现实输出设备(如数字头盔)。

参与者可以通过虚拟现实输入设备将头、手位置等信息输入给计算机，虚拟现实软件对其进行分析解释，作用于虚拟环境，使之进行适当的更新，并通过虚拟现实输出设备反馈给参与者。

10.4　虚拟现实技术研究的内容

虚拟现实技术是一项发展中的技术，要走向成熟，需要计算机硬件、软件、传感器、人工智能等技术的进一步发展和相关技术的交叉。我国更要花大力气赶上世界先进水平。

国内许多专家建议虚拟现实技术的主要研究内容如下。

1. 基于视觉、听觉、触觉和嗅觉的逼真模拟世界生成技术

基于视觉、听觉、触觉和嗅觉的逼真模拟世界生成技术的核心是三维实时动画、视觉环境建模(如图 10.10 所示)。

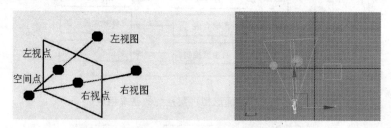

图 10.10　视差原理及体视图的 3ds Max 生成

此外还有空间定位和空间仿真技术、声像一体化仿真技术，并需要解决虚拟环境中的标定问题等。

目前触觉传感技术已达实用水平，触觉的生物力学与心理物理学方面的研究是薄弱环节，嗅觉技术的研究也刚刚起步。

2. 人与技术融为一体的临场感技术

人与技术融为一体的临场感技术的核心是宽视场立体显示技术(如图 10.11 所示)，感知并识别用户视点变化，头、手、肢体、身躯动作和语音的基于自然方式的人机交互技术(如图 10.12 所示)，快速、高精度三维跟踪技术，人的因素与用户心理学研究等。

3. 虚拟环境的控制系统

虚拟环境的控制系统的核心技术为实时、低延时控制软硬件设计，传感技术和传感设备研究，多传感器数据融合、遥感技术等。在方法上还需要研究虚拟环境与现实环境的一致性保持问题。

图 10.11　宽视场立体显示技术及相关设备

图 10.12　基于自然方式的人机交互技术

4．开发新的应用于虚拟环境的技术领域

　　虚拟环境技术的特点在于其模型世界可以是真实世界的仿真，也可以是抽象概念建模，用户在虚拟环境里有临场感，并能以自然的方式与模拟世界进行人机交互操作。因此，开发新的应用于虚拟环境的技术领域，并进行相应的系统分析与设计，将对深入研究虚拟现实技术产生深远的影响。应用研究包括系统开发平台研制、分布式虚拟现实技术及实际系统开发等。

10.5　虚拟现实关键技术

　　与传统的信息系统相比，虚拟现实系统是一个新型的、多维化的人机和谐的信息系统。在这种虚拟系统内，人们所感受到的最突出的特点是它的沉浸性、交互性和构想性。为了实现这种新型的信息处理系统，当然还要克服很多困难，并且人们对沉浸性、交互性和构想性的要求又在不断地提高。

1．提高图形系统的实时性

三维图形的生成技术已经较为成熟，其关键是如何实现"实时"生成。这是当前限制虚拟现实画面速度的重要因素。在不降低图形质量和复杂度的前提下，如何提高刷新频率将是虚拟现实技术所要研究的关键内容之一。

2．三维位置方位跟踪与视觉、听觉、嗅觉等传感及识别技术

三维位置方位跟踪与视觉、听觉、嗅觉等传感及识别技术要靠输入和输出设备来实现。输入系统帮助参与者发出数据，投入到虚拟环境中，并与系统进行交互式交流。键盘、鼠标器、力矩球、位置跟踪器(如图 10.13 所示)、数据手套等都是典型的虚拟现实系统输入工具。

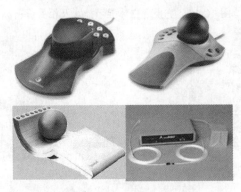

图 10.13　部分三维输入设备

虚拟现实的输入、输出技术要求计算机能够理解操作者的各种动作和发出的信息，这些识别问题大部分是不确定的问题。这类问题的解决需借助人工智能和知识工程。例如，目前人工智能接口中研究的图像识别、机器视觉、语音识别和自然语言。

3．高速计算能力及计算复杂性问题

个人计算机的性能价格比为一般大众所接受，但其计算和图形等功能在虚拟系统组中显得很勉强，只能用于低级的虚拟系统。

工作站的性能要比个人计算机高得多，通常以性能优良的 Unix 系统为操作系统，计算、图形、语音等处理能力较适合于虚拟系统的组成，是目前较为普遍的虚拟系统用机。

目前许多高级虚拟环境的实现由超级计算机系统支持，并带有高速图形工作站。超级计算机有多个处理器，也可称为多处理机，它们采用并行处理体系结构，允许多达 100 个处理器同时为虚拟系统服务，使系统的性能达到最佳。

4．面向对象技术的应用

虚拟构造场景程序可以生成各种虚拟现实应用，这类应用称为虚拟场景，它使得参与者可以在仿真中操纵其环境。构造场景包括建模和绘制对象，给这些对象指定行为，提供交互性和编程。面向对象的编程对虚拟现实系统的开发起了举足轻重的作用。

5. 三维建模

虚拟环境的建立是虚拟现实技术的核心内容。而虚拟环境建模技术则是整个系统建立的基础，主要包括三维视觉建模和三维听觉建模。其中，视觉建模主要包括几何建模(Geometric Modeling)，如图 10.14 所示、物理建模(Physical Modeling)、对象行为(Object Behavior)建模以及模型切分(Model Segmentation)等。

图 10.14　使用 NURBS 技术进行三维建模

6. 系统集成技术

虚拟现实中需要涉及到大量多通道感知信息，如何将这些感知信息进行系统集成与整合，将是虚拟现实需要研究的一个至关重要的内容。集成技术包括同步技术、模型标定技术、数据转换技术、识别和合成技术等。

10.6　虚拟现实的应用

虚拟现实技术是一个新的发展方向，目前还不成熟，但它已成为一个研究的热点，它会对整个科学技术和人们的生活产生深远的影响。

1. 可视化的研究与应用

可视化技术与虚拟现实技术紧密相关，可视化是解决各种复杂环境问题的工具，各行各业的专家都可以根据问题的计算机模型进行可视化研究。科学与工程计算可视化不仅可用三维图形直观地对计算机获得的大量数据分析或计算结果进行图示或图解，而且利用交互式技术可改变物理或其他过程的参数，实时观察计算结果的全貌，使人们能够利用图形的直观性、形象性和可操作性，把握问题的总体变化趋势，了解并控制寻找最优解的控制过程。例如金融的可视化，通过建立金融模型，可将大量抽象的字母数据变成图形或可见的物体，从而使数据更容易被理解和分析。股票市场就是这种技术的主要领域。

2. 工程的计算机辅助设计和制造(CAD/CAM)

传统产品制造过程中，原型的加工、设计和生产都有独特的工艺流程，不允许数据共享。随着 CAD、计算机辅助工艺(CAPP)和 CAM 的标准化，这些工艺就被集成到一个系统中，形成计算机集成制造系统 CIMS 的核心。参看图 10.15，CIMS 环境下 CAD/CAM 最根本的目标是要实现子系统内部各功能模块及与其他子系统间的信息集成，并实现各模块本身的功能。在 CAD/CAPP/CAM 集成系统中，有各个子系统的专用静态数据，亦有供各个功能模块共用的动态数据。CAD 的任务是根据计划管理部门下达的设计、加工任务，用专家系统进行产品方案设计，由此进行几何建模、工程分析，直至产生详细的工程图和 CAPP/CAM 所需信息。

图 10.15　虚拟现实技术在车辆设计中的应用

3．医学方面的应用

虚拟现实系统已应用于医学系统。使用虚拟现实系统，可以建立合成药物的分子结构模型，测试其特性，诊断疾病，模拟人体解剖或外科手术的过程，缩短医生培训周期。

使用 UNC 的 gropeIII 虚拟仿真器，研究人员可以看到一种药物内分子是如何同其他的生化物质相互作用的，并测试其特性，这一技术大大缩短了各种新药物的开发周期。

近年来，人们用微型摄像机、计算机轴向 X 射线摄影(CAT)或磁共振成像(MRI)获得一批 2D 图像，再将这些图像构成 3D 数据场，通过虚拟现实眼镜可观察到病灶图像。医生使用这种技术进行疾病诊断，就不必执行一些侵入性的医疗步骤了。

在虚拟外科学中，病人和手术都是虚拟的，因此如果虚拟病人死亡了，实习医生可以按复原键让他起死回生。手术具有可回溯性，实习医生通过多次虚拟手术，积累经验，为今后提高手术的成功率奠定了基础。

"遥远距离操作"也可用于医学领域。通过远程手术，让医生对异地的病人施行手术，目前也已经变成现实。

4．军事模拟和飞行模拟

军事模拟是虚拟现实产生和发展的一个重要的技术基础和强大动力，最初的模拟是用来训练飞行员。飞行员通过虚拟的飞行环境，熟悉飞行过程中可能出现的各种情况及对付方法，如图 10.16 所示，这是飞机中的三维图像。

图 10.16　飞机机舱的图像

飞行模拟器只能模拟驾驶舱内外的情况，范围有限，进一步扩大范围，可进行作战规划模拟。军事模拟技术也可用于民航的飞行员训练、航天计划的宇航员训练。

5．教育和艺术

近代在教育领域进行着一系列改革传统教学方法的革命。从以音响设备为主体的电化教学到加入计算机的 CAI，从多媒体网络到虚拟教学环境，高新科技的引进大大推动着教育事业的发展。

作为传输显示信息的媒体，VR 在未来艺术领域方面所具有的潜在应用能力也不可低估。VR 所具有的临场参与感和交互能力可以将静态的艺术(如油画、雕刻等)转化为动态的，可以使观赏者更好地欣赏作者的思想艺术。另外，VR 提高了艺术表现能力，如一个虚拟的音乐家可以演奏各种各样的乐器，手足不便的人或远在外地的人可以在他生活的居室中去虚拟的音乐厅欣赏音乐会等。

潜在应用价值同样适用于教育，如在解释一些复杂的系统抽象的概念，如量子物理等方面，VR 是非常有力的工具，Lofin 等人在 1993 年建立了一个“虚拟的物理实验室”，用于解释某些物理概念，如位置与速度、力量与位移等。

计算机辅助教育(CAE)是一门新崛起的教育技术，CAI 是其中一个重要的分支，在 CAE 和 CAI 中引进虚拟现实将使学生亲身经历知识的传授过程，并留下难以忘怀的深刻印象，从而获得理想的教学效果。在虚拟现实环境下，学生可以完全投入，在仿真过程中跨越时空限制去与环境中的各种目标对话，从而学习新的知识，加深对抽象事物的理解。

6．遥在和遥控

对人类不能到达(深海、其他星球)或危险、有毒的场所，远程控制无疑是必不可少的。虚拟现实的产生受到太空技术、机器人技术的推动，在宇航和工业应用中，机器人的远程控制可在虚拟环境中进行，通过对远程存在和控制的应用，人们可以更加有效地认识世界。

7．游戏与娱乐

丰富的感觉能力与 3D 显示环境使得 VR 成为理想的视频游戏工具。由于在娱乐方面对 VR 的真实感要求不是太高，故近些年来 VR 在该方面发展最为迅猛。如 Chicago(芝加哥)开放了世界上第一台大型可供多人使用的 VR 娱乐系统，其主题是关于 3025 年的一场未来战争；英国开发的称为 Virtuality 的 VR 游戏系统，配有 HMD，大大增强了真实感；1992 年的一台称为 Legeal Qust 的系统由于增加了人工智能功能，使计算机具备了自学习功能，大大增强了趣味性及难度，使该系统获该年度 VR 产品奖。另外，在家庭娱乐方面 VR 也显示出了很好的前景。

用电子手段进行游戏和娱乐是计算机对本世纪人们的生活产生重要影响的一个侧面，特别是对青少年的业余生活影响更大。在电子游戏中，参与者往往要充当其中一个角色，与虚拟环境及其目标进行交互影响，这点正是虚拟现实技术的一个关键方面。

8．城市规划中的应用

城市规划一直是对全新的可视化技术需求最为迫切的领域之一，虚拟现实技术可以广泛地应用在城市规划的各个方面，并带来切实且可观的利益：展现规划方案虚拟现实系统的沉浸感和互动性不但能够给用户带来强烈、逼真的感官冲击，获得身临其境的体验，还可以通过其数据接口在实时的虚拟环境中随时获取项目的数据资料，方便大型复杂工程项目的规划、设计、投标、报批、管理，有利于设计与管理人员对各种规划设计方案进行辅助设计与方案评审，规避设计风险。

虚拟现实所建立的虚拟环境是由基于真实数据建立的数字模型组合而成，严格遵循工程项目设计的标准和要求建立逼真的三维场景，对规划项目进行真实的"再现"。用户在三维场景中任意漫游，人机交互，这样很多不易察觉的设计缺陷能够轻易地被发现，减少由于事先规划不周全而造成的无可挽回的损失和遗憾，大大提高了项目的评估质量。

运用虚拟现实系统，我们可以很轻松随意地进行修改，例如改变建筑高度、改变建筑外立面的材质和颜色、改变绿化密度等，只要修改系统中的参数即可。从而大大加快了方案设计的速度和质量，提高了方案设计和修正的效率，也节省了大量的资金，并提供了合作平台。

虚拟现实技术能够使政府规划部门、项目开发商、工程人员及公众可从任意角度实时互动真实地看到规划效果，更好地掌握城市的形态和理解规划师的设计意图。

有效的合作是保证城市规划最终成功的前提，虚拟现实技术为这种合作提供了理想的桥梁，这是传统手段如平面图、效果图、沙盘乃至动画等所不能达到的。

对于公众关心的大型规划项目，在项目方案设计过程中，虚拟现实系统可以将现有的方案导出为视频文件，用来制作多媒体资料，予以一定程度的公示，让公众真正地参与到项目中来。当项目方案最终确定后，也可以通过视频输出制作多媒体宣传片，进一步提高项目的宣传展示效果，如图 10.17 所示。

图 10.17 城市规划图

9. 旅游景观的应用

通过 3D 互动技术可还原现实中的旅游景区，从而在网上构建一个 3D 虚拟景区。游客可以通过建立个性化的 3D 虚拟化身，在 3D 的景区环境中直接试玩旅游景点，身临其境地查看拟真的景点信息，足不出户地体验千姿百态的风景胜迹以及景点背后的传奇故事。由此，让所有的游客可以增加对于景点深层次的了解与熟悉，引发在现实中也希望"到此一游"的旅行需求。

游客还可以与其他游客(3D 虚拟化身)以及景区的导游(3D 虚拟化身)互动交谈，一起讨论对相关景点的旅游心得、奇闻趣事、出行指南等，通过这一切的有效交流，游客在未到真实景点之前，就已经掌握了很多的景点知识以及出行须知。景点管理人员或导游也可以在线主动推荐特色旅游景点，更好地推广旅游景点。同时，也可以通过这个平台，听取游客的建议及点评，更好地规划和建设现实中的旅游景点，如图 10.18 所示。

图 10.18　虚拟旅游

10. 室内设计中的应用

虚拟现实不仅仅是一个演示媒体，而且还是一个设计工具。它以视觉形式反映了设计者的思想。比如装修房屋之前，我们首先要做的事是对房屋的结构、外形做细致的构思，为了使之定量化，还需设计许多图纸，当然这些图纸只能内行人读懂，虚拟现实可以把这种构思变成看得见的虚拟物体和环境，使以往只能借助传统的设计模式提升到数字化的所见即所得的完美境界，大大提高了设计和规划的质量与效率。运用虚拟现实技术，设计者可以完全按照自己的构思去构建装饰"虚拟"的房间，并可以任意变换自己在房间中的位置，去观察设计的效果，直到满意为止。既节约了时间，又节省了做模型的费用。

11. 文物古迹中的应用

利用虚拟现实技术，结合网络技术，可以将文物的展示、保护提高到一个崭新的阶段。首先表现在将文物实体通过影像数据采集手段，建立起实物三维或模型数据库，保存文物原有的各项数据和空间关系等重要资源，实现濒危文物资源的科学、高精度和永久的保存。其次，利用这些技术来提高文物修复的精度和预先判断、选取将要采用的保护手段，同时可以缩短修复工期。通过计算机网络来整合统一大范围内的文物资源，并且通过网络在大范围内来利用虚拟技术更加全面、生动、逼真地展示文物，从而使文物脱离地域限制，实现资源共享，真正成为全人类可以"拥有"的文化遗产。使用虚拟现实技术可以推动文博行业更快地进入信息时代，实现文物展示和保护的现代化。

12. 地理中的应用

应用虚拟现实技术，可以将三维地面模型、正射影像和城市街道、建筑物及市政设施的三维立体模型融合在一起，再现城市建筑及街区景观。用户在显示屏上可以很直观地看到生动逼真的城市街道景观，可以进行诸如查询、测量、漫游、飞行浏览等一系列操作，满足数字城市技术由二维 GIS 向三维虚拟现实的可视化发展需要，为城建规划、社区服务、物业管理、消防安全、旅游交通等提供可视化空间地理信息服务。

电子地图技术是集地理信息系统技术、数字制图技术、多媒体技术和虚拟现实技术等多项现代技术为一体的综合技术。电子地图是一种以可视化的数字地图为背景，用文本、照片、图表、声音、动画、视频等多媒体为表现手段展示城市、企业、旅游景点等区域综合面貌的现代信息产品，它可以存贮于计算机外存，以只读光盘、网络等形式传播，以桌面计算机或触摸屏计算机等形式提供大众使用。由于电子地图产品结合了数字制图技术的可视化功能、数据查询与分析功能以及多媒体技术和虚拟现实技术的信息表现手段,加上现代电子传播技术的作用,它一出现就赢得了社会的广泛兴趣。

13. 生物力学方面的应用

生物力学仿真就是应用力学原理和方法并结合虚拟现实技术,实现对生物体中的力学原理进行虚拟分析与仿真研究。利用虚拟仿真技术研究和表现生物力学,不但可以提高运动物体的真实感,满足运动生物力学专家的计算要求,还可以大大节约研发成本,降低数据分析难度,提高研发效率。这一技术现已广泛应用于外科医学、运动医学、康复医学、人体工学、创伤与防护学等领域。

10.7 虚拟现实技术所追求的长远目标

正如电子显微镜、天文望远镜、雷达、夜视镜、可视化计算等扩大人类视觉等能力的研究成果一样,虚拟显示系统所提供的一系列研究成果是为了进一步扩大人类的感知和认知能力。因此,虽然我们可以利用虚拟现实技术去虚构一些鬼怪精灵、太虚仙境,提供比目前游乐园更吸引人的游戏,但更重要的任务还是利用虚拟现实的手段,打破现有技术手段的限制,拓宽人类认识世界的认识空间,提高人类认识客观世界的方法空间,并尽力使认识空间与方法空间协调一致。

我们利用虚拟现实技术的成果去创建一些以假乱真的虚拟对象,目的是为了突破人类现有感知能力的界限,是为了提高人类认识世界的深度和广度,是为了更正确地反映客观世界的本质。

创建虚拟对象和环境是认知世界和改造世界的手段,反映现实的本质和属性是认识世界和改造世界的目的。目的越正确,越能使我们对所研究的问题获得豁然开朗的认识;手段越高明,越能使我们对所研究的对象和环境获得身临其境的感受。

虚拟技术和其他许多先进技术的出现,必然会推动生产管理模式的变化。美国、日本和欧洲已经认识到,一种新的制造系统模式已经开始形成,这就是所谓的"灵捷制造",如图 10.19 所示。

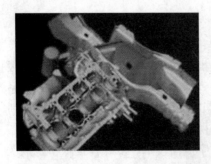

图 10.19 虚拟技术与灵捷制造

21 世纪灵捷制造模式的特点,首先是产品改型对市场需求的快速反应性;其次是公司规模、组成以及管理模式随生产任务变化的快速响应性;第三是坚持高质量、优质服务的秩序性。而高度灵活的柔性生产系统是实现灵捷制造的必要支撑条件，其中就包括虚拟设计和虚拟制造验证。

虚拟技术不仅支持着灵捷制造系统的建立，而且可以使整个设计制造过程对用户是透明的，使用户有可能参与设计，这也是灵捷制造的重要特点之一。

虚拟现实技术的潜力是很大的，现在正处于推广应用的开始阶段。虚拟现实技术将引起设计制造业的巨变。

目前已有相当数量的科技人员在筹划把虚拟现实技术用于设计未来的高速公路上的车辆控制系统、导弹发射指挥和控制中心的设计、新型飞机的设计、战斗机驾驶员座舱的配置、航天飞机的布局、遥控机器人的设计以及对复杂系统中人的因素的评估。虚拟现实技术将导致医学革命，医学将是虚拟现实技术应用最重要的领域之一，目前的虚拟现实已经开始对医学领域产生巨大冲击。医生和病人都将从虚拟技术中受益。虚拟现实技术将在医疗教学和培训中显示出巨大的潜力，能进一步提高医学图像的分辨率和直观性，能建立虚拟人体并产生真实的力量反馈，让培训与实际操作相结合。

虚拟现实技术将促进遥在技术的发展，将会扩展远距离通信。未来的远程通信不仅仅可以互相听到、互相看到，甚至可以互相触摸到。这将是一种广义的、多维化的信息交流。目前，由 Super Scape 公司发起、有 40 多家公司加盟的世界上第一个虚拟现实网球网已投入运行，虚拟现实技术的前景十分诱人。

虚拟现实技术将使教育培训设施发生质的变化。人们将对危险的操作反复地进行十分逼真的演练，将能为受训者设定各种复杂的情况，以提高受训者的应变能力，将能为运动员、保安人员、救火人员和外科医生设置超难度及宽领域的培训课程，从而使得他们能在实际环境下得心应手地处理各种情况。由虚拟现实技术所支撑的模拟和培训系统将使得飞行器驾驶员、空中交通管制人员、卡车驾驶员、医务培训工作人员，甚至小汽车司机都可以在安全的虚拟环境中取得实际的经验。

虚拟现实技术在帮助残疾人和增强残疾人的自理能力方面也是大有可为的。虚拟现实技术可以帮助残疾人参加他们所希望参加的活动，增强他们与社会交流和为社会服务的能力。虚拟现实技术还将有效地辅助人类进行决策和行动。传统的计算机及其应用系统在辅助人类的计算和逻辑思维能力方面已发挥了巨大的作用，虚拟现实系统将进一步扩充人类的感知和认知能力，从而辅助人类进行决策和行动。

10.8 虚拟现实建模语言 VRML

随着网络时代宽带大规模应用的到来，市场对虚拟现实技术的应用越来越迫切。VRML、X3D、CULT3D、VIEWPOINT、360 度环视等技术相继被提出并逐步被广泛应用。而这其中，VRML 作为一种工业标准，其重要地位日益突显。

VRML 自 1994 年 10 月在芝加哥召开的第二次 WWW 会议上诞生以来，受到了广泛的重视，并在短期内得到了迅猛的发展。VRML 是基于 Web 的开发语言之一，就是利用简单的语法来生成动态的、交互性强的、支持多用户的 VRML 虚拟场景，使 Web 页面更加生动、真实。

10.8.1　简介

虚拟现实建模语言(Virtual Reality Modeling Language，VRML)是一种描述虚拟现实场景的专用语言，其作用是描述三维场景以便建立交互式、可导航的三维世界，可用于万维网 WWW。虚拟现实的显示、交互和互联等所有方面都可以用 VRML 来定义。VRML 设计者的意图是将 VRML 变成 WWW 上交互仿真模拟的标准语言。

VRML 允许用有限的交互行为构造虚拟世界，这些虚拟世界包含同其他"世界"超链接的对象，诸如超文本置标语言 HTML 文本或其他有效的 MIME 类型。当用户选择带有超链关系的对象时，就会启动相应的 MIME 浏览器。当用户在正确配置的 WWW 浏览器中选择链到 VRML 文档的对象时，一个 VRML 观察器也会启动。因此，VRML 观察器将成为在 WWW 上漫游、查看信息的最佳配套软件。未来的 VRML 版本将能描述更丰富的行为，包括动画、移动物体和实时多用户交互功能。

VRML 提供的三维元素有站点地图、库、科学知识可视化代表、数据库的可视化代表、模拟地理信息系统、交互式广告等。

VRML 的介绍可见 Netscape 的网站 http://home.netscape.com/eng/live3d。

10.8.2　VRML 的诞生与发展

1994 年春，第一届国际互联网络年会议上，WWW 之父 TimBerners Lee 和 SGI 公司的 Dave Raggett 组织了小型会议来讨论互联网络的虚拟世界界面，几位参加者介绍了在互联网络上构筑三维图形可视工具的项目。与会者一致认为有必要让这些工具使用共同的语言来描述三维场景以及 WWW 的连接，即一个类似于 HTML 的虚拟现实描述语言。之后，就提出了虚拟现实置标语言(Virtual Reality Markup Language)，并着手制定标准，置标(Markup)后来更改为造型(Modeling)，以反映 VRML 的图形化特点。此次会议不久，在 WWW 上展开了 VRML 第一版本开发和定义的讨论。大多数意见支持在现有技术上寻求解决方案，最后选择了 SGI 的 OpenInventor 的 ASCII 文本格式。

VRML 自诞生以来，主要推出了 VRML 1.0、VRML 2.0、VRML 97 和 VRML 2000x 等版本。

VRML 1.0 版本提供对三维世界及其内容基本对象的描述，并把它们同二维(HTML)的页面链接起来，是一种非常简洁的高级语言。它允许创建有限交互式对象，可以自由地在场景中漫游并通过超级链接到达另一个三维世界、HTML 文本或其他有效的 MIME (Multipurpose Internet Mail Extensions)类型。

但是，VRML 的主要设计目标是要成为一个独立于平台的、可扩展的和通过低带宽连接传输的描述语言。VRML 1.0 只有少部分达到这些要求(尽管它已具有了扩展到全部功能的能力)，仍然存在如下一些问题。

(1) 景象游历。因为在游历中要保存特性的改变作为部分状态，所以改变单一特性就能影响到场景图的其他分支，这使得浏览器几乎不可能去优化场景图。

(2) 细节水平。当根据屏幕大小实现显示细节水平时，初始的细节水平点(Level of Detail，LOD)就被更简单的 LOD 节点所替换。该节点选择的细节水平取决于视点和显示对象中心的距离。这就会产生问题，因为包含这些对象到别的 VRML 文件时就可以缩放它们，从而导致不适当的表现。另外，大多数对象没有在所有方向上得到同样比例的缩放，最后的视域大小将影响显示的大小。

(3) 没有原型。DEF/USE 格式在未创建实例时不允许说明场景图的某一部分。

(4) 没有独一无二的名字。被 DEF 关键字附加到节点上的名字不一定是唯一的，因此这些名字不能指定场景图的某一部分作为对象。

1996 年初，VRML 委员会审阅并讨论了若干个 VRML 2.0 版本的建议方案，其中有 SGI 的动态境界(Moving Worlds)提案、Microsystem 的全息网(Holl Web)、Microsoft 公司的能动 VRML(Active VRML)、Apple 公司的超世境界(Out of the World)，以及其他多种提案。委员会的很多成员参与修改和完善这种种方案，特别是 Moving Worlds。经过多方努力，最终在 2 月底以投票裁定。结果，Moving Worlds 以 70%选票赢得了绝对多数。1996 年 3 月，VGA(VRML 设计小组)决定将这个方案改造成为 VRML 2.0。

1996 年 8 月在新奥尔良(New Orleans)召开的优秀 3D 图形技术会议 Siggraph'96 上公布并通过了规范的 VRML 2.0 标准。它在 VRML 1.0 的基础上进行了很大的补充和完善。比 VRML 1.0 增加了近 30 个节点，增强了静态世界，使 3D 场景更加逼真，并增加了交互性、动画功能、编程功能、原型定义功能。

1997 年 12 月，VRML 作为国际标准正式发布，1998 年 1 月正式获得国际标准化组织 ISO 批准(国际标准号 ISO/IEC 14772-1:1997)。简称 VRML 97。

VRML 97 只是在 VRML 2.0 基础进行上进行了少量的修正。但它意味着 VRML 已经成为虚拟现实行业的国际标准。

1999 年底，VRML 的又一种编码方案 X3D 草案发布。X3D 整合了正在发展中的 XML、Java、流技术等先进技术，包括了更强大、更高效的 3D 计算能力、渲染质量和传输速度，以及对数据流强有力的控制，多种多样的交互形式。

2000 年 6 月，世界 Web3D 协会发布了 VRML 2000 国际标准(草案)，2000 年 9 月又发布了 VRML 2000 国际标准(草案修订版)。

2002 年 7 月 23 日，Web3D 联盟发布了可扩展 3D(X3D)标准草案并且配套推出了软件开发工具供人们下载和对这个标准提出意见。这项技术是虚拟现实建模语言(VRML)的后续产品，是用 XML 语言表述的。X3D 基于许多重要厂商的支持，可以与 MPEG-4 兼容，同时也与 VRML 97 及其之前的标准兼容。它把 VRML 的功能封装到一个轻型的、可扩展的核心之中，开发者可以根据自己的需求，扩展其功能。X3D 标准的发布，为 Web3D 图形的发展提供了广阔的前景。2004 年 8 月 X3D 被 ISO(国际标准化组织)正式批准成为国际标准。

10.8.3　VRML 2.0 简介

VRML 2.0 的 ISO 标准是 SGI 及 SGI 的两个合作机构 Sony Research 和 Mitra 设计的，最初的建议草案来自 SGI 公司的 Moving Worlds 样本，经过数月的修改，最终通过了投票表决，成为国际标准，其标准号为 ISO/IECWD 14772。VRML 2.0 推出的主要目的是扩展其静态景象描述语言，从而使其成为虚拟现实描述语言，其中包括交互和对象行为以及对媒体的规范，其中最主要的变化体现在节点类型的扩充上。节点可以说是最重要、最基本的语法单位，其定义包含节点名称、域、事件和节点的功能。除了自定义的节点类型(PROTO)外，VRML 2.0 共有 54 种标准节点类型，按功能分成 9 类：组节点、特殊组节点、通用节点、传感器节点、几何体节点、几何体属性节点、外观节点、插值节点和约束节点。为实现 VRML 应用(如虚拟社区和虚拟购物中心)，这些扩展很有必要。

VRML 2.0 的特点表现在以下几个方面。

1．增强的三维建模能力

在新的标准中，天空、大地、远景都得到了较完美的支持，同时还加入了雾、地形等一些新节点，并且对质材、质感的描述和解释更加科学和精确。

VRML 1.0 中仅支持 ASCII 码的文字模型，新标准中则几乎包含了世界上所有能写出来文字的 UTF-8 字符集(ISO 10646-1，1993 标准)。

VRML 2.0 允许浏览以 G-zip 压缩格式保存的文件，一个较大的场景往往可以被压缩数倍，在 VRML 文件传输时大大降低了对网络的需求。

2．声音和动画

VRML 1.0 是不支持声音和动画的，新的标准不仅支持 Wave 或 MIDI 文件，声音还是三维的，另外还支持 MPEG 活动图像，一些浏览器还支持其他的多媒体格式，例如 Microsoft 的 AVI 格式和 Apple 公司的 QuickTime 格式。

3．交互式能力

交互能力是 VRML 2.0 的最大改进，允许用户对世界中的三维对象进行旋转、移动等操作。

4．编程能力

VRML 2.0 可以称得上编程语言了，其节点类似于 C++ 和 Java 中的结构和功能。

绝大多数 VRML 2.0 的浏览器支持三种编程格式：一是内嵌在 Script 节点中的描述性语言，这是最简单方便的编程方法；二是在 Script 中采用外部的 Java 字节流，通常只是为了实现一些特殊的、描述性语言不能实现的功能，或者是为了源程序保密；三是通过 VRML 2.0 浏览器外部编程接口 API 进行编程，允许 VRML 虚拟世界与网页上的其他对象进行沟通。一般有 3 种设计模型以支持 VRML 世界的交互行为。

(1) 扩展 VRML 语言规范，加入新的代码和关键字，使之能很容易地结合到扩展的、开放的 VRML 语言规范中去。

① 原型/子类：允许定义新的 VRML 节点，而且可以封装行为和几何体。

② 事件监测：一个或几个新节点类可以检测到输入设备或外部应用这种事件。

③ 脚本：为实现复杂的行为，新节点提供了事件之间的、场景图和脚本语言解释器之间的或外部应用之间的接口。

④ 内置行为：内置节点对简单的场景图提供了基本的修改功能。

⑤ 开放性：可以很容易地增加新的、更复杂的机制。

(2) 提供与场景的接口并实现外部脚本描述的行为。该提议能够以最小的扩展实现，并彻底地基于外部脚本语言，其中大多数是基于 Java。脚本能通过一个由浏览器提供的应用接口直接修改场景图。这种方法不需要对规范做任何修改、扩展以及修改场景图。但是由于 API 不能在景象描述内部被影响(约束或扩展)，所以对于别的外部描述语言或应用来说，这种方法是不开放的。

(3)　在景象行为语言中嵌入 VRML 景象描述。这种方法的优点在于允许集成几类媒体，三维 VRML 就是其中之一。不足之处在于它对外部的脚本应用不开放，不允许用户实现的行为作为场景的一部分。另外，如果要修改场景图的特性，就必须在嵌入的语言中重新定义。

扩展到多用户世界需要解决的问题如下。

①　可缩放性：包括用户数量和虚拟世界的大小以及参加者的分布。

②　持久性：在一共享世界的多个局部备份上必须保证至少一定水平上的持久。

③　锁定：为保证持久性以及防止分布世界中的共享备份被无权者改变，锁定机制十分重要。

④　同步：改变局部备份必须同步地分布到共享统一世界的参与者。

⑤　行为：共享世界中的对象行为必须是分布的、同步的。

⑥　协议：当前采用的 HTTP 不能为分布多用户的 VRML 世界传输所要求的事件，为此必须实现一种新的协议，协议的一个重要特征就是所用的网络基础结构。

⑦　代理：代表共享环境中参加者的位置和状态，一般每个用户应能选择它的代理。

10.8.4　VRML 世界的浏览和发布

为使 VRML 描述的三维景象可见，就需要浏览器。浏览器负责解释 VRML 数据，目前 VRML 数据通过 HTTP 协议传输，VRML 页一般由 WWW 进行访问。现在有不少支持多种软硬件平台的 VRML 浏览器，它们为浏览和漫游三维景象提供不同的用户接口。其中大多数方便用户对若干测试和漫游模式的选择，例如行走和飞行，而且一般可控制生成速度和图像质量。

Microsoft VRML 2.0 Viewer 是 Internet Explorer 自带的 VRML 浏览器，可以通过 Windows 控制面板进行安装或者从 http://www.microsoft.com/VRML 下载。

Cosmo 播放器是由 SGI 公司开发的一款 VRML 浏览器，与 Microsoft VRML 浏览器相比较，Cosmo 播放器更专业一些，是目前浏览 VRML 2.0 最普遍的浏览程序。

相比其他 VRML 播放器，Cosmo 播放器最大的优点就是对 JavaScript 的良好支持。其界面如图 10.20 所示。

Cosmo 播放器控制面板上主要按钮的功能简单介绍如下。

　：按下鼠标左键并拖动，可从各个角度观看场景。

　：按下鼠标左键并拖动，可将观察位置朝各个方向移动。

　：按下鼠标左键并拖动，可将场景中的形体向各个方向移动。

　：在形体旁按下鼠标左键，可以将观察位置迅速移动到形体旁。

　：可以调整视野，使用户直接面向物体。

图 10.20　Cosmo 播放器的界面

![image] ：可以选择作者预设的观察位置。

![image] ：可以撤消前面的动作或重做撤消的动作。

除此以外，还可以选择其他的 VRML 播放器，如 Community Place VRML 2.0 Browser、blaxxun CC3D、Liquid Reality 等。

VRML 世界大多以.wrl 为文件扩展名进行发布。为了让浏览器知道.wrl 文件内保存的是何种类型的 VRML，.wrl 文件必须在顶部包含单独的一行设置信息。除此之外，还包括一个三维世界的描述，可在实时状态下对其进行浏览，称为场景(Scene)或者世界(境界、World)。下面的例子就是用 VRML 文件来表达的三维物体球：

```
#VRML V2.0 utf8
DEF view1 Viewpoint { position 0 0 10description "view1" }
DEF view2 Viewpoint { position 4 2 10description "view2" }
Group {children [DEF sphere Transform {translation 0 1 1 children [Shape
{appearance Appearance {material Material {diffuseColor 0 1 0} }geometry
Sphere {} }] }] }
```

该文件的效果如图 10.21 所示。

图 10.21　用 VRML 来表达一个球

从上面的例子可以看出，VRML 文件至少需要一行语句用以说明其版本与字符集(例子中的第一行)，其文件的基本构成单元主要为具有不同功能与作用的节点。

为了建立自己的 VRML 场景，还需要置办建模软件和 VRML 的创作工具。使用建模软件为的是创建三维模型构成的场景。许多传统的三维建模软件和动画应用软件也可将其数据按照 VRML 格式要求存储文件，如 3ds Max、Maya 等。另外还有若干种文件转换器，可将现有的三维格式转换成 VRML 格式。VRML 创作工具的例子如图 10.22 所示。

图 10.22 一种 VRML 创作工具

VRML 有一些创作工具，例如 SGI 公司的 Cosmo Create3D、放射软件国际公司 (Radiance Software International)的 Ez3D 和 Caligari 公司的 Fountain，这些工具都可以快速、高效地创建效果动人的 VRML 文件。功能强大的工具软件还可支持细节层次节点、锚定节点、内联节点等。一个性能良好的软件包还应包括一些工具，能制作动画、描述脚本、沟通事件联系、定义原型、增减多边形、制作纹理编辑等。

10.8.5 开辟一个虚拟世界

建立一个虚拟世界，如图 10.23 所示，一般需要如下几个步骤。

图 10.23 虚拟世界实例

(1) 从基本框架开始，设计一个描述虚拟世界中关键人物和行为的故事概要。设计故事梗概即在设计模型前要设计的一个基本方案。需要考虑如下问题：你的 VRML 的目的是什么？什么样的观众会访问该世界？该故事有故事情节吗？访问者按照什么路线浏览世界？世界中包含哪些物体？是否需要建立到其他世界的链接？用户如何与虚拟世界交互？如何运用特殊效果？你的虚拟世界的风格如何？等等。

(2) 构建物体并组成世界。在该步骤中，要列出组成虚拟世界的所有物体，分析需要哪些物体、纹理和材质。首先给物体配上简单的颜色，以后再修饰。在建立模型前，确定要加入的动画以便设定一个合适的变换层次。

(3) 添加动画和脚本。一旦创建了基本物体，就可以加入插补器，编写脚本，来给物体增加行为。此时，可以通过定义一系列视点组成动画的路线，并加入检测传感器和插补器与用户交互。

(4) 修改和测试。修改模型、纹理、动画和视点，看是否还可增加其他特性，如 HTML 页面、顶点颜色、材质等，并对所建立的世界进行试验，以保证获得较好的渲染效果和速度。

10.9 使用 VRML 2.0 构造虚拟世界

10.9.1 VrmlPad 简介

Vrmlpad 是 Parallel Graphics 公司出品的 VRML 开发工具，它具有强大的本地/远程文件编辑功能，方便的树型结构显示，功能强大的发布向导，对其他语言编写的应用程序具有良好的包容性。

VrmlPad 的工作界面如图 10.24 所示。

图 10.24　VrmlPad 的工作界面

VrmlPad 环境分为两个工作区，左边工作区显示的是场景的树形结构，右边的工作区为代码编辑区，主要用于代码的输入。若单击"场景树"按钮，则在左边的工作区显示场景的树形结构图。单击"文件列表"按钮，则在左边的工作区显示当前目录下的文件列表。单击"资源"按钮，则在右边的工作区显示编辑代码的.class 文件。

10.9.2　使用 VRML 2.0

VRML 2.0 是一种基于节点的建模语言。它拥有丰富的节点，可以通过这些节点来构造虚拟世界中的各种形体及效果。下面对 VRML 2.0 常用的节点进行简单的介绍。

1．利用节点构建静态形体

现在使用 VRML 2.0 来构建一个由圆锥、球体和立方体组成的静态形体组合。在 VrmlPad 中输入如下文字：

```
#VRML V2.0 utf8
Group { children [Shape { geometry Box {} } ] }
```

其中，第一行为 VRML 文件的标志。#表示该行为一注释，V2.0 表示该文件使用的是 VRML 2.0 版本，而 utf8 表示此文件采用 utf8 编码方案。

第二行使用 Group 语句定义了组节点。在 VRML 文件中，利用组节点可以把虚拟场景组织成条理清晰的树形分支结构，组节点的花括号之内的所有内容视为一个整体。组节点所包含的对象可以在其 children 域(孩子域)中定义。

这里，我们定义了一个 Shape 节点(形态节点)。利用 Shape 节点，可以描述形体的几何形状及其颜色等特征。Shape 节点内定义的是一个 Box(长方体节点)。由于没有为 Box 定义任何域，故而它的所有特性取默认值。

将上述文件保存为"盒子.wrl"。图 10.25 是用浏览器看到的效果。

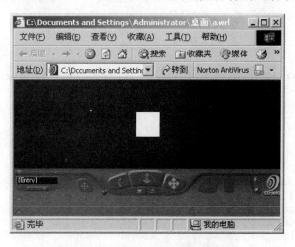

图 10.25　"盒子.wrl"的运行效果

可以利用 Shape 节点的 appearance 域(外观域)来改变盒子的外观。appearance 域是一个 Appearance 节点，其 material 域(材质域)定义为一个 Material 节点：

```
appearance Appearance { material Material {} }
```

Material 节点的 diffuseColor 域(漫射色)用来表达形体的颜色。VRML 的颜色说明采用的是 RGB 颜色模型，分别用三个 0 到 1 之间的数字表示，依次是红色、绿色和蓝色。要让盒子的外表呈现红色，可以让 diffuseColor 域的取值为{1 0 0}。故而得到代码如下：

```
#VRML V2.0 utf8
Group { children [ Shape {appearance Appearance {material Material
{ diffuseColor 1 0 0 } } geometry Box {} } ] }
```

其效果如图 10.26 所示。

图 10.26　红色的盒子

在浏览器中，红色盒子位于屏幕的中心。若想改变它的位置，可以通过 Transform(变换节点)来实现。在 VRML 中，Transform 节点除了具有 Group 节点相似的功能外，还可以对形体进行平移、旋转和缩放。例如，要把上述形体向右平移 8 个单位，可以将 Transform 节点的 translation 域(平移域)设置为 800。

更改后的代码如下：

```
#VRML V2.0 utf8
Group { children [ Transform { translation 8 0 0 children [Shape
{ appearance Appearance { material Material { diffuseColor 1 0 0 } }
geometry Box {} }] } ] }
```

用类似的方法添加其他形体，如球和圆锥，得到代码如下：

```
#VRML V2.0 utf8
Group { children [ Transform { translation 8 0 0children [ Shape
{ appearance Appearance { material Material { diffuseColor 1 0 0 } }
geometry Box {} } ] }
Transform { translation 0 0 0 children [Shape { appearance Appearance
{ material Material { diffuseColor 0 1 0 } } geometry Sphere {} } ] }
Transform { translation -8 0 0children [ Shape { appearance Appearance
{ material Material { diffuseColor 0 0 1 } } geometry Cone {} } ] } ]}
```

为了方便以后的引用，可使用 DEF 语句分别为这三个形体命名，得到代码如下：

```
#VRML V2.0 utf8
Group { children [ DEF B Transform { translation 8 0 0 children [ Shape
{ appearance Appearance { material Material { diffuseColor 1 0 0 } }
geometry Box {} } ] }
DEF S Transform { translation 0 0 0 children [Shape { appearance
Appearance { material Material { diffuseColor 0 1 0 } } geometry Sphere
```

```
{} } ] }
DEF C Transform { translation -8 0 0children [ Shape { appearance
Appearance { material Material { diffuseColor 0 0 1 } } geometry Cone
{ } } ]}]}
```

图 10.27 显示出由 3 个形体构成的场景。

图 10.27 由三个形体构成的场景

2. 让形体具有交互的能力

VRML 2.0 最突出的特点就是交互。要让形体具有交互能力,可以使用检测器节点、观察点节点和传递机制来实现。下面分别进行简单的介绍。

(1) 检测器(Sensor)节点

在 VRML 2.0 中,交互的基础是 Sensor(检测器)节点。它一般存在于其他节点的 children 域中,其上一级节点被称为可触发节点。Sensor(检测器)节点共有 9 种,用以确定不同的触发条件和时机,应用在不同的场合。

在所有的 Sensor(检测器)节点中,TouchSensor(接触检测器)节点最为常用。下面的代码中,就为 Group 节点定义了一个 TouchSensor 节点:

```
#VRML V2.0 utf8
Group { children [ Transform { translation 8 0 0 children [ Shape
{ appearance Appearance { material Material { diffuseColor 1 0 0 } }
geometry Box {} } ] } DEF touchSensor TouchSensor{} ]}
```

其中,Group 节点被称为可触发节点。由于 TouchSensor 节点的存在,使得用户可以通过某种触发操作引起场景的变化。

(2) 观察点(Viewpoint)节点

在虚拟环境中,用户的观察点位置或视角可以通过拖动鼠标或按动箭头键来动态调整,也可以由创作者通过在虚拟场景的重要位置设置 Viewpoint 节点(观察点)来给出。在下面的代码中,便为场景定义了两个 Viewpoint 节点,分别为 view1 和 view2:

```
#VRML V2.0 utf8
DEF view1 Viewpoint { position 0 0 10 description "view1"}
DEF view2 Viewpoint { position 4 2 10 description "view2"}
Group { children [ Transform { translation 8 0 0children [ Shape
{ appearance Appearance { material Material { diffuseColor 1 0 0 } }
geometry Box {} } ] } DEF touchSensor TouchSensor{} ]}
```

通过 view1 和 view2 节点，用户的观察点可以方便地在场景中的 0 0 10 位置和 4 2 10
位置之间进行切换。在 Cosmo 播放器中，观察点的名称 view1 和 view2 在浏览器中提供
出以备用户选择。

(3) 事件路由传递机制

在场景中，除节点构成的层次体系外，还有一个"事件体系"，事件体系由相互通信
的节点构成。节点通过事件入口(eventIn)来接收事件，通过事件出口(eventOut)来发送事
件。事件入口与事件出口拥有类型。若节点要接收多种类型的事件(入事件)，就应具备多
个事件入口。

事件出口和事件入口通过 ROUTE(路由)语句来联系，从而构成整个事件体系。

ROUTE 语句是 VRML 文件中除节点以外的另一基本组成部分。例如，要把接触检测
器 touchSensor 的事件出口 isActive 连接到观察点节点 view2 的事件入口 set_bind，可以编
写 ROUTE 语句如下：

```
ROTUE touchSensor.isActive TO view2.set_bind
```

将这条语句加在文件的末尾，得到如下的 VRML 文件：

```
#VRML V2.0 utf8
DEF view1 Viewpoint { position 0 0 10 description "view1"}
DEF view2 Viewpoint { position 4 2 10 description "view2"}
Group { children [ Transform { translation 8 0 0 children [ Shape
{ appearance Appearance { material Material { diffuseColor 1 0 0 } }
geometry Box {} } ] } DEF touchSensor TouchSensor{}] }
ROUTE touchSensor.isActive TO view2.set_bind
```

在该场景中，如果把鼠标指向红色盒子并按下左键，将会发现观察点已经变为
view2，再把鼠标左键松开，场景被恢复。这主要是由于鼠标左键按下时，接触检测器被
触发。它从事件出口 isActive 送出一个事件"TRUE"，这个事件通过路由进入节点
view2 的事件入口 set_bind，从而使得 view2 成为当前视点。松开鼠标左键后，接触检测
器向 view2 发送了一个"FASLE"事件，view2 不再是当前观察点，场景被恢复，这一功
能被称为观察点回跳。

(4) 使用脚本节点定义行为

在 VRML 中，利用 script 节点(脚本节点)可以编写脚本来自己定义行为。Java 和
JavaScript(标准化后命名为 EMCAScript)是 VRML 2.0 支持的两种脚本描述语言。VRML
2.0 标准中定义了它们与 VRML 的接口方法。

我们将前面的路由进行修改，在接触检测器 touchSensor 和观察点节点 view2 之间插
入一个脚本节点 touchscript 来定义指定的行为，代码如下：

```
ROUTE touchSensor.isActive TO touchscript.touchSensorIsActiveROUTE
touchscript.bindView2 TO view2.set_bind
```

脚本节点 touchscript 的代码如下：

```
DEF touchscript Script { eventIn SFBool touchSensorIsActive eventOut
SFBool bindView2 url "javascript:function touchSensorIsActive()
{bindView2= TRUE; }" }
```

该脚本节点通过事件人口 touchSensorIsActive 接收来自接触检测器 touchSensor 的事

件，经过处理后再把结果通过事件出口 bindView2 发送给观察点节点 view2。

使用 script 节点需要注意几个问题：首先，脚本节点的事件入口和事件出口可以自己定义，而其他 VRML 节点的域和事件都是固定的；其次，路由将事件从一个节点的事件出口传递给另一个节点的事件入口。此时的事件入口与事件出口的类型必须相同；再次，在脚本节点的“url”域中，既可以直接包含脚本，也可以包含一个或多个用 URL 地址指示的脚本(若指示的地址有多个，则按次序的先后获取第一个可得到的脚本)；最后，如果脚本以函数(function)形式给出，则函数名必须与事件入口的名称相同，表示相应事件入口收到事件后调用此函数进行处理。

修改后的完整代码如下：

```
#VRML V2.0 utf8
DEF view1 Viewpoint { position 0 0 10description "view1" }
DEF view2 Viewpoint { position 4 2 10description "view2"}
Group { children [ Transform { translation 8 0 0 children [ Shape
{ appearance Appearance { material Material { diffuseColor 1 0 0 } }
geometry Box {} } ] } DEF touchSensor TouchSensor{} ]} DEF touchscript
Script {eventIn SFBool touchSensorIsActive eventOut SFBool bindView2 url
"javascript:function touchSensorIsActive() {bindView2= TRUE; }" }
ROUTE touchSensor.isActive TO touchscript.touchSensorIsActiveROUTE
touchscript.bindView2 TO view2.set_bind
```

3. 场景中动画的实现

现在想在点击盒子时，让盒子旋转，该如何实现呢？TouchSensor 节点(接触检测器)、TimeSensor 节点(时间检测器)和插补器可以帮助我们实现这一行为。

(1) 使用接触检测器，结合脚本节点实现动画

通过接触检测器触发脚本节点。在脚本节点中，不断修改旋转值，并传递给形体节点的事件入口 rotation，可以实现盒子的旋转动画。给出代码如下：

```
#VRML V2.0 utf8
DEF box Transform { rotation 2 2 2 0 children [ Shape { appearance
Appearance { material Material { diffuseColor 1 0 0 } } geometry Box {} }
DEF TouchS TouchSensor {} ] } DEF r Script {eventIn SFBool
startRevolvingeventOut SFRotation revolve field SFFloat angle 0url
"javascript:function startRevolving () {revolve[0]=2; revolve[1]=2;
revolve[2]=2; revolve[3]=angle;angle+=0.1; }" }
ROUTE TouchS.isOver TO r.startRevolvingROUTE r.revolve TO
box.set_rotation
```

在该代码中，盒子 box 的类型是 Transform 节点，它拥有外露域(既可作为入事件被修改，也可作为出事件输出的域)rotation，用来指定该节点相对于上层坐标系的旋转值。

Rotation 域的值由 4 个数值构成，前三个数值用来定义旋转轴，最后一个值用来确定旋转角。上述代码将旋转轴定义为 2 2 2，并利用脚本节点不断修改旋转角，达到让盒子旋转的目的。

使用浏览器浏览时，如果将鼠标指针移动到盒子之上，接触检测器将会发出 isOver 事件，并通过路由传递给脚本节点 r 的事件入口 startRevolving，从而启动 startRevolving 函数。通过该函数，将一个新的旋转值发送给事件出口 revolve，这个旋转值通过路由传递给 box 的外露域 rotation，修改旋转角，进而引起盒子的一次旋转。

(2) 使用时间检测器，结合脚本节点实现动画

为了让盒子能够连续地旋转，需要在固定的时间间隔下不断地修改盒子的旋转角，这便需要 TimeSensor 节点(时间检测器)的帮助。TimeSensor 节点能够随着时间推移不断产生事件，用于如驱动连续性的仿真和动画、控制周期性的活动、初始化单独事件等目的。使用时间检测器修改路由如下：

```
DEF t TimeSensor { cycleInterval 0.2 loop TRUE enabled FALSE }
ROUTE TouchS.isOver TO t.set_enabled ROUTE t.cycleTime TO
r.startRevolvingROUTE r.revolve TO box.set_rotation
```

当鼠标指针移动到盒子之上时，接触检测器 TouchS 发出 isOver 事件，通过路由传递给时间检测器 t 的事件入口 set_enabled，使其开始工作(时间检测器的域 enabled 的值由 FALSE 变为 TRUE)。时间检测器 t 每隔 0.2s 送出一个 cycleTime 事件，从而引发节点 r 的 startRevolving 事件，驱动盒子旋转。为了让事件入口与事件出口类型一致，这里需要将 r 的 startRevolving 事件类型改为 SFTime。下面给出完整的代码：

```
#VRML V2.0 utf8
DEF box Transform { rotation 2 2 2 0 children [ Shape { appearance
Appearance { material Material { diffuseColor 1 0 0 } } geometry Box {} }
DEF TouchS TouchSensor {} ] } DEF r Script { eventIn SFTime
startRevolvingeventOut SFRotation revolve field SFFloat angle 0url
"javascript:function startRevolving (active) {revolve[0]=2; revolve[1]=2;
revolve[2]=2; revolve[3]=angle;angle+=0.1; }" }
DEF t TimeSensor { cycleInterval 0.2 loop TRUE enabled FALSE }
ROUTE TouchS.isOver TO t.set_enabled ROUTE t.cycleTime TO
r.startRevolvingROUTE r.revolve TO box.set_rotation
```

(3) 使用插补器，结合时间检测器实现动画盒子的旋转

也可以使用插补器来实现。在 VRML 中，使用插补器节点可以方便地实现关键帧动画。插补器节点共有 6 个。

- CoordinateInterpolator：坐标插补器。
- ColorInterpolator：颜色插补器。
- positionInterpolator：位置插补器。
- NormalInterpolator：法线插补器。
- ScalarInterpolator：标量插补器。
- OrientationInterpolator：朝向插补器。

它们通常配合时间检测器，或能够使对象产生动作的节点，来生成关键帧动画。

所有插补器都有类似的域和事件，如：

- eventIn SFFloat set_fraction
- eventOut [S|M]F<type> value_changed
- exposedField MF<type> keyValue [...]
- exposedField MFFloat key [...]

关键值域 keyValue 的类型决定了插补器的类型，入事件 set_fraction 接收 SFFloat 型的事件，插补器根据它进行插值，并通过出事件 value_changed 送出插值结果。

下面利用 OrientationInterpolator(朝向插补器)来实现盒子的旋转。为了使盒子在固定的时间间隔内改变旋转角度，我们还需要时间检测器的配合。

将时间检测器的 fraction_changed 事件作为朝向插补器事件入口 set_fraction 的输入，再通过朝向插补器的事件出口 value_changed 修改盒子的 rotation 域的值，从而达到让盒子旋转的目的。由于时间检测器的事件出口 fraction_changed 为一[0, 1]区间的值，表明当前周期内已过去的时间占整个周期的比值，所以需要将插补器关键帧的取值 key 也定义在[0, 1]范围内。为了让盒子绕着固定的旋转轴旋转，我们将关键帧取值 key 所对应的关键值的旋转轴设为相同，将旋转角分别设为 0、3.14159 和 6.28318，表明盒子的旋转角从 0 变化到 3.14159，再变化到 6.28318，如此反复。完整代码如下：

```
#VRML V2.0 utf8
DEF box Transform { rotation 2 2 2 0
children [
Shape { appearance Appearance { material Material { diffuseColor 1 0
0 } }
geometry Box {} }
DEF TouchS TouchSensor {} ] }
DEF t TimeSensor { cycleInterval 1
loop TRUE
enabled FALSE }
DEF r OrientationInterpolator {
key [0, 0.5, 1]
keyValue [ 0.8 0.8 0.8 0, 0.8 0.8 0.8
3.14159, 0.8 0.8 0.8 6.28318] }
ROUTE TouchS.isOver TO t.set_enabled
ROUTE t.fraction_changed TO
r.set_fraction
ROUTE r.value_changed TO box.set_rotation
```

生成效果如图 10.28 所示。

图 10.28 旋转动画的效果

10.10 本 章 小 结

虚拟现实技术是一种多学科交叉的新兴技术，已经开创和带动了一系列新的研究方向，并在许多方面成功地应用，形成了虚拟现实软硬件和应用产业，成为国际前沿的研究方向之一。目前虚拟现实技术尚未成熟，研究热潮形成不久，作为虚拟现实技术的核心，计算机图形学在我国有较好的设备条件和研究工作积累，有可能迎头赶上国际水平。

本章主要介绍了虚拟现实技术的定义和特点、虚拟现实技术的分类情况、关键技术和应用方向。另外，从实用角度出发，介绍了虚拟现实建模语言 VRML，希望读者通过本章的学习，能了解虚拟技术的基本发展情况，并能建立起自己的虚拟现实世界。

10.11　习　　题

1．填空题

(1)　VRML 是指＿＿＿＿＿＿＿＿＿＿＿＿＿＿＿＿＿＿＿＿＿＿＿＿＿＿＿＿。

(2)　导致沉浸感的原因是用户对计算机环境的虚拟物体产生了类似于现实物体的存在意识或幻觉，沉浸感必须具备 3 个要素，它们分别是＿＿＿＿、＿＿＿＿＿和＿＿＿＿。

(3)　从虚拟现实与外界的交互考虑，可以分成 3 类：＿＿＿＿、＿＿＿＿＿和＿＿＿＿。

(4)　虚拟现实软件是提供实时观察和参与虚拟环境能力的软件系统，包括＿＿＿＿、＿＿＿＿、＿＿＿＿＿等 4 个方面。

(5)　无论是桌面虚拟现实系统还是临境虚拟现实系统，它们都由＿＿＿＿、虚拟现实软件、虚拟现实硬件(包括计算机、虚拟现实输入输出设备)这 3 个部分组成。

2．选择题

(1)　下面不是虚拟现实特点的是＿＿＿＿。

　　A．沉浸感　　　　B．娱乐性　　　　C．交互性　　　　D．构想性

(2)　在 VRML 语言中，事件出口和事件入口通过＿＿＿＿相连，它是 VRML 文件中除节点以外的另一基本组成部分。

　　A．路由　　　　B．eventIn 语句　　C．Sensor 节点　　D．Group 节点

(3)　VRML 文件至少需要版本与字符集说明(例子中的第一行语句)，其文件主要由＿＿＿＿构成。

　　A．JavaScript 语句　B．Windows 类　　C．节点　　　　D．Java 语言

3．判断题

(1)　VRML 1.0 最突出的特点就是交互性。　　　　　　　　　　　　　（　　）

(2)　所有的虚拟环境都是完全脱离现实世界的。　　　　　　　　　　　（　　）

(3)　虚拟现实最主要的技术是沉浸感，虚拟现实技术追求的目标也就是力求使用户在计算机所创建的三维虚拟环境中处于一种"全身心投入"的感觉状态，有身临其境的感觉，即沉浸感。　　　　　　　　　　　　　　　　　　　　　　　　　　　　　　（　　）

4．简答题

(1)　什么是虚拟现实技术？

(2)　虚拟现实系统的分类及其组成是什么？

(3)　虚拟现实的关键技术有哪些？

(4)　据你所知，虚拟现实技术能应用在什么领域？

(5)　虚拟现实的硬件设备有哪些？

(6)　如何使用 VRML 2.0 构建虚拟世界？

第 11 章

多媒体通信

教学提示：

多媒体通信除了满足一般意义上的多媒体信息处理的基本要求外，特别需要满足网络环境下的交互性、实时性和同步性要求。多媒体通信技术的最终目标是在满足多媒体通信服务质量条件下的多媒体通信。

教学目标：

本章主要介绍多媒体通信的基本知识，使初学者对多媒体通信有一个全面的了解。通过本章的学习，要求掌握多媒体通信的基本特点、关键技术，以及常见的几种多媒体通信网络，几种典型的多媒体通信系统和相关的通信标准与协议。

11.1 多媒体通信概述

如果说 19 世纪是电报的时代，20 世纪是电话的时代，那么 21 世纪就是多媒体通信的时代。随着技术的迅速发展，图像、视频等多媒体数据已逐渐成为信息处理领域中主要的信息媒体形式。多媒体通信是信息高速公路建设中的一项关键技术。它是近年来出现的一种新兴的信息技术，是多媒体、通信、计算机和网络等相互渗透和发展的产物。多媒体通信的广泛应用将会极大地提高人们的工作效率，减轻社会的交通运输负担，改变人们的教育和娱乐方式。多媒体通信将成为人们通信的基本方式，是目前各国在通信、计算机、教育、广播娱乐等各个领域研究的前沿课题。

11.1.1 多媒体通信的发展背景

多媒体计算机技术的崛起是多媒体通信发展的首要原因。20 世纪 80 年代初，美国、日本和欧洲著名的计算机公司开始致力于多媒体技术的研究，并把该技术应用于 PC 机。首先建立了基于局域网(LAN)的多媒体通信系统。

自 20 世纪 90 年代开始，多媒体计算机技术就成为计算机领域的热点之一。计算机在各个领域中的广泛应用使得人类可以获取的信息爆炸性地增长，当技术发展到可以方便地处理各种感觉媒体时，多媒体计算机技术便自然而然地出现并迅速发展起来。多媒体通信中的"多媒体"一词，指的是由在内容上相互关联的文本、图形、图像、音频和视频等媒体数据构成的一种复合信息实体。计算机以数字化的方式对任何一种媒体进行表示、存储、传输和处理，并且将这些不同类型的媒体数据有机地合成在一起，形成多媒体数据，这就是多媒体计算机技术。

多媒体计算机技术综合和发展了计算机科学中的多种技术，如操作系统、计算机通信、数字信号和图像处理等。它是以计算机为核心的，集图、文、声、像处理技术为一体的综合性处理技术。随着科学技术的迅速发展和社会需求的日益增长，人们已不满足于单一媒体提供的传统的单一服务，如电话、电视、传真等，而是需要诸如数据、文本、图形、图像、音频和视频等多种媒体信息，以超越时空限制的集中方式作为一个整体呈现在人们的眼前。

在这种时代背景下，伴随着多媒体计算机技术与电话、广播、电视、微波、卫星通信、广域网和局域网等各种通信技术的结合，产生了一种边缘性技术——多媒体通信。

11.1.2 多媒体通信的特点

多媒体通信(Multimedia Communication)是多媒体技术与通信技术的完美结合，它突破了计算机、通信、电子等传统领域的界限，把计算机的交互性、通信网络的分布性和多媒体信息的综合性融为一体，多媒体对通信的影响主要表现在以下几个方面。

1. 多媒体通信数据量巨大

由于多媒体数据的量很大，存储空间要求大，传输带宽要求高，就不可避免地要对所传输的数据进行压缩。而现在的高倍率的压缩以损失原始数据信息量为代价，这影响到媒体本身的质量。在很多情况下，就不得不考虑静态、慢速或小画面等办法来限制数据量，这也影响通信质量。因此，要真正实现多媒体通信，必须加大带宽，使得通信网络能适应多媒体数据量的增长。

2. 多媒体通信的实时性

多媒体中的声音、动画、视频等媒体对多媒体传输设备的要求很高，即使带宽充足，如果通信协议不合适，也会影响多媒体数据的实时性。例如，在语音通信时，偶尔的误码不要去纠正，效果要比由于纠错重发而发生的语音停顿要好得多。一般来说，电路交换方式延时短，但占用专门信道，不易共享；而分组交换方式则延时偏长，且不适于数据量变化大的业务使用。很显然，这将要求通信网、通信协议及高层协议能适应这种需求。

实时性的影响还存在于端端延迟上，在多媒体数据传输中，许多处理环节都会增加端端延迟。鉴于各种多媒体之间的特性如此不一致，一般采用服务质量(Quality of Service, QoS)来描述，传输时也往往根据 QoS 来决定传输策略。例如，对语音可采取延迟短、延迟变化小的传输策略，对数据传输则可采用可靠、保序的传输策略等。

3. 多媒体通信的同步性

同步性指的是在多媒体通信终端上显现的图像、声音和文字是以同步方式工作的。

例如，用户要检索一个重要的历史事件的片断，该事件的运动图像(或静止图像)存放在图像数据库中，其文字叙述和语言说明放在其他数据库中。多媒体通信终端通过不同传输途径将所需要的信息从不同的数据库中提取出来，并将这些声音、图像、文字同步起来，构成一个整体的信息呈现在用户面前，使声音、图像、文字实现同步，并将同步的信息送给用户。

同步性是多媒体通信系统最主要的特点之一。信息的同步与否，决定了系统是多媒体通信系统还是多种媒体通信系统。此外，多媒体通信的同步性也是最为困难的技术问题之一。一般来说，多媒体通信系统是一个资源受限的系统，所谓的资源受限，有两种情况，也就是通信速率受限和终端内存受限。如果这两个方面没有限制，同步本来不会有很大的技术难点。例如，如果信道通信速率不受限，那么只要发端完全安排好信息媒体间的关系，在接收端就完全忠实地复现出来，信息同步将不成问题。当然在信道的通信速率受限的情况下，接收端的信息间同步就要困难得多。另外，如果接收端存储器的存储量是无限的，将所有信息全部接收下来，然后在终端内同步播出，这种场合下同步问题也好解决，但实际上这个条件经常是无法满足的，因而使同步问题变得很困难。

4. 多媒体通信的交互性

多媒体系统的关键特点是交互性。这就要求多媒体通信网络提供双向的数据传输能力，这种双向传输通道从功能和带宽来讲都是不对称的。

5. 分布式处理和协同工作

目前的通信网络状况是多网共存，在未来的通信系统中，多网统一、业务综合和多媒体化应是发展的重点。现有的各类信息网络，包括电话网、计算机网、甚至电视网、广播网和新型信息网将集成为一个网络，不同的业务在其上运行，以一个插口、一个号码和一个体系面对用户。为了达到这个目标，在高速宽带的网络上，实现各种多媒体信息的传输就非常必要了。

　　分布式处理是向用户提供综合服务的基本方法。因为多媒体引入到了分布式处理领域后，不仅仅是各通信传输的问题，还有许多建立在通信传输之上的分布式处理与应用问题需要研究。需要解决诸如各项多媒体应用在分布式环境下运行时，如何通过分布式环境解决多点、多人合作的问题，以及如何提供远程的多媒体信息服务等问题。

11.1.3　多媒体通信的关键技术

　　多媒体通信的关键技术主要有：
- 声音、视频、图像等多媒体信息处理技术。
- 数据压缩和解压缩技术。
- 多媒体信息实时传输和同步技术。
- 多媒体通信协议与标准化。

11.2　多媒体通信网络

　　随着多媒体技术的发展及多媒体应用的不断深化，大量数字化的音频和视频信息需要统一的信息网络来传输，通过高速网络实现大量的数字化数据处理、交换和通信，以实现相互间的共享。

　　现有的许多通信网络，他们的设计目的多样、用途各异，多数已得到广泛的应用，包括电话交换网、Ethernet、FDDI、分组交换网、ISDN、VOD、HFC 等，它们分别属于电信网、计算机网和有线电视网。这些网络之间已存在不同程度的交叉与融合，但是要使这些不同的网络统一起来，还为时过早。下面以电信网、计算机网和有线电视网为分类，简单介绍其中一些有代表性的网络。

11.2.1　基于电信网的多媒体信息传输

1. ISDN

　　ISDN(Integrated Service Digital Network)的中文名称是综合业务数字网，通俗地称为"一线通"。目前，电话网交换和中继已经基本上实现了数字化，即电话局和电话局之间从传输到交换全部实现了数字化，但是从电话局到用户则仍然是模拟的，向用户提供的仍然只是电话这一单纯业务。综合业务数字网的实现，使电话局和用户之间即使依然采用一对铜线，也能够做到数字化，并向用户提供多种业务，除了拨打电话外，还可以提供诸如可视电话、数据通信、会议电视等多种业务，从而将电话、传真、数据、图像等多种业务综合在一个统一的数字网络中进行传输和处理。

　　综合业务数字网有窄带(N-ISDN)和宽带(B-ISDN)两种。窄带综合业务数字网向用户提供的有基本速率(2B+D，144kb/s)和一次群速率(30B+D，2Mb/s)两种接口。基本速率接口包括两个能独立工作的 B 信道(64kb/s)和一个 D 信道(16kb/s)，其中 B 信道一般用来传输话音、数据和图像，D 信道用来传输信令或分组信息。宽带可以向用户提供 155Mb/s 以上的通信能力。

ISDN(2B+D)具有普通电话无法比拟的优势。

(1) 综合的通信业务。利用一条用户线路，就可以在上网的同时拨打电话、收发传真，就像两条电话线一样。通过配置适当的终端设备，也可以实现会议电视功能，把我们与亲人朋友之间的距离缩到最短。

(2) 高速的数据传输。在数字用户线中，存在多个复用的信道，比现有电话网中的数据传输速率提高了 2~8 倍。

(3) 高的传输质量。由于采用端到端的数字传输，传输质量得到明显提高。接收端声音失真很小。数据传输的比特误码特性比电话线路至少改善了 10 倍。

(4) 使用灵活方便。只需一个入网接口，使用一个统一的号码，就能从网络得到所需要使用的各种业务。

(5) 适宜的费用。由于使用单一的网络来提供多种业务，ISDN 大大提高了网络资源的利用率，以低廉的费用向用户提供业务；同时用户不必购买和安装不同的设备和线路接入不同的网络，因而只需要一个接口就能够得到各种业务，大大节省了投资。

2. ADSL

随着 Internet 的爆炸式发展，在 Internet 上的商业应用和多媒体等服务也得到迅猛推广。要享受 Internet 上的各种服务，用户必须以某种方式接入网络。为了实现用户接入网的数字化、宽带化，提高用户上网速度，光纤到户(FTTH)是用户网今后发展的必然方向，但由于光纤用户网的成本过高，在今后的十几年甚至几十年内，大多数用户网仍将继续使用现有的铜线环路，于是近年来人们提出了多项过渡性的宽带接入网技术，包括 N-ISDN、Cable Modem、ADSL 等，其中 ADSL(非对称数字用户环路)是最具前景及竞争力的一种，将在未来十几年甚至几十年内占主导地位。

DSL(数字用户线路，Digital Subscriber Line)是以铜质电话线为传输介质的传输技术组合，它包括 HDSL、SDSL、VDSL、ADSL 和 RADSL 等，一般称为 xDSL。它们主要的区别体现在信号传输速度和距离的不同以及上行速率和下行速率对称性的不同两个方面。

HDSL 与 SDSL 支持对称的 T1/E1(1.544Mbps/2.048Mbps)传输。其中 HDSL 的有效传输距离为 3km~4km，且需要 2~4 对铜质双绞电话线；SDSL 最大有效传输距离为 3km，只需一对铜线。相比而言，对称 DSL 更适用于企业点对点连接应用，如文件传输、视频会议等收发数据量大致相应的工作。与非对称 DSL 相比，对称 DSL 的市场要小得多。

VDSL、ADSL 和 RADSL 属于非对称式传输。其中 VDSL 技术是 xDSL 技术中最快的一种，在一对铜质双绞电话线上，上行数据的速率为 13Mb/s~52Mb/s，下行数据的速率为 1.5Mb/s~2.3Mb/s，但是 VDSL 的传输距离只在几百米以内，VDSL 可以成为光纤到家庭的具有高性价比的替代方案，目前深圳的 VOD(Video On Demand)就是采用这种接入技术实现的。ADSL 在一对铜线上支持上行速率 640kb/s~1Mb/s，下行速率 1Mb/s~8Mb/s，有效传输距离在 3km~5km 范围以内。RADSL 能够提供的速度范围与 ADSL 基本相同，但它可以根据双绞铜线质量的优劣和传输距离的远近动态地调整用户的访问速度。正是

RADSL 的这些特点使 RADSL 成为用于网上高速冲浪、视频点播(VOD)、远程局域网络 (LAN)访问的理想技术，因为在这些应用中用户下载的信息往往比上载的信息(发送指令) 要多得多。

目前 ADSL 主要提供 Internet 高速宽带接入的服务，用户只要通过 ADSL 接入，访问 相应的站点，便可免费享受多种宽带多媒体服务。随着 ADSL 技术的进一步推广应用， ADSL 接入还将可以提供点对点的远程医疗、远程教学、远程电视会议等服务。

业界许多专家都坚信，以 ADSL 为主的 xDSL 技术终将成为铜双绞线上的赢家，并最 终实现光纤接入。

11.2.2 基于计算机网的多媒体信息传输

1. FDDI

光纤分布式数据接口(Fiber Distributed Data Interface，FDDI)是 ANSI 为了满足用户对 网络高速和高可靠性传输的需求，在 20 世纪 80 年代中期制定的网络标准。标准拟定后， ANSI 将 FDDI 呈交 ISO，由 ISO 开发出与 ANSI 标准版 FDDI 完全兼容的国际版 FDDI。 如图 11.1 所示为 FDDI 的结构。

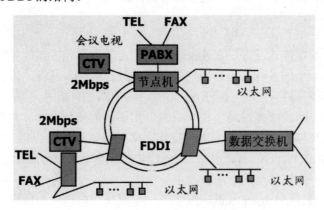

图 11.1   FDDI 的结构

FDDI 的速率为 100Mb/s，并且使用光纤(单模或多模)作为传输介质，光纤与传统铜线 相比具有高安全性、高可靠性以及高传输速率等优点，因此，FDDI 适用于各项指标要求 比较严格的高数据流量网络的主干部分。

FDDI 和令牌环网络一样，使用令牌传递作为介质访问控制方法。但二者的不同是， 在令牌环网络中，令牌绕行整个环一周回到发送节点后才被释放，绕行期间的这段延迟时 间被白白浪费掉了，因为在令牌被发送节点释放前，其他任何节点都不能发送信息。而 FDDI 采用一种称为早期令牌释放(Early Token Release)的技术，即发送节点在帧发送完毕 后立刻释放令牌，这个令牌能够被环中下一个要发送信息的节点捕获，此时环上将有不止 一个令牌在同时传输数据。这种早期令牌释放技术使得每个节点的平均等待时间减少，提 高了网络的利用率，从而能够实现提高速度的目的。

为了实现网络的容错机制，FDDI 采用双环结构，两个环的数据流方向相反。在正常 情况下，两个环路中只有主环(Primary Ring)用来传输数据，而辅环(Secondary Ring)通常当作备用环路。如果主环发生故障，检测到环故障的站点(必须是双连接站点)就会将数据转移到辅环上，这样主环和辅环共同工作，重新构成了一个环。只连接到主环上的站点为单连接站点(Single Attachment Station，SAS)，它只有一个收发器。同时连接到两个环上的站点为双连接站点(Dual Attachment Station，DAS)，它有两个收发器。在 FDDI 网络中，只有 DAS 才能提供容错机制。

在网络普遍采用 10Mb/s 传输速率的时期，FDDI 技术因其在速率方面的优势，被应用于 LAN 的主干部分。但是，随着以太网技术的飞速发展，尤其是千兆以太网技术的出现和应用，FDDI 的技术优势已不复存在。因此，除了一些老系统还在应用外，它实际上是一种逐步被淘汰的技术。

2．以太网

以太网(Ethernet)是当今局域网采用的最通用的通信协议标准，组建于 20 世纪 70 年代早期。以太网基本上由共享传输媒体，如双绞线电缆或同轴电缆和多端口集线器、网桥或交换机构成。在星型或总线型配置结构中，集线器/交换机/网桥通过电缆使得计算机、打印机和工作站彼此之间相互连接，如图 11.2 所示为以太网的构成。

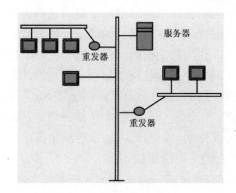

图 11.2　以太网的结构

(1)　以太网具有的一般特征概述如下。

①　共享媒体。所有网络设备依次使用同一通信媒体。

②　广播域。需要传输的帧被发送到所有节点，但只有寻找到的节点才会接收到帧。

③　CSMA/CD。以太网中利用载波监听多路访问/冲突检测方法(Carrier Sense Multiple Access / Collision Detection)以防止多节点同时发送。

④　MAC 地址。媒体访问控制层的所有 Ethernet 网络接口卡(NIC)都采用 48 位网络地址，这种地址全球唯一。

(2)　以太网基本网络组成如下。

①　共享媒体和电缆。包括 10Base-T(双绞线)、10Base-2(同轴细缆)、10Base-5(同轴粗缆)。

②　转发器或集线器。集线器或转发器是用来接收网络设备上的大量以太网连接的一类设备。通过某个连接的接收双方获得的数据被重新使用并发送到传输双方中的所有连接设备上，以获得传输型设备。

③　网桥。网桥属于第二层设备，负责将网络划分为独立的冲突域或分段，实现能在

同一个域或分段中维持广播及共享的目标。网桥中包括一份涵盖所有分段和转发帧的表格，以确保分段内及其周围的通信行为正常进行。

④ 交换机。交换机与网桥相同，也属于第二层设备，且是一种多端口设备。交换机所支持的功能类似于网桥，但它比网桥更具优势，它可以临时将任意两个端口连接在一起。交换机包括一个交换矩阵，通过它可以迅速连接端口或解除端口连接。与集线器不同，交换机只转发从一个端口到其他连接目标节点且不包含广播的端口的帧。

(3) 以太网协议：IEEE 802.3 标准中提供了以太帧结构，当前以太网支持光纤和双绞线媒体支持下的 4 种传输速率：

- 10Mb/s——10Base-T Ethernet(802.3)
- 100Mb/s——Fast Ethernet(802.3u)
- 1000Mb/s——Gigabit Ethernet(802.3z)
- 10Gigabit Ethernet(IEEE 802.3ae)

3. ATM

异步传输模式(Asynchronous Transfer Mode，ATM)技术是在电路交换方式和高速分组交换方式基础上发展起来的一种新技术，它继承了电路交换方式中速率的独立性和高速分组交换方式对任意速率的适应性，并针对两者的缺点采取有效对策，以实现高速传送综合业务信息的能力。这是因为，在电路交换模式中，收发两端之间建立了一条传输速率固定的信息通路。在通信过程中，不论是否收发了信息，该通路均被某呼叫所独占，这种信息传送模式被称为同步传输模式(Synchronous Transfer Mode，STM)。而在分组交换模式中，不对呼叫分配固定电路，仅当发送信息时才送出分组。从原理上讲，这种模式可以适应任何传输速率，但由于协议控制复杂等原因，很难满足高速通信的要求。

异步传输模式 ATM 采取的主要措施如下。

(1) 以固定长度的信元(Cell)发送信息，能适应任何速率。具体来说，该信元长为 53 字节，其中 5 字节为信元头，其余 48 字节为数据。这个信元的长度兼顾了效率和延时两个方面的需求。

(2) 在协议处理上，用硬件对头部信息进行识别，采用光纤高速传输，不用误码控制和流量控制，大大降低了延时，使信息传送速度高、容量大。

(3) 尽量采用简单协议，灵活性强，用户可以应用从零到极限速率的任一有效码速，并可根据自己的需要灵活地配置网络接口所用的带宽，使带宽"按需分配"。

ATM 技术得以实现的条件在于光纤的使用和 VLSI 技术的发展。由于光纤传输误码率很低(10^{-9})、传输容量大，通信网只需要进行信息传输，而流控制和误码控制大部分都可留给终端。VLSI 技术则使协议可用硬件实现，能够经济地实现高速交换。

从本质上讲，ATM 是一种高速分组传送模式。它将各种媒体的数据分解成每组长度固定为 53 字节的数据块，并装配上地址、优先级等信头信息构成信元，通过硬件进行交换处理以达到高速化。它与以前分组交换的不同之处在于，几乎不会因交换处理而造成延迟，所以不仅可用于通常的数据通信，如传送正文和图形，还可以用于传送声音、动画和活动图像，能满足实时通信的需要。换句话说，它是兼有分组交换和电路交换双重优点的通信方式。因此，它非常适合多媒体通信模式，具有很好的应用前景。

4．宽带 IP 网

网络信息量爆炸式增长和 IP 技术的深入人心促进了宽带 IP 主干网的出现和发展。在不远的将来，IP 协议将最终成为电信网中压倒一切的主导通信协议。从网络技术的发展趋势来看，在 Internet 上实现多媒体通信是一个方向，是世界各国的主要目标。为实现这一目标，新一代宽带 IP 网络要建立在现有的网络技术基础上，建立在当前最先进的网络传输技术基础上，分为两个阶段来实施。

第一阶段称为 IP over Everything，典型的相关技术有 IP over ATM、IP over SDH、IP over WDM 等。IP over ATM 融合了 IP 和 ATM 技术的特点，发挥 ATM 支持多业务、提供 QoS 保证的技术优势。IP over SDH 直接在 SDH 上传送 IP 业务，对 IP 业务提供了完善支持，提高了效率。而 IP over WDM 采用高速路由交换机设备和 DWDM(密集波分复用)技术，极大地提高了网络带宽，对不同码率、数据帧格式的业务提供全面支持。这一阶段的目标已经基本实现，并成为当今的主流。

第二阶段称为 Everything over IP，如 ATM over IP、SDH over IP 及 DWDM over IP 等，这一目标可望在不远的将来得以实现。但是，传统的 Internet 网络使用 IPv4 协议，这就存在着带宽不易控制、延时不能保证、服务质量(QoS)不能保证以及 IP 地址数由于用户大量增加显得严重不足等缺点。因此，必须采取一系列措施来解决这些问题。

(1) IP over ATM

IP over ATM 的基本原理和工作方式是将 IP 数据包在 ATM 层全部封装为 ATM 信元，以 ATM 信元形式在信道中传输。当网络中的交换机接收到一个 IP 数据包时，它首先根据 IP 数据包的 IP 地址，通过某种机制进行路由地址处理，按路由转发。随后，按已计算的路由在 ATM 网上建立虚电路(VC)。以后的 IP 数据包将在此虚电路 VC 上以直通(Cut Through)方式传输，再经过路由器，从而有效地解决了 IP 的路由器瓶颈问题，并将 IP 包的转发速度提高到交换速度。

① 从以上分析可以看出，IP Over ATM 具有以下优点：
- ATM 技术本身能提供 QoS 保证，因此可利用此特点提高 IP 业务的服务质量。
- 具有良好的流量控制均衡能力以及故障恢复能力，网络可靠性高。
- 适应于多业务，具有良好的网络可扩展能力。
- 对其他几种网络协议(如 IPX 等)能提供支持。

② IP Over ATM 具有如下缺点：
- 目前，IP over ATM 还不能提供完全的 QoS 保证。
- 对 IP 路由的支持一般，IP 数据包分割，加入大量头信息，造成很大的带宽浪费(20%~30%)。
- 在复制多路广播方面缺乏高效率。
- 由于 ATM 本身技术复杂，导致管理复杂。

(2) IP over SDH

IP over SDH 以 SDH 网络作为 IP 数据网络的物理传输网络。它使用链路及 PPP 协议对 IP 数据包进行封装，把 IP 分组根据 RFC 1662 规范简单地插入到 PPP 帧中的信息段。然后再由 SDH 通道层的业务适配器把封装后的 IP 数据包映射到 SDH 的同步净荷中，然后向下，经过 SDH 传输层和段层，加上相应的开销，把净荷装入一个 SDH 帧中，最后到达光层，在光纤中传输。IP over SDH 也称 Packet over SDH(PoS)，它保留了 IP 面向无连接的特征。

① 从以上分析可以看出，IP over SDH 具有以下优点：

● 对 IP 路由的支持能力强，具有很高的 IP 传输效率。

● 符合 Internet 业务的特点，如有利于实施多路广播方式。

● 能利用 SDH 技术本身的环路，故可利用自愈合(Self-healing Ring)能力达到链路纠错，同时又可以利用 OSPF 协议防备因链路故障造成的网络停顿，提高网络的稳定性。

● 省略了不必要的 ATM 层，简化了网络结构，降低了运行费用。

② IP over SDH 具有如下缺点：

● 仅对 IP 业务提供好的支持，不适于多业务平台。

● 不能像 IP over ATM 技术那样提供较好的服务质量保障(QoS)。

● 对 IPX 等其他主要网络技术支持有限。

(3) IP over WDM

IP over WDM 也称光因特网。其基本原理和工作方式是在发送端将不同波长的光信号组合(复用)送入一根光纤中传输，在接收端，又将组合光信号分开(解复用)并送入不同终端。IP over WDM 是一个真正的链路层数据网。在其中，高性能路由器通过光 ADM 或 WDM 耦合器直接连至 WDM 光纤，由它控制波长接入、交换、选路和保护。IP over WDM 的帧结构有两种形式：SDH 帧格式和千兆以太网帧格式。

支持 IP over WDM 技术的协议、标准、技术和草案主要有 DWDM(密集波分复用)。一般峰值波长在 1nm~10nm 量级的 WDM 系统称为 DWDM。在此系统中，每一种波长的光信号称为一个传输通道(Channel)。每个通道都可以是一路 155Mb/s、622Mb/s、2.5Gb/s 甚至 10Gb/s 的 ATM 或 SDH 或是千兆以太网信号等。DWDM 提供了接口的协议和速率的无关性，在一条光纤上，可以同时支持 ATM、SDH 和千兆以太网，保护了已有投资，并提供了极大的灵活性。

SDH 与千兆以太网帧格式比较如下。

目前，主要网络再生设备大多采用 SDH 帧格式，这种格式下，报头载有信令和足够的网络管理信息，便于网络管理。

相比较而言，在路由器接口上针对 SDH 帧的拆装分割(SAR)处理耗时，影响网络吞吐量和性能，而且采用 SDH 帧格式的转发器和再生器造价昂贵。

目前，在局域网中主要采用千兆以太网帧结构，这种格式下，报头包含的网络状态信息不多，但由于没有使用那些造价昂贵的再生设备，因而成本相对较低。由于使用的是"异步"协议，对抖动和延时不那么敏感。同时由于与主机的帧结构相同，因而在路由器接口上需对帧进行拆装分割(SAR)操作，为了使数据帧和传输帧同步，还要进行比特塞入操作。

① 从以上分析可以看出，IP over WDM 具有以下优点：

● 充分利用光纤的带宽资源，极大地提高了带宽和相对的传输速率。

● 传输码率、数据格式及调制方式透明。可以传送不同码率的 ATM、SDH/SONET 和千兆以太网格式的业务。

- 不仅可以与现有通信网络兼容，还可以支持未来的宽带业务网及网络升级，并具有可推广性、高度生存性等特点。
② IP over WDM 具有如下缺点：
- 目前，对于波长标准化还没有实现。一般取 193.1THz 为参考频率，间隔为 100GHz。
- WDM 系统的网络管理应与其传输信号的网管分离，但在光域上加上开销和光信号的处理技术还不完善，从而导致 WDM 系统的网络管理还不成熟。
- 目前，WDM 系统的网络拓扑结构只是基于点对点的方式，还没有形成光网。

在高性能、宽带的 IP 业务方面，IP over SDH 技术由于去掉了 ATM 设备，投资少、见效快而且线路利用率高。因而就目前而言，发展高性能 IP 业务，IP over SDH 是较好的选择。而 IP over ATM 技术则充分利用已经存在的 ATM 网络和技术，发挥 ATM 网络的技术优势，适合于提供高性能的综合通信服务，因为它能够避免不必要的重复投资，提供 Voice、Video、Data 多项业务，是传统电信服务商的较好选择。对于 IP over WDM 技术，它能够极大地拓展现有的网络带宽，最大限度地提高线路利用率，并且在外围网络以千兆以太网成为主流的情况下，这种技术能真正地实现无缝接入。应该说，IP over WDM 将代表着宽带 IP 主干网的明天。

(4) MPLS

多协议标签交换技术(MultiProtocol Label Switching，MPLS)是一种在开放的通信网上利用标签引导数据高速、高效传输的新技术。它的价值在于能够在一个无连接的网络中引入连接模式的特性，主要优点是减少了网络复杂性，兼容现有各种主流网络技术，能降低 50%网络成本，在提供 IP 业务时能确保 QoS 和安全性，具有流量工程(Traffic Engineering)能力。MPLS 技术是下一代最具竞争力的多媒体通信网络技术。

未来的业务以突发性数据业务为主，ATM 对此显得效率不足，传输成本和交换成本较高，网络资源浪费，而 IP 又显得能力不够。1997 年，以 Cisco 公司为主的几家公司，包括 Ipsilon(已被 Nokia 并购)、IBM、Cascade(已被 Lucent 并购)、Toshiba 提出了 MPLS 技术。MPLS 引入了转发等价类(Forwarding Equivalence Classes，FEC)的概念，所有需要做相同转发处理、并转发到相同下一跳的分组属于同一转发类。在传统的 IP Forwarding 中，按照"最长匹配"的原则查找路由表，以确定下一跳的地址，这一原则可能导致多次查找匹配，因而在一定程度上影响路由器的性能。在 MPLS 中，每个数据包都带有标签，并根据标签被转发，不需要将数据包分析到网络层，而且，由于数据包使用的标签具有转发的唯一性，降低了转发表的查找次数，从而提高了包的转发速度。

MPLS 技术的主要特点如下。

① 充分采用原有的 IP 路由，在此基础上加以改进，保证了 MPLS 网络路由具有灵活性的特点。

② 采用 ATM 的高效传输交换方式，抛弃了复杂的 ATM 信令，无缝地将 IP 技术的优点融合到 ATM 的高效硬件转发中。

③ MPLS 网络的数据传输与路由计算分开，是一种面向连接的传输技术，能够提供有效的 QoS 保证。

④ MPLS 不但支持多种网络层技术，而且是一种与链路层无关的技术，它同时支持

X.25、帧中继、ATM、PPP、SDH、DWDM 等，保证了多种网络的互连互通，使得各种不同的网络传输技术统一在同一个 MPLS 平台上。

　　⑤　MPLS 支持大规模层次化的网络拓扑结构，具有良好的网络扩展性。

　　⑥　MPLS 的标签合并机制支持不同数据流的合并传输。

　　⑦　MPLS 支持流量工程、CoS、QoS 和大规模的虚拟专用网。

11.2.3　基于有线电视网的多媒体信息传输

1. VOD

　　除了以上介绍的"电信网+多媒体"和"计算机网+多媒体"这两条多媒体信息传输的发展线路以外，国际上正在大力发展第三条路线，即"有线电视(CATV)网+多媒体"，也就是视频点播或点播电视(Video On Demand，VOD)，有时也被称为交互式电视(Interactive TV，ITV)。

　　点播电视是从 1993 年发展起来的。当时，美国第二大有线电视公司—— Time Warner 美国西部公司联盟，1994 年开始利用休斯公司的卫星播出 150 套节目，经营可视电话业务，并在佛罗里达州试验推出了以一系列交互服务为内容的"全面服务网络"。电视机的交互功能——外置设备与电视机一体化发展起来后，用户可通过电视上网，由被动看电视变为主动选择电视节目，同时可以浏览 Internet 上的信息。

　　WebTV 的出现为电视的发展带来了新的契机，用户只要在现有的电视上加一个机顶盒，电视机就可以实现交互功能与 Internet 相连，用户只须投入很少资金就可上网，由于操作简单，也解决了用户上网的基础问题，加上电视机的普及，更加快了信息资源的推广和利用。视频点播系统采用客户/服务器模式，将图文、视音频素材存于视频服务器中，客户端可随时通过有线电视网和内部电话网交互式地查询点播服务器中的媒体信息。该系统既可以广泛地应用在宾馆、酒店和娱乐场所，也可以应用于住宅小区、教育系统、图书馆、政府机关和企事业单位。

2．HFC 与 Cable Modem

　　(1)　HFC

　　考虑到 FTTH 和 FTTC 成本很高(包括光端机、光纤、高速信息处理器等)，一时还难以实现，AT&T 公司于 1994 年初提出混合光纤/同轴电缆(HFC)，首先瞄准的就是 CATV 市场。HFC 与传统的 CATV 网相比，其优点是可以在同一媒介中同时传输多种业务。包括 POTS、广播模拟电视、广播数字电视、VOD、高速数字数据等。

　　HFC 电缆链路的理论容量极大，可用带宽达 1GHz。HFC 把总带宽分成两部分：下行(往住宅)频带为 50GHz~1GHz(50MHz~550MHz-模拟有线电视；550MHz~750MHz-电话和数据下行、MPEG-2 数字电视、VOD 点播下行；750GHz~1GHz-个人通信及新业务)，称为正向通道；上行频带为 5MHz~40MHz，称为反向通道。使用这样的带宽，HFC 能够传送数以百计的广播、VOD 信号、电话以及频带很宽的双向数字链路(如接入 Internet)。

　　HFC 的每一台 ONU(光网络单元)可为几百套住宅提供服务。用于 Internet 接入时，一个典型的 HFC 系统能为连到同一子系统的多个用户提供共享的 10Mb/s~25Mb/s 的带宽。

虽然从物理上看，HFC 和 FTTC 很相似，但后者传送的是数字信号，而前者是模拟信号。从投资上说，目前以提供分配型视像业务为主，在交互式和数字型业务普及率不高的情况下，HFC 方式比 FTTC 更为经济。

(2) Cable Modem

电缆调制解调器又名线缆调制解调器(Cable Modem)，它是近几年随着网络应用的扩大而发展起来的，主要用于有线电视网进行数据传输。Cable Modem 技术可以比标准的 V.90 电话 Modem 技术快 100 倍以上的速度接入因特网。

Cable Modem 与以往的 Modem 在原理上都是将数据进行调制后，在电缆的一个频率范围内传输，接收时进行解调，传输机制与普通 Modem 相同，不同之处在于它是通过有线电视 CATV 的某个传输频带进行调制解调的。而普通 Modem 的传输介质在用户与交换机之间是独立的，即用户独享通信介质。Cable Modem 属于共享介质系统，其他空闲频段仍然可用于有线电视信号的传输。Cable Modem 彻底解决了由于声音图像的传输而引起的阻塞，其速率已达 10Mb/s 以上，下行速率则更高。Cable Modem 也是组建城域网的关键设备，混合光纤同轴网(HFC)主干线用光纤，光节点小区内用树型总线同轴电缆网连接用户，在 HFC 网中传输数据就需要使用 Cable Modem。

11.3　多媒体通信系统

高速网络技术的发展，大大改善了网络的多媒体应用环境，推动了网络多媒体应用的发展，出现了很多多媒体通信系统，如可视电话、多媒体会议系统、多媒体邮件系统、多媒体信息咨询系统、交互式信息点播系统、远程教育系统、远程医疗系统，IP 电话等。同时，多媒体通信系统的应用也对计算机网络技术、数据存储技术和分布式处理技术等提出了更高的要求，带动了相关技术的进步。

下面将介绍几种典型的多媒体通信系统，如可视电话、电视会议系统、视频点播系统、IP 电话等，从中可以看出这些系统的不同技术特色和风格。

11.3.1　多媒体通信系统概述

多年来，国际电信联盟(ITU)为公共和私营电信组织制定了许多多媒体计算和通信系统的推荐标准，以促进各国之间的电信合作。ITU 的 26 个(Series A~Z)系列推荐标准中，与多媒体通信关系最密切的 7 个系列标准如表 11.1 所示，三种类型的多媒体通信系统的核心技术标准集如表 11.2 所示。

20 世纪 90 年代初开发的电视会议标准是 H.320，定义通信的建立、数字电视图像和声音压缩编码的算法，运行在综合业务数字网(Integrated Services Digital Network，ISDN)上。在 56kb/s 传输率的通信信道上支持帧速率比较低的电视图像，而在 1.544Mb/s 传输率的信道(即 T1 信道)上可以传输 CIF 格式的满帧速率电视图像。在局域网上的桌面电视会议(Desktop Video Conferencing)采用 H.323 标准，这是基于信息包交换的多媒体通信系统。在公众交换电话网(Public Switched Telephone Network，PSTN)上的网络桌面电视会议使用调制解调器，采用 H.324 标准。因特网上的电视会议目前大部分都趋向于采用 H.323

标准和正在开发的 SIP 标准，使用 IP 协议提供局域网上的电视会议，而全球的因特网电视会议目前还不能保证实时电视会议的服务质量。

表 11.1　ITU 系列推荐标准

系 列 名	主要内容
Series G	传输系统、媒体数字系统和网络
Series H	视听和多媒体系统
Series I	综合业务数字网(ISDN)
Series J	电视、声音节目和其他多媒体信号的传输
Series Q	电话交换和控制信号传输法
Series T	远程信息处理业务的终端设备
Series V	电话网上的数据通信

表 11.2　三种主要的系列标准

	H.320	H.323(V1/V2)	H.324
发布时间	1990	1996/1998	1996
应用范围	窄带 ISDN	带宽无保证信息包交换网络	PSTN
图像编码	H.261、H.263	H.261、H.263	H.261、H.263
声音编码	G.711、G.722、G.728	G.711、G.722、G.728、G.723.1、G.729	G.723.1
多路复合控制	H.221、H.230、H.242	H.225.0、H.245	H.223、H.245
多点	H.231、H.243	H.323	
数据	T.120	T.120	T.120

在多媒体通信标准中，电视图像的编码标准都采用 H.261 和 H.263。H.261 主要用来支持电视会议和可视电话，并于 1992 年开始应用于综合业务数字网络(ISDN)。该标准采用帧内压缩和帧间压缩技术，可使用硬件或者软件来执行。电视图像数据压缩后的数据速率为 P×64kb/s，其中 P 的变动范围为 1~30，这取决于所使用的 ISDN 通道数。H.261 支持 CIF 和 QCIF 的分辨率。H.263 是在 H.261 的基础上开发的电视图像编码标准，用于低位速率通信的电视图像编码，目标是改善在调制解调器上传输的图像质量，并增加了对电视图像格式的支持。

计算机网络是多媒体通信的基础，线路交换网络与信息包交换网络的融合是构造多媒体通信系统结构的出发点。图 11.3 给出了多媒体通信系统的结构示意。

从图 11.3 中可以看到，多媒体通信系统主要由下面几个部件组成：网关(Gateway)、会务器(Gatekeeper)和通信终端(Terminal)。通信终端包括执行 H.320、H.323 或者 H.324 协议的计算机和执行 H.324 的电话机。

此外，H.323 还定义了一个叫作多点控制单元(Multipoint Control Unit，MCU)的部件，它是 H.320 和 H.323 的一个重要设备，可作为一个单独的设备接入到网络上，但现在开发的一些产品则把它要实现的功能集成到会务器中，因此图中未画出。在 H.323 协议中，把通信终端、网关、会务器或者 MCU 叫作端点(Endpoint)。

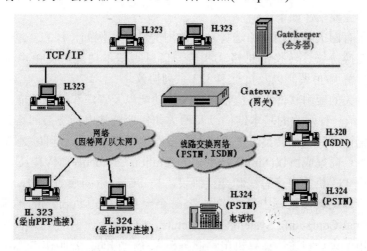

图 11.3　多媒体通信系统的整体结构

网关和会务器是多媒体通信系统的两个极其重要的组成部件。网关提供面向媒体的功能，例如，传送声音和电视图像数据和接收数据包等。会务器提供面向服务的功能，例如，身份验证、呼叫路由选择和地址转换等。网关和会务器密切配合，完成多媒体通信的任务。下面介绍其主要部分的功能和结构。

1. 网关

网关是一台功能强大的计算机或者工作站，它担负线路交换网络(如电话网络)和信息包交换网络(如因特网)之间实时的双向通信，提供异种网络之间的连通性，它是传统线路交换网络和现代 IP 网络之间的桥梁。

(1) 网关的基本功能可归纳为 3 种。

① 转换协议(Translating Protocols)。网关作为一个解释器，使不同的网络能够建立联系，例如，允许 PSTN 和 H.323 网络相互对话以建立和清除呼叫。

② 转换信息格式(Converting Information Formats)。不同的网络使用不同的编码方法，网关将对信息进行转换，使异种网络之间能够自由地交换信息，例如声音和电视。

③ 传输信息(Transferring Information)，负责在不同网络之间传输信息。

(2) 网关的主要部件包括如下几种。

① 线路交换网络(Switched-Circuit Network，SCN)接口卡是一种典型的 T1/E1 或者叫作 PRI ISDN 线路接口卡，它们与线路交换网络进行通信。主速率接口(Primary Rate Interface，PRI)由 23 个 B 通道和一个 64kb/s 的 D 通道组成，叫作 23B+D，相当于 T1 线的带宽。

② 数字信号处理器(Digital Signal Processors，DSP)卡执行的任务包括声音信号的压缩和回音的取消等。

③ 网络接口(Network Interface)卡用来与 H.323 网络进行通信，典型的网络卡包括 10/100BaseT 网络接口卡(Network Interface Cards，NIC)，或把它们的功能集成到主机板上。

④ 控制处理器(Control Processor)协调其他网关部件的所有活动，这个部件通常是在系统的主机板上。

(3) 网关的主要软件如下。

① 执行所有网关基本功能和选择功能的网关软件。例如，H.323 网关平台(Gateway Platform)执行转换协议、转换消息格式和传输信息等基本功能，支持声音压缩、协议转换、实时的传真解调/再调制以及执行 H.323 系列协议。

② 特定网关的应用软件，它执行自定义的功能以及管理和控制功能。

图 11.4 表示一种网关的基本结构以及网关如何使公共电话交换网络系统上的电话与现代的因特网电话之间进行会话。图中的时分多路复用(TDM)总线可以是 MVIP 总线或者 SCSA 总线。多厂商集成协议(MultiVendor Integration Protocol，MVIP)是由许多公司共同制定的一种用于 PC 机的声音总线和交换协议，是 PC 机中的通信总线，用于从一块声音卡到另一块声音卡的转接过程中复合多达 256 个全双工(Full-duplex)的声音通道。信号计算系统结构(Signal Computing System Architecture，SCSA)是一种传输声音和电视图像信号的开放结构，用于设计和建造计算机电话服务机系统，它的总线叫作 SCSA 总线。这种结构是由 Dialogic Corporation 公司(Parsippany，NJ，www.dialogic.com)发起并与其他 70 多个公司一起开发的。SCSA 主要集中在信号计算、媒体(包括声音、图像和传真等的)管理、呼叫信号处理以及系统结构，它提供了非常灵活的机制。

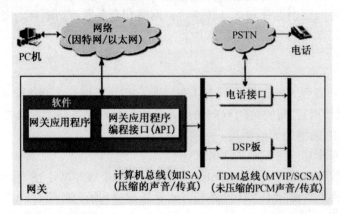

图 11.4　网关的基本结构

2．会务器

会务器(Gatekeepers)用于连接 IP 网络上的 H.323 电视会议客户，是电视会议的关键部件之一，许多人把它当作电视会议的"大脑"。它提供授权和验证、保存和维护呼叫记录、执行地址转换，而不需要你去记忆 IP 地址、监视网络、管理带宽以限制同时呼叫的数目，从而保证电视会议的质量，提供与现存系统的接口。会务器的功能一般都用软件来实现。会务器的功能分成两个部分，基本功能和选择功能。

(1) 会务器必须提供的基本功能如下。

① 地址转换(Address Translation)：使用一种可由注册消息(Registration Messages)更新的转换表，把别名地址转换成传输地址(Transport Address)。这个功能在线路交换网络上的电话企图呼叫 IP 网络上的 PC 时显得尤其重要，在确定网关地址时也很重要。

② 准入控制(Admissions Control)：使用准入请求/准入确认/准入拒绝 ARQ/ARC/ARJ(Admission Request，Confirm and Reject)消息，对访问局域网进行授权。H323 标准规定必须要有用来对网络服务进行授权的 RAS 消息(RAS Messages)，RAS 是一个注册/准入/状态(Registration/Admission/Status)协议，但它不定义授权存取网络资源的规则或者政策，因此服务提供者需要会务器来干预现存的授权方法。此外，企业管理人员和服务提供者也许想使用他们自己的标准来授权，例如，根据订金、信用卡等。

③ 带宽控制(Bandwidth Control)：支持 RAS 带宽消息(RAS Bandwidth Messages)，即带宽请求/带宽确认/带宽拒绝 BRQ/BCF/BRJ(Request，Confirm and Reject)消息，以强制执行带宽控制。至于如何管理，则要根据服务提供者或者企业管理人员的政策来确定。在许多情况下，如果在网络或者特定的网关不拥挤的情况下，对任何带宽的请求，都应该给予满足。

④ 区域管理(Zone Management)：用于管理所有已经注册的 H.323 端点(Endpoint)，为它们提供上面介绍的功能。至于确定哪个终端可以注册以及地理或者逻辑区域的组成(单个会务器管理的终端、网关和多点控制单元 MCU)则由网络设计人员决定。

(2) 会务器提供的选择功能如下。

① 呼叫控制信号传输方法(Call Control Signaling)：在 H.323 中有两种呼叫控制信号传输模型，会务器安排呼叫信号传输模型(Gatekeeper Routed Call Signaling Model)和直接端点呼叫信号传输模型(Direct Endpoint Call Signaling Model)。会务器可根据访问提供者的要求进行选择。

② 呼叫授权(Call Authorization)：会务器可根据服务提供者指定的条件对一个给定的呼叫进行授权或者拒绝。其条件可包括会议时间、预定的服务类型、对受限网关的访问权限或者可用的带宽等。

③ 带宽管理(Bandwidth Management)：根据服务提供者指定的带宽分配确定是否有足够的带宽用于呼叫。

④ 呼叫管理(Call Management)：提供智能呼叫管理。会务器维护一种 H.323 呼叫表，以指示被呼叫终端是否处于忙状态，并为带宽管理(Bandwidth Management)功能提供信息。

会务器通常设计成内外两层，内层叫作核心层，它由执行 H.323 协议堆的软件和实现多点控制单元 MCU(Multipoint Control Unit)功能的软件组成，有的软件开发公司把它叫作 H.323 会务器核心功能部件。MCU 的主要功能是连接多条线路并自动或者在会议主持人的指导下手动交换电视信号。

(3) 会务器的外层由许多应用程序的接口组成，用于连接网络上现有的许多服务。外层软件可由下面的软件模块组成。

① 用户的授权和验证(User Authentication & Authorization)：处理所有用户的授权，并使用现有的远程验证电话接入用户服务 RADIUS(Remote Authentication Dial-In User Service)协议进行验证。

② 事务管理接口(Administration Interface)：为管理人员提供会务器的管理界面，对享有设置/修改/删除配置特权的用户提供服务权限，会务器的远程管理显示网络状态、统计、报警等。

③　网络管理(Network Management)：为简单网络管理协议 SNMP(Simple Network Management Protocol)代理程序提供注册终端数目、正在工作的终端数目、呼叫数目、分配带宽、正在使用的带宽和保留的可用带宽、网关资源分配和可用的网关资源、MCU 资源的分配和可用的 MCU 资源、内部资源信息和运行状态。

④　安全管理(Security)。

⑤　辅助功能(Supplementary Features)：服务质量(QoS)等级的选择、呼叫者线路识别描述(Caller Line Identification Presentation，CLIP)、呼叫者线路识别限定(Caller Line Identification Restriction，CLIR)、呼叫等待(Call Waiting)、呼叫保持(Call Hold)、呼叫分机代接(Call Park/Pickup)、呼叫转移(Call Transfer)、呼叫遇忙/无答应转移(Call Forward on Busy / No answer)、缩位拨号(Abbreviated Dialing)、优先线路(Priority Lines)的服务管理以及对接收的传真的存储和转发(Incoming FAX Store and Forward)。

⑥　媒体资源服务(Media Resource Services)：报警服务(Alarm Service)、声音邮件服务(Voice Mail Services)和使用交互声音应答的互相配合的服务(Interworking with Interactive Voice Response Services)。

⑦　目录服务(Directory Services)：与网络上执行简便目录的存取协议 LDAP (Lightweight Directory Access Protocol)的目录服务器联用，与域名服务器(Domain Name Server，DNS)联用。

⑧　账单管理模块(Billing Module)。

⑨　支持的附加协议。包括 H.225(在 Q.931 基础上开发的呼叫控制协议)、H.245(多媒体通信控制协议)、H.450(辅助服务协议)、H.235(安全)以及资源管理等协议。

11.3.2　可视电话

可视电话这个术语早在 20 世纪 60 年代就已经出现，人们一直孜孜不倦地追求在模拟电话线路上实现视听通信。初期的可视电话产品需要使用 ISDN 电话线以高于普通模拟电话线的速率来传输电视图像和声音，这就使这种可视电话产品的推广应用受到限制。随着 28.8kb/s 调制解调器的出现，国际上立即就开发出了许多在模拟电话线上使用的第一代可视电话产品。可是一个公司的可视电话产品与另一个公司的可视电话产品不能相互协同工作，这就妨碍了产品的推广。

1．可视电话系列标准

为解决不同厂家产品的兼容性问题，开发了一个可视电话标准——H.324。该标准现在已被国际电信联盟(ITU)采纳并作为世界可视电话标准。它指定了一种普通的方法，用来在用高速调制解调器连接的设备之间共享电视图像、声音和数据。H.324 是第一个指定在公众交换电话网络上实现协同工作的标准。这就意味着下一代的可视电话产品能够协同工作，并且为市场增长打下基础。

H.324 系列是一个低位速率多媒体通信终端标准，在它旗号下的标准包括如下几种。

- H.263：电视图像编码标准，压缩后的速率为 20 kb/s。
- G.723.1：声音编码标准，压缩后的速率为 5.3kb/s(用于声音+数据)或者 6.3kb/s。
- H.223：低位速率多媒体通信的多路复合协议。

- **H.245**：多媒体通信终端之间的控制协议。
- **T120**：实时数据会议标准(可视电话应用中不一定是必需的)。
- **T120**：实时数据会议标准(可视电话应用中不一定是必需的)。

H.324 使用 28.8kb/s 调制解调器来实现可视电话呼叫者之间的连接，这与 PC 用户使用调制解调器和电话线连接因特网或者其他在线服务的通信方式类似。调制解调器的连接一旦建立，H.324 终端就使用内置的压缩编码技术把声音和电视图像转换成数字信号，并且把这些信号压缩成适合于模拟电话线的数据速率和调制解调器连接速率的数据。在调制解调器的最大数据速率为 28.8kb/s 的情况下，声音被压缩之后的数据率大约为 6kb/s，其余的带宽用于传输被压缩的电视图像。

2. 可视电话产品类型

H.324 可支持各种类型的采用 H.324 标准的可视电话机。其类型可归纳成下面几种。

(1) 标准型可视电话/单机型可视电话(Standalone Video Phone)：这种产品与我们现在使用的非移动型和移动电话类似，但在电话机上安装了摄像机和 LCD 显像器。

(2) TV 基可视电话(TV-based Video Phone)：这种产品是一种放在电视机上的多媒体电话终端，它有内置摄像机，使用电视机作为可视电话的电视显示器。

(3) 基于 PC 的可视电话(PC-based Video Phone)：这种产品实际是给 PC 机添加了一种功能而已。利用 PC 机作为可视电话终端时，在 PC 机上需要安装执行 H.324 系列标准的可视电话软件，需要配置图像数字化卡和声音卡作为图像和声音的输入/输出设备，用彩色显示器显示电视图像，用计算机内部的处理器对电视图像和声音进行压缩解压缩，并且用 28.8kb/s 或者 56K 调制解调器连接其他的可视电话终端，具备以上条件就可把 PC 当作一个可视电话终端。

H.324 可视电话的声音质量接近普通电话的质量。按 H.324 标准规定，电视图像的帧速率取决于显示的图像大小。例如，如果可视电话连接双方都使用 QCIF(176×132)的图像分辨率，电视图像的帧速率可达到 4~12 帧/s，接近于普通电视图像帧速率的一半。但其实际的帧速率将与多媒体终端的计算速度、用户选择的显示窗口大小以及当地的线路质量有关。

H.324 可视电话几乎不改变人们使用电话的习惯。与普通电话类似，把可视电话插入到办公室或者家庭的电话插座中，使用声音呼叫在先(Voice Call First)的方式与使用可视电话的被呼叫方建立连接，这是最简单的连接方法。拨打可视电话与拨打普通电话相同，被呼叫方一旦响应呼叫，用户就可简单地在可视电话机上按一个"连接键"，或者在 PC 基可视电话机上按一个"连接"图标就可以选择可视电话方式，进行"面对面"的通话。

3. 可视电话支持系统

H.324 定义的多媒体电话终端可运行在公众交换电话网络上，尽管线路的速率受到极大的限制，但在两个多媒体电话终端之间可提供实时的电视图像、声音、数据或者任意组合的媒体。如果在公用电话交换网络上安装单独的多点控制设备(MCU)，在网络上的多个 H.324 多媒体电话终端之间就可进行多点通信。H.324 定义的多媒体终端也可与综合业务数字网(ISDN)上的可视电话系统(定义在 H.323 系列标准中)和移动无线网络上的可视电话系统(定义在 H.324/M 系列标准草案中)联用。

H.324 多媒体可视电话终端系统如图 11.5 所示。从图中可以看得，该系统由下面几个部件组成：H.324 多媒体电话终端、PSTN 网络、多点控制设备(MCU)和其他的输入/输出部件。

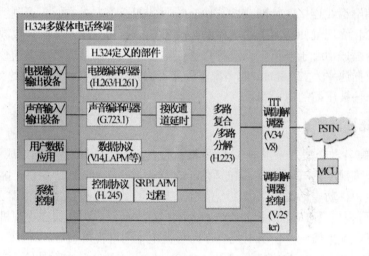

图 11.5　H.324 多媒体可视电话终端系统

4．多媒体电话终端

H.324 多媒体电话终端由两个部分组成，即 H.324 本身定义的模块和非 H.324 定义的模块。

(1)　H.324 本身定义的模块包括如下内容。

①　电视编译码器：使用 H.263 或者 H.261 标准对电视图像进行编码和解码。

②　声音编译码器：使用 G.723.1 标准对来自麦克风的声音信号进行编码，然后传输到对方，并且对来自对方的声音进行译码，然后输出到喇叭。由"接收通道延时"模块来补偿电视信号的延时，以维持声音和电视的同步。

③　数据协议(V.14、LAPM 等)：所支持的数据应用可以包括电子白板(Electronic Whiteboards)、静态图像传输、数据库访问、声图远程会议(Audiographics Conferencing)、远程设备控制、网络协议等。标准化的数据应用包括 T.120(用于实时的数据加声音的声图远程会议)、T.80(用于简单的点对点静态图像文件传输)、T.434(用于简单的点对点文件传输)、H.224/H.281(用于远端摄像机控制)、ISO/IEC TR9577 网络协议(包括 PPP 和 IP 协议)以及使用缓存的 V.14 或者 LAPM/V.42 的用户数据传输。LAPM/V.42 是定义使用调制解调器链路访问协议(Link Access Protocol for Modems)的错误校正方法标准。支持的其他协议可通过 H.245 协商。

④　控制协议(H.245)：提供 H.324 终端之间的通信控制。H.245 是多媒体通信控制协议，它定义流程控制、加密、抖动管理以及用于启动呼叫、磋商双方要使用的特性和终止呼叫等信号。此外它也确定哪一方是发布各种命令的主控方。

⑤　多路复合/多路分解(H.223)：它提供两种功能。一种是把要传送的电视、声音、数据和控制流复合成单一的数据位流；另一种功能是把接收到的单一位流分解为各种媒体

流。此外，还执行逻辑分帧、顺序编号、错误检测、通过重传校正错误等。

⑥　调制解调器(V.34/V.8)：它提供两种功能。一种是把来自"多路复合/多路分解(H.223)"模块的同步的多路复合输出数据位流转换成能够在 PSTN 网络上传输的模拟信号；另一种功能是把接收到的模拟信号转换成同步数据位流，然后送给"多路复合/多路分解(H.223)"进行分解。"调制解调器控制(V.25 ter)"用于自动应答设备和自动呼叫设备的通信过程，其中的 ter 表示第三版本。V.8 是在 PSTN 网络上启动数据传输会话过程的协议。

(2)　在如图 11.5 所示的多媒体系统中，下列系统模块虽不属于 H.324 标准定义的范围，但又是 H.324 所必需的。

①　电视输入/输出设备。包括摄像机、监视器、数字化器和它们的控制部件。

②　声音输入/输出设备。包括麦克风、喇叭和常规电话用到的部件。

③　数据应用设备(如计算机)、非标准化的数据应用协议和像电子白板那样的远程信息处理可视化辅助模块。

④　PSTN 网络接口。支持国际标准的信号传输法、响铃功能和信号电压规范等。

⑤　用户系统控制、用户界面和操作等模块。

H.324 标准定义的模块很多，有些模块在不同的应用环境中可以不选择，例如"数据协议(V.14，LAPM 等)"模块。但必不可少的模块是支持 H.263、G.723.1、H.223 和 H.245 协议的模块。

11.3.3　电视会议

1. H.323 的拓扑结构

1996 年批准的 H.323 是一个在局域网(LAN)上并且不保证服务质量(QoS)的多媒体通信标准。H.323 允许声音、电视图像和数据任意组合之后进行传送。H.323 指定包括 H.261 和 H.263 作为电视图像编码器，指定 G.711、G.722、G.728、G.729 和 G.723.1 作为声音编码器。此外，还包括网关(Gateway)、会议服务器(Gatekeeper)和多点控制设备(MCU)。H.323 广泛支持因特网电话。

H.323 是 H.320 的改进版本。H.320 阐述的是在 ISDN 和其他线路交换网络上的电视会议和服务。自从 1990 年批准以来，许多公司已经在局域网(LAN)上开发了电视会议，并通过网关扩展到广域网(WAN)，H.323 就是在这种情况下对 H.320 做了必要的扩充。

H.323 使用因特网工程特别工作组(Internet Engineering Task Force，IETF)开发的实时传输/实时传输控制协议(Real-time Transport Protocol / Real-time Transport Control Protocol，RTP/RTCP)，以及国际标准化的声音和电视图像编译码器。H.323 版本 2 也应用到因特网上的多点和点对点的多媒体通信中。

H.323 要支持以前的多媒体通信标准和设备，因此扩充后比较详细的拓扑结构如图 11.6 所示。从图中可以看到，H.323 不仅在局域网上通信，而且还可通过 H.323 网关在公众交换电话网(PSTN)、窄带综合业务数字网(N-ISDN)上的终端和宽带综合业务数字网(B-ISDN)上的终端进行通信。从图 11.6 中还可看到组成 H.323 多媒体通信系统的基本部件包括 H.323 终端、H.323 网关、H.323 会务器和 H.323 MCU。使用合适的代码转换器，H.323

网关还可支持遵循 V.70、H.324、H.322、H.320、H.321 和 H.310 标准的终端。

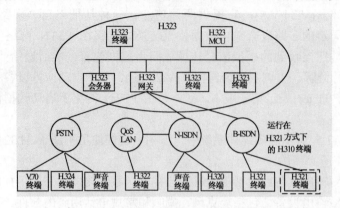

图 11.6　H.323 拓扑结构

2. H.323 终端

H.323 终端是局域网上的客户使用的设备，它提供实时的双向通信，它的组成部件如图 11.7 所示。在 H.323 终端中，可供选择的标准包括电视图像编码器(H.263/H.261)、声音编码器(G.71X/G.72X/G.723.1)、T120 实时数据会议(Real-time Data Conferencing)和 MCU 的功能。但所有的 H.323 终端都必须具备声音通信的功能，而电视图像和数据通信是可选择的。H.323 指定了在不同的声音、电视图像和数据终端在一起工作时所需要的运行方式，是新一代因特网电话、声音会议终端和电视会议终端技术的基础。

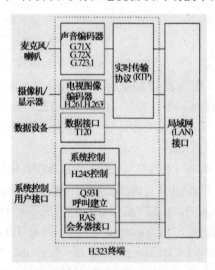

图 11.7　H.323 终端结构

所有 H.323 终端必须支持 H.245 标准。H.245 是 1998 年 9 月批准的多媒体通信控制协议，它定义流程控制、加密和抖动管理、启动呼叫信号、磋商要使用的终端的特性和终止呼叫等过程，也确定哪一方是发布各种命令的主控方。此外，H.323 还需要支持的协议包括定义呼叫信令和呼叫建立的 Q.931 标准、与网关进行通信的注册/准入/状态(RAS)协议和实时传输/实时传输控制协议(RTP/RTCP)。

3. H.323 网关

在 H.323 会议中，网关是一个可选择的部件，因为如果电视会议不与其他网络上的终端连接时，同一个网络上的终端之间就可以直接进行通信。网关可建立连接的终端包含 PSTN 终端、运行在 ISDN 网络上与 H.320 兼容的终端以及运行在 PSTN 上与 H.324 兼容的终端。终端与网关之间的通信使用 H.245 和 Q.931。H.323 网关提供许多服务，但最基本的服务是对在 H.323 会议终端与其他类型的终端之间传输的数字信号进行转换。这个功能包括传输格式之间的转换(例如，从 H.225.0 标准到 H.221 标准的格式转换)和通信过程之间的转换(例如，从 H.245 标准到 H.242 标准)。

此外，H.323 网关也支持声音和电视图像编码器之间的转换，执行呼叫建立和终止呼叫的功能。图 11.8 表示的是一个 H.323/PSTN 网关。

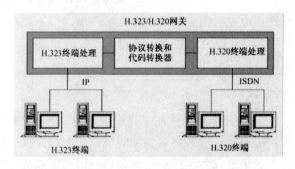

图 11.8　H.323/PSTN 网关

在 H.323 标准中，对许多网关的功能都没有做具体的限制。例如，能够通过网关进行通信的实际的 H.323 终端数目、SCN 的连接数目、同时支持召开的电视会议数目、声音/电视图像/数据转换的功能等，这些功能的选择和设计都留给网关设计师。

4. H.323 会务器

会务器是 H.323 中最重要的部件，是它管辖区域里的所有呼叫的中心控制点，并且为注册的端点提供呼叫控制服务。从多方面看，H.323 会务器就像是一台虚拟的交换机。

会务器执行两个重要的呼叫控制功能。一个是定义在 RAS 规范中的地址转换，即从终端别名和网关的 LAN 别名转换成 IP 或者网际信息包交换协议(Internetwork Packet Exchange，IPX)地址；另一个也是在 RAS 规范中定义的网络管理功能。例如，如果一个网络管理员已经设定了局域网上同时召开的会议数目，一旦超过这个设定值时，会务器可拒绝更多的连接，以限制总的会议带宽，其余的带宽用于电子邮件、文件传输和网上的其他应用。由单个会务器管理的所有终端、网关和多点控制单元(MCU)的集合被称为 H.323 区域(H.323 Zone)。这个概念如图 11.9 所示。

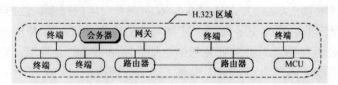

图 11.9　会务器的概念表示

会务器的一个可供选择但有价值的特性是它可安排 H.323 的呼叫。这个特性便于服务提供者管理和使用他们的网络进行呼叫的账目，也可以在被呼叫端点不能使用的情况下把呼叫转接到另一个端点。此外，这个特性还可用来平衡多个路由器之间的呼叫负荷。

在 H.323 系统中，会务器不是必需的。但如果有会务器存在，终端必须要使用会务器提供的服务功能。这些功能就是地址转换、准入控制、带宽管理和区域管理。

5. H.323 多点控制单元

多点控制单元(MCU)支持在 3 个或者 3 个以上的端点之间召开电视会议。在 H.323 电视会议中，一个 MCU 单元由多点控制器 MC(Multipoint Controller)和 $n(n \geq 0)$个多点处理器 MP(Multipoint Processors)组成。MC 处理 H.245 推荐标准中指定的在所有终端之间进行协商的方法，以便确定在通信过程中共同使用的声音和电视图像的处理能力。MC 也控制会议资源，确定哪些声音和电视数据流要向多个目标广播，但不直接处理任何媒体流。

MP 处理媒体的混合以及处理声音数据、电视图像数据和数据等。MC 和 MP 可以作为单独的部件或者集成到其他的 H.323 部件。

6. H.323 多点电视会议

按照 H.323 标准，可以召开各种形式的多点电视会议，如图 11.10 所示。H.323 标准可支持的会议形式包括：由 D、E 和 F 终端参加的集中式电视会议；由 A、B 和 C 终端参加的分散式电视会议；声像集散混合式多点电视会议；会议集散混合式多点电视会议。

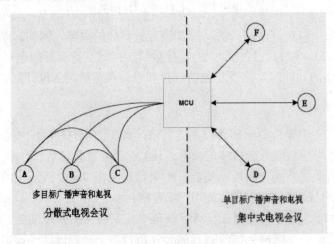

图 11.10　H.323 MCU

图 11.10 中的多点控制单元(MCU)在这些会议中起一个桥梁的作用。

在集中式电视会议(Centralized Multipoint Conference)中，需要一个 MCU 来管理多点会议，所有终端都要以点对点的方式向 MCU 发送声音、电视图像、数据和控制流。

MCU 中的 MC 集中管理使用 H.245 控制功能的电视会议，而 MP 处理声音混合、数据分发、电视图像切换/混合，并且把处理的结果返回给每个与会终端。MP 也提供转换功能，用于在不同的编译码器和不同的位速率之间进行转换，并且可使用多目标广播方式发送经过加工的电视。

在分散式电视会议(Decentralized Multipoint Conference)中，与会终端以多目标广播的方式向没有使用 MCU 的所有其他与会终端广播声音和电视图像。与会终端响应和显示综合接收到的声音以及选择一个或者多个接收到的电视图像，而多点数据的控制仍然由 MCU 集中处理，H.245 控制信道信息仍然以点对点的方式传送到 MC。

声像集散混合式多点电视会议(Hybrid Multipoint Conference)有两种形式，声音集中广播混合式多点电视会议(Hybrid Multipoint Conference - Centralized Audio)和电视集中广播混合式多点电视会议(Hybrid Multipoint Conference - Centralized Video)。

在前一种形式中，终端以多目标广播形式向其他与会终端播放电视，而以单目标广播形式把声音传送给多点控制单元(MCU)中的多点处理器(MP)，然后由 MP 把声音流发送给每个终端。在后一种形式中，终端以多目标广播形式向其他与会终端播放声音，而以单目标广播形式把电视图像传送给多点控制单元(MCU)中的多点处理器(MP)进行切换和混合，然后由 MP 把电视图像流发送给每个终端。混合式电视会议组合使用了集中式和分散式电视会议的特性。

会议集散混合式多点电视会议(Mixed Multipoint Conferences)是由以集中方式召开的会议(如图 11.10 中的 D、E 和 F 参加)和以分散方式召开的会议(如图 11.10 中的 A、B 和 C 参加)组合的一种会议形式。

7. H.323 协议堆

协议堆(Protocol Stack)是指在不同网络层次上一起工作的协议集合。在协议堆中，中间层的协议使用其下层协议提供的服务，并向其上层协议提供服务。H.323 协议堆包罗了众多的协议，如图 11.11 所示。

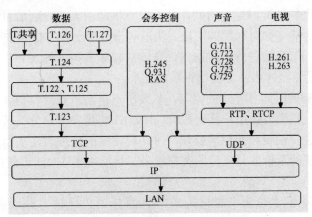

图 11.11 H.323 协议堆结构

从图 11.11 中可以看到 H.323 协议堆旗号的控制和数据信息通过可靠的传输控制协议(TCP)进行传输，而声音数据、电视数据、声音/电视的控制信息以及部分会务控制信息则通过可靠性不保证的用户数据包协议(UDP)来传输。

这些协议可通过软件集成到信息包交换网络上的协议堆中，因此可在信息包交换网络上进行实时的多媒体通信。按照 H.323 标准构造的部件，可在 IP 网络上建立呼叫、交换压缩的声音/电视数据和召开会议，并且还能够与非 H.323 端点进行通信。

11.3.4 视频点播系统

1．VOD 系统模型

视频点播(Video On Demand，VOD)系统是一种交互式多媒体信息服务系统，用户可根据自己的需要和兴趣选择多媒体信息内容，并控制其播放过程。这种新的多媒体信息服务形式被广泛应用于有线电视系统、远程教育系统以及各种公共信息咨询和服务系统中。VOD 系统采用 C/S(Client/Server)模型，它主要由如下 3 部分组成：

- 视频服务器。位于视频点播中心，存储大量的多媒体信息，根据客户的点播请求，把所需的多媒体信息实时地传送给客户。根据系统规模的大小，可采用单一服务器或集群服务器结构来实现。
- 高速网络。为视频服务器和客户之间的信息交换提供高带宽、低延迟的网络传输服务。
- 客户端。用户访问视频服务器的工具可以是机顶盒或计算机，用户通过交互界面将点播请求发送给视频服务器，以及接收和显示来自视频服务器的多媒体信息。

VOD 系统是一种基于客户/服务器模型的点对点实时应用系统，视频服务器可同时为很多用户提供点对点的即时视频点播服务，并且信息交互具有不对称性，客户到视频服务器的上行信道的通信量要远远小于视频服务器到客户的下行信道的通信量。

系统响应时间是 VOD 系统的重要性能指标，它主要取决于视频服务器的吞吐能力和网络带宽。根据系统响应时间长短，VOD 系统可分为真点播 TVOD(True VOD)、准点播 NVOD(Near VOD)和交互式点播 IVOD 三类。

TVOD 要求有严格的即时响应时间，从发出点播请求到接收到节目应小于一秒钟，并提供较完备的交互功能，如对视频的快进、快退和慢放等。TVOD 允许随机地、以任意间隔对正在播放的视频节目帧进行即时访问，这就对视频服务器的 CPU 处理能力、缓存空间和磁盘 I/O 吞吐量以及网络带宽提出很高的要求。

NVOD 对系统响应时间有一定的宽限，从发出点播请求到接收到节目一般在几秒钟到几分钟，甚至更长，只要能被用户接受即可。NVOD 将视频节目分成若干时间段而不是帧进行播放，以及快进、快退和慢放等操作，时间段比帧的粒度大，从而降低了对系统即时响应的要求，但系统的造价低且支持的客户较多。目前很多 VOD 系统产品都采用 NVOD 方式。

IVOD 是一套基于宽带和窄带网的跨平台的分布式视频服务系统，应用了最新的 MPEG-4 编/解码技术，可提供现场直播、点播及 Multicast 多点传送等各种流媒体服务，其播放画面流畅、数据更新快捷、管理简便、计费完整、操作方便。为用户提供更丰富的内容，使得网络生活变得更加精彩。其特点如下。

(1) 领先的编解码技术

采用 MPEG-4 编解码技术，以提供更高的压缩比、近似于 DVD 的图像质量和近似于 CD 音质的视频流媒体节目，充分利用 MPEG-4 所具有的高效编码、高效存储与传播的特点，并且支持更多的交互操作。适应目前市场对宽带视音频点播系统的要求——带宽占用率与图像播放质量的均衡。

(2) 超强的负载能力

采用多线程机制，在大量用户点播节目时亦能实时存取视频数据；采用 UDP 及网络无冲突技术，保证数据通畅无阻地到达每一位用户；采用多级缓冲、发送速率自适应调整机制，彻底消除马赛克。可支持大规模的实时并发服务，单服务器最大支持 2000 用户的随意访问。

(3) 灵活的可扩充性

可灵活使用服务器阵方式以提供更稳定和合适的服务能力(提供冗余方式、分布方式和混合方式)。

(4) 强大的点播功能

支持多种协议；自动搜索视频服务器和视频节目表单，采用多级索引结构，用户能够迅速查找喜爱的节目；并支持加入在线广告，提供给运营商全新的赢利概念。

(5) 完善的直播方式

可将摄像头拍摄的实况信息，电视台播放的节目，录像机、VCD 机和 DVD 机的视频和音频输出，对计算机屏幕、VCD、DVD 节目等各种不同的实况音视源进行直播。

(6) 可靠的安全管理

提供用户分组及权限设置功能，并可对系统使用情况进行全面的监控。提供完整的数据库修复、备份、日志处理等工具。

(7) 有效地节省空间

采用了 MPEG-4 视频数据压缩技术，可大大地减少视频文件的"体积"，充分地利用有限的存储空间(例如，一部 120 分钟的 VCD 影片原始的大小为 1.2GB，在不改变分辨率的前提下，经处理后大小可以仅为 120MB)。

无论 TVOD、NVOD，还是 IVOD，当系统规模较大时，单一服务器的处理能力和系统资源就很难满足用户需求，必须通过集群服务器来改进系统性能，提高服务质量。通常一个 VOD 系统可以为用户提供如下视频点播服务：

- 影视点播。点播电影或电视节目，用户可以通过快进、快退和慢放等控制功能控制播放过程。
- 信息浏览。浏览各种购物和广告信息，或查看股票、证券和房地产行情等信息。
- 远程教育。收看教学节目，选择课程和内容，做练习，模拟考试，自我测试。
- 交互游戏。将视频游戏下载到用户终端上，用户可以与远程的其他用户一起参加游戏。

随着网络环境的改善和 VOD 技术的成熟，VOD 的应用领域将会得到进一步拓展，尤其是在 Internet 上的应用，更具有广阔的前景。

2. VOD 系统的关键技术

VOD 系统所涉及的关键技术主要有网络支撑环境、视频服务器和用户接纳控制等。

(1) 网络支撑环境

VOD 系统是一种基于客户/服务器模型的点对点实时应用系统，视频服务器可同时为很多用户提供点对点的即时视频点播服务。为了获得较高的视频和音频质量，要求网络基础设施能提供高带宽、低延迟和支持 QoS 等的传输特性。通常，视频服务器应连接在高速网络上，如 ATM、高速交换式 LAN 或者高速光纤 WAN 等，以保证网络吞吐量。

VOD 系统的网络环境可以是 LAN，也可以是 WAN。在 LAN 环境下应用 VOD 系统时，多媒体的传输性能和演示质量一般能够得到保证。而目前的 WAN 环境(如 Internet)却很难保证 VOD 系统的服务质量。从发展角度来看，Internet 将是 VOD 应用的广阔空间，但必须解决 Internet 高速化问题。

另外，VOD 系统可以在公用电视(CATV)网上应用，但必须解决两个问题：一是将 CATV 网的单向通道履行成双向通道(上行通道和下行通道)；二是使用适当的用户接入设备(如 Cable Modem 等)来连接 CATV 网。

(2) 视频服务器

视频服务器是 VOD 系统的核心部件，存储大量的多媒体信息，并支持很多用户的并发访问。视频服务器的性能要求主要表现在如下几个方面。

① 信息存储组织。视频和音频信号经过数字化后变成了一系列的视频帧和音频采样序列，经过编码后变成媒体流，作为视频服务器的信息存储和访问对象。由于数据量大，对信息的存储和传输都提出了很高的要求。因此，服务器中的信息存储组织和磁盘 I/O 吞吐量将影响到整个系统的响应速度。

为了支持更多用户并发地访问信息，提高服务器的响应速度，通常视频服务器应采用磁盘阵列(RAID)，并通过条纹化技术，把媒体数据交叉地放在磁盘阵列的不同盘片上，以提高服务器 I/O 吞吐量。由于大多数媒体流采用的是可变速率(VBR)数据压缩算法，如 MPEG，因此所需的存储空间可能会跨越不同的媒体单元。

② 信息获取机制。视频服务器应当提供一系列的优化机制，在确保 QoS 的前提下，使媒体流的吞吐量达到最大程度。在客户端，用户从服务器获取信息的速度必须大于消费信息的速度；在服务器端，必须确保在 QoS 允许的时间范围内为每个用户进行服务。通常，采用两种机制来获取媒体流，那就是服务器"推"(Server-push)和客户"拉"(Client-pull)。

在 Server-push 机制中，服务器利用了需要回放的媒体流的连续性和周期性特点，在一个服务周期内可以为多个媒体流提供服务。在每个周期内，服务器必须为每个媒体流提供固定数量的媒体单元。为了确保媒体流的连续回放，服务器为每个媒体流提供的媒体单元数必须满足回放的速度和在一个周期内的回放时间。Server-push 机制允许服务器在一个周期内对满足多个信息需要的响应做批处理，并可以从整体上对批处理做出优化。

对 Client-pull 机制，服务器需要为客户提供的媒体单元数，只需满足客户的突发性要求。为了确保媒体流的连续回放，客户端必须周期性地向服务器提交需求，每个提交的需求必须事先预计服务器提供的信息量和服务响应时间，保证媒体流播放的连续性。Client-pull 机制更适合于对处理器和网络带宽资源经常变化的服务请求。

③ 集群服务器结构。单个服务器不仅存储容量有限，而且吞吐量和响应速度也难以满足大量用户并发访问服务器的需要。集群服务器将多个服务器通过高速网络连接起来协同工作，并作为一个整体向用户提供信息服务，提高了整个系统的可伸缩性和可扩展性。

集群服务器一般应具有负载均衡和系统容错功能。负载均衡是采用适当的负载均衡策略将整个系统的负载均衡地分配在不同的服务器上，负载均衡策略有静态负载分配和动态负载分配两种，动态负载分配策略具有较好的动态特性，但算法复杂，费用高。系统容错是采用硬件冗余和数据备份的手段保证数据存储的可靠性和系统运行的不间断性。在正常工作时，集群服务器中的各个服务器根据系统负载均衡策略完成各自的工作。如果某一服务器发生故障，其他服务器将会自动代其工作，使用户的信息获取不受影响。

3．用户接纳控制

视频服务器将面向多个用户提供视频点播服务。当一个新的用户服务请求到来时，服务器必须使用适当的接纳控制(Admission Control)算法来保证在接受该服务请求后使系统中正在接受服务的用户请求的 QoS 不受影响。接纳控制算法可以分成下列 3 类。

(1) 确定型接纳控制算法

根据系统资源的使用情况做最坏的估计，在最坏的情况下，接纳一个新的服务请求必须以确保能够满足当前正在接受服务的所有服务请求的 QoS 为前提。这是最悲观的接纳控制算法。

(2) 统计型接纳控制算法

按照某种统计算法对一定数量的服务请求(如 60%)做出最坏估计，只要系统资源允许，便可以接纳新的服务请求。统计型接纳控制算法的资源利用率比确定型的高，但是要求用户能够容忍 QoS 在一定范围的波动。

(3) 测量型接纳控制算法

对系统资源的过去使用情况进行分析，得到一个综合测量值，根据这个测量值，对未来使用情况做出估计，以决定是否接纳新的服务请求。在这三种接纳控制算法中，测量型接纳控制算法对资源的利用率最高，但是对用户的 QoS 保障最低。也就是说，接纳控制算法是根据系统对用户所承诺 QoS 的可信度来划分的，承诺的可信度越高，对资源的利用率就会越低。系统应当根据不同的用户需求提供相应的接纳控制算法。

4．VOD 系统组成

VOD 系统主要由显示系统、机顶盒、宽带互动网络系统等组成。图 11.12 是一个简化的 VOD 系统的结构。

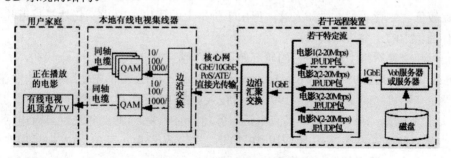

图 11.12　VOD 网络结构

(1) VOD 系统的显示系统

VOD 系统的显示系统可由传统的 AV 声像系统以及电脑担当，一般来说，欣赏影视片用传统的 AV 声像系统效果较好，查询办公资料用电脑较好、较方便。

(2) VOD 系统的机顶盒

VOD 系统的机顶盒(Set Top Box，STB)就是一种数据处理装置，一方面把 VOD 网络上传过来的数字信号转换成传统的 AV 声像系统可播放的多媒体声像信号，一方面把 VOD 用户的点播指令上传到网络上，指挥信息的播放。普通电脑加装 VOD 专用处理卡及相应软件，即可起到机顶盒的作用。机顶盒一般要配备遥控器以方便用户使用。

(3) VOD 系统的宽带互动网络系统

VOD 系统的宽带互动网络系统由 VOD 网络、VOD 服务器、VOD 软件组成。起到两个作用：双向传输多媒体数字信号和点播指令；在服务器端储存及播放多媒体信息。

目前，流行的有两大 VOD 网络系统分别为，即有线电视系统和 IP 计算机网络系统。

当前的发展状况是：有线电视系统技术及设备一直不成熟，在试验应用中系统不稳定，功能单一，扩展性较差，升级换代不易，网络与设备复杂，需要对单向有线电视网络进行双向网络改造，造价难以下降，系统用户数量难以很大(同时上千户)，没有全球性统一标准，与 Internet、计算机多媒体信息互通与转换复杂，难以做到统一信息平台，也很难跟上计算机网络技术的飞速发展，因此，一直没有较好的应用实例，也难有很好的发展前景。

架构于 IP 计算机网络系统上的 VOD 系统则是最有发展前景的系统，上述有线电视系统的弱点它都不存在，而是该系统的优势。VOD 的产生本来就来自于 IP 计算机网络系统。当初人们想用有线电视系统来实现 VOD，是为了借用已有的有线电视系统，即省去对计算机网络的投资，又拥有庞大的现成用户，但在计算机网络投资越来越便宜、Internet 越来越普及、电子商务及家庭办公越来越多地受到人们欢迎的今天，当初采用有线电视系统的理由已不复存在。IP 计算机网络系统成了酒店、企事业单位、小区一步到位的综合型信息平台，且升级换代极为容易，保护了用户的前期投资。

11.3.5　IP 电话

IP 电话(IP Telephony)、因特网电话(Internet Telephony)和 VoIP(Voice over IP)都是在 IP 网络(即信息包交换网络)上进行的呼叫和通话，而不是在传统的公众交换电话网络上进行的呼叫和通话。当前，IP 电话用于长途通信时的价格比 PSNT 电话的价格便宜得多，但质量也比较低。尽管质量不尽如人意，但由于价格上的优势，IP 电话仍然是最近几年来全球多媒体通信中的一个热点技术。

在信息包交换网络上传输声音的研究始于 20 世纪 70 年代末和 80 年代初，而真正开发 IP 电话市场始于 1995 年，VocalTec(www.vocaltec.com)公司率先使用 PC 软件在 IP 网络上的两台 PC 机之间实现通话。1996 年科技人员在 IP 网络和 PSTN 网络之间的用户做了第一次通话尝试。1997 年出现具有电话服务功能的网关，1998 年出现具有电话会议服务功能的会务器，1999 年是开始应用 IP 电话之年。从千禧年开始，IP 电话用在了移动 IP 网络上，例如，通用信息包交换无线服务(General Packet Radio Service，GPRS)或者通用移动电话系统(Universal Mobile Telecommunications System，UMTS)。

IP 电话允许在使用 TCP/IP 协议的因特网、内联网或者专用 LAN 和 WAN 上进行电话交谈。内联网和专用网络可提供比较好的通话质量，与公用交换电话网提供的声音质量可以媲美。在因特网上目前还不能提供专用网络或者 PSTN 那样的通话质量，但支持保证服务质量(QoS)的协议有望改善这种状况。在因特网上的 IP 电话又叫因特网电话(Internet

Telephony)，它意味着只要收发双方使用同样的专有软件或者使用与 H.323 标准兼容的软件，就可以进行自由通话。通过因特网电话服务提供者(Internet Telephony Service Providers，ITSP)，用户可以在 PC 机与普通电话(或可视电话)之间通过 IP 网络进行通话。

从技术上看，VoIP 比较侧重于指声音媒体的压缩编码和网络协议，而 IP Telephony 比较侧重于指各种软件包、工具和服务。

1．IP 电话与 PSTN 电话的技术差别

为了解 IP 电话和 PSTN 电话在技术上的差别，首先要了解在 IP 网络上传送声音的基本过程。如图 11.13 所示，拨打 IP 电话和在 IP 网络上传送声音的过程可归纳如下。

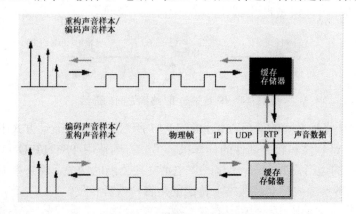

图 11.13　IP 电话的通话过程

来自麦克风的声音在声音输入装置中转换成数字信号，生成"编码声音样本"输出。这些输出样本以帧为单位(例如 30ms 为一帧)组成声音样本块，并拷贝到缓冲存储器。

IP 电话应用程序估算样本块的能量。静音检测器根据估算的能量来确定这个样本块是作为"静音样本块"来处理还是作为"说话样本块"来处理。如果这个样本块是"说话样本块"，就选择一种算法对它进行压缩编码，算法可以是 H.323 中推荐的任何一种声音编码算法或者全球数字移动通信系统(Global System for Mobile Communications，GSM)中采用的算法。在样本块中插入样本块头信息，然后封装到用户数据包协议(UDP)套接接口(Socket Interface)成为信息包。

信息包在物理网络上传送。在通话的另一方接收到信息包之后，去掉样本块头信息，使用与编码算法相反的解码算法重构声音数据，再写入到缓冲存储器。从缓冲存储器中把声音拷贝到声音输出设备转换成模拟声音，完成一个声音样本块的传送。

从原理上说，IP 电话和 PSTN 电话之间在技术上的主要差别是它们的交换结构。因特网使用的是动态路由技术，而 PSTN 使用的是静态交换技术。PSTN 电话是在线路交换网络上进行，对每对通话都分配一个固定的带宽，因此通话质量有保证。在使用 PSTN 电话时，呼叫方拿起收/发话器，拨打被呼叫方的国家码、地区码和市区号码，通过中央局建立连接，然后双方就可进行通话。在使用 IP 电话时，用户输入的电话号码转发到位于专用小型交换机(Private Branch Exchange，PBX)和 TCP/IP 网络之间最近的 IP 电话网关，IP 电话网关查找通过因特网到达被呼叫号码的路径，然后建立呼叫。IP 电话网关把声音数据装配成 IP 信息包，然后按照 TCP/IP 网络上查找到的路径把 IP 信息包发送出去。对方的

IP 电话网关接收到这种 IP 信息包之后，把信息包还原成原来的声音数据，并通过 PBX 转发给被呼叫方。

2．IP 电话的通话方式

IP 电话真正大量投入时，估计会有 3 种基本的通话方式：在 IP 终端(计算机)之间的通话，IP 终端与普通电话(或可视电话)之间通过 IP 网络和 PSTN 网络的通话，以及普通电话(或可视电话)之间通过 IP 网络和 PSTN 网络的通话。

IP 终端之间的通话方式如图 11.14 所示。在这种通话方式中，通话收发双方都要使用配置了相同类型的或者兼容的 IP 电话软件和相关部件，例如声卡、麦克风、喇叭等。声音的压缩和解压缩由 PC 机承担。

图 11.14　IP 终端与 IP 终端之间的通话

IP 终端与电话终端之间的通话方式如图 11.15 所示。在这种通话方式中，通话的一方使用配置了 IP 电话软件和相关部件的计算机，另一方则使用 PSTN/ISDN/GSM 网络上的电话。在 IP 网络的边沿需要有一台配有 IP 电话交换功能的网关，用来控制信息的传输，并且把 IP 信息包转换成线路交换网络上传送的声音，或者相反。

图 11.15　IP 终端与电话终端之间的通话

电话之间的通话方式如图 11.16 所示。在这种方式中，通话双方都使用普通电话，或者一方使用可视电话或者双方都使用可视电话。这种方式主要是用在长途通信中，在通话双方的 IP 网络边沿都需要配置电话功能的网关，进行 IP 信息包和声音之间的转换及控制信息的传输。

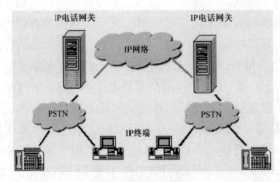

图 11.16　通过 IP 网络的电话之间的通话

3．IP 电话标准

开通 IP 电话服务需要使用的一个重要标准是信号传输协议(Signaling Protocol)。信号传输协议是用来建立和控制多媒体会话或呼叫的一种协议，数据传输(Data Transmission)不属于信号传输协议。这些会话包括多媒体会议、电话、远距离学习和类似的应用。IP 信号传输协议(IP Signaling Protocol)用来创建网络上客户的软件和硬件之间的连接。多媒体会话的呼叫建立和控制的主要功能包括用户地址查找、地址转换、连接建立、服务特性磋商、呼叫终止和呼叫参与者的管理等。附加的信号传输协议包括账单管理、安全管理、目录服务等。

广泛使用 IP 电话的最关键问题之一是建立国际标准，这样可使不同厂商开发和生产的设备能够正确地在一起工作。当前开发 ID 电话标准的组织主要有 ITU-T、IETF 和欧洲电信标准学会(European Telecommunications Standards Institute，ETSI)等。人们认为两个比较值得注意的可用于 IP 电话信号传输的标准是 ITU 的 H.323 系列标准和 IETF 的入会协议(Session Initiation Protocol，SIP)。SIP 是由 IETF 的 MMUSIC(Multiparty Multimedia Session Control)工作组开发的协议，它是在 HTML 语言基础上开发的并且比 H.323 简便的一种协议。该协议原来是为在因特网上召开多媒体会议而开发的协议。H.323 和 SIP 这两种协议代表解决相同问题(多媒体会议的信号传输和控制)的两种不同的解决方法。此外，还有两个信号传输协议被考虑为 SIP 结构的一部分。这两个协议是：会话说明协议(Session Description Protocol，SDP)和会话通告协议(Session Announcement Protocol，SAP)。iNOW!、因特网多媒体远程会议协会(International Multimedia Teleconferencing Consortium，IMTC)的 VoIP Forum 和 MIT 因特网电话协会(MIT Internet Telephony Consortium)对不同标准和网络之间的协同工作比较感兴趣。

11.4　本　章　小　结

多媒体通信体现了多媒体技术与通信技术的结合，是当今多媒体技术发展的一个主要方向。

多媒体对通信网络的影响主要体现在网络带宽、实时性、同步性、交互性以及分布式信息处理等方面。

多媒体通信不仅要求网络能提供足够的带宽，以保证多媒体信息的高效传输，而且还要求多媒体信息传输的开销尽可能小。

衡量多媒体通信传输质量的主要标准是服务质量(QoS)。然而，QoS 中的有关参数本身是相互矛盾的，有必要综合考虑多媒体网络的特征、权衡参数，以设计出满足一定需要的多媒体通信应用系统，适应一定的网络传输环境。

多媒体通信网络大致可分为 3 类：基于电信网的多媒体信息传输、基于计算机网的多媒体信息传输和基于有线电视网的多媒体信息传输。

在目前种类繁多的多媒体通信系统中，具有代表性的有：可视电话、电视会议系统、视频点播系统、IP 电话等。

多媒体通信将是"信息高速公路"的主体通信业务，也是未来通信发展的方向。

11.5 习　　题

1. 填空题

(1) 多媒体通信(Multimedia Communications)是_____与_____的完美结合。

(2) _____的中文名称是综合业务数字网，通俗称为"一线通"。

(3) 根据系统响应时间长短，VOD 系统可分为_____和_____两类。

(4) 目前，流行的有两大 VOD 网络系统，即_____和_____。

(5) 为解决不同厂家产品的兼容性问题，开发了一个可视电话标准：_____。该标准现在已被国际电信联盟(ITU)采纳并作为世界可视电话标准。

(6) H.323 是一个在局域网(LAN)上并且不保证服务质量(QoS)的多媒体通信标准，是_____的改进版本。

2. 选择题

(1) _____是多媒体通信系统最主要的特点之一，决定了系统是多媒体通信系统还是多种媒体通信系统。

    A. 通信数据量巨大　　　　　　　　B. 实时性

    C. 同步性　　　　　　　　　　　　D. 交互性

(2) 在下列有关 IP over ATM 的叙述中，不正确的是_____。

    A. 具有良好的流量控制均衡能力以及故障恢复能力，网络可靠性高

    B. 适应于多业务，具有良好的网络可扩展能力

    C. 对其他几种网络协议如 IPX 等能提供支持

    D. 不能像 IP over SDH 技术那样提供较好的服务质量保障(QoS)

(3) H.324 系列是一个低位速率多媒体通信终端标准，在它的旗号下的标准包括_____。

    A. H.320　　　　B. H.323　　　　C. SIP　　　　D. H.263

(4) 在下列有关 MPLS 的叙述中，正确的是_____。

    A. 是一种面向连接的传输技术

    B. MPLS 不但支持多种网络层技术，而且是一种与链路层相关的技术

    C. 采用了 ATM 信令的高效传输方式

    D. 不能够提供有效的 QoS 保证

(5) _____是 H.323 中最重要的部件，是它管辖区域里的所有呼叫的中心控制点，并且为注册的端点提供呼叫控制服务。

    A. 终端　　　　B. 网关　　　　C. 会务器　　　　D. MCU

(6) 在下列有关 ATM 的叙述中，不正确的是_____。

    A. 兼有分组交换和电路交换的双重优点

    B. 以固定长度的信元(Cell)发送信息，能适应任何速率

    C. 采用误码控制和流量控制，大大降低了延时

D. 非常适合多媒体通信

(7)　下面关于 VOD 系统的叙述，不正确的是_____。

A. NVOD 要求有严格的即时响应时间，TVOD 对系统响应时间有一定的宽限

B. VOD 系统的网络环境可以是 LAN，也可以是 WAN

C. VOD 系统是一种基于 C/S 模型的点对点实时应用系统

D. VOD 系统信息交互具有不对称性

(8)　IP 电话允许在使用_____协议的因特网、内联网或者专用 LAN 和 WAN 上进行电话交谈。

A. TCP/IP　　　　　B. HTTP　　　　　C. FTP　　　　　D. Telnet

3. 判断题

(1)　ATM 不仅可用于通常的数据通信以传送正文和图形，还可以用于传送声音、动画和活动图像，能满足实时通信的需要。　　　　　　　　　　　　　　　（　　）

(2)　MPLS 在提供 IP 业务时不能确保服务质量(QoS)。　　　　　　　　　（　　）

(3)　因特网上的电视会议，目前大部分都趋向于采用 H.320 标准以及正在开发的 SIP 标准。　　　　　　　　　　　　　　　　　　　　　　　　　　　　　（　　）

(4)　H.323 是应用在局域网上且能保证服务质量(QoS)的多媒体通信标准。　（　　）

(5)　IP 电话是在 IP 网络(即信息包交换网络)上进行的呼叫和通话，而不是在传统的公众交换电话网络上进行的呼叫和通话。　　　　　　　　　　　　　（　　）

4. 简答题

(1)　多媒体通信与传统的通信方式相比有哪些特点？

(2)　多媒体通信需要解决哪些关键技术？

(3)　传统的通信网络可以分为哪些类型？

(4)　分别以 B-ISDN、FDDI、Ethernet、ATM 和 VOD 为例，概述多媒体信息传输的特点。

(5)　什么是可视电话？什么是电视会议？什么是 IP 电话？试简述它们的相关标准的具体内容。

(6)　多媒体通信的标准有哪些？